异戊橡胶生产技术

崔广军　主编

中国石化出版社
·北京·

内 容 提 要

异戊橡胶具有与天然橡胶相似的化学组成、立体结构和物理机械性能，是一种综合性能非常好的合成橡胶，又称合成天然橡胶。它能替代天然橡胶，广泛用于轮胎、胶带、胶管、胶鞋等众多橡胶加工领域，因其不含天然橡胶的蛋白质、脂肪酸等成分，特别适用于医用橡胶制品。

本书介绍了异戊橡胶的概况、结构性能以及国内外生产技术的发展历程；聚合单体异戊二烯的性质、主要生产方法，聚合溶剂以及助剂的基本情况；稀土异戊橡胶、锂系异戊橡胶和钛系异戊橡胶的聚合机理、催化剂技术、工艺流程、节能降耗技术以及安全环保措施；异戊橡胶原辅材料以及产成品的分析检验方法等。

本书的主要读者对象为从事化工，尤其是合成橡胶研发、设计、生产及其管理的科技工作者和生产经营者，也可供高等院校高分子材料专业师生学习参考。

图书在版编目(CIP)数据

异戊橡胶生产技术 / 崔广军主编. —北京 ：中国石化出版社,2025.2. —ISBN 978-7-5114-7781-1

Ⅰ. TQ333.3

中国国家版本馆 CIP 数据核字第 2025HC4579 号

中国石化出版社出版发行

地址:北京市东城区安定门外大街 58 号
邮编:100011 电话:(010)57512500
发行部电话:(010)57512575
http://www.sinopec-press.com
E-mail:press@sinopec.com
北京艾普海德印刷有限公司印刷
全国各地新华书店经销

*

787 毫米×1092 毫米 16 开本 17 印张 418 千字
2025 年 2 月第 1 版　2025 年 2 月第 1 次印刷
定价:98.00 元

前 言

目前，工业生产的聚异戊二烯有顺-1,4-聚异戊二烯、反-1,4-聚异戊二烯、3,4-聚异戊二烯。后两种聚异戊二烯的产量比较小，工业生产的异戊橡胶主要是顺-1,4-聚异戊二烯，因其化学组成、立体结构和性能与天然橡胶相似，故又称合成天然橡胶，将异戊橡胶作为综合性能较高的通用合成橡胶材料。

异戊橡胶的研究起源于对天然橡胶的研究，而异戊橡胶的工业化则是在齐格勒型催化剂和单体得到确实保证之后才实现的。催化剂是聚异戊二烯橡胶生产的关键，主要包括稀土系、锂系、铁系、钛系、钴系、镍系催化剂等，不同催化剂的开发促进了聚异戊二烯橡胶生产和应用的发展。

美国是最早生产异戊橡胶的国家，1954年美国固特里奇公司用齐格勒催化剂合成了顺-1,4结构含量达98%的聚异戊二烯橡胶。1955年凡事通轮胎和橡胶公司用锂系催化剂合成了顺-1,4结构含量达92%的聚异戊二烯橡胶。美国壳牌化学公司于1960年用有机锂作催化剂，合成了有规立构顺-1,4-聚异戊二烯。1963年美国固特异公司向市场推出了顺-1,4-异戊橡胶，其中顺-1,4结构含量为98.5%，使用的催化剂是以钛(Ti/Al)为基础的齐格勒-纳塔催化剂。此后，荷兰、苏联、意大利、法国、日本、罗马尼亚、南非和巴西等相继实现工业化。20世纪70年代，世界范围的两次石油危机以及天然橡胶的技术改进与种植面积的扩大，对异戊橡胶工业冲击较大。

稀土异戊橡胶是由中国首先开发出来的。我国从20世纪60年代开始开发异戊橡胶，长春应用化学研究所最早公布了用稀土催化剂聚合双烯烃合成高顺式结构聚合物的研究成果。70年代确立了由稀土羧酸盐、烷基铝和氯化物组成的三元催化剂体系及由氯化稀土配合物和烷基铝组成的二元催化剂体系合成异戊橡胶。继中国之后，美国、意大利、德国、俄罗斯、日本及法国等都在研究和开发稀土异戊橡胶。

2010 年，茂名鲁华化工有限公司建成中国首套聚异戊二烯橡胶生产装置，生产能力 1.5 万 t/a。此后，青岛伊科思、淄博鲁华泓锦、宁波金海晨光、抚顺伊科思、天利石化的异戊橡胶装置相继投产。中国投产的异戊橡胶装置均采用了稀土催化体系进行催化聚合生产异戊橡胶。

我国异戊橡胶需求受天然橡胶以及异戊二烯单体供应的影响，呈缓慢增长的趋势，但从长远和发展的观点看，聚异戊二烯橡胶仍是一个值得关注的合成橡胶品种，特别是减少对天然橡胶的依存度，具有重要的战略意义。另外，在聚异戊二烯橡胶垫片等医疗领域的某些细分的应用领域，天然橡胶无法替代。

关于异戊橡胶的研究比较活跃，大多是以催化技术的研究为主，实际产业化方面的论文较少。编者领导开发建成了国内第一套异戊橡胶装置，从小试到中试，再到产业化，形成了具有自主知识产权的核心技术，也积累了一些产业化的经验。为了更好地促进我国异戊橡胶产业的发展，我们对国内外关于该领域的研究成果和产业化经验进行了整理归纳，编写了《异戊橡胶生产技术》一书。希望使从事异戊橡胶生产技术及研发的人员能够全面了解不同催化体系异戊橡胶的相关生产技术知识，并熟悉不同产品的性能和分析方法等。

本书由崔广军担任主编，王锦昌、张文文、荣卫锋、黄昊飞、王晶、李韶璞、王文鑫共同参加编写。书中引用了一些文献和图表，在此向原作者表示感谢。

作者在编写过程中力求全面、准确地介绍国内外在该领域的信息，受水平所限，难免挂一漏万，书中错误之处，也欢迎批评指正。

崔广军

2024 年 12 月于淄博

目　录

第1章 异戊橡胶及其发展历程

1.1 概　　述

1.1.1 背景

自 20 世纪初汽车工业成规模生产并迅速发展以来，天然橡胶就发挥着重要的作用，随后的短短 50 年内，天然橡胶的年耗用量从开始的数百吨骤增至近 200 万 t。然而，天然橡胶的发展受自然条件和社会环境的严重制约，是一种典型的资源约束型产业。从 20 世纪 50 年代至今，虽然天然橡胶大体上仍比较平稳地保持平均每 10 年增长超过 100 万 t 的绝对量，2022 年的产量达到 1435 万 t，但增长速度已见放缓，无法满足世界经济生产的需要。

合成橡胶与天然橡胶的关系从本质上说是互补的。橡胶是一种战略性物资，两次世界大战大大地推动了合成橡胶工业的发展。然而，在此期间的合成橡胶生产只不过是弥补天然橡胶短缺的一种辅助性的应急措施，直至第二次世界大战末期及其稍后一段时间，即 20 世纪四五十年代，合成橡胶才具备了一定的技术基础和生产规模，逐渐成为与天然橡胶并行发展的一门新兴工业。20 世纪 50 年代中后期，以乳聚丁苯橡胶为代表的合成橡胶总产量迅速赶上了天然橡胶，美国 1955 年的合成橡胶使用比例超过 55%，这意味着合成橡胶对天然橡胶的补充作用达到一个新的高度。

合成橡胶是人工合成的高弹性聚合物，也称合成弹性体，是三大合成材料之一。其产量仅次于塑料和合成纤维，用于制取各种橡胶制品。合成橡胶主要有丁苯橡胶（SBR）、顺丁橡胶（BR）、异戊橡胶（IR）、丁腈橡胶（NBR）、丁基橡胶（IIR）、氯丁橡胶（CR）、乙丙橡胶（EPR）七大基本胶种及 TPE（热塑性弹性体）。

2022 年世界合成橡胶总产能达 2235 万 t，产量合计约为 2089 万 t。从国别分布情况来看，中国产量最高，约占全球产量的 22.9%；其次是美国，占比约 15%；韩国、俄罗斯分别位居三、四名，均在 160 万 t 以上，占比均在 8%~9%。亚洲地区依然是全球合成橡胶生产的中心，产量占比过半；欧洲和美洲合成橡胶产量分别位居二、三名，占比分别为 25%、15%。中国是目前世界最大的合成橡胶消费国，2022 年中国消费量合计达到 545.40 万 t，约占全球总消费量的 25%；其次是美国，占比达 11%；其余国家消费量占比均不超过 5%。

在合成橡胶产量迅速超越天然橡胶的过程中，天然橡胶仍保持持续的增长势头，这主要归因于它优良的综合性能,强度高、生热低、加工性能优良的天然橡胶至今仍是生产载重子午胎和大型轮胎的首选材料。另外,依靠科技进步不断提高质量和胶园产出率,也为天然橡胶的长期增产提供了保证。

合成橡胶与天然橡胶互为补充的同时,在价格/性能比以及自然/社会条件等综合因素的影响下,也存在相互制约或促进的关系。

可以预见,在未来相当长的时间内,合成橡胶与天然橡胶仍将保持协调互动、共同发展的关系,但从长远看,合成橡胶无疑有更大的发展空间。

1.1.2 异戊橡胶简介

异戊橡胶是由异戊二烯单体聚合而成,因异戊二烯分子含有两个双键,在不同的聚合条件下,可以得到不同结构的聚合物异构体,主要分为1,4加成、1,2加成和3,4加成结构,本书所讲的异戊橡胶为顺-1,4-聚异戊二烯橡胶。

异戊橡胶(Polyisoprene rubber,IR),又名聚异戊二烯橡胶、顺-1,4-聚异戊二烯橡胶,是异戊二烯单体[Isoprene,化学式 $CH_2=C(CH_3)-CH=CH_2$]在催化剂作用下通过溶液聚合得到的高顺式(顺-1,4结构含量为92%~98%)合成橡胶。因其结构和性能与天然橡胶(NR)近似,故又称合成天然橡胶。由于我国天然橡胶资源相对匮乏,制备出理化性质接近天然橡胶的聚异戊二烯橡胶,占据工业的主导地位,并在此基础上开发出多元化应用,如制备高端产品、特殊性能产品等,进一步提高我国橡胶行业的技术水平,满足国内外经济发展的需求,成为聚异戊二烯橡胶发展的重点。

异戊橡胶是世界上仅次于丁苯橡胶、顺丁橡胶而居于第三位的合成橡胶,是合成橡胶中唯一可替代天然橡胶的综合性能最好的胶种。它以稳定的化学性质被广泛应用于轮胎制造行业之中,还可用于制造帘布胶、输送带、密封垫、胶管、胶板、胶带、海绵、胶黏剂、电线电缆、运动器械和胶鞋等。它具有很好的弹性、耐寒性及很高的拉伸强度,在耐氧化性、耐水性、电绝缘性和多次变形条件下抗撕裂性能比天然橡胶高,但它的结晶性能、生胶强度、黏着性、加工性能以及硫化胶的抗撕裂强度、耐疲劳性等均稍低于天然橡胶,除航空和重型轮胎外,均可代替天然橡胶。在实际生产中,很多橡胶制品企业会将天然橡胶与异戊橡胶并用,进一步改善橡胶制品的综合性能。特别是异戊橡胶不含蛋白质、脂肪酸和树胶成分,解决了用天然橡胶制成的医用橡胶制品引起人体过敏的问题,用于聚异戊二烯橡胶垫片、外科手术手套、避孕套、导尿管、呼吸气囊等医用橡胶制品。

异戊橡胶分子结构与天然橡胶相同,因而具有与天然橡胶近似的物理常数,造成它们之间性质上某些差异的原因之一,可以认为是天然橡胶中存在非橡胶成分。天然橡胶是一种以顺-1,4-聚异戊二烯为主要成分的天然高分子化合物,其成分中91%~94%是橡胶烃(顺-1,4-聚异戊二烯),其余为蛋白质、脂肪酸、灰分、糖类等非橡胶物质。长期以来,天然橡胶占据了橡胶制品的主导地位,异戊橡胶的发展比较缓慢,产量也相对较小。近年来,我国异戊橡胶的消费在10万t左右,国内产量约5万t,进口约5万t。国产异戊橡胶主要产自茂名鲁华、抚顺伊科思和天利石化三家企业,进口国以俄罗斯和日本为主。2020年中国异戊橡胶进口量为4.602万t,同比上升51.91%;进口额为7647万美元,同比上升

23.68%。日本进口量明显降低，降低了 12.75%，占比下降至 28.04%。俄罗斯产品价格偏低，其产品也能满足中国异戊橡胶市场的需求，地理位置也有优势，而日本异戊橡胶是以高端定制需求为主。2016~2020 年，中国异戊橡胶出口均值为 0.15 万 t，数量甚微，是我国异戊橡胶产品质量难以提升，且国内主要生产商销售多以维持其自身直供固定客户为主，出口市场很难打开。2020 年我国异戊橡胶出口量最多的地区是越南，达到 656.392t，占异戊橡胶出口量的一半以上。第二是美国，2020 年出口量为 200t，占异戊橡胶出口量的 16.52%。第三是泰国，2020 年出口量约为 143t，占异戊橡胶出口量的 11.81%。近期因俄乌冲突，欧洲对中国异戊橡胶的需求呈较强的增长态势。

20 世纪 80 年代以后，由于国际环境进一步趋向缓和，天然橡胶生产稳定增长；加之人工合成的异戊橡胶的综合性能始终不及天然橡胶，而且受到单体来源、生产成本的制约，一些国家纷纷终止了异戊橡胶的生产。异戊橡胶的生产主要受下游用户使用习惯、异戊二烯的价格和天然橡胶的价格三个因素共同影响。2011~2014 年，异戊橡胶的价格伴随着天然橡胶的价格，从每吨胶 4 万元降到了 1.05 万元，新建的异戊橡胶装置纷纷停产。2013 年开始，全球天然橡胶开始出现供过于求现象，预计未来天然橡胶价格仍将在低位震荡，对应的异戊橡胶价格也将持续在低位徘徊。另外，原材料异戊二烯的价格仍较高，近期异戊橡胶生产前景预计并不乐观。

但从长远发展来看，异戊橡胶仍是一个值得关注的合成橡胶品种，特别是在某些细分的应用市场领域，天然橡胶无法替代异戊橡胶。

1.1.3 异戊橡胶的诞生

异戊橡胶的研究起源于对天然胶的研究，而异戊橡胶的工业化则是在齐格勒型催化剂和单体得到确实保证之后才实现的。机械化程度的提高，增加了人类社会活动中的振动源，为了连接这些振动体，吸收振动及适度传递运动，就需要一种柔软而耐用的物质。"橡胶耗量与一个国家的现代化程度成正比"的说法，其原因可能就在于此。

在合成胶工业高速发展之前，天然胶产地都远离机械化程度较高的西欧各国，集中于东南亚的殖民地国家。对这些国家所产天然胶的需求量，因汽车工业的发展而急剧增加，但由于天然胶产能受限，其价格波动较大，供应极不稳定。因此，出于国防及经济上的考虑，欧美各国在合成胶的生产上付出了极大努力。

回顾异戊橡胶发展历程，有以下里程碑事件：

1826 年法拉第（M. Faraday）进行了天然橡胶的元素分析测得其组分为 C_5H_8。1860 年，Williams 从天然橡胶的分解产物中分离出异戊二烯。

1882 年，蒂尔登（W. A. Tilden）提出异戊二烯结构为 $CH_2{=}C{-}CH{=}CH_2$，其中带有 CH_3 基团。

1910 年前后，哈里斯（C. D. Harries）把天然胶进行臭氧分解，结果证明天然胶分子是单元结构的重复，这一发现证明了蒂尔登的异戊二烯具有 1,4 头尾加成的结构。

1954 年美国固特里奇公司利用齐格勒催化剂合成顺-1,4 结构含量高达 98% 的钛系聚异戊二烯橡胶。

1960 年，美国壳牌化学公司首先建立了锂系催化剂的聚异戊二烯橡胶生产装置，1962 年，他们选择丁基锂作为合成聚异戊二烯橡胶的主催化剂。

1963 年，美国固特异公司的铝钛催化剂用于聚异戊二烯橡胶的聚合反应也实现了异戊橡胶生产工业化。

此后，许多国家和地区，如荷兰、苏联、意大利、法国、日本、罗马尼亚、南非和巴西等接连实现了异戊橡胶生产工业化。异戊二烯单体决定了异戊橡胶的开发成本，最终与其所替代的天然橡胶的价格产生竞争关系。

1964 年起苏联就开始研制异戊橡胶，出于天然胶产地受地区的限制和支持它的超级大国战争政策的考虑，在较短的时间内产量提升很快，苏联解体前，异戊橡胶产能达到了将近 100 万 t/a，成为异戊橡胶产能最大的国家。

中国早在 20 世纪 60 年代，以长春应用化学研究所王佛松、沈之荃为代表的团队就开始了异戊橡胶的研究。1966 年，他们优化了异戊橡胶的铝钛催化剂基本配方，找到了有效的第三组分。1970 年提出了催化活性中心的"双金属络合物"结构及其形成机理，弄清了异戊橡胶分子量及其分布与加工性能的关系，首次指出了稀土催化双烯聚合具有"活性聚合"性质。

随着我国乙烯工程的不断发展，乙烯中的碳五馏分大量富集，碳五馏分中的异戊二烯是制备异戊橡胶的原料。稀土催化剂合成橡胶技术，不仅解决了我国天然橡胶资源短缺的问题，为合成橡胶的产业化发展奠定了基础，而且有力地带动了碳五馏分的综合利用。

2010 年，茂名鲁华化工有限公司建成中国首套异戊橡胶生产装置，生产能力 1.5 万 t/a，结束了中国不能生产异戊橡胶的历史。此后，青岛伊科思、淄博鲁华泓锦、宁波金海晨光、抚顺伊科思、天利石化的异戊橡胶装置相继投产。"十二五"期间，中国异戊橡胶装置总产能达 27.5 万 t/a。中国的异戊橡胶生产主要采用钕催化剂。

1.1.4　异戊橡胶的分类

按照聚合催化剂体系的不同，可将聚异戊二烯橡胶分为三大品种：钛系异戊橡胶、稀土系异戊橡胶及锂系异戊橡胶。

钛系异戊橡胶(Ti-IR)：基于配位聚合原理，以 $TiCl_4$ 为主催化剂通过溶液聚合制得，其优点是分子量高、cis-1,4 结构含量高达 96% ~ 98%；其缺点是分子量分布宽、易结晶、有一定凝胶含量、支化度及灰分含量高。Ti-IR 是目前工业化高顺式聚异戊二烯橡胶的主要品种。

稀土系异戊橡胶(Ln-IR)：基于配位聚合原理，主要以环烷酸钕盐、氯化钕盐、脂肪族钕盐为主催化剂，通过本体或溶液聚合制得，其优点是工艺简单，成胶质量稳定、无凝胶、灰分含量低，cis-1,4 结构可高达 94% ~ 99.5%；其缺点是催化剂较为昂贵。稀土系 IR 相较钛系 IR 和锂系 IR 而言是新品种，但其发展迅速。

锂系异戊橡胶(Li-IR)：基于阴离子聚合原理，以烷基锂为引发剂通过溶液聚合制得，Li-IR 堪称最纯净的聚异戊二烯橡胶，其优点是分子量、结构可控，分子量分布窄，单体 100% 转化，制品浅色、均匀，微凝胶，纯度高、气味小，并且易于制备功能化聚合物；其

缺点是 cis-1,4 结构含量偏低，为 90%~92%。

1.2 国内外生产技术发展历程与现状

1.2.1 概述

目前，世界各国异戊橡胶生产工艺均采用溶液聚合法，基本采用芳烃或者直链烷烃为溶剂。异戊橡胶生产所用的催化剂分为三大系列，即钛系、锂系和稀土系。国外除壳牌化学公司生产锂系异戊橡胶、俄罗斯部分企业和中国企业生产稀土系胶外，其他厂商多以生产钛系胶为主。我国异戊橡胶需求受天然橡胶与异戊二烯单体供应的影响，呈缓慢增长的趋势，主要用于聚异戊二烯橡胶垫片等医疗领域和轮胎等工业橡胶制品领域。但是单就天然橡胶用量的 20% 由异戊橡胶来替代，按 2022 年产胶国天然橡胶产量 1435 万 t 计算，需消费异戊橡胶超过 280 万 t。另外，我国对天然橡胶的依存度已经超过80%，因此对于天然橡胶这一重要的战略物资，发展其替代产品，降低依存度，具有重要的战略意义。

随着我国乙烯工业的快速发展，乙烯生产过程中的副产品碳五资源量不断增多，进而使单体异戊二烯的产量不断增加，异戊橡胶的原料供应有了充足的保障。

当前，经济复苏不及预期，原油、金属、天然橡胶等自然资源价格大跌，使得整个异戊橡胶行业市场低迷。异戊橡胶行业不能坐等市场变暖，而要抓住时机，加快新技术的研究以降低橡胶生产成本，使橡胶企业扭亏为盈。可重点开展三方面的工作：一是改进现有的催化剂体系或者研究开发新型催化剂，以降低催化剂成本；二是降低橡胶能耗、物耗；三是进行新牌号的开发，通过对异戊橡胶进行改性或者添加更有效的耐老化助剂，使产品具有极强的耐老化性能，提高产品的市场竞争力。

目前，虽然我国在异戊橡胶，尤其是稀土异戊橡胶的研究开发方面取得了很大的进展，但是合成异戊橡胶技术还不完善，其顺-1,4 结构含量、胶液黏度、门尼黏度等性能指标还有待改善。今后研究的重点是选择更合适的催化体系及国际先进的催化技术，进一步提高顺-1,4 结构的含量，使异戊橡胶产品在结构上具有高的链规整性、可控的相对分子质量和极性化的高分子链特性，改善橡胶的综合性能，以满足国内市场的需求。

1.2.2 国外生产技术与现状

目前全球异戊橡胶的生产能力约为 90 万 t/a，约占世界合成橡胶（SR）生产能力的 4%。目前生产异戊橡胶的国家主要有俄罗斯、罗马尼亚、美国、中国、日本和荷兰等，俄罗斯异戊橡胶的产能最大，占世界异戊橡胶总产能的 60%。第二次世界大战期间出于军事的需求增加，天然橡胶供不应求，促进了异戊橡胶的开发与发展。此后受异戊二烯原料成本及天然橡胶的影响，异戊橡胶生产呈萎缩状态，异戊橡胶总生产能力呈递减趋势。2020 年国外异戊橡胶生产公司及生产能力如表 1-1 所示。

表 1-1 2020 年国外异戊橡胶生产公司及生产能力

生 产 厂 家	产能/(万 t/a)	催化剂种类
荷兰 Kraton 聚合物公司	2.5	Li 系
南非 Karbochem 公司	0.3	3,4 构型
美国固特异轮胎与橡胶公司	9.0	Ti 系
日本合成橡胶有限公司	3.6	Ti 系
日本瑞翁公司	4.0	Ti 系
俄罗斯 Kauchuk 公司	10.0	Ti 和 Nd 系
俄罗斯 Nizhe nek kneftekhim 公司	20.0	Ti 系
俄罗斯 Togliattikauchuk 公司	13.0	Ti 系
合　计	62.4	

受世界两次石油危机以及天然橡胶技术改进和种植面积扩大的冲击，美国于 1973 年和 1978 年先后关闭了壳牌（Shell）和固特里奇（Goodrich）两公司的异戊橡胶生产装置，意大利于 1980 年停产其异戊橡胶装置，法国于 1986 年停产并拆除，一些曾计划的产能纷纷延期或取消。苏联解体以后，异戊橡胶的产能从以前的 100 万 t/a 锐减到 40 万 t/a，在此后的 30 多年中一直缓慢徘徊。

目前，全球顺-1,4-聚异戊二烯橡胶的生产技术主要包括俄罗斯的雅罗斯拉夫工艺、美国的固特里奇工艺、意大利的斯纳姆工艺及荷兰的壳牌工艺。

国际上已有几套锂系异戊橡胶生产装置，如美国科腾聚合物公司、日本可乐丽公司及俄罗斯 RUV 公司等。美国科腾聚合物公司的 IR307、LR310 系列年产量为 2.4 万 t，IR-401latex、IR401Blatex 系列为用锂系制得的胶乳，其年产量为 10 万 t，售价为 2.4 万美元每吨，国内售价超过 20 万元人民币。由于产品不含天然橡胶中致人体过敏的蛋白质及其他物质，纯度高，可以代替天然橡胶在医用乳胶手套、检查手套、避孕套等方面使用，附加值相当高。

1.2.2.1 美国

美国是最早生产异戊橡胶的国家，1954 年美国固特里奇公司用齐格勒催化剂合成了顺-1,4 结构含量达 98% 的聚异戊二烯橡胶。1955 年凡事通轮胎和橡胶公司用锂系催化剂合成了顺-1,4 结构含量达 92% 的聚异戊二烯橡胶。美国 Shell 化学公司于 1960 年用有机锂作催化剂，合成了有规立构顺-1,4-聚异戊二烯。但是，该橡胶顺-1,4 结构含量低（90%～92%），达不到天然橡胶最重要的性能指标——结晶性。1963 年美国固特异公司以"Natsyn™"这一商品牌号向市场推出了顺-1,4-异戊橡胶，其中顺-1,4 结构含量为 98.5%，使用的催化剂是以钛（Ti/Al）为基础的齐格勒-纳塔催化剂。此后，荷兰、苏联、意大利、法国、日本、罗马尼亚、南非和巴西等相继实现工业化。20 世纪 70 年代，受石油危机和天然橡胶的技术改进及种植面积扩大的影响，美、日、欧等国家和地区的多数装置关停并拆除，开车装置的开工率也较低。20 世纪 90 年代初苏联解体，独联体经济衰退，橡胶需求下降，再次对世界异戊橡胶产业造成较大影响[1]。

2008 年，固特异公司开始与丹麦 Genenco 公司（现为 Du Pont 公司所有）合作，研究由木质素纤维作原料，用细菌合成方法生产异戊二烯。这是汽车工业减少对时常发生波动的石油原料市场依赖的最好途径，从而促进汽车工业的发展。美国固特里奇工艺如图 1-1 所示，意大利斯纳姆公司四塔流程工艺如图 1-2 所示。

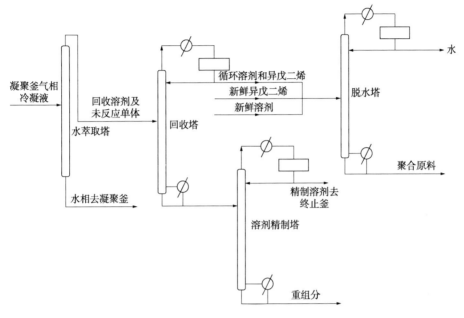

图 1-1　美国固特里奇工艺示意图

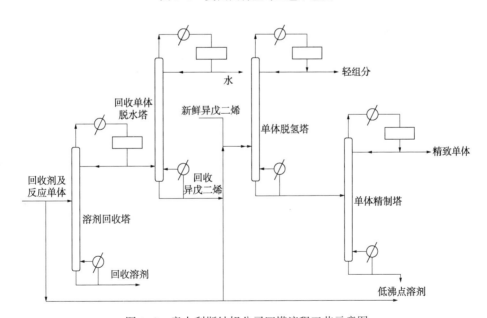

图 1-2　意大利斯纳姆公司四塔流程工艺示意图

Kraton 公司使用 Li 催化剂，以阴离子聚合法生产异戊橡胶，制得的生胶具有线型微结构，分子量分布狭窄及凝胶量低。此种异戊橡胶的特点是纯度高、透明、无异味且不会引起过敏反应，适合于制造医用制品(如外科用手套、导尿管、药瓶胶塞及奶嘴等)。

20 世纪 70 年代日本按美国固特异公司的工艺，开始生产异戊橡胶。经改进后，按日本合成橡胶公司(Japan Synthetic Rubber)自己开发的技术，生产商品牌号为 Nipol 的异戊橡胶。Kuraray 公司也按自己研发的工艺，以锂催化剂生产低分子量聚异戊二烯 LIR。

1.2.2.2 俄罗斯

俄罗斯是世界异戊橡胶的主要生产国和出口国，也是异戊橡胶最主要的消费区域。由于缺乏天然橡胶的栽培条件，为了减少对天然橡胶的进口依赖，俄罗斯一直高度重视异戊橡胶的研制与开发，在异戊橡胶技术与生产方面走在世界前列。在俄罗斯，异戊橡胶主要应用于轮胎制造行业中，其用量达到总产量的60%以上。异戊橡胶在拉伸强度、撕裂强度和生胶强度方面尚未全面赶上天然橡胶，在航空轮胎和大型工程轮胎制造中不能完全取代天然橡胶，俄罗斯仍需要部分进口天然橡胶。除此之外，俄罗斯在异戊橡胶改性方面进行了大量研究，改性异戊橡胶的力学性能有了较大幅度的提高，改性异戊橡胶取代天然橡胶应用于各种领域，如 CKH-3(通用型)、CKH-3A(航空轮胎专用型)、CKH(胎侧专用型)、CKH-301(普通轮胎专用型)、CKH-5(稀土催化剂型)等产品。目前，俄罗斯采用的第二代改性剂改性异戊橡胶可以提高胶料的强度、抗撕裂性，将该胶种用于大型轮胎胎面胶料，可使胎面的综合性能得到改善，特别是抗机械损伤、耐疲劳性能都优于含 70 份天然橡胶的胶料。用该全合成改性异戊橡胶制造大型轮胎已通过了实际应用测试。

俄罗斯研制出一种低温下配制的铝钛体系催化剂，该催化剂由四氯化钛、三异丁基铝和一种给电子体组成，粒子尺寸只有 $10\mu m$。与以前的铝钛体系催化剂相比，这种新型催化剂的活性更高，可以在相应的温度下长期储存，而且对环戊二烯、硫化物、含氧化合物和炔烃等催化毒物的影响不灵敏，能够保证聚合反应的平稳进行。用该催化剂制得的牌号为 CKN-3A 和 CKN-301 的聚异戊二烯产品无凝胶或低凝胶(凝胶质量分数小于 5%~7%)，低聚物质量分数降低了约 50%，可用水替代甲醇终止聚合反应。另外，俄罗斯在 $TiCl_4$-(i-C_4H_9)$_3$Al-给电子添加剂三元体系的基础上，又开发了 $TiCl_4$-(i-C_4H_9)$_3$Al-给电子添加剂-不饱和化合物的四元体系。异戊二烯在四元体系下存在于 25℃ 的异戊烷中引发聚合的速度约比三元体系快 70%，聚合物的相对分子质量高 5.0%，凝胶含量低(凝胶质量分数为 1%~4%)，顺-1,4 结构含量可以达到 98.3%。[2]

1.2.3 国内生产技术与现状

1.2.3.1 概述

自 2010 年我国聚异戊二烯橡胶实现工业化生产以来，在"十二五"期间，由于天然橡胶与异戊橡胶价格异常昂贵(达 5000~5700 美元/t)，国内掀起了兴建异戊橡胶生产装置的高潮，先后有多家企业建成工业化生产装置，成为继俄罗斯之后的世界第二大生产国。"十三五"期间，中国异戊橡胶无新增装置，产能保持在 27 万 t/a，其中稀土聚异戊二烯橡胶的生产能力达到 25.5 万 t/a，是世界上最大的稀土聚异戊二烯橡胶生产国家。

受天然橡胶价格走低及异戊橡胶生产技术所限，目前我国聚异戊二烯橡胶的市场疲软，导致现有装置开工率较低，最高不足 30%，产品同质化现象严重，市场竞争力不足，高端产品依然依赖进口。山东神驰石化有限公司、青岛伊科思新材料股份有限公司和中国石化燕山石化公司的异戊橡胶装置处于停产状态或已拆除。2020 年，淄博鲁华泓锦新材料集团股份有限公司和宁波金海晨光化学股份有限公司先后将异戊橡胶装置进行转产改造，去产能 8 万 t/a。

表 1-2 为 2022 年国内异戊橡胶产能分布明细。

表 1-2　2022 年国内异戊橡胶产能分布明细

所在地	企 业 名 称	装置生产能力/(万 t/a)
辽宁	抚顺伊科思新材料有限公司	4.0
新疆	克拉玛依市天利恒华石化有限公司	3.0
广东	广东鲁众华新材料有限公司	1.5
总计		8.5

至今我国已有 60 多年的合成橡胶工业发展历史，已经超越俄罗斯成为全世界最大的生产和消费国，但是也只是"大而不强"。近年来，中国已经开始重视异戊橡胶材料和技术的研究，但由于中国所加工的异戊橡胶与其他国家的材料相比，顺式结构摩尔分数偏低，难以满足材料应用的性能需求和强度需求。在未来发展的过程中应重点研究和开发能够提升材料顺式结构摩尔分数的技术。

1.2.3.2　研发生产现状

目前，国内有多家公司利用自主技术已建成多套异戊橡胶工业化装置。除濮阳林氏化学新材料股份有限公司异戊橡胶装置采用阴离子催化体系外，其他装置均采用的是稀土催化体系。

（1）中国科学院长春应用化学研究所

中国科学院长春应用化学研究所早在 20 世纪 60 年代，就对用稀土催化体系合成高含量顺-1,4 结构的异戊橡胶进行了研究。该研究机构在研发高活性催化体系方面积累了丰富的经验，掌握了高含量顺-1,4 结构的异戊橡胶（具有足够的分子量及其分子量分布）的合成工艺，能源和原材料消耗达到了最佳水平。长春应用化学研究所与包括金陵石化研究院在内的多家企业开展了卓有成效的合作，在中试装置上（用钕催化剂）合成出顺-1,4 含量不低于 98%、分子量分布窄（小于 3）的异戊橡胶，并与用 Ti 和 Al 催化体系合成的异戊橡胶进行了对比。

先后成功开发出采用钛系和稀土催化剂体系的异戊橡胶合成技术，确立了由稀土羧酸盐、烷基铝和氯化物组成的三元催化剂体系及由氯化稀土配合物和烷基铝组成的二元催化剂体系合成异戊橡胶取得成功。与此同时，中国科学院长春应用化学研究所发现三元稀土催化剂可以合成顺-1,4 链节含量达 97% 特性黏数 $[\eta]>8$ 的顺式异戊橡胶。

（2）吉林石化公司研究院

在 20 世纪 70 年代研究的基础上，2006 年开始加快了异戊橡胶的研发步伐，完成了小试、模式和中试技术的研究，产品达到国际同类产品水平，成功应用于全钢载重子午线轮胎胎面胶，所得胶样加工成轮胎并做了里程试验，通过了国家橡胶轮胎质量监督检验中心认证，形成了具有自主知识产权的 4 万 t/a 异戊橡胶成套技术工艺包[3]。2007 年 6 月，有消息报道中国科学院长春应用化学研究所和吉林石化公司研究院合作完成了新型稀土异戊橡胶小试技术的开发研究。

2010 年 7 月，吉林石化公司研究院的 C_5 综合利用-异戊橡胶生产技术开发也顺利通过中期评估；10 月国内首套千吨级异戊橡胶装置实现一次开车成功，产品各项指标达到国际同类产品水平。吉林石化公司研究院的异戊橡胶小试和中试均取得了巨大成功，在较高温度下成功合成出具有与天然橡胶结晶拉伸特点相似、顺式质量分数不小于 98%、相对分子质量分布指数低于 3.0 的新型高品质稀土异戊橡胶。该橡胶在应用性能上可以和国外同类产品相媲美，并形成了全套的研发生产技术。

吉林石化公司研究院进行了紫外负性光刻胶用稀土聚异戊二烯原胶的研究，改进和完善了原有 10t/a 稀土聚异戊二烯生产装置，进行了原胶脱水干燥和塑炼工艺研究及工艺条件的优化。

吉林石化公司研究院经小试、中试及放大试验成功地开发出以正丁锂为催化剂的聚合配方及工艺、胶液后处理及脱溶剂等生产液体异戊橡胶的全套技术，并在工程放大研究方面建立了宏观反应动力学模型，为放大装置提供了技术依据，其中多管降膜脱气塔应用于黏稠体系的脱气属国内首创。

此外，吉林石化公司研究院还进行了环氧化异戊橡胶(EIR)的开发。异戊橡胶经环氧化改性后有较好的抗湿滑性能，其耐油性、气密性与丁腈橡胶、丁基橡胶相当，可用于气密性及耐油性要求较高的制品。

(3)鲁华泓锦

2010 年茂名鲁华化工有限公司建成国内首套异戊橡胶工业化生产装置。影响异戊橡胶发展的决定性因素主要有两方面：一是异戊二烯分离工艺是否简单可实施；二是异戊橡胶的价格能否低于天然橡胶。随着 C_5 分离装置的相继投产，异戊二烯的生产能力迅速增加，加之国内大规模扩充乙烯工程，副产物 C_5 馏分增加，推进了合成异戊橡胶的发展。2008 年 3 月，茂名鲁华化工有限公司利用建成的中试装置做了放大和工业试验，探究了许多工业合成条件，并于 2010 年 4 月顺利投产了国内第一套稀土异戊橡胶工业化装置以及年产 1.5 万 t 的异戊橡胶项目。

此套 1.5 万 t/a 异戊橡胶生产装置的投产，改变了国内对橡胶进口过度依赖的局面，满足了国内轮胎、胶带、胶管等生产领域，特别是医用胶塞及聚异戊二烯橡胶垫片等医用行业的需求。该项目的投产结束了中国不能生产异戊橡胶的历史，从此我国合成胶七大基本胶种全部实现工业化。目前该公司采用钕催化剂，以自己研发的工艺(获中国专利)生产了几种不同门尼黏度的异戊橡胶 LHIR-60、70、80 及 90。2022 年茂名鲁华新材料有限公司被广东众和化塑股份公司并购，更名为广东鲁众华新材料有限公司。2013 年 1 月 6 日，淄博鲁华泓锦化工股份有限公司 5 万 t/a 异戊橡胶项目一次开车成功，鲁华泓锦公司第二套异戊橡胶项目正式投产。该异戊橡胶装置采用鲁华泓锦公司自主研发的稀土异戊橡胶生产技术，在节能环保以及提高产品质量稳定性方面做了一些创新。自此，鲁华泓锦公司的异戊橡胶总体生产能力达到 6.5 万 t/a，成为当时国内最大的异戊橡胶生产企业。2019 年底，该装置改造转产 SIS。

（4）青岛伊科思

青岛伊科思新材料公司于 2010 年 7 月，用自己研发的工艺，以钕催化剂生产异戊橡胶，年产量 3 万 t。具体产品包括 4 种用于生产轮胎及橡胶工业制品的异戊橡胶 IR-90、80、70、60，及 4 种用于生产医用及与食品接触制品的异戊橡胶 IRF90、80、70、60（拥有美国 FDA 证明书）。后已停产。

（5）中国石化北京化工研究院燕山分院

自 2006 年起，中国石化北京化工研究院燕山分院对稀土异戊橡胶进行了大量研究，并对工业化生产技术进行了探索。2012 年，中国石化燕山石化公司建立了合成异戊橡胶装置，以燕山石化 C$_5$ 分离装置产出的聚合级异戊二烯为原料，采用燕山石化公司与北京化工研究院燕山分院开发的具有自主知识产权的稀土催化聚合异戊橡胶技术和聚合反应工艺，所有设备均为国内制造。2013 年 5 月 23 日，3 万 t/a 稀土异戊橡胶生产装置在燕山石化橡胶一厂试生产成功。该装置的投产，可发挥燕山石化在合成橡胶生产领域的优势。后已停产。

（6）山东神驰石化有限公司

山东神驰石化有限公司利用中国科学院长春应用化学研究所的自主成套技术，建设了 3 万 t/a 稀土异戊橡胶工业化生产装置，于 2012 年 9 月投产。2011 年 3 月，长春应用化学研究所与山东神驰石化有限公司合作，开展了 3 万 t/a 稀土异戊橡胶工业生产新技术的开发。经过一年多时间，开发出高活性、高顺式定向性、低成本、相对分子质量及其分布可控的稀土催化体系，以及先进的聚合、凝聚和后处理工程技术，并在万吨级生产装置上投料试车。其后装置一直停产。

我国新建的异戊橡胶装置都采用稀土催化剂。到 2014 年共有 8 套装置，产能合计为 21.5 万 t/a，占世界总量的 22.8%。

受天然橡胶低价的影响，异戊橡胶装置有的停建，有的停产，有的转产，目前只有广东鲁众华、抚顺伊科思和天利石化在生产，总生产能力大约 8.5 万 t/a。

中国采用稀土系催化技术进行异戊橡胶产品的加工，主要是应用溶聚环烷酸稀土盐材料、溶聚烷氧基稀土盐材料、聚合稀土盐材料，存在的问题是顺-1,4 结构的摩尔分数很低，几乎在 94%~97% 之间，而当前国外在稀土系催化生产异戊橡胶的过程中，顺式结构摩尔分数能够达到 98%，与天然橡胶的结构接近。所以在我国未来的技术研究过程中，需要借鉴国外的先进、现代化催化技术，合理设置催化体系，使得材料顺式结构的摩尔分数提升至 98% 之上。

我国已经连续多年成为全球第一耗胶大国，但橡胶原料特别是天然橡胶资源严重不足，对外依存度不断上升，异戊橡胶产业的发展可在一定程度上弥补上述不足。

除了上述已经公布的项目外，北京化工大学、青岛生物能源和生物工程技术学院及中国其他科研院校，正与众多轮胎生产厂家共同研究用再生原料来生产轮胎用异戊橡胶的可能性。

随着异戊橡胶的市场需求不断增加，很多企业瞄准聚异戊二烯的商机，相继投资建设异戊橡胶生产装置，且部分已成功投产，迎来了中国异戊橡胶生产的新格局。但国内已工业化生产的多为稀土异戊橡胶，而国际传统的异戊橡胶是由钛系催化剂合成，尽管前者比后者有着顺式含量高、凝胶含量低、分子量较大且分布较窄，以及稀土催化剂为均相催化剂、反应易控制且催化剂易除等优点，但是稀土的价格较昂贵，降低了稀土异戊橡胶与天然异戊橡胶的竞争力，因而开发廉价的钛系催化剂成为必然趋势。目前国内生产技术仍需改善，要致力于解决钛系催化剂凝胶含量高、顺式含量较低、分子量较低以及分子量分布宽等工业难题。

1.2.4　异戊橡胶产业展望

1.2.4.1　应用与需求趋向

2017～2022 年我国合成橡胶年消费量从 1146 万 t 逐步攀升至 1721 万 t。我国正处于城镇化加速和工业化后期阶段，对橡胶需求本就保持强劲态势，随着产业链的持续恢复，橡胶消费量有望走强。根据《橡胶行业"十四五"发展规划指导纲要》，"十四五"期间，橡胶工业总量要保持平稳增长，但平均增长稍低于现有水平，需继续稳固中国橡胶工业国际领先的规模影响力和出口份额。预计到 2026 年，我国合成橡胶的表观消费量将增长到 2208 万 t。

汽车行业对轮胎的需求一直是合成橡胶的主要增长动力，全世界用于生产轮胎的合成橡胶为总量的 51%～53%，轮胎销售量持续稳定增长，合成橡胶市场潜力巨大。合成橡胶市场也将因为非轮胎的应用迎来巨大的机会，乙丙橡胶、丁腈橡胶和氯丁橡胶等用于胶带、软管、手套和垫圈等中档弹性体产品的用量不断增长。

从我国轮胎行业的发展来看，全钢载重子午线轮胎某些部件所需的异戊橡胶均从俄罗斯引进，进口量已超过 1 万 t，价格也在逐步攀升。在初期价格较低时，斜交胎也曾使用过进口异戊橡胶，轮胎生产企业获得了较好效益。如果异戊橡胶以 20% 的比例取代天然橡胶，配方工艺无须调整就可以顺利使用，仅以轮胎行业 2022 年消耗橡胶 400 万 t 计，异戊橡胶消耗量可达 80 万 t，即可减少 80 万 t 天然橡胶进口量，于国于民都非常有利。俄罗斯在轮胎生产中 50% 使用异戊橡胶，如果国内达到这个比例，异戊橡胶的需求量更大。因此，我国应从战略高度鼓励国内橡胶行业积极开发异戊橡胶，并形成规模化生产[5]。

我国异戊橡胶大约一半用于制造轮胎，主要用于各种子午胎的生产。在载重子午胎应用于胎圈钢丝胶及胶芯胶等硬胶中，不仅能替代天然橡胶，还可大大改善胶料的挤出性能。在轻载子午线轮胎和轿车子午线轮胎的胎体骨架材料中一般都采用聚酯帘布胶，与天然橡胶相比，异戊橡胶在抑制聚酯帘布胶氨解方面更具优势，更适合在胎体中应用。除轮胎领域外，约 10% 的异戊橡胶用于制鞋工业及胶管、胶带等橡胶制品的生产。在胶鞋工业中，异戊橡胶比天然橡胶透明度好，又具有天然橡胶的加工性能，可以代替天然橡胶制作所有胶鞋部件。

为使异戊橡胶胎在轮胎行业中得到更合理的使用，可以在斜交胎方面，用 20% 的异戊橡胶在胎面胎体中替代天然橡胶；在载重子午胎方面，用 100% 异戊橡胶在胎圈钢丝胶、胶芯胶中替代天然橡胶；在半钢乘用子午胎方面，用 70% 的异戊橡胶在聚酯帘线胶中替代天然橡胶。

1.2.4.2 发展建议

目前我国异戊橡胶装置开工率低，产品同质化现象比较严重，市场竞争力不足，高端产品仍依赖进口。因此，近期不宜盲目新建或者扩建生产装置，应注重现有产业结构调整和提高综合竞争力，完善催化剂制备技术和优化生产工艺，基于碳五资源综合利用，发展高附加值新品种，拓宽应用范围。

（1）本体聚合技术[6]。目前，俄罗斯、美国和法国等相继对本体聚合技术进行了研究。因本体聚合技术不使用溶剂，可节能70%~80%，受到广泛重视。采用本体聚合技术，LIR和Li-IR无须脱除胶中残留的引发剂，本体聚合技术核心是采用一个多段螺杆挤压式反应器，其内有单体和引发剂加料混合段、反应汽化冷凝段、防老剂加入段、真空脱单体段及挤出段。此外，还采用尽量提高单体浓度减少溶剂在系统内的循环量，在凝聚前利用聚合后的物料温度和压力进行闪蒸等方法达到一定的节能目的。

（2）改性技术：一是针对与天然橡胶的差异，改进异戊橡胶生胶、混炼胶和硫化胶的性能；二是通过卤化、氢化和环化等进行化学改性。

从资源供给来看，异戊橡胶主要取决于其单体异戊二烯，异戊二烯成本约占其生产总成本的60%以上，因此能否有廉价稳定的单体来源是决定异戊橡胶发展的关键因素。据计算从乙烯裂解副产的 C_5 馏分中分离异戊二烯是生产成本最低的工艺技术路线。2022年，我国乙烯产能达到4675万 t/a，产量达到2897万 t。目前还有一批在建或拟建大型乙烯装置，乙烯裂解的副产 C_5 将更加丰富，异戊橡胶装置将有充足的原料资源。国内有条件的合成橡胶生产企业可抓住这个机遇，根据市场情况，适时建设异戊橡胶装置，满足市场需求。

（3）开发高性能的催化剂体系。国内的稀土催化体系中试异戊橡胶产品（包括溶聚环烷酸稀土盐、溶聚烷氧基稀土盐以及本体聚合稀土盐催化合成异戊橡胶）存在的共同问题是顺-1,4结构摩尔分数较低，基本为94%~97%，而目前国外稀土异戊橡胶的顺式结构摩尔分数已达98%，接近于天然橡胶的结构和性能。因此，合成异戊橡胶的研究重点是选择合适的催化体系及国际先进的催化技术，将顺-1,4结构摩尔分数提高到98%以上，生产出合乎性能要求的异戊橡胶产品。

（4）由于目前异戊橡胶的市场定位主要是部分取代天然橡胶，在产品价格上需要比天然橡胶更具有优势。因此在生产过程中，需要降低生产成本，提高生产效率，创造价格竞争力。我国异戊橡胶消耗量虽少，但估计80%以上是用于轮胎生产。如果异戊橡胶的价格明显低于天然橡胶，那么异戊橡胶取代天然橡胶的可能性就很大。如果异戊橡胶市场价格与丁苯橡胶和顺丁橡胶持平，产品的市场定位就不仅仅是取代天然橡胶，还可以占有部分丁苯橡胶和顺丁橡胶的应用市场。

（5）在通用异戊橡胶具有一定的市场占有率后，还需要开发高附加值的异戊橡胶产品，应用于特殊制品和材料领域。

近10年，全球对合成橡胶的需求量增长将近40%，2022年产能已达到2000万 t 以上。合成橡胶在汽车轮胎行业中应用的持续增长，以及在非轮胎应用领域的巨大潜力都会在未来对合成橡胶产业起到积极的影响。从长远来看，合成橡胶产业具备很多机遇，增长是必然，但也面临若干挑战。首先，随着汽车行业的不断升级，对于汽车轮胎的各项性能具有新的要求,使得橡胶合成产业的工艺技术需要不断提高,制造高性能绿色环保的合成橡胶材料满足汽车行业对轮胎质量的要求;其次,合成橡胶工艺一般采用金属催化剂,后期产生的溶液具有污染性,应对环保日益严格的要求,必然导致合成橡胶产业在工艺流程中用于污染物、废水处理的成本投入更多;最后,随着合成橡胶应用领域的多样化,对于合成橡胶的性能要求各有特点,合成橡胶产业必然走入与细分市场需求相适应的多样化生产,很难做到一家独大,并且对质量的把控更加严格,国内必将淘汰一批生产效率低、合成橡胶性能质量不高的产能,一些老旧生产设备也面临更新换代。

在市场拓展方面,针对"一带一路"项目的建设,跟随国内轮胎及橡胶制品企业的国外布局,如乌兹别克斯坦、伊朗、埃及、孟加拉国及塞尔维亚等国家,积极开展出口贸易,将产品推向国际市场,缓解国内装置的产能过剩压力。

总体来说,合成橡胶产业在未来,挑战与机遇并存,市场对于橡胶产量的巨大需求以及对于质量性能的严格要求,必然使得合成橡胶产业在技术创新、设备换代以及污染治理上投入更多资金,使合成橡胶从简单的较粗放式的生产,转入科技主导的、集群化、精细化的生产,兼顾效率、质量和生态环境[7~8]。

参 考 文 献

[1] 中国工业环保促进会化工委员会.GMT橡胶:异戊橡胶生产技术研究进展及生产和市场发展[R/OL]. [2015-04-12].http://ciepchem.org.cn/cysc/gmt/?id=166.

[2] 崔小明.聚异戊橡胶生产技术进展[J/OL].中国化工信息杂志,2010,48:[2010-12-14].https://www.chemnews.com.cn/c/2010-12-14/564855.shtml.

[3] 庞贵生,张冬梅,韩广玲,等.异戊橡胶生产技术及发展趋势[J].弹性体,2014,24(3):71-76.

[4] 杨亮亮.国内外异戊橡胶市场分析与预测[J].中国橡胶,2014,30(15):21-24.

[5] 王志坤,周伟,孙艳红,等.稀土异戊橡胶发展前景展望[J].弹性体,2005(3):60-62.

[6] 孙欲晓,李江利,郭滨诗,等.异戊橡胶国内外现状及发展建议[J].弹性体,2009,19(6):60-64.

[7] 中国合成橡胶工业协会秘书处.2022年中国合成橡胶工业回顾及展望[J].合成橡胶工业,2023,46(3):171-174.

[8] 中国合成橡胶工业协会秘书处.2021年中国合成橡胶产业发展回顾及展望[J].合成橡胶工业,2022,45(3):169-172.

第 2 章 结构与性能

聚异戊二烯有 4 种微观结构：顺-1,4 结构、反-1,4 结构、3,4 结构和 1,2 结构，如图 2-1 所示。

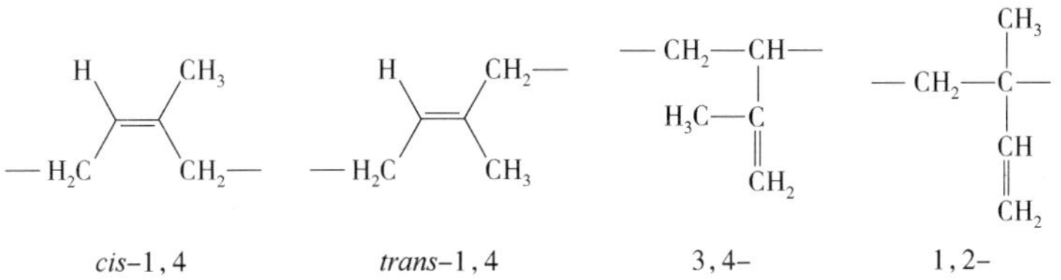

图 2-1　聚异戊二烯的微观结构

2.1　顺-1,4-聚异戊二烯

2.1.1　结构

高顺-1,4-聚异戊二烯橡胶中的 cis-1,4 结构与天然橡胶的主要成分结构相同，其在很多性能方面与天然橡胶相似，因此也被称作合成天然橡胶[1]。橡胶中 cis-1,4 结构的含量是一项十分重要的用以衡量橡胶性能的指标，其与物理机械性能和动态力学性能相关，当 cis-1,4 结构含量高于一定值(一般认定为 96%)时，每增加 1% 的含量，都可以使拉伸性能显著提高[2]。对于不同的引发体系和合成工艺，其产品的 cis-1,4 结构含量也有着比较大的区别。

工业生产聚异戊二烯橡胶主要是顺-1,4-聚异戊二烯，采用的催化体系主要有三种：齐格勒-纳塔催化剂(由四氯化钛/烷基铝组成)、锂系催化剂和稀土催化剂，采用的工艺主要为溶液聚合法。表 2-1 列出了不同催化体系的异戊橡胶结构。

表 2-1　不同催化体系的异戊橡胶结构

指　　标	天然橡胶	异戊橡胶		
		稀 土 系	锂　系	钛　系
cis-1,4 结构含量/%	98.0	94.0~99.5	91.0~92.0	96.0~98.0
1,2 结构含量/%	0	0	0	0
3,4 结构含量/%	2.0	0.5~6.0	8.0~9.0	2.0~4.0

15

指　　标	天然橡胶	异戊橡胶		
		稀土系	锂系	钛系
$\overline{M}_w \times 10^{-4}$	100~1000	130~250	122	70~130
$\overline{M}_n \times 10^{-4}$		26~100	62	19~40
$\overline{M}_w / \overline{M}_n$	>3.0	2.2~5.6	2.0	2.4~4.0
凝胶含量/%	15~30	0~3	0~1	4~30

目前，生产聚异戊二烯橡胶多选用钛系催化剂，而俄罗斯采用稀土催化体系生产聚异戊二烯橡胶[3-4]，此外，美国壳牌公司选择锂系催化体系生产聚异戊二烯橡胶。

核磁共振在化合物(尤其是有机物)结构检测上的突出优势，使其成为橡胶等高聚物微观结构测定的重要工具。目前，对异戊橡胶中顺式 1,4、反式 1,4、1,2 和 3,4 结构单元的定性和定量确定基本是通过核磁共振来完成的。为了确保结论的可靠性，还可以结合红外光谱来进行辅助验证。

埃列娜·齐奥塞斯库[5]对顺式和反式 1,4-聚异戊二烯中甲基氢的化学位移有明确定性。但是对于 3,4-异构体和 1,2-异构体则没有具体指认，仅说明 3,4-异构体在 4.67~4.73ppm 处具有特征双谱线，而 1,2-异构体的特征吸收谱线出现在 5.30ppm 和 0.92ppm 处，根据上述异构体的结构推测了这些化学位移所代表的质子类型，并汇总在表 2-2 中作为参考，其余数据均为文献实际记载。

表 2-2　聚异戊二烯 1H-NMR 化学位移及结构指认汇总表

顺-1,4 结构			反-1,4 结构			3,4 结构				1,2 结构			
—CH₃	—CH₂—	=CH—	—CH₃	—CH₂—	=CH—	—CH₃	=CH₂	｜CH	—CH₂—	—CH₃	—CH₂—	=CH₂	=CH—
1.67		5.02~5.08	1.6			1.67	4.67~4.73			0.92			5.30
1.74	2.19	5.24	1.65	2.14	5.24	1.69	4.81	2.21	1.5				
1.74		5.24	1.65~1.69		5.24	1.65~1.69	4.81						5.02
1.661	2.023	5.10	1.608	2.023	5.10	1.641	4.740	1.973	1.414				
	2.045	5.10		1.961	5.10	1.68	4.75	2.00	1.36				
1.68		5.12			5.12	1.62	4.76						

对聚异戊二烯橡胶中顺式 1,4 结构含量的计算方法众多，比较经典的计算方法有：

$$([1,2])/([cis\text{-}1,4]+[trans\text{-}1,4]) = I5.02/I5.24$$

$$([3,4])/([cis\text{-}1,4]+[trans\text{-}1,4]) = I4.81/2I5.24$$

$$[cis\text{-}1,4]/([trans\text{-}1,4]+[3,4]) = I1.74/(I1.65\text{~}1.69)$$

$$[cis\text{-}1,4]+[trans\text{-}1,4]+[1,2]+[3,4] = 1$$

其中，3,4 和 1,4 结构单元的比例通过 =CH₂ 和 =CH— 的积分面积得出，同时考虑到反式 1,4 和 3,4 结构的甲基质子位移峰位可能会大部分重合，所以将二者的位移峰面积共同积分，从而计算各结构单元的含量。

有研究者认为，顺式 1,4 结构+3,4 结构与反式 1,4 结构单元的摩尔比可从 1.67ppm 和 1.60ppm 的甲基谱线积分面积得到，亦即认为 1.67ppm 的位移峰应为顺式 1,4 和 3,4 结构甲基谱线的重合。

采用 3,4 结构单元中—CH_2—的位移峰积分面积来计算其含量的，由于没有 1,2 结构单元，所以列方程式如下：

$$x+y=ks$$
$$2z=0.0969$$
$$3x+3z=2.2684ks$$
$$x+y+z=1$$

其中，x，y 和 z 分别表示顺-1,4、反-1,4 和 3,4 结构单元的含量；s 表示 1,4-异构体的积分面积，k 表示含量；0.0969 和 2.2684 分别为以 $\delta=5.10$ppm 的甲基质子位移峰积分面积为 1.0 的条件下得到的 3,4 结构单元中—CH_2—的质子位移峰面积（$\delta=1.414$ppm）和顺-1,4 结构单元中甲基质子的位移峰面积（$\delta=1.661$ppm）。很明显，该方法在计算顺-1,4 和 3,4 结构时使用的特征位移峰与文献[6]不相同。

下面对国内两种异戊橡胶(表 2-3)的指标进行对比分析。

表 2-3　胶料编号及门尼黏度

胶料编号	胶料牌号	门尼黏度
1#	异戊橡胶 80	78.4
2#	山东样品	76.4

如图 2-2 所示，利用凝胶色谱仪分别表征了 2 个样品的数均分子量、重均分子量、Z 均分子量、$Z+1$ 均分子量及其分布等，统计结果见表 2-4。

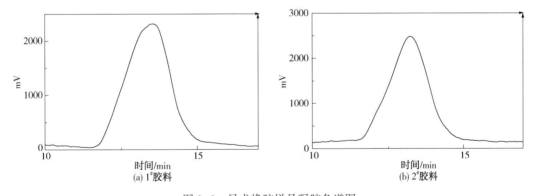

图 2-2　异戊橡胶样品凝胶色谱图

表 2-4　异戊橡胶样品的平均相对分子质量及其分布(GPC 结果)

胶料编号	1#	2#
胶料牌号	异戊橡胶 80	山东样品
门尼黏度	78.4	76.4

续表

胶料编号	1#	2#
数均分子量 $M_n \times 10^{-4}$	53.95	42.25
重均分子量 $M_w \times 10^{-4}$	90.50	74.32
Z 均分子量 $M_Z \times 10^{-4}$	145.10	123.50
$Z+1$ 均分子量 $M_{Z+1} \times 10^{-4}$	205.60	177.38
分子量分布 $D = M_w/M_n$	1.68	1.76
分子量分布 $D = M_Z/M_w$	1.60	1.66
分子量分布 $D = M_{Z+1}/M_w$	2.27	2.39

异戊橡胶样品性能及混炼测试结果见表2-5和表2-6。

表2-5 异戊橡胶样品性能

样品编号	1#	2#
样品名称	异戊橡胶80	山东样品
灰分/%	0.43	0.30
挥发分/%	0.70	0.48
生胶门尼黏度	78.4	76.4
混炼门尼黏度	43.8	39.4

表2-6 混炼胶物理机械性能

项 目	异戊橡胶80		山东样品	
	20min	30min	20min	30min
拉伸强度/MPa	20.29	21.81	19.78	20.89
扯断伸长率/%	719.32	714.85	724.56	706.05
撕裂强度/(kN/m)	31.89	33.3	32.7	32.3

2.1.2 性能与应用

2.1.2.1 性能

高顺-1,4-聚异戊二烯橡胶在常温下具有较高的弹性，稍带塑性，具有非常好的机械强度，滞后损失小，在多次变形时生热低，因此其耐屈挠性也很好，并且是非极性橡胶，电绝缘性能良好。因为有不饱和双键，是一种化学反应能力较强的物质，光、热、臭氧、辐射、屈挠变形和铜、锰等金属都能促进橡胶的老化，不耐老化是天然橡胶的致命弱点，但是，添加了防老剂的天然橡胶，有时在阳光下暴晒两个月依然看不出有多大变化，在仓库内贮存三年后仍可以照常使用。较好的耐碱性能，不耐浓强酸。由于高顺-1,4-聚异戊二烯橡胶是非极性橡胶，只能耐一些极性溶剂，而在非极性溶剂中则溶胀，因此，其耐油性和耐溶剂性很差。一般来说，烃、卤代烃、二硫化碳、醚、高级酮和高级脂肪酸对其均有溶解作用，但其溶解度受塑炼程度的影响，而低级酮、低级酯及醇类则不能溶解。异戊橡胶与天然橡胶的性能对比见表2-7。

表 2-7　异戊橡胶与天然橡胶的性能对比

性　　　质	天然橡胶	异戊橡胶
相对密度	0.92	0.91
灰分/%	0.5~1.0	0.05~0.2
折射率(20℃)	1.52	—
体积膨胀系数/K^{-1}	0.00062	—
导热系数	0.00032	—
比热容/[cal/(g·K)]	0.45~0.5	—
玻璃化温度(T_g)/℃	−73	—
熔点(T_m)/℃	15~40	—
溶解度参数SP值	8.13	0~25
内聚能密度/(cal/mL)	63.7	8.09
体积电阻率/(Ω·cm)	10^{16}~10^{17}	10^{16}~10^{17}
介电常数	2.5~3.0	2.5~3.0
燃烧值/(cal/g)	10700	—

2.1.2.2　应用

由于高顺-1,4-聚异戊二烯橡胶具有上述一系列物理化学特性，尤其是其优良的回弹性、绝缘性、隔水性及可塑性等特性，并且，经过适当处理后还具有耐油、耐酸、耐碱、耐热、耐寒、耐压、耐磨等宝贵性质，所以具有广泛用途。例如日常生活中使用的雨鞋、暖水袋、松紧带；医疗卫生行业所用的外科医生手套、输血管、避孕套；交通运输上使用的各种轮胎；工业上使用的传送带、运输带、耐酸和耐碱手套；农业上使用的排灌胶管、氨水袋；气象测量用的探空气球；科学试验用的密封、防震设备；国防上使用的飞机、坦克、大炮、防毒面具；甚至连火箭、人造地球卫星和宇宙飞船等高精尖科学技术产品都离不开高顺-1,4-聚异戊二烯橡胶。

天然橡胶与异戊橡胶(高顺式和中顺式)两个品种的性能比较见表2-8至表2-10[7]，从表中可以看出，在定伸应力、拉伸强度、撕裂强度三大强伸性能以及耐磨耗等方面，天然橡胶皆略优于异戊橡胶，而异戊橡胶中的高顺式橡胶又优于中顺式橡胶。在耐疲劳裂口次数和耐寒系数上，异戊橡胶优于天然橡胶。从总体上讲，两者在众多领域基本上可相互代替。

表 2-8 天然橡胶与异戊橡胶性能比较(无填料橡胶)

项 目	天然橡胶		异戊橡胶	
	高硫配合	低硫配合	高顺式	中顺式
生胶	100	100	100	100
氧化锌	5	5	5	5
硬脂酸	0.5	1	1	1
硫黄	3	1	1	1
促进剂 M	0.7	—	—	—
促进剂 DM		0.6	0.6	0.6
促进剂 D		3	3	3
防老剂 D		0.6	0.6	0.6
防老剂 DPPD		0.5	0.5	0.5
温度/℃	143	133	133	133
时间/min	10~30	10~30	5~7	10~30
300%定伸应力/MPa	0.5~2.0			
500%定伸应力/MPa	1.5~4.0	2.5~5.5	1.5~3.0	1.0~3.5
拉伸强度(20℃)/MPa	20~32	28~36	26~35	18~33
拉伸强度(100℃)/MPa	12~22	20~30	16~30	6~19
拉伸强度(100℃×72h)/MPa	12~25	18~25	16~24	9~14
拉断伸长率(20℃)/%	700~950	700~900	700~1000	800~1200
拉断伸长率(100℃)/%	750~1050	850~1100	850~1100	700~1200
拉断伸长率(100℃×72h)/%		600~800	550~800	500~900
压缩永久变形/%		8~16	5~16	7~16
撕裂强度/(kN/m)	40~45	35~55	30~55	20~45
硬度(邵氏 A)	30~40	35~40	30~40	25~35
回弹性(20℃)/%	65~70	65~75	65~75	64~74
回弹性(100℃)/%	75~80	72~82	72~82	72~81
弹性模量(动态)/MPa		1.45~1.68	1.38~1.67	0.98~1.62
内摩擦模数/MPa		0.12~0.23	0.13~0.22	0.10~0.19
脆化温度/℃	-65			
耐寒系数(-45℃)	0.95	0.40~0.90	0.50~0.98	0.50~0.98

表2-9　天然橡胶与异戊橡胶性能比较（含30份填料橡胶）

项　目	天然橡胶	异戊橡胶	
		高顺式	中顺式
生胶	100	100	100
氧化锌	5	5	5
硬脂酸	1	1	1
硫黄	1	1	1
促进剂 DM	0.6	0.6	0.6
促进剂 D	3	3	3
防老剂 D	0.6	0.6	0.6
防老剂 DPPD	0.5	0.5	0.5
易混槽黑（EPC）	30	30	30
温度/℃	133	133	133
时间/min	10~20	10~20	10~15
300%定伸应力/MPa	3.0~5.5	2.0~4.5	2.0~3.5
500%定伸应力/MPa	12.0~16.5	7.0~13.5	3.5~7.5
拉伸强度（20℃）/MPa	34~39	28~39	26~33
拉伸强度（100℃）/MPa	19~26	17~25.5	11~19
拉伸强度（100℃×72h）/MPa	12~16	19~24	12~22
拉断伸长率（20℃）/%	700~850	700~900	750~1100
拉断伸长率（100℃）/%	850~1100	750~1100	800~1150
拉断伸长率（100℃×72h）/%	500~700	500~750	650~850
压缩永久变形/%	25~35	25~40	30~55
撕裂强度/（kN/m）	100~165	65~140	40~75
硬度（邵氏A）	50~60	45~60	45~55
回弹性（20℃）/%	50~60	45~60	45~59
回弹性（100℃）/%	55~72	51~71	55~65
弹性模量（动态）/MPa	2.28~2.94	2.26~3.12	2.32~2.79
内摩擦模数/MPa	0.71~0.94	0.65~0.99	0.58~0.84
耐寒系数（-45℃）	0.40~0.55	0.45~0.55	0.50~0.55
疲劳裂口次数/万次	11.0~13.0	14.0	16.0~17.0

表 2-10 天然橡胶与异戊橡胶性能比较(含 50 份填料橡胶)

项 目	天然橡胶	异戊橡胶	
		高顺式	中顺式
生胶	100	100	100
氧化锌	5	5	5
硬脂酸	1	1	1
硫黄	1	1	1
促进剂 DM	0.6	0.6	0.6
促进剂 D	3	3	3
防老剂 D	0.6	0.6	0.6
防老剂 DPPD	0.5	0.5	0.5
易混槽黑(EPC)	50	50	50
温度/℃	133	133	133
时间/min	10~20	10~20	10~20
300%定伸应力/MPa	7.0~10.0	3.5~8.0	3.0~6.0
500%定伸应力/MPa	16.3~23.0	10.0~21.0	9.0~14.0
拉伸强度(20℃)/MPa	30~35	25~34.5	23~31
拉伸强度(100℃)/MPa	17~25	15~25	12~17
拉伸强度(100℃×72h)/MPa	7~16	13~23	12~26
拉断伸长率(20℃)/%	600~750	650~800	700~850
拉断伸长率(100℃)/%	700~850	750~950	750~1000
拉断伸长率(100℃×72h)/%	450~550	450~650	500~650
压缩永久变形/%	30~45	30~45	35~50
撕裂强度/(kN/m)	130~170	110~160	90~100
硬度(邵氏 A)	65~75	65~70	60~65
回弹性(20℃)/%	34~52	37~51	35~48
回弹性(100℃)/%	42~60	42~60	42~50
弹性模量(动态)/MPa	3.55~4.90	3.33~4.22	2.95~4.02
内摩擦模数/MPa	1.45~1.96	1.37~1.77	0.98~1.60
耐寒系数(-45℃)	0.25~0.40	0.25~0.40	0.37~0.41
疲劳裂口次数/万次	12.0~13.0	14.0~17.0	>36.0
磨耗减量/[cm³/(kW·h)]	250	260	340

2.1.2.3 异戊橡胶在医疗领域的应用

2004 年国家食品药品监督管理局下发了关于进一步做好淘汰普通天然胶塞工作的通知,明确要求从 2005 年 1 月 1 日起停止使用普通天然胶塞(不包括口服固体药品包装用胶塞、垫片、垫圈)作为药品(包括医院制剂)包装。从此,异戊橡胶作为淘汰天然胶的最佳材料越来越多地用于医用药品包装材料。

表 2-11 列出了国家食品药品监督管理总局发布的关于异戊橡胶制品应用的一些文件。

表 2-11　国家食品药品监督管理总局发布的关于异戊橡胶制品应用的文件

序号	发文时间	文件号	文件名称	具 体 内 容
1	2004 年 8 月 9 日	国食药监注〔2004〕391 号	关于进一步加强直接接触药品的包装材料和容器监督管理的通知	有关普通天然胶塞淘汰的要求： （一）按照国家有关产业政策的要求和我局相关通知规定，为保证药品质量，将于 2005 年 1 月 1 日起停止使用普通天然胶塞（不包括口服固体药品包装用胶塞、垫片、垫圈）作为药品（包括医院制剂）的包装。对在 2004 年 12 月 31 日前已用普通天然胶塞包装的药品（包括医院制剂），应当在药品的有效期内用完为止。 （二）各省、自治区、直辖市食品药品监督管理部门要尽早做好淘汰普通天然胶塞工作的部署和衔接工作，凡采用替代普通天然胶塞作为包装产品的药品的补充申请，由于更换时间相对集中，2004 年 12 月 31 日前，由各省、自治区、直辖市食品药品监督管理部门审批，报我局备案。 （三）2005 年 1 月 1 日起，新药、已有国家标准药品、进口药品、医院制剂的申请及其变更药包材的补充申请，不再受理采用普通天然胶塞作为包装
2	2014 年 8 月 21 日	国家食品药品监督管理总局通告（2014 年第 12 号）	国家食品药品监督管理总局关于发布免于进行临床试验的第二类医疗器械目录的通告	聚异戊二烯合成橡胶避孕套： 用聚异戊二烯橡胶制造，可按模型差异分为平面型、浮点型、螺纹型、异型；按添加成分不同分为若干种；可按标称宽度不同分为若干规格；彩色型添加食品级颜料，香味型添加食用香精，润滑型增加适量湿型润滑剂硅油用量；标称宽度、模型差异与添加成分可进行一定的组合。供男性用于避孕和预防性传播疾病。产品性能指标采用下列参考标准中的适用部分，如：GB 7544—2009 天然胶乳橡胶避孕套技术要求与试验方法
3	2015 年 8 月 27 日	国家食品药品监督管理总局公告（2015 年第 164 号）		YBB00232004—2015《药用合成聚异戊二烯垫片》； YBB00102004—2015《预灌封注射器用聚异戊二烯橡胶针头护帽》
4	2018 年 4 月 26 日	国家药品监督管理局通告（2018 年第 14 号）	化学药品与弹性体密封件相容性研究技术指导原则（试行）	药品包装常用的橡胶材料主要有：聚异戊二烯橡胶、丁基橡胶、卤化（氯化/溴化）丁基橡胶、硅橡胶、三元乙丙橡胶等；按照橡胶组件的结构，可分为：有隔层密封件、无隔层密封件；按照加工工艺，可分为：覆膜工艺、涂膜工艺和镀膜工艺等。 注射剂用密封件有：注射液用卤化（氯化/溴化）丁基橡胶塞，注射用无菌粉末用卤化（氯化/溴化）丁基橡胶塞，注射用冷冻干燥用卤化（氯化/溴化）丁基橡胶塞，药用合成聚异戊二烯垫片，预灌封注射器用氯（溴）化丁基橡胶活塞，预灌封注射器用聚异戊二烯橡胶针头护帽，笔式注射器用氯（溴）化丁基橡胶活塞和垫片等。 聚异戊二烯橡胶：是以异戊二烯单体聚合而成的高顺-1,4-聚异戊二烯橡胶。由于与天然橡胶化学结构类似，也称为合成天然橡胶。因不含天然橡胶中常有的异蛋白等物质，在医用领域成为天然橡胶的替代品

2.2 反-1,4-聚异戊二烯

2.2.1 结构

反-1,4-聚异戊二烯(TPI)又叫合成巴拉塔橡胶,与天然古塔波胶(Gutta-percha)和杜仲胶(Balata)的结构与性能相同,合成该聚合物的单体为异戊二烯。TPI与顺-1,4-聚异戊二烯或天然橡胶具有完全相同的化学组成(C_5H_8)$_n$,但性能有很大差异。这是由于两者分子链的构型截然相反所致,NR为顺-1,4结构,在常温下是柔软的弹性体;而反-1,4结构常温下以折叠链形式呈现,低于60℃即迅速结晶,是具有高硬度和高拉伸强度的结晶型聚合物。长期以来,因其室温条件下的易结晶性,只能用作硬橡胶或塑料的代用品。随着对其研究的不断深入,特别是杜仲胶硫化弹性体的出现及其三阶段特性的揭示,使TPI的应用范围不断扩大,现已成为一种热门材料。

2.2.2 催化体系

钒体系即钒族过渡金属如钒的卤化物、氧卤化物与AlR_3(或AlR_2Cl)组合而成的催化体系,对二烯烃聚合只生成反-1,4结构,是一种合成的特效催化剂。如VCl_4(或$VOCl_3$)-$AlEt$(或$AlEt_2Cl$)、VCl_3-$AlEt_3$对异戊二烯聚合,生成反式含量为91%~99%的聚异戊二烯。只有少数例外,如不含卤素的$V(acac)_3$与$AlEt_3$组合用于异戊二烯聚合,3,4结构占优势。钒的各种氯化物,如VCl_3、VCl_4和$VOCl_3$与AlR_3组合,所得的结构相似,但其反-1,4结构含量随以下钒组分依次降低,VCl_3>VCl_4>$VOCl_3$。据文献报道,采用$VOCl_3$为主催化剂进行异戊二烯聚合,当Al/V=1时,聚合活性尚可,但反-1,4结构含量只有90%左右;若采用VCl_3为主催化剂,则反-1,4结构含量可达99%左右,尽管聚合速度非常缓慢。对VCl_3唯一有效的助催化剂是AlR_3,而且所得产物的微观结构对催化剂配比、温度和给电子体如醚等不敏感。异戊二烯采用钒系催化剂聚合,所用溶剂是芳烃和脂肪烃,聚合温度通常为-20~50℃。由于钒系催化剂特别是VCl_3大都是非均相体系,其催化效率较低,为50~100g聚合物/g VCl_3。VCl_3-AlR_3非均相催化剂的另一个明显特点是,随着单体转化率的提高,聚合速度很快增加到最大值。已有证据表明,这是由于VCl_3晶粒破碎为细分散体,比表面增大所致。基于这种观察曾发展了很多细分VCl_3的方法。

钛体系是可用于异戊二烯聚合的一类重要催化剂。它主要用来合成高顺式PIP,但也可以得到高反式PIP,其聚合产物的结构主要受以下诸因素的影响。Al/Ti比的影响:采用$TiCl_4$-AlR_3催化体系,当Al/Ti<1时,可以得到高反式PIP,但聚合产物通常都是高度支化的,且含有凝胶,在反应中还形成相当数量的环状结构,而当Al/Ti≥1时,可形成顺-1,4结构含量>96%的聚合物。溶剂的影响:Horne用$Ti(OR)_4$-$AlEtCl_2$聚合异戊二烯,随着钛酸酯基R的结构和溶剂的不同,或是形成CPI,或是得到TPI,如表2-12所示。

表2-12　聚异戊二烯的微观结构对溶剂的依赖性

钛酸酯	溶 剂	聚异戊二烯
R＝伯烷基	脂肪烃或芳烃	顺－1,4
R＝仲烷基	脂肪烃	顺－1,4
R＝仲烷基	芳香烃	反－1,4
R＝叔烷基	脂肪烃或芳香烃	反－1,4

过渡金属盐晶型的影响：采用 α-TiCl$_3$-AlEt$_3$ 催化体系使异戊二烯聚合，可以得到反－1,4结构含量占85%。汽油与甲苯均为适宜的溶剂，报道的最高收率[1.26g 聚合物/(gTiCl$_3$·h)]是 Al/Ti/异丙醚＝12：1：1 于50℃下在苯中聚合得到的。采用 TiI$_4$-LiAlH$_4$ 催化体系使异戊二烯聚合，可以得到反式 PIP，若用 Cl 或 Br 取代 TiI$_4$ 中 I，则反－1,4含量减少，顺－1,4含量增多。

据文献报道，钒－钛混合体系能合成高反式 PIP，并且就聚合速度及聚合物收率而言活性较高。非均相体系：VCl$_3$/β-TiCl$_3$/AlEt$_3$ 催化体系是通过还原 TiCl$_4$ 与 VCl$_4$ 的混合物（其主要比例是 Ti/V＝4：1，Al/V＝1：3），并以过量的 AlEt$_3$ 活化还原了的金属卤化物，使 Al/(V+Ti) 值等于5时而生成。混合卤化物可在 80~170℃ 的温度范围内制备。这种催化剂所产生的平均聚合反应速率比单独用使快50倍左右。通过下述方法可制得一种活性特别高的催化剂。首先将 TiCl$_4$ 还原为 β-TiCl$_3$，再加热使其转化成为 γ 型，然后加入 VCl$_4$，借加热使后者分解为 VCl$_3$，再以 AlEt$_3$ 活化由母液中分离出的 VCl$_3$ 及 TiCl$_3$ 混合物，在 Al/(V+Ti)＝5~10 的情况下，最佳比例为 1：2。采用该体系，可得反－1,4结构含量为98%，$[\eta]$＝4~5 的 TPI，其催化效率可达 12g 聚合物/(mmolV·h)。均相体系：Ti(OR)$_4$/VCl$_3$-TiO$_2$/AlR$_3$ 催化体系是将 Ti(OR)$_4$ 或 phTi(OR)$_3$ 及 AlR$_3$ 加到负载于 TiO$_2$ 之上的 VCl$_3$ 中而成的。不同 Al/V 值对应的最佳 V/Ti 值如下：当 Al/V＝5：1 时，V/Ti＝2~4；当 Al/V＝10：1 时，V/Ti＝1~2；当 Al/V＝20：1 时，V/Ti＝0.5~1。利用这个催化剂进行异戊二烯聚合反应的典型例子：先将 0.45mmol VCl$_3$ 沉积在高岭土上（VCl$_3$ 含量约5%~6%），然后使其与四(2-乙基丁氧基)钛酸酯(0.22mmol)、Al(i-Bu)$_3$(4.5mmol) 在 170mL 苯中反应，再加入异戊二烯150mL，于50℃下聚合6h。其单体转化率为90%，反－1,4结构含量为98%，$[\eta]$＝3~50，催化活性为 VCl$_3$/γ-TiCl$_3$/AlEt$_3$ 体系的两倍。朱行浩等[8]用 Ti(OR)$_4$/VCl$_3$/Al(iBu)$_3$ 催化体系进行异戊二烯聚合的结果表明，该体系的聚合活性比传统的钒体系要高得多，其聚合6h 的转化率可达90%以上，且反－1,4含量能够保持高水平。在甲苯或己烷中用V-Ti-Al催化剂合成 TPI，其胶液黏度非常高，给传热及胶液输送带来困难。专利文献表明，降低黏度的有效方法是添加齐聚物或在氢压下聚合。此外，使用混合溶剂和通过机械剪切力破坏缔合大分子也是可行的措施。

负载型高效催化剂：Cooper 把异丙醚加到 RH 溶液中沉积在细分散的载体上，当 Al/V＝2：1时，(iPr)$_2$O/V＝5：1，可使催化效率提高4倍。把 VCl$_3$ 负载于细分散的 TiO$_2$ 或黏土上，催化效率可提高4~8倍。采用负载型钛系高效催化剂合成了高反－1,4-聚异戊二烯，该催化剂系 TiCl$_4$ 或 Ti(OR)$_4$ 分散负载于 Mg-Al 卤化物上并经活化制得，助催化剂为 Al(i-Bu)$_3$。聚合体系是以汽油或甲苯为溶剂，用甲苯比用汽油催化效率高，这是因为甲苯的溶解性较好，减少了聚合物对活性中心的包埋。合适的加料顺序是 Ti、Al、单体、溶剂。催化效率随着单体浓度、聚合温度和聚合时间的增加而增加。在适当的条件下，催化剂效率可达 2000gTPI/gTi，这比常规 V 体系或 V-Ti 体系的催化效率要高得多，且其反-1,4 结构含量也可达 98%，因而负载型钛系催化剂是目前合成最有前途的催化剂。

其他催化体系：金属 π-烯丙基化合物合成 TPI，以 $(C_5H_9NiI)_2$ 为催化剂在乳液中得到反-1,4 含量为 91% 的聚合物。沉积在硅酸铝上的三氧化铬可生成结晶的 TPI，但催化剂的效率较低，没有什么实用价值。C_0X_2-$AlEt_2Cl$ 体系对于异戊二烯聚合，虽然主要也得 1,4 结构，但定向性差。现在也有用稀土催化体系合成 TPI 的报道。

黄宝琛课题组对高反-1,4-聚异戊二烯的合成已研究多年，开发出了负载钛-三异丁基铝 $[TiCl_4/MgCl_2-Al(i-Bu)_3]$ 催化剂、正辛醇改性负载钛三异丁基铝 $[TiCl_4/MgCl_2-Al(i-Bu)_3-C_8H_{18}O]$ 催化剂、负载 $TiCl_3(OC_4Hg)$-三异丁基铝 $[TiCl_3(OC_4Hg)-MgCl_2-Al(i-Bu)_3]$ 催化剂、钛酸丁酯和负载钛 $(TiCl_4/MgCl_2)$-三乙基铝 $[TiCl_3(OC_4Hg)-TiCl_4/MgCl_2-Al(i-Bu)_3]$ 复合催化剂、负载钛-三乙基铝 $[TiCl_4/MgCl_2-AlEt_3]$ 催化剂、钛酸正戊酯和负载钛-三乙基铝 $[Ti(C_5H_{11}O)_4-TiCl_4/MgCl_2-AlEt_3]$ 催化剂等引发异戊二烯聚合生成高反-1,4-聚异戊二烯，合成出一种新型的高性能合成橡胶。

He 等采用负载钛-三异丁基铝催化剂引发丁二烯和异戊二烯共聚，所得共聚物有高含量的反-1,4 微观结构，异戊二烯单元的反-1,4 结构含量高达 98%，而丁二烯单元的反-1,4 含量高达 90%。

2.2.3 性能与应用

天然反-1,4 异戊橡胶古塔普橡胶又名巴拉塔（Balata）橡胶，其成分中占绝对优势（99%）的是存在于杜仲树脂中的反-1,4-异戊二烯，故也称杜仲橡胶，因此它和三叶天然橡胶属于同分异构的高分子材料。最初的制备方法是用溶剂处理乳汁后再用丙酮抽提，但收率太低（仅 1.2%~1.3%）。后来改用机械方法生产，即先将树干、树叶等含胶汁的部分捣碎，再用热水抽提而得。古塔普橡胶的特点是兼具橡塑双重特性，即在室温下呈结晶状，无弹性，外形犹如硬塑料。但当温度上升到 60℃后，结晶便软化，能在普通炼胶机上操作，还可以加硫交联，获得弹性，并具有优良的耐海水、耐臭氧、耐酸碱等一系列特性。古塔普橡胶作为天然橡胶的品种之一，虽然有其不可替代的优点，但由于产率低，迄今没有大量种植，只是作为后备品种。

其应用仍局限于几个特殊领域：

（1）作为海底电缆的绝缘层材料，以发挥其耐海水特性。

（2）在医疗上用于骨科的定位，以替代传统材料（如石膏、绷带钢/木夹板）。它的特点是使用起来十分方便，用后如需解除或换药，加热即可，是一种理想的矫形材料，较多地在骨外科方面作为脖托或腰托使用。

（3）作为人体的防护材料，如作为运动员的护腿、护膝，既可保护肢体，又不影响竞技，军事上还可以用于对伤员的战地急救。

（4）作为形状记忆的功能材料，它的使用过程是在一定的外界条件下，先变形，后定形，使之固定下来，然后当外界条件恢复到原来时，材料也恢复到原始形状，这被称为形状记忆功能。对古塔普胶而言，把它加热到60℃以上，令其从结晶态转变为热塑状态，以便进行加工，而当其冷却下来时，又恢复到原来的结晶态。

由于古塔普橡胶的收获率低，应用面又不广，从经济角度考虑不适宜大面积种植，所以长期以来从天然植物炼取古塔普胶的规模有限。但近年通过合成反-1,4-聚异戊二烯，发现它可以与 NR、SBR、BR 等通用胶种并用，不仅可在数量上作为传统通用胶的替代物，还可以在某些性能上与它们取长补短，发挥其独特的作用，引起了橡胶工业界的关注。如并用于轮胎的胎面、胎侧中时，可以提高耐磨性，降低滚动阻力，从而减少油耗。合成 TPI 的生胶以直链结构为主，支链结构占极少数(仅 0.52%)，TPI 生胶在室温下极易结晶，呈塑料或硬质胶状。但结晶的熔点仅 60℃，因此与不饱和通用胶在常规炼胶机上共混方便。经过硫化形成交联结构后，阻碍了重新结晶(即使温度降低)的倾向，也就是说能保持弹性体特性。TPI 在硫化前的性能参数见表 2-13。

表 2-13　TPI 的生胶参数

项　　目	数　　值	项　　目	数　　值
门尼黏度	30	熔融温度/℃	67
玻璃化温度/℃	-60~-53	结晶度/%	36
1,4 结构含量	99%	密度/(g/cm³)	0.9
3,4 结构含量	0.2%		

TPI 的硫化建立在其结构的碳-碳双键上，又因双键的密集程度和天然橡胶不相上下，所需的硫化体系也相同，无须另行考虑配方设计，只是其链段的结晶倾向较强，需要较高的交联密度，才能体现弹性体特性，为此应增加硫化剂用量(4~6 份)。所以 TPI 不适合单用，而适宜与通用不饱和胶并用，且并用比不能超过30%。

TPI 或其与通用胶的并用胶经硫化后都是弹性体，其可贵之处在于对地面的滚动阻力小、生热低，十分符合轮胎的要求。实践证明，通用橡胶(如天然胶、丁苯胶和顺丁胶)中掺用一定数量的 TPI 后，在力学性能基本保持不变的情况下，还具有提高耐磨性、降低滚动阻力和摩擦生热、减少油耗等诸多优点。青岛科技大学曾就此作了系统研究，在 NR/SBR 胎面胶中以 20 份 TPI 等量代用天然胶性能对比结果见表 2-14。TPI 除了在胎面方面的试验外，在胎侧的应用中，也体现了同样的优越性。另外，在半钢、全钢乃至工程轮胎的试用中，也都被证实可成功使用。

表 2-14　在 NR/SBR 胎面胶中代用 20 份 TPI 后与代用前的性能比较

项　　目	胎面胶不含 TPI	胎面胶中以 20 份 TPI 代替 NR
NR	70	50
SBR	30	30
TPI	—	20
N234 中超耐磨炭黑	25	25
N339 高耐磨炭黑	25	25

续表

项　　目	胎面胶不含 TPI	胎面胶中以 20 份 TPI 代替 NR
拉伸强度/MPa	26.7	24.1
300%定伸应力/MPa	11.4	13
断裂伸长率/%	571	501
拉伸永久变形/%	21	12
撕裂强度/(kN/m)	57.1	52.2
邵氏 A 型硬度/度	65	65
磨耗减量/(cm³/km)	0.097	0.104
一级裂口	5	36
六级裂口	30	75
滚动损失(相对值)	2.75	2.35
温升/℃	18	14
摩擦系数(干路面)	0.763	0.755
摩擦系数(湿路面)	0.346	0.336

　　总的来说，合成 TPI 的发展前景是被看好的，这主要基于两个方面：首先，在开发方面，它走合成的道路，不需要占用种植土地，也不受气候条件的制约，而且原料来源有保障。在 TPI 的合成技术上，传统方法是采取溶液聚合，催化采用钒-铝或钒-钛体系，成本比较昂贵。我国从 20 世纪 80 年代起，就自主研究、开发了本体聚合 TPI 技术，并通过了技术鉴定。若能扩大为工业化生产，成本有望降低，为扩大应用创造条件。其次，从应用角度着眼，TPI 的潜在市场也很广阔。其中有的与天然反式异戊橡胶相仿，有的还有新的延伸，分三个方面介绍：

　　(1) 利用其弹性/塑性的可逆转换特性，以及由此带来的形状记忆功能，做成特定产品，包括高尔夫球外层皮、热敏胶黏剂、热收缩管、光缆接头密封。这种情况与前面介绍过的天然反-1,4 异戊橡胶相同，总的年耗量有数千吨。TPI 的耐臭氧、耐酸碱、耐植物油脂等特性为这类应用奠定了基础。TPI 在进行这方面应用时，一般借助于热塑材料的加工方法(如注塑成型、挤出成型和压延成型等)和设备。在加热下完成成型，冷却后硬度、强度提高，满足使用要求。

　　(2) 通过和通用橡胶并用，开创新的应用领域。这对扩大 TPI 用途来说，具有突破性意义，使它今后成为通用胶的一员。虽不能单独使用，但可以按 20%～30% 的比例和常用的几种通用胶(如 NR、SBR、BR)并用，把 TPI 的高定伸、耐疲劳特性带给并用胶，而原配方可以不必调整、变动。主要力学性能可基本保持，而耐磨、生热、抗变形、滚动损失等方面则有不同程度的提高。所以对于动态下使用的产品，如轮胎、传动胶带、减震制品等而言，TPI 都有用武之地。即使对胶鞋来说，其使用时的受力频率远低于轮胎、传动胶带，但 TPI 优越的耐磨和抗屈挠特性对延长鞋的使用寿命也是很关键的。

　　(3) 作为橡胶助剂的包覆材料。橡胶助剂的品种繁多，按外形以粉体为最多。为了储存和称量方便，用户一般希望经过造粒。造粒的优点体现在两方面：第一，可防止在炼胶时粉尘飞扬，污染车间环境，并可防止粉体与人体接触后刺激皮肤；第二，避免粉尘飞扬影响称量的精确度。通常选择包覆材料时，一般倾向于选择与橡胶亲和的材料。由于TPI本身就是高分子材料，它的加入可以加速助剂和橡胶的亲和性，促进混匀。助剂的造粒工艺通常有湿法造粒、滴液造粒和复合造粒三种，其中以复合法最受欢迎。通常选用聚合物作包覆材料。另外，还要求包覆材料有一定的机械强度，这样在造粒时不会出现破碎或粘连，此外还要求有良好的流动性，以利于分散。同时满足上述各项要求的材料可谓不多。此外还涉及材料的价格问题，目前使用较多的EVA，其单价往往高于助剂本身。而且，EVA是热塑性树脂，与作为主体材料的橡胶相容性欠佳。如果改用橡胶做包覆载体，则由于相容性太好易产生粘连，而TPI能同时满足以上两方面的要求，因为在炼胶温度（一般超过60℃）下，TPI已转变成流体，而且其分子链上的双键又能与橡胶实现同步硫化，所以十分理想。综上所述，TPI原来作为一种用途较窄的特种胶，正在向通用胶的方向迈进，特别是通过并用的途径，使它不仅在数量上分担对通用胶的压力，更可贵的是它能通过代用，提高轮胎的使用寿命、降低滚动阻力和油耗。

2.3 3,4-聚异戊二烯

2.3.1 概述

3,4-聚异戊二烯侧链上是体积较大的异丙烯基基团，这类聚异戊二烯具有良好的抗湿滑性，可以提高轮胎的抓着力、降低滚动阻力，被证明是制备高性能轮胎的出色原料，在减震和密封材料以及轮胎胶料中发挥着很大的作用，同时其生热与丁苯橡胶相比更低。

随着3,4结构含量增加，抗湿滑性能提高极为显著，而生热性能提高并不十分明显。3,4结构质量分数高的IR兼备了优异的抗湿滑性能和相对较低的滚动阻力，是一种制备高性能轮胎较理想的胶料。3,4-IR的抗湿滑性能优于NR和SBR，而滚动阻力和生热低于NR和SBR。但轮胎中3,4-IR的用量不宜太多，否则会导致耐磨性变差，生热升高。

2.3.2 催化剂

用于合成3,4-聚异戊二烯的催化体系可分为配位聚合引发体系和阴离子聚合引发体系两大类。其中配位聚合引发体系主要是钛体系、铁体系等Ziegler-Natta催化剂；阴离子聚合引发体系多为碱金属或其有机化合物，其中最为重要的是烷基锂体系。

通常情况下，带有庞大辅助配体的催化剂能够实现异戊二烯聚合过程中高3,4结构的选择性。

Valente等[9]研究发现采用钛酸酯-三乙基铝为引发剂，当Al/Ti（摩尔比，下同）为6～7时，可制得3,4结构质量分数为95%～98%的3,4-聚异戊二烯橡胶。Al/Ti增加，单体转化率先增加后降低，但聚合物分子量下降；聚合温度升高使3,4结构含量下降。

李天一等[10]以正丁基锂为引发剂、环己烷为溶剂，并且以P配合物作调节剂进行阴离子聚合，制得 3,4 结构含量高达 78.76% 的聚异戊二烯。Yao 等[11] 以氮-杂环卡宾连接的镧系络合物为催化剂，并在有机硼酸酯的活化下实现了聚异戊二烯的 3,4 结构选择性高达 99.3% 的目标。陈冬梅等[12] 以环烷酸钴-三异丁基铝为催化体系、二硫化碳为结构调节剂进行配位聚合，得到了 3,4 结构含量为 80% 的聚异戊二烯。

三乙酰基丙酮铁体系也是配位聚合体系，孙菁等[13] 在三乙酰基丙酮铁/三异丁基铝催化体系中加入含氮类给电子试剂，如邻菲啰啉、对苯二胺等，用以引发异戊二烯在苯中聚合，得到了 3,4 结构含量较高的聚合物，且具有一定的结晶性。当反应温度为 10℃，给电子试剂为邻硝基苯胺时，得到的聚合产物中 3,4 结构含量是 75%，结晶度为 26%。然而，存在的给电子试剂使得聚合产物中凝胶含量达到了 16.2%，而单体的转化率也较低，只有 14%。Hsu 等[14] 在上述三元催化体系的基础上，引入了含氢化合物如水、醇和羧酸等，来制备 3,4-聚异戊二烯橡胶，在降低凝胶含量的同时，也达到了提高单体转化率的目的。在 10℃ 时，采用三乙酰基丙酮铁/邻菲啰啉/部分水解的三异丁基铝体系进行催化聚合时，单体转化率可达到 93%，凝胶含量可降低至 2.1%，所得聚合产物中 3,4 结构含量为 74%，熔点为 45℃。

胡雁鸣、董为民等[15] 利用改性甲基铝氧烷（MMAO）为助催化剂的乙酰丙酮铁 [Fe(acac)$_3$]/二乙基亚磷酸酯（DEP）催化剂作用下的异戊二烯聚合所得聚合物具有较高的 3,4（含 1,2）结构含量（约为 60%）及较窄的分子量分布（M_w/M_n = 2.0~2.5）。发现在较低的 MMAO 用量下（[Al]/[Fe] = 20）即有高的催化活性，并且考察了不同铝剂的催化活性，影响异戊二烯聚合活性的顺序为：MMAO>Al(i-Bu)$_3$>AlEt$_3$>AlMe$_3$。MMAO 体系具有最高的催化活性，且所得聚合物分子量明显较烷基铝体系的高。

阴离子聚合主要采用的是金属钠体系和烷基锂体系。将熔融的金属钠放入异戊二烯的己烷溶液中，可制备 3,4 结构含量为 60% 的聚异戊二烯橡胶。Herbert 发现，将钠与某些有机物进行作用后，可制得用以催化制备 3,4-聚异戊二烯橡胶的催化剂。但钠体系为非均相体系，引发剂的利用率较低，加之反应条件比较苛刻，对工艺要求高，甚至会产生危险，且产率不高，所以应用并不广泛。对于烷基锂体系，在 1960 年就已经采用正戊基锂、四氢呋喃（THF）在苯中引发异戊二烯和苯乙烯的聚合，得到 3,4 结构含量较高的覆膜型橡胶材料。

20 世纪 70 年代，Chen 等[16] 将萘基锂作为引发剂，THF 作为调节剂，己烷作为溶剂，引发异戊二烯聚合，得到的聚合产物中 3,4 结构含量达到了 93%。Hellermann 等[17] 对烷基锂体系进行了更加系统的研究，对采用了不同添加剂得到的 3,4-聚异戊二烯橡胶进行了对比。Halasa 等[18,19] 将叔胺作为极性添加剂加入以正丁基锂为引发剂的聚合体系中，在 30~70℃ 下引发聚合，随着加入叔胺比例的改变，所得聚合产物中 3,4 结构含量可以控制在 85%~90%，且会随着叔胺的增加而有所提高。

科研工作者还开发出了其他合成 3,4-聚异戊二烯橡胶的方法。崔冬梅等[20] 发明了一种包含有机硼盐和氮杂环卡宾脒基稀土配合物的催化剂，控制两者的摩尔比在（0.5~2.0）：1 之间，使其具有高选择性，得到的聚合产物中 3,4 结构含量较高，并能够实现活性聚合。

2.3.3　应用

国外文献已有 3,4 结构质量分数为 50%~90% 的 PIP 制造高性能轮胎的报道，此种轮胎具有高抗滑性、低滚动阻力及良好的减震性能，但其力学性能较差，不能单独用于轮胎，只能复合使用[21,22]。

Wolpers 等[3]发现，将 3,4-聚异戊二烯胶用作胎面胶时，不仅可以提高抗湿滑性能，也使轮胎保持了较好的低滚阻和耐磨耗性能，但 3,4-聚异戊二烯的用量不宜太多，否则会导致磨耗性能差，生热过高。3,4-聚异戊二烯的抗湿滑性能优于 SBR，而滚动阻力和生热低于 SBR。

聚合物的凝聚态形式对聚合物的性能有很大影响。3,4-PIP 存在结晶态和无规之分，而不同凝聚态的 3,4-PIP 物理力学性能也不相同。Johnny 曾将结晶 3,4-聚异戊二烯橡胶与无规 3,4-聚异戊二烯橡胶分别用于混炼胶的制备，发现使用结晶 3,4-聚异戊二烯橡胶的混炼胶硫化后的动态性能更好。

Halasa 进一步研究了无规 3,4-聚异戊二烯橡胶的性能，发现使用高玻璃化温度（T_g）的 3,4-聚异戊二烯的硫化胶在 0~25℃ 的 tanδ 值较高，表明用其制备的胎面胶在该温度范围内有较好的抗湿滑性能；低 T_g 的 3,4-聚异戊二烯的硫化胶在 -25~0℃ 的 tanδ 值较高，表明用其制备的胎面胶有较好的低温冰雪抗滑性能。两种硫化胶在 70℃ 的 tanδ 值都低于 0.1，故胎面胶的滚阻都很低。但用高 T_g 的 3,4-聚异戊二烯的硫化胶的磨耗值更低，表明其耐磨性更好。

参 考 文 献

[1] 汪昭玮，秦健强，李兴，等．顺-1,4-聚异戊二烯橡胶的合成与表征[J]．测试技术学报，2017，31（4）：352-356．

[2] Halasa A F，Hsu W L，Zanzig D J，et al. Tire tread containing 3,4-polyisoprene rubber：US05627237A[P]．1997-05-06．

[3] Wolpers J，Fuchs H B，Herrmann C，et al. 3,4-polyisoprene-cotaining rubber blend mixtures for tire treads：US05104941A[P]．1992-04-14．

[4] Fischbach A，Meermann C，Eickerling G，et al. Discrete lanthanide aryl（alk）oxide trimethylaluminum adducts as isoprene polymerization catalysts[J]．Macromolecules，2006，39（20）：6811-6816．

[5] 埃列娜·齐奥塞斯库．异戊二烯定向聚合[M]．北京：科学出版社，1984．

[6] 洪仲苓．化工有机原料深加工[M]．北京：化学工业出版社，1997：414-415．

[7] 赵旭涛，刘大华．合成橡胶工业手册[M]．2 版．北京：化学工业出版社，2006．

[8] 朱行浩，乔玉芹，杨莉，等．反式-1,4-聚异戊二烯的合成[J]．合成橡胶工业，1984（4）：269-273．

[9] Valente A，Zinck P，Vitorin M J，et al. Rare earths/main group metal alkyls catalytic systems for the 1,4-trans stereoselectivecoordinative chain transfer polymerization of isoprene[J]．Journal of Polymer Science Part A：Polymer Chemistry，2010，48（21）：4640-4647．

[10] 李天一，陈波，吴尚翰，等．P-配合物对异戊二烯负离子聚合中 3,4 结构影响的研究[J]．高分子学报，2014（9）：1204-1211．

[11] Jin Guantai，Fan Liqun，Yao Wei. So me Theoretical Problems of Anionic Polymerization of Butadiene（Ⅱ）

[J]. J Polym Maters，1987(4)：215.

[12] 陈冬梅，孙静，邵华锋，等. 环烷酸钴-三异丁基铝-二硫化碳体系催化合成 3,4-聚异戊二烯[J]. 合成橡胶工业，2013，36(6)：433-436.

[13] 孙菁，王佛松. 结晶 3,4-聚异戊二烯的合成[J]. 高分子学报，1988(2)：145-147.

[14] Halasa A F，Hsu W L，Austin L E. Random trans SBR with low vinyl microstructure：EP0877034A1[P]. 1998-11-11.

[15] 胡雁鸣，董为民，姜连升，等. 改性甲基铝氧烷活化的铁系催化剂聚合异戊二烯[J]. 高分子材料科学与工程，2005(3)：21.

[16] Ling Y，Chen W，Xie L，et al. Preparation of novel microspherical $MgCl_2$-based titanium catalyst for propylene polymerization[J]. Appl Polym Sci，2008，110(6)：3448-3454.

[17] Hellermann W，Nordsiek K H，Wolpers J. Preparation of polyisoprene having high content of 1,2-and 3,4-structural units by anionic polymerization：US4894425A[P]. 1990-01-16.

[18] Halasa A F，Hsu W L. Process for preparing 3,4-polyisoprene rubber：US5677402A[P]. 1997-10-14.

[19] Halasa A F，Hsu W L. New Ether Modifiers For Anionic Polymerization of Isoprene[J]. Polymer Preprints，1996(2)：37.

[20] 崔冬梅，刘东涛，高伟，等. 异戊二烯或丁二烯顺 1,4-选择性聚合的催化体系及制法和用法：CN101260164A[P]. 2008-09-10.

[21] Nordsiek K H，Wolpers J. High Tg polyisoprenes for superior wet grip of tire treads[J]. Kaut Gummi Kunst，1990，43(9)：755-760.

[22] Nordsiek K H. Special rubbers based on 1,2-and 3,4-polydienes[J]. Kaut Gummi Kunst，1982，35(12)：1032-1038.

第3章 ◆◆◆◆ 聚合单体异戊二烯、聚合溶剂及其他助剂

3.1 异 戊 二 烯

3.1.1 异戊二烯的性质、用途

3.1.1.1 异戊二烯的性质

异戊二烯又名 2-甲基-1,3-丁二烯，在常温下是一种无色、易挥发，具有一定刺激性气味的油状液体，不溶于水，溶于苯，易溶于乙醇、乙醚和丙酮，与空气形成爆炸性混合物，爆炸极限大于 1.6%[1]。因含共轭双键，异戊二烯的化学性质活泼，容易自身聚合或与别的不饱和化合物共聚合，也可以与许多物质发生取代、加成、成环反应生成新的化合物。存放过程中，有少量氧气存在下，受光或热作用，容易生成二聚体。因此，异戊二烯储存时要加入 0.005% 以上的叔丁基邻苯二酚或对苯二酚等阻聚剂，但在聚合前要通过蒸馏或洗涤除去[2]。

异戊二烯极度易燃，全球化学品统一分类和标签制度(GHS)将异戊二烯分类为危险类。异戊二烯蒸气对人体和动物有极度危险性(具有经口、经皮和吸入毒性；对皮肤、眼睛和呼吸道有刺激性；且有致突变和致癌性)。异戊二烯属于极度易燃的液体和蒸气，有高反应活性，可形成具有爆炸性的过氧化物。它可以漂浮在水体表面并能被点燃，也可以分散到空气中。异戊二烯对水生生物有毒性或有害，在水体环境中可能引起长期毒性作用，异戊二烯还不能快速生物降解。异戊二烯主要以基础原料或中间体的形式在工业环境中使用，故它对消费者的直接接触暴露可能性很低。相反在工业和实验室工作场景中，需严格把控。异戊二烯的理化性质如表 3-1 所示。

表 3-1 异戊二烯的理化性质

密度	熔点	沸点	折射率	饱和蒸气压	临界温度	临界压力
0.681g/cm³	-14.66℃	34℃	1.422(20℃)	62.1kPa(25℃)	211.1℃	3.79MPa

3.1.1.2 异戊二烯的用途

异戊二烯作为极其重要的化工原料，主要是从裂解碳五轻馏分中提取。2010 年以前我国还未实现异戊二烯的工业化生产，仅试验装置年产几百吨，国内异戊二烯的消费基本依

赖进口。而后，随着我国乙烯装置的建设，碳五资源不断增多，技术不断提升，异戊二烯工业化生产装置大量增加。

异戊二烯含共轭双键，化学性质活泼，易发生均聚和共聚反应，主要用于合成异戊橡胶，其用量占异戊二烯总产量的 55%；另外它还是合成丁基橡胶的一种共聚单体，以改进丁基橡胶的硫化性能，但用量很少；异戊二烯还用于合成热塑性弹性体 SIS（苯乙烯-异戊二烯-苯乙烯嵌段共聚物）、SEPS（SIS 的加氢产品）、液体聚异戊二烯橡胶等，也能用于制造农药、医药、香料及环氧固化剂等化工产品[3]。异戊二烯也可以合成一系列用途广泛的精细化工产品，如异戊二烯与偏氯乙烯加成法制备拟除虫菊酯类杀虫剂，中国已经建成该杀虫剂装置多套，总能力约为 4000t/a；由异戊二烯合成甲基庚烯酮进而生产芳樟醇的技术已有突破，并且已经建成工业生产装置；由异戊二烯生产集成电路用的光刻胶已投入批量生产。

（1）生产异戊橡胶

工业生产的异戊橡胶为顺-1,4-聚异戊二烯橡胶，分为稀土异戊橡胶、锂系异戊橡胶、钛系异戊橡胶三大类。顺-1,4-聚异戊二烯橡胶是一种通用型合成橡胶，其微观结构和力学性能与天然橡胶（NR）相近，故有"合成天然橡胶"之称，在很多应用中可以替代 NR 或并用，具有拉伸结晶倾向，生胶强度高等特点[4]。异戊橡胶可替代天然橡胶，用于卡车胎或乘用车胎胎面，用于带束层，有突出的稳定性和工艺性能，用于卫生制品，如手套等，洁净性好。

（2）生产丁基橡胶

丁基橡胶由异丁烯和少量异戊二烯聚合而成，在 1943 年投入工业生产。丁基橡胶制成品不易漏气，一般用来制造汽车、飞机轮子的内胎。2015 年世界丁基橡胶生产规模达到 168.2 万 t/a，生产企业主要集中在北美、东亚和西欧，产能占全球总产能的 72.7%，ExxonMobil 公司和 Lanxess 公司是世界主要的丁基橡胶产品及技术的生产和供应企业，旗下产能占全球总产能的 59.4%[5]。中国 90%左右丁基橡胶用于轮胎行业，10%左右用于药用胶塞行业。轮胎行业子午化、扁平化、无内胎化的发展趋势促进了含丁基橡胶和卤化丁基橡胶等高性能轮胎的发展。

（3）合成 SIS

苯乙烯-异戊二烯-苯乙烯共聚物（SIS）主要用于黏合剂生产。随着技术的不断发展，SIS 现已成为生产热熔压敏胶的重要基础原料，用 SIS 生产的热熔压敏胶广泛用于包装、书籍无线装订、绝缘、标签等领域。

科腾公司是世界上最大的 SIS 生产商，在美国具有 SIS、SBS 等系列产品生产能力 15.9 万 t/a，若加上其在西北欧、日本和拉丁美洲的生产装置，总能力超过 28 万 t/a。

SIS 的工业合成方法有双官能团引发剂工艺、三步逐段加料工艺和偶联工艺。三种方法均能合成分子量分布窄的 SIS 产物。双官能团工艺法因双官能团引发剂活性末端易产生缔合，会引起聚合物凝胶化，从而成为国外研究的热点之一。道化学公司目前开发的双官能团引发剂专利技术在 SIS 合成工艺上取得了新的突破，近年来已出现 SIS 加氢产物。SIS 加氢后，耐热性、抗氧性明显提高。

（4）制备甲基庚烯酮及其衍生物

甲基庚烯酮是制备芳樟醇、柠檬醛的主要原料，以甲基庚烯酮为起始原料可合成维生素 A、E、K、β-胡萝卜素、角鲨烷和抗溃疡药等。甲基庚烯酮合成工艺最早由隆波利集团的 Rhodia 公司实现工业化，后经可乐丽公司进行改进，氯化采用返混反应器，及时移走反应热，保持低温，并导入 HCl 气体可氧化异戊烯氯异构化，使异戊烯氯收率稳定在 90%。甲基庚烯酮的炔化以液氨为溶剂，得到脱氢芳樟醇，并以 Linder 催化剂加氢生成芳樟醇。芳樟醇在钒、钼、钨类催化剂存在下，可异构化得到香草醇及橙花醇，可用作玫瑰型香料。芳樟醇在乙酰化剂（如醋酐）作用下，可得 80% 收率的乙酸芳樟酯。此品是具柠檬香味的重要香料。这系列香料中，芳樟醇和香叶醇用量多，全世界年耗量分别为 10000t 和 3000t。

（5）制备拟除虫菊酯中间体二氯菊酸乙酯

作为继有机氯、有机磷以后的第三代杀虫剂，具有低毒、低残毒的特性，具有代表性的含卤素菊酯，如苄氯菊酯、氯氰菊酯、溴氰菊酯，其重要中间体二氯菊酸在生产上都用异戊二烯缩合。二氯苯醚菊酯是二氯菊酸乙酯经皂化-缩合反应而得的高效杀虫剂，该品为高效低毒杀虫剂，用于防治棉花、水稻、蔬菜、果树、茶树等多种作物害虫，也用于防治卫生害虫及牲畜害虫，杀虫作用强烈，很低的浓度即可使害虫中毒死亡[6,7]。

3.1.2　异戊二烯生产现状

异戊二烯的生产方法主要有三种：碳五馏分萃取蒸馏法，异戊烷、异戊烯脱氢法，化学合成法（包括异丁烯-甲醛法、乙炔-丙酮法、丙烯二聚法）等。目前，美国、西欧都是采用碳五馏分抽提法；日本除可乐丽公司采用异丁烯-甲醛两步法外，其他公司如日本合成橡胶和 Zeon 公司则采用碳五馏分抽提法；俄罗斯有 60% 异戊二烯产量来自异戊烷脱氢，40% 来自异丁烯-甲醛两步法。

碳五是乙烯裂解产生的副产物，使用初期主要是用作燃料，在很长时间内，被称为"沉睡的产业"。随着科学技术的发展，当前主要应用在分离行业、化工原料、石油树脂等领域。而在碳五分离行业，全分离生产聚合级异戊二烯决定一个企业的碳五分离水平，也成为企业是否能够优化产品结构、创造效益、持续发展的标准。碳五企业的地理分布即乙烯企业的分布，我国乙烯装置布局分散，"十三五"期间主要分布在长三角、环渤海、珠三角等沿海、东部经济发达地区，而武汉、新疆独山子、四川等乙烯项目的建设，兼顾了中西部地区乙烯工业的布局。这种布局促进了中西部碳五行业的快速发展，加速了碳五下游制品的区域间流通。

"十三五"末，异戊二烯受中美贸易战影响，出口受限，产品价格在一段时间内从 9200 元/t 大幅下挫至 7500 元/t。随着下游 SIS 需求提振，价格才逐步回升，但下游异戊橡胶行业开工率仍显不足。

碳五分离装置规模大型化，可以降低运行成本，提高企业经济效益和市场竞争力。从总体上来看，我国的碳五加工装置规模偏小，厂址分散，公用工程、物流传输、环境保护和管理服务等成本远高于其他企业，炼化副产品难以集中利用，产品加工深度不够，严重影响了整体竞争实力。目前国内碳五加工企业已经意识到这些问题的存在，正在逐步调整，必将发展走产业配套、集中的道路。

2018年6月上旬，惠州伊斯科30万t/a碳五分离装置一次开车成功，项目依托中海壳牌二期120万t/a乙烯装置和中海壳牌100万t/a乙装置建设。30万t/a碳五分离装置目前是国内最大、亚洲第二的单套碳五分离装置。浙石化在舟山绿色石化基地内投资建设4000万t/a、280万t/a乙烯炼化一体项目，项目建成投产后，每年有超过40万t裂解碳五，根据浙石化炼化一体项目的规模，其对德荣化工的增资将建设用于配套的乙烯裂解副产品综合利用项目。预计最快"十四五"期间将建设50万t/a裂解碳五分离装置，对浙石化炼化一体项目副产的裂解碳五为原料进行深加工。

截至"十三五"末，我国异戊二烯有效产能达35.5万t/a，近10年产能增加迅猛，年均增长9.86%。异戊二烯生产企业及产能见表3-2。

表3-2 异戊二烯生产企业及产能

公司和装置地点	产能/（万t/a）
大庆华科股份有限公司（大庆）	0.8
独山子天利实业总公司（独山子）	3.0
抚顺伊科思新材料有限公司（抚顺）	2.7
兰州鑫兰石油化工有限公司（兰州）	1.5
南京源港精细石油化工公司（南京）	2.5
宁波金海晨光化学股份有限公司（宁波）	3.0
濮阳新豫石油化工有限责任公司（濮阳）	0.5
中国石化上海石化股份有限公司（上海）	3.6
中国石化武汉分公司（武汉）	2.9
中国石化燕山石化公司（北京）	3.0
淄博凯信化工有限公司（淄博）	0.5
辽宁北化鲁华化学有限公司（盘锦）	1.5
广东鲁众华新材料有限公司（茂名）	1.3
淄博鲁华同方化学有限公司（淄博）	1.2
惠州伊斯科新材料科技发展有限公司（惠州）	5.0
合计	35.5

3.1.2.1 碳五馏分分离生产异戊二烯

乙烯工业的快速发展使得碳五馏分的利用变得越来越重要。碳五馏分一般为裂解原料的5%~8%，而异戊二烯在碳五馏分中的质量分数一般为15%~25%，最具有利用价值[8]。

（1）溶剂萃取蒸馏法

该法是工业上分离异戊二烯的主要方法。溶剂对不同组分的溶解度不同，加入选择性溶剂改变碳五馏分中各组分间的相对挥发度，进而通过蒸馏达到分离异戊二烯的目的。目前所用溶剂有乙腈（CAN）、二甲基甲酰胺（DMF）、N-甲基吡咯烷酮（NMP）等。

乙腈抽提法是最早也是最主要的碳五馏分分离方法。该法的特点是乙腈来源广泛且价格较低，其低沸点使得萃取条件温和，对碳钢无腐蚀性，容易解决因物料发生聚合而造成的设备堵塞，溶剂黏度低，萃取塔效率较高。缺点是异戊二烯纯度低，只能满足丁基橡胶原料规格的要求。如果要达到异戊橡胶原料规格的要求，必须进行化学处理，这使得生产过程复杂，成本增加。日本合成橡胶公司开发了热耦合式 ACN 抽提工艺路线[9]，可使装置的热负荷降低约 40%。

二甲基甲酰胺抽提法又称 DMF 法，该法的特点是：二甲基甲酰胺对异戊二烯的溶解度大，选择性好，用量少，操作费用低；溶剂对设备无腐蚀性，全流程可采用普通碳钢；可同时副产一定纯度的间戊二烯和双环戊二烯产品。罗马尼亚 DMF 法将碳五馏分首先经过脱轻、脱重处理，异戊二烯浓度提高，使萃取蒸馏负荷变小，循环溶剂量少，无须二次萃取蒸馏。缺点是先脱轻、脱重及化学处理损失了部分异戊二烯，异戊二烯的总收率降低，能耗增加，产物还需要经过化学处理才能得到聚合级产品。我国北京化工研究院最早开发了 DMF 法[10]，1991 年上海石化建立了 2.5 万 t/a 碳五分离装置，目前碳五分离装置的处理能力超过 20 万 t/a。

N-甲基吡咯烷酮抽提法由德国 BASF 公司开发[11]，采用了含水 3% ~ 10% N-甲基吡咯烷酮作为溶剂，用预洗方式除去环戊二烯、1,3-戊二烯和 2-丁炔，异戊二烯收率可达 97% 以上。随后该公司采用催化加氢技术对工艺进行了改进。该工艺流程相对比较简单，能耗较低，溶剂毒性小，可避免二烯烃聚合反应的发生。

除上述几种方法外，溶剂萃取蒸馏法还有二甲基亚砜法、N-甲酰吗啉（NMF）法、苯胺法、糠醛法、β-甲氧丙腈法等，这些溶剂与 ACN、DMF、NMP 相比虽各有优缺点，但综合性能并未超过上述三种主要溶剂法，未能得到大规模的应用。

（2）共沸精馏法

共沸精馏法利用异戊二烯与正戊烷可形成二元共沸物的特点分离出碳五馏分中的异戊二烯。此法适用于正戊烷作为异戊二烯聚合反应的溶剂或对正戊烷聚合反应没有影响的情况。通常情况下，共沸物中异戊二烯的质量分数大于 70%，整个流程实际只需要脱轻塔和脱重塔两个塔。与萃取蒸馏法相比，共沸精馏法较好地解决了使用溶剂带来的系列问题，减少了高温下烯烃、炔烃的易聚合及爆炸风险等。缺点是无法获得较高纯度的异戊二烯，进一步的提纯和再生会使流程变得复杂。

（3）化学吸附法

该法利用 Ag^+ 或 Cu^+ 与双烯烃进行可逆反应，生成 Ag（或 Cu）-π 双烯电子络合物，两者的相互作用如图 3-1[12]所示，由于该络合物与有机物不互溶，从而可将双烯烃与烷烃分离。络合反应是可逆反应，通过改变温度或压力可将络合物中的双烯烃回收，也使吸附剂循环使用。

化学吸附法具有能耗低、选择性好、投资小和对环境友好等优点，具有较大的潜力，已引起研究者的兴趣。但目前该工艺未见有工业化装置报道。

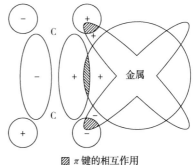

▨ π 键的相互作用
▧ σ 键的相互作用

图 3-1 金属与烯烃相互作用示意图

（4）膜分离法

该法利用脱乙酰壳多糖薄膜与 Ag^+ 或 Cu^+ 离子螯合，膜的厚度为 $0.2 \sim 20 \mu m$，烯烃和烷烃混合物通过该膜进行分离，得到的烯烃质量分数可达 99% 以上[13]。该工艺需严格控制物流中硫化物的含量。但由于氧和氮等杂原子的存在，会将膜中 Ag^+ 和 Cu^+ 还原成 Ag 和 Cu 纳米颗粒，从而使膜失效。针对此问题，Lee 等[14]制备了一种含 Ag^+ 的苯乙烯-异戊二烯-苯乙烯膜用于烯烃和烷烃分离。该工艺具有投资小、易操作、操作温度低、环保和烯烃收率高等优点，可与共沸精馏法联合，将共沸精馏中异戊二烯-正戊烷共沸物中的异戊二烯分离出，简化流程、降低设备投资。

（5）其他分离方法

除此之外，国内一些科研院所对碳五馏分分离技术开发了一些方法，但未见大规模的工业应用。南京工业大学开发了共沸超精馏/萃取精馏耦合工艺[15]，该流程相对简单，先采取共沸超精馏得到符合聚合级的异戊二烯-正戊烷共沸物，再用萃取精馏法将正戊烷和异戊二烯分离得到聚合级的异戊二烯。该工艺综合了共沸超精馏和萃取精馏的优势，解决了单纯使用共沸超精馏只得到异戊二烯和正戊烷混合物而异戊二烯纯度不足的问题。

3.1.2.2 脱氢法生产异戊二烯

（1）异戊烷脱氢法

异戊烷脱氢法所用的原料异戊烷来自催化裂化或直馏汽油，工艺过程主要分为三步：首先将异戊烷脱氢为异戊烯，采用类似催化裂化的流化床反应器装置，催化剂为微球状氧化铬-氧化铝；其次将异戊烯催化脱氢得到异戊二烯，采用片状钙-镍-磷酸型催化剂和绝热式固定床反应器；最后将脱氢产物经两个萃取蒸馏塔用二甲基甲酰胺或乙腈萃取蒸馏制得粗异戊二烯，经碱液处理、加氢除炔后得到高纯度产品。为了得到有利于工业生产的转化率，反应必须在高温(500~600℃或以上)进行，导致热解、异构化等副反应增加。因此，虽然该方法的原料价廉易得，但成本和消耗定额高，制备高纯度产品的工艺流程较复杂，缺乏发展前途。目前只有俄罗斯和东欧的一些企业应用此法生产异戊二烯，总生产能力约 30 万 t/a。

（2）异戊烯催化脱氢法

异戊烯有三种异构体：2-甲基-1-丁烯、2-甲基-2-丁烯和 3-甲基-1-丁烯，其中 2-甲基-2-丁烯是合成异戊二烯最适宜的前驱体。美国壳牌公司在 1961 年采用异戊烯催化脱氢法建成了 1.8 万 t/a 的异戊二烯生产装置，之后此方法的生产能力曾达到 19 万 t/a。该工艺流程分三步：从炼厂催化裂化装置副产的碳五馏分中抽提分离出异戊烯；采用氧化铁、氧化铬和碳酸盐催化剂，在固定床绝热式反应器中，异戊烯于 600℃催化脱氢；脱氢产物进行萃取蒸馏和精制得到纯度 99.2%~99.7%的异戊二烯产品。该法可用质量分数范围很宽的异戊烯(10%~30%)为原料。

（3）丁烷催化脱氢法

该法是以丁烷为原料合成异戊二烯的路线。先将正丁烷或异丁烷转变成制取异戊二烯的前驱体异戊烯，再将异戊烯脱氢制得异戊二烯。

3.1.2.3 化学合成法生产异戊二烯

化学合成法生产异戊二烯主要有异丁烯-甲醛法、乙炔-丙酮法、丙烯二聚法、生物合成法等。由于各国原料价格和供应情况不同，不同国家采取的合成方法也有所不同，一般采用 C_4 以下的有机原料如丙烯、异丁烯、甲醛、丙酮和乙炔来合成。

（1）异丁烯-甲醛法

异丁烯-甲醛法制异戊二烯又分为两步法、一步法以及烯醛液相法。

① 异丁烯-甲醛两步法。第一步是在酸性催化剂存在下，异丁烯与甲醛在液相和酸性介质中发生缩合反应生成4,4-二甲基-1,3-二氧六环（DMD）；第二步是 DMD 在非均相催化剂上进行裂解生成异戊二烯、甲醛和水。反应路线如图3-2所示。

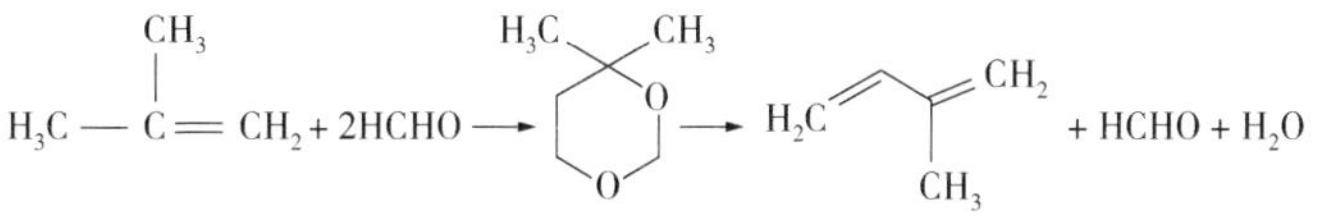

图3-2　异丁烯-甲醛法制异戊二烯

原料异丁烯为催化裂化或蒸汽裂解产物中的 C_4 馏分，经分离丁二烯后异丁烯含量（质量分数，下同）一般为30%~50%，甲醛原料为30%~40%甲醛水溶液。

第一步，以稀硫酸为催化剂，甲醛水溶液与含异丁烯的 C_4 馏分在塔式反应器中逆流接触发生缩合反应。在温度70~100℃、压力0.7~0.8MPa条件下，异丁烯的转化率可达89%~98%，甲醛转化率为92%~96%。第二步，缩合生成的 DMD 经蒸馏纯化后，用水蒸气稀释，以经磷酸活化的固体磷酸钙为催化剂，在移动床反应器及250~280℃条件下裂解生成异戊二烯。DMD 转化率为80%~90%，异戊二烯选择性为48%~89%。

两步法的特点是容易得到纯度在99.6%以上的聚合级异戊二烯产品，但是工艺流程长、副产物多，原料和能源消耗高，并且产生大量工艺废水。俄罗斯下卡姆斯克公司、法国 IFP、德国 Bayer、日本可乐丽公司均成功开发了两步法，但所用催化剂、反应条件、反应器形式有所差别。减少废水及副产物的生成，合理利用副产物，是改进和提高两步法经济性的主要研发方向。

② 异丁烯-甲醛一步法。俄罗斯、日本和中国等开展了以异丁烯和甲醛为原料，在固体酸催化剂上气相一步法合成异戊二烯的研究。一步法一般选用的催化剂为磷酸铬、磷酸钙、氧化铝、氧化硅或特定结构的分子筛等。反应路线如图3-3所示。

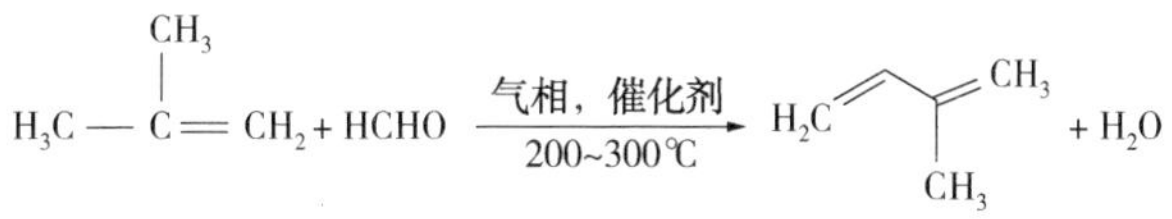

图3-3　异丁烯-甲醛一步法制异戊二烯

1987年，吉林化学工业公司研究院改进了烯醛一步法，开发出醚醛法合成异戊二烯。工艺使用甲基叔丁基醚（MTBE）在反应器中裂解生成异丁烯和甲醇，继而异丁烯与加入的甲醛反应生成异戊二烯。该法在同一反应器内进行吸热和放热两种反应（裂解和缩合），热效率高。与两步法相比，烯醛一步法流程短，副产物少，产品容易精制，各项能耗显著降低。

③ 烯醛液相法。欧洲化学科研生产联合公司开发的能源和资源节约型新工艺，利用甲醛和含异丁烯的 C_4 馏分作原料，异丁烯与甲醛反应生成 DMD，然后在液相中 DMD 与由异丁烯水合制得的叔丁醇反应生成异戊二烯。俄罗斯下卡姆斯克石化公司在 2003 年应用烯醛液相法规模化生产异戊二烯，生产能力为 3 万 t/a。目前该公司用此技术已替代了原有的烯醛二步法技术，产能达 18 万 t/a。

（2）乙炔-丙酮法

该法以乙炔和丙酮为原料合成异戊二烯。早期由意大利 SNAM 公司开发，1970 年实现工业化，在意大利的 Renenna 建有 3 万 t/a 工业装置。该法主要包括三步反应：第一步，乙炔和丙酮在液氨中用 KOH 催化炔化反应合成甲丁基炔醇，收率约 95%；第二步，甲丁基炔醇经 Pd 催化剂选择加氢生成甲丁基烯醇，收率 99%；第三步，甲丁基烯醇在 $AlCl_3$ 催化下脱水生成异戊二烯，选择性达 99.8%。该法制备的异戊二烯收率高达 89%，操作条件较缓和，无腐蚀性，可采用碳钢设备，但原料乙炔危险性大且价格较高，适用于乙炔来源丰富的地区。

（3）丙烯二聚法

丙烯二聚法工艺过程分丙烯二聚、异构化和脱甲基三步。第一步，丙烯二聚反应催化剂为三丙基铝，反应温度为 150~200℃，压力为 20MPa；第二步，异构化反应所用的催化剂为固体磷酸，反应温度为 150~300℃；第三步，裂解所用的催化剂为溴化氢，反应温度为 650~800℃。此方法的特点是对原料纯度要求不高，一般含 40% 的丙烯即可，但是原料消耗高，收率低，其竞争性取决于丙烯的市场价格。

（4）生物合成法

该法是近年兴起的一种合成异戊二烯的方法，尚处于实验室研究阶段。如 Silver 等[16] 利用欧洲山杨叶中提取的活性物质，以二甲基丙烯基二磷酸为原料合成异戊二烯；Wagner 等[17] 以枯草杆菌为催化剂，甲基赤藻糖醇磷酸盐为原料合成异戊二烯。生物合成法制异戊二烯的工艺需解决原料、反应速率控制等问题[18]。

3.1.3 国内异戊二烯制备工艺

我国制备异戊二烯主要通过溶剂萃取法和共沸精馏法分离 C_5 馏分中的异戊二烯。

（1）二甲基甲酰胺法

DMF 法是目前使用较为广泛的一种方法，原理是在裂解 C_5 馏分中加入溶剂 DMF，使 C_5 馏分变得易于分离，DMF 对异戊二烯的溶解度大，选择性好，溶剂用量少，操作费用低；溶剂对设备无腐蚀，可以用碳钢。

萃取精馏分离异戊二烯流程如图 3-4 所示，原料 C_5 馏分首先通过热二聚反应器将环戊二烯二聚成双环戊二烯，反应物在预脱重塔中蒸馏分离脱除双环戊二烯以及其他聚合物。富含异戊二烯的物流在第一萃取精馏过程中分离出烷烃和单烯烃，得到化学级异戊二烯，然后在脱重塔中分离出间戊二烯等其他重组分。通过二次萃取精馏将化学级异戊二烯中的炔烃除去，得到聚合级异戊二烯产品。在预脱重塔塔釜和脱重塔塔釜分别得到的富含双环戊二烯、间戊二烯的混合物，再经过精馏可以分离出高纯度的双环戊二烯、间戊二烯产品。溶剂经一汽塔、二汽塔、溶剂精制单元处理后循环使用。

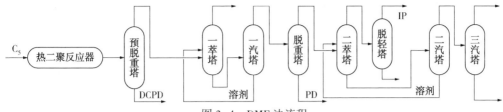

图 3-4 DMF 法流程

（2）乙腈抽提法

ACN 法基本原理与 DMF 法相同，只是在流程上有所差异，使用乙腈作溶剂。乙腈法的工艺流程如图 3-5 所示，在萃取精馏之前的流程与共沸精馏相似。从精馏塔萃取出来的物流经过脱溶剂塔和水洗塔除去乙腈后，再经过脱轻塔和脱重塔后得到聚合级的异戊二烯产品。由于乙腈黏度低，故萃取蒸馏塔的塔板效率较高。

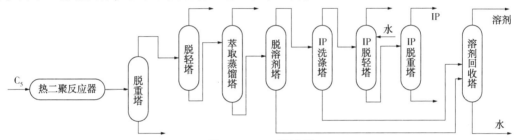

图 3-5 ACN 法流程

（3）N-甲基吡咯烷酮法

NMP 法工艺流程如图 3-6 所示。C_5 馏分先进入预洗塔洗涤，环戊二烯、1,3-戊二烯和 2-丁炔等从侧线进入水洗塔 1，最后从水洗塔 1 顶部抽出。含二烯烃的物流从预洗塔顶进入萃取单元，再经过水洗塔 2 和精馏塔可以得到异戊二烯产品。该法采用 NMP 预洗的方式除去环戊二烯、1,3-戊二烯和 2-丁炔等。因不采用热二聚法除去环戊二烯，因此异戊二烯的收率较高。该法工艺流程简单，但因溶液黏度大，异戊二烯产品纯度较低[19]。

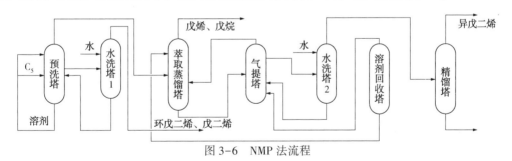

图 3-6 NMP 法流程

3.2 聚 合 溶 剂

钛系异戊橡胶生产通常采用异戊烷或正己烷作为溶剂，稀土异戊橡胶和锂系异戊橡胶一般采用正己烷或环己烷作为溶剂。

3.2.1 性质、用途及技术规格

3.2.1.1 异戊烷

异戊烷是一种无色透明液体，不溶于水，微溶于乙醇，溶于烃类、乙醚等多种有机溶剂。极易燃，其蒸气与空气可形成爆炸性混合物，遇明火、高热极易燃烧爆炸。与氧化剂接触发生强烈反应，甚至引起燃烧。异戊烷的理化性质如表3-3所示。

表3-3 异戊烷的理化性质

密度	沸点	折射率	临界温度	熔点	闪点	饱和蒸气压	临界压力
0.62g/cm³	27.8℃	1.354(20℃)	187.8℃	-159.9℃	-51℃	79.31kPa(25℃)	3.33MPa

异戊烷用作橡胶的溶剂、可发性聚苯乙烯的发泡剂、聚氨酯泡沫体系的发泡剂、脱沥青溶剂等，作溶剂使用时和戊烷、己烷、庚烷等的作用相同，溶解能力较戊烷稍差；可用作汽车、飞机燃料；也可用于色谱分析标准物质，有机合成。

3.2.1.2 正己烷

正己烷是一种无色易挥发液体，难溶于水，可溶于乙醇，易溶于乙醚、氯仿、酮类等有机溶剂。极易燃，其蒸气与空气可形成爆炸性混合物，遇明火、高热极易燃烧爆炸。与氧化剂接触发生强烈反应，甚至引起燃烧。正己烷的理化性质如表3-4所示。

表3-4 正己烷的理化性质

密度	沸点	折射率	临界温度	熔点	闪点	饱和蒸气压	临界压力
0.659g/cm³	69℃	1.384(20℃)	234.8℃	-95℃	-22℃	17kPa(25℃)	3.09MPa

正己烷作为重要的化工原料和溶剂，由于其具有优良的溶解性，被广泛用于高分子材料、食品分析、医药、化工和橡胶工业等。也可用作精油的稀释剂、己内酰胺生产中的冷却剂以及食品生产中的植物油萃取剂等。在电子信息产业生产过程中，正己烷作为清洗剂被大量使用[20]。

3.2.1.3 环己烷

环己烷是一种有汽油气味的无色流动性液体，不溶于水，可与乙醇、乙醚、丙酮、苯等多种有机溶剂混溶。环己烷易挥发和极易燃烧，蒸气与空气形成爆炸性混合物，遇明火、高热极易燃烧爆炸。与氧化剂接触发生强烈反应，甚至引起燃烧。环己烷的理化性质如表3-5所示。

表3-5 环己烷的理化性质

密度	沸点	折射率	临界温度	熔点	闪点	饱和蒸气压	临界压力
0.79g/cm³	80.7℃	1.426(20℃)	280.4℃	6.5℃	-18℃	12.7kPa(25℃)	4.05MPa

环己烷可用作橡胶、涂料、清漆的溶剂，胶黏剂的稀释剂、油脂萃取剂。因毒性小，常代替苯用于脱油脂、脱润滑脂和脱漆；用于制造尼龙的单体己二酸、己二胺和己内酰胺，

也用作制造环己醇、环己酮的原料；用作分析试剂，如作溶剂、色谱分析标准物质，还用于有机合成。

3.2.2 制备工艺

3.2.2.1 异戊烷

异戊烷的主要生产方法有两种：加氢除烯烃、普通精馏。

（1）加氢除烯烃

国内研究较多，如华东理工大学利用裂解抽余 C_5 进行了加氢制戊烷的研究，采用自行研制的加氢催化剂，加氢后烷烃含量大于 98%[21]，然后根据需要用分离的方法制得更高纯度的异戊烷。

（2）普通精馏

利用 C_5 烯烃含量及硫含量很低而异戊烷含量较高的轻烃作为原料，工艺流程和技术简单，无副反应发生，并且不需要脱硫和脱烯烃等操作单元，具有明显的竞争优势。如大庆石化公司根据炼厂轻烃组成情况筛选出符合要求的轻烃作为原料，利用该法生产出了纯度95%以上的异戊烷[22]。

采用上述两种方法生产异戊烷时，如果原料硫含量较高或者某些产品如溶剂、发泡剂、气雾剂等对硫含量有不同要求，原料在加氢或分馏前可依次经碱洗、高效脱硫催化剂的作用进行脱硫，降低硫含量，满足产品要求[23]。

3.2.2.2 正己烷

正己烷的生产主要包括吸附法和精馏加氢法。其中分子筛吸附法在国外的应用较为广泛，通过循环使用两个或以上的床层吸附和降压脱附，进而生产出纯度为98%的正己烷。

我国正己烷生产大多采用加氢精馏工艺，分为两种：

（1）先加氢后精馏

也称前加氢，原料经换热加热，达到反应温度，进入加氢反应器，在催化剂作用下进行脱硫脱芳反应，溶剂油和氢气混合物进入分离罐中分离，氢气回收，溶剂油进分馏塔切割成成品。通俗地说，就是原料加氢后还要分馏切割成正己烷，以及其他不同型号溶剂油。工艺优点是：所有原料都脱芳脱硫，充分利用了每一段产品。缺点是：投资大，物耗高。

（2）先精馏后加氢

也称后加氢，就正己烷来说，先把原料切割成粗己烷，粗己烷纯度大大提高，又因为苯大都含在正己烷里，所以粗己烷里苯含量也大大增加，然后进行加氢脱苯脱硫，生产出高品质正己烷。优点是：投资小，物耗小。缺点是：未加氢的部分得不到有效利用。

3.2.2.3 环己烷

苯加氢法和石油烃馏分的分馏精制法是目前工业上生产环己烷最常运用的两类方法。自20世纪中叶起，世界上的石油化工工业、合成纤维工业以及塑料工业都在迅速发展，苯加氢制备环己烷的生产工艺也跟随时代的浪潮得以开发，苯加氢法成为环己烷最主要的合成方法。根据反应条件的不同苯加氢制备环己烷的方法可分为气相法、液相法和液相-气相法[24~26]。

（1）气相苯加氢法

气相苯加氢法，在加氢过程中所采用的催化剂为镍系催化剂或铂系催化剂，催化剂被填装在进行连续操作的固定床列管式反应器中，采用气相苯加氢法制备的产物中环己烷的含量高于90%，并且催化剂对环己烷的选择性很高，几乎不发生其他副产物的反应，对其推广和使用具有很高的价值。气相苯加氢法制环己烷具有很多优点，如混合均匀、操作压力低，转化率和收率都很高。缺点是反应过程中反应激烈，操作上不易控制，时常出现"飞温"现象，而在高温的条件下苯加氢催化剂容易失去原本的活性，这给反应设备和操作过程都增加了难度。

（2）液相苯加氢法

液相苯加氢法，一般采用 Raney 镍催化剂，此反应在釜式反应器中进行间歇操作。液相法制环己烷的优点是，与气相法相比，液相法的生产能力相对较大，并且在反应过程中反应稳定，反应条件非高温高压，因此液相法对设备要求较低，反应过程也更容易控制。缺点是，与气相反应相比，液相反应过程中传质效率和氢气利用率都相对较低，产物环己烷的转化率低。

（3）液相-气相苯加氢法

液相-气相苯加氢法，原料以液体的状态进入反应器，液相反应与气相反应在连续操作的过程中可以同时进行，生产效率被提高，传质效率大大提高使得苯的转化率相对较高。在反应过程中，大量的气液相互转化，可以合理利用反应中释放出的热量，将反应中热量的利用效率提高，也减少了反应设备所需考虑反应装置和附加设备的因素，经济效益同样得到了提高，这是液相-气相苯加氢法的工艺优点；而液相-气相苯加氢法的缺点是，只在实验室测试过程中该工艺达到了预期的效果，但昂贵的专利使用费使得该工艺的市场占有率不高[27]。

3.3 抗 氧 剂

3.3.1 概述

高分子材料在加工、储存和使用过程中，由于受内外因素的综合作用，使其性能逐渐变差，以致最后丧失使用价值，这种现象被称为"老化"[28]。橡胶老化过程是一种不可逆的化学反应，同其他化学反应一样，伴随着外观、结构和性能的变化。橡胶老化的外观变化主要表现为橡胶发黏、变软或变硬、龟裂、变形、失光、变色等。随着橡胶的老化进程，橡胶性能逐渐下降，其使用价值也逐步丧失。防止或延缓橡胶老化反应继续进行，通常是主动加入化学物质如抗氧剂等，在橡胶工业中，抗氧剂习惯上称为防老剂[29]。对于臭氧老化而言，通常可采用物理抗臭氧剂和化学抗臭氧剂对橡胶材料进行臭氧老化防护。橡胶材料的物理抗臭氧剂最常用的是石蜡。虽然橡胶的臭氧破坏机理与通常氧化破坏机理不同，但化学抗臭氧剂往往同时具有优异的抗氧化作用，因而也可以将其归入防老剂之列。

3.3.2 抗氧剂的种类和性能

抗氧剂的种类繁多，作用不尽相同。每一种抗氧剂的作用往往不是某一种抗氧剂所专有，而是大多数抗氧剂或多或少都具有上述作用，只是抗氧化的程度不同而已。抗氧剂的性能(作用)取决于其结构，抗氧剂按其化学结构分类如下[30]。

(1) 受阻酚类抗氧剂

受阻酚类抗氧剂是橡胶轮胎的主抗氧剂，按分子结构分为单酚、双酚、多酚、氮杂环多酚等品种。受阻酚类抗氧剂是一些具有空间阻碍的酚类化合物，它们的抗热氧化效果显著，不会污染制品，挥发性和迁移性较大、易着色，发展很快。这类抗氧剂的品种很多，重要的产品有2,6-二叔丁基-4-甲基苯酚、双(3,5-二叔丁基-4-羟基苯基)硫醚、四[β-(3,5-二叔丁基-4-羟基苯基)丙酸]季戊四醇酯等，主要用在塑料、合成纤维、乳胶、石油制品、食品、药物和化妆品中。在橡胶轮胎加工使用中主要是用单酚、双酚抗氧剂，如 BHT、2246、双酚 A 等产品，用量范围通常为 0.2%~0.5%，其缺点是防护效果不如胺类抗氧剂好。

(2) 胺类抗氧剂

芳香胺类抗氧剂又称橡胶防老剂，是橡胶轮胎加工使用的主要抗氧剂。重要的芳香胺类抗氧剂有二苯胺、对苯二胺和二氢喹啉等化合物及其衍生物或聚合物，可用于天然橡胶、丁苯橡胶、氯丁橡胶。

芳香胺类抗氧剂的性能特点：抗氧效果显著，价格低廉，能使制品变色(限制它在浅色和白色制品方面的应用)。

胺类抗氧剂是发现最早并且品种最多的一类抗氧剂，主要是抗热氧老化、抗臭氧老化，其防护效果非常突出。只是这类抗氧剂的污染性能大，不适用于白色和浅色制品。这类抗氧剂又可细分为酮胺(喹啉)类、醛胺类、萘胺类、取代二苯胺类、对苯二胺类以及烷基芳基仲胺类六个类型。

酮胺(喹啉)类抗氧剂多为酮和苯胺、对位取代苯胺或二芳基仲胺的缩合产物，对热、氧老化有显著的防护效果，其中抗氧剂 TMDQ(2,2,4-三甲基-1,2-二氢化喹啉聚合物)的耐热性特别优异，抗氧剂 ETMDQ(6-乙氧基-2,2,4-三甲基-1,2-二氢化喹啉，又称抗氧剂 AW)耐热性也很优异，其还具有一定的抗臭氧龟裂性。此类抗氧剂主要品种有抗氧剂 RD、AW 和 BLE。

醛胺类抗氧剂系芳香族伯胺与脂肪族醛类的反应产物，具有优良的抗热、抗氧化性能，但其抗臭氧、抗屈挠性能较差。主要品种有抗氧剂 AP、AA、AH 和 BA 等。

萘胺类抗氧剂是最古老的一类抗氧剂，具有很好的抗热、抗氧化、抗屈挠性能。由于萘胺基有致癌作用，其最主要的品种抗氧剂 D 和 A 已很少使用，被其他抗氧剂取代。

取代二苯胺类抗氧剂具有优良的耐屈挠性能，也有良好的抗热氧老化性能，还有抑制有害金属离子的作用和抗臭氧性能。主要品种有抗氧剂 DFL、ODA、和 KY-405 等。

对苯二胺类抗氧剂耐臭氧、耐屈挠性特别优异，耐热性也相当好，其对有害金属也具有很好的防护作用，是橡胶使用的主要抗氧剂，应用很广泛。主要品种有抗氧剂 4010、4010NA、4020 和 4030 等。

烷基芳基仲胺类污染性相对较小，但是其抗氧化效果较差，使用很少，主要品种有DTD、CMA、DPD 等。

（3）亚磷酸酯、硫酯类

在橡胶轮胎加工中用的辅助抗氧剂主要为亚磷酸酯和含硫抗氧剂。亚磷酸酯和含硫抗氧剂的性能特点：可分解过氧化物、螯合金属和路易斯酸，与其他抗氧剂有很好的协同效应，同时赋予橡胶轮胎热稳定性和光稳定性、钝化有害金属、减缓聚合物的聚合。由于亚磷酸酯、硫酯类抗氧剂属于辅助抗氧剂，其是氢过氧化物分解剂，它们兼具分解氢过氧化物和终止自由基链双重功能[31]。其最突出的优点是与受阻酚类抗氧剂有热稳定协同作用。但是硫酯类抗氧剂对加工稳定性几乎无效，而亚磷酸酯类化合物对提高加工稳定性有十分出色的效果。亚磷酸酯类主要品种有抗氧剂 168、TNPP、626、618、P-EPQ 等，硫酯类主要品种有抗氧剂 DLTP、DMTP、DSTP 等。

（4）液体抗氧剂

液体抗氧剂是近年来有较多应用的新型抗氧剂，因其加入方式简单，抗氧效果好而被广泛应用。代表产品有抗氧剂 1520、1135 等。

（5）复合抗氧剂

不同类型主、辅抗氧剂或同一类型不同分子结构的抗氧剂，功能和应用效果存在差异，各种所谓复合抗氧剂由两种(或两种以上)不同类型或同类型不同品种的抗氧剂复配而成，在橡胶轮胎加工中可取长补短，以最小加入量、最低成本而达到最佳抗热氧老化效果[32]，如抗氧剂 b215 是主抗氧剂 1010 和辅助抗氧剂 168 的复配物。硫脲类非污染型抗氧剂的抗氧化效果优异，但存在焦烧速度快的缺点。有机磷、有机硫化合物是作为过氧化物分解剂、胺类和酚类抗氧剂的再生剂而发挥作用的，单独使用几乎无抗氧化作用，需要与胺类、酚类抗氧剂并用[33]。

3.4 分　散　剂

异戊橡胶生产过程中，在凝聚工段为了防止胶粒在凝聚釜中结团、坨釜，需要加入分散剂。分散剂一般加入首釜中随胶粒水的循环作用于整个凝聚系统。分散剂的加入种类和量需根据胶粒的粒径大小、橡胶本身的分子量、门尼黏度等情况进行选择和调整，以不影响生产的稳定为宜。

分散剂加入不足会使胶粒结团、坨釜，影响正常的生产，而过量地加入分散剂会影响处理后的挤压脱水和膨胀干燥，在脱水时胶粒打滑，影响脱水进而影响产品质量。

3.4.1　分散剂的种类和作用

3.4.1.1　分散剂的种类

分散剂能降低水的表面张力或水与其他物质的界面张力，又称表面活性剂。适宜作分散剂的物质很多，可分为无机类分散剂和有机类分散剂。氧化锌、碳酸钠、硫酸铝等属于无机类分散剂。无机类分散剂分散效果差，已逐渐被有机类分散剂取代。

有机类分散剂可分为离子型分散剂和非离子型分散剂。烷基苯磺酸钠、硬脂酸钠等属于离子型分散剂。以醇类、酚类、胺类等为起始剂，环氧乙烷、环氧丙烷为单体的聚醚或者以有机酸为起始剂，环氧乙烷、环氧丙烷为单体的聚酯等属非离子型分散剂。

3.4.1.2 分散剂的作用

分散剂是一种表面活性剂。在凝聚过程中，分散剂不仅能降低水的表面张力和胶粒的表面能，增加水对胶粒表面的润湿能力，而且能增加水对胶粒内部的渗透能力，从而具有加速烃类汽化的作用。

表面活性剂的分散作用是由它的分子结构所决定的，即表面活性剂的分子是由憎水基和亲水基两个基团构成的。这种不对称的双亲结构，赋予该分子具有亲水和憎水的双重性，并具有改变界面的性质，形成胶束和分散良好的能力。溶于水中的表面活性剂，其憎水基受到水的排斥而力图把整个分子拉向液-固界面，而亲水基则力图把整个分子溶于水中。由于这两种趋势的相互作用，降低了界面张力，改变了界面状态，使在固体表面上的活性分子产生吸附定向作用，形成具有保护性的界面膜，从而阻止固体胶粒的黏结，达到均匀分散的作用。

使用表面活性剂作分散剂的一个重要特点是用量少，对成品胶质量的物性无不良影响。这是因为表面活性剂的浓度只有稍高于其临界胶束浓度时，才能充分发挥作用。所谓临界胶束浓度，是指表面活性剂形成胶束的最低浓度。在一定温度下，各种表面活性剂的临界胶束浓度有一定值，它是表面活性剂的一个重要常数。由于表面活性剂的临界胶束浓度都很低(一般在 0.001~0.002mol/L)，这就决定了用表面活性剂作分散剂时其用量低的特点。

3.4.2 分散剂的应用

3.4.2.1 无机类化合物

在 20 世纪 70 年代初，一些橡胶生产企业曾采用氧化锌作为分散剂。氧化锌吸附在胶粒表面起到隔离作用，阻碍胶粒互相粘连成块，使胶粒可以均匀分散。然而由于氧化锌不溶于水，在设备死角有沉积现象，特别容易造成干燥机严重结垢、不吃料和模头眼堵塞等问题，影响连续生产。此外，采用氧化锌还存在用量大(为干胶质量的 0.5%~1.0%)、凝聚釜泡沫多、橡胶产品灰分含量大等缺点，因此氧化锌很快被淘汰。

3.4.2.2 非离子型表面活性剂

继氧化锌之后，橡胶凝聚生产中又采用非离子型表面活性剂作为分散剂。表面活性剂由亲水基团(如羟基、羧基和磺酸基等)和含长烃链的憎水基团组成。亲水基团把整个分子溶于水中，而憎水基团受到水的排斥则把整个分子拉向液-固界面。在这种相互作用下，水的表面张力降低，吸附在胶粒表面上的活性分子产生定向作用形成界面膜，使胶粒之间难以黏结而均匀分散。同时，凝聚热水可以更好地润湿胶粒表面并渗透到胶粒内部，使胶粒中残留的单体和溶剂更容易被汽化，从而减少橡胶产品中有机小分子残留，并显著降低溶剂消耗量。油酸作为第一种试用的非离子型表面活性剂，用量为干胶质量的 0.2%，其加入防老剂中并随胶液一起进入凝聚釜。加入油酸后，胶粒粒径由 20~30mm 减小到 10mm 以下，但由于油酸的憎水性强，凝聚釜内泡沫多，影响了正常操作和控制，因此改用油酸聚环氧乙烷酯[分子式为 $C_{17}H_{33}COO(CH_2CH_2O)_nH$] 作为分散剂。由于其含有相对较多的亲水基团，起泡问题得到很好的解决。当 $n=10$ 时，分散效果相对较好，分散剂用量大幅度降低，在用量为干胶质量的 0.01% 时，胶粒粒径能够控制在 10mm 左右。采用油酸聚环氧乙烷酯对凝聚和后续工艺及产品质量无不良影响，然而其黏度很大，无法用计量泵连续加入，只能在热水罐中间歇加入，此外其原料为植物油，资源短缺且价格较贵。20 世纪 80 年代开始，橡胶凝聚生产中开始试用油田原油破乳用的表面活性剂 SP-169（简称 SP-169）。SP-169 的命名源自其合成方法：以十八醇作为引发剂，与环氧丙烷作用生成中间体，然后由 1 份中间体、6 份环氧乙烷和 9 份环氧丙烷嵌段共聚而成。SP-169 的分子式如图 3-7 所示。

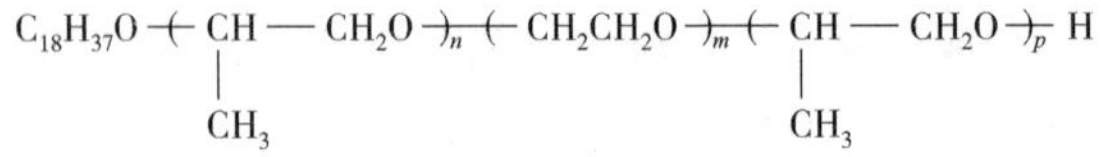

$$C_{18}H_{37}O \left(CH\!-\!CH_2O \right)_n \left(CH_2CH_2O \right)_m \left(CH\!-\!CH_2O \right)_p H$$
$$\quad\quad\quad\quad\quad |\quad\quad\quad\quad\quad\quad\quad\quad\quad\quad\quad\quad |$$
$$\quad\quad\quad\quad CH_3\quad\quad\quad\quad\quad\quad\quad\quad\quad\quad CH_3$$

图 3-7　SP-169 的分子式

当分散剂在水中含量均为 100mg/kg 时，采用 SP-169 得到的胶粒平均质量仅为采用油酸聚环氧乙烷酯得到的胶粒平均质量的 43%，搅拌挂胶比降幅高达 95%；SP-169 在水中含量为 17mg/kg 时得到的胶粒平均质量仍小于采用在水中含量为 100mg/kg 的油酸聚环氧乙烷酯得到的胶粒平均质量，同时搅拌挂胶现象也明显减轻。此外，SP-169 还具有不起泡、能耗低、环境污染小和提高橡胶产品质量等优点，在我国橡胶生产中得到应用推广。但是 SP-169 中的聚醚结构使其无法在烃类溶剂中溶解，因此需将其配制成甲醇溶液使用，这给橡胶的生产带来较大麻烦。甲醇的沸点为 64.7℃，且在烃类物质中具有一定的溶解度，因此凝聚时部分甲醇会进入回收溶剂和单体中。同时甲醇易形成分子间氢键或与水分子缔合，从而在溶剂和单体精制过程中表现出不稳定的汽化性质，难以完全脱除。残留的甲醇进一步破坏催化剂，减少活性链，对聚合反应带来极大的影响。因此用水将 SP-169 配成质量分数为 0.01~0.02 的悬浮液，将间断加入方式改为连续加入方式送入凝聚热水中。无甲醇 SP-169 的应用，不仅提高了分散剂利用率、减少了分散剂用量、提高了分散效果，更重要的是回收溶剂和单体中不再含有甲醇，减轻了精制工序的负担，聚合反应更加平稳。

3.4.2.3　离子型表面活性剂

目前多数橡胶工业生产采用主要成分为多元羧酸钠的新型分散剂。多元羧酸钠为离子型表面活性剂，在水中电离后会产生大量负离子，使得带有相同电荷的胶粒难以靠近，从而有利于胶粒的均匀分散，胶粒粒径从采用 SP-169 时的 20mm 左右减小至 11mm 左右。同时多元羧酸钠中烷烃分子长链能够轻轻地吸附在烃类分子表面，在外力作用下容易脱除。这两种特性均有利于胶粒中烃类小分子（如溶剂和异戊二烯）的脱除，显著降低溶剂和异戊二烯的消耗量。

3.4.3　发展方向

从橡胶凝聚用分散剂的发展史来看，分散剂的发展方向是分散效果好、用量小、起泡小、来源广泛和无残留。近年来，一些具有特殊结构和功能的新型表面活性剂被相继开发，包括 Gemini 型、Bola 型、两性型、生物型、反应型、螯合型、可解离型和冠醚类表面活性剂等。IR 等合成橡胶生产中应根据橡胶性质和凝聚工艺特点，建立标准评价方法，选择更加适合异戊橡胶生产的分散剂。

参 考 文 献

[1] 岳鹏. 异戊二烯的生产技术及市场分析[J]. 炼油与化工，2006，17(2)：3-5.

[2] 常慧，曹强. 异戊二烯制备及精制技术概述[J]. 石油化工技术与经济，2016，32(6)：53-56.

[3] 梁敏艳. 异戊二烯应用状况及发展趋势[J]. 精细与专用化学品，2017，25(7)：1-3.

[4] 刘庆利，苏家凯，韩振江，等. 异戊二烯的生产方法及用途[J]. 塑料制造，2016(3)：60-67.

[5] 魏林瑞，余黎明，张磊. 丁基橡胶市场发展前景分析[J]. 新材料产业，2017(3)：45-50.

[6] 徐金光. 碳五产业链设计现状简析[J]. 流程工业，2020(9)：37-40.

[7] 张慧芳，盛永宁，付燕，等. 异戊二烯的制备及其应用[J]. 化工技术与开发，2011，40(10)：35-41.

[8] 崔小明. 裂解 C_5 馏分中异戊二烯的开发和利用[J]. 石油化工技术与经济，2009，25(4)：33-38.

[9] Arakawa M, Nakazawa K. Process for producing 1,3-butadiene or 2-methyl-1,3-butadiene having high purity：US0401515A[P]. 1983-8-30.

[10] Tian B L, Li P Y, Du C P, et al. Process for separating C₅ cuts obtained from a petroleum cracking process：US6958426[P]. 2005-10-25.

[11] Sarno D. Isoprene recovery process by plural extractive distillations：US3775259[P]. 1973-11-27.

[12] Son S J, Choi H W, Choi D K, et al. Selective absorption of isoprene from C_5 mixtures by π complexation with Cu(I)[J]. Industrial & engineering chemistry research, 2005, 44(13)：4717-4720.

[13] Herrera P S, Feng X, Payzant J D, et al. Process for the separation of olefins from paraffins using membranes：US7361800[P]. 2008-4-22.

[14] Lee D H, Kang Y S, Kim J H. Olefin separation performances and coordination behaviors of facilitated transport membranes based on poly(styrene-b-isoprene-b-styrene)/silver salt complexes[J]. Macromolecular Research, 2009, 17(2)：104-109.

[15] 廖丽华，张祝蒙，程建民，等. 加盐 NMP 法萃取精馏分离裂解碳五馏分[J]. 石油化工，2010(2)：167-172.

[16] Silver G M, Fall R. Enzymatic synthesis of isoprene from dimethylallyl diphosphate in aspen leaf extracts[J]. Plant Physiology, 1991, 97(4)：1588-1591.

[17] Wagner W P, Helmig D, Fall R. Isoprene biosynthesis in Bacillus subtilis via the methylerythritol phosphate pathway[J]. Journal of natural products, 2000, 63(1)：37-40.

[18] 吴红飞. 异戊二烯的生产方法[J]. 精细石油化工，2012，29(5)：77-82.

[19] 文金虎，包宗宏. 裂解 C_5 馏分分离技术的研究进展[J]. 化工进展，2010(2)：205-210.

[20] 苏佳伟. 液液萃取分离正己烷-异丙醇混合体系的研究[D]. 南京：南京师范大学，2017.

[21] 苏勇. 利用抽余 C_5 加氢制戊烷[J]. 工业催化，1997(1)：20-24.

[22] 姜道华，冯和翠. 炼厂轻烃分离制戊烷工艺模拟研究[J]. 现代化工，2008(S1)：149-152.

[23] 潘旭明. 高纯度戊烷系列产品生产工艺开发与优化[D]. 天津：天津大学，2010.

[24] 孙国方，李孝国，费亚南，等. 苯加氢制环己烷工艺及催化剂研究进展[J]. 工业催化，2013，21(2)：8-14.

[25] 张瑾，刘漫红．苯加氢制备环己烷的催化剂研究进展[J]．化工进展，2009，28(4)：634-638.

[26] 冯怡然，侯红串．苯催化加氢生产环己烷的研究现状[J]．科技创新与生产力，2013(8)：76-79.

[27] Anter A M，程振民，肖琼，等．新型苯加氢反应器的研究[J]．中国工程科学，2000，2(6)：59-63.

[28] 高炜斌，张枝苗．高分子材料老化与防老化的研究[J]．国外塑料，2009，27(11)：40-43.

[29] 王小涛，王丽，王嘉诚，等．POSS 在丁腈橡胶防老化中的应用[J]．材料导报，2018，32(S1)：265-267.

[30] 叶苑，刘绍基，郭永武．聚合物防老化实用手册[M]．北京：化学工业出版社，1999.

[31] 陈龙然，林彬文，乐美华，等．亚磷酸酯类抗氧剂的研究及发展趋势[J]．广东化工，2009，36(12)：86-88.

[32] 高杜娟，赵家琳，赵又穆，等．丁腈橡胶用复合抗氧剂的组成研究[J]．当代化工，2019，48(4)：728-730.

[33] 卜少华．异戊橡胶的老化与防老化研究[D]．北京：北京化工大学，2012.

第4章 ◆◆◆◆ 稀土异戊橡胶

我国稀土资源丰富，稀土储量占世界稀土总储量的80%，中国是采用稀土作为双烯烃聚合引发剂最早的国家，自20世纪60年代开始，中国科学院长春应用化学研究所就开展了稀土络合催化丁二烯的聚合研究，1964年沈之荃等首次发表了相关论文。王佛松等将稀土络合催化剂应用到合成异戊橡胶领域。

2010年茂名鲁华化工有限公司聚异戊二烯橡胶实现工业化，此后经过几年的发展，我国已成为世界上最大的稀土系聚异戊二烯橡胶生产国家。鉴于稀土异戊橡胶的优势性能，各个国家对于新型稀土催化剂的开发和稀土催化合成异戊橡胶的研究工作十分重视，致力于开发高顺式结构、窄相对分子质量分布为特征的新型稀土异戊橡胶，虽然取得了一些成就，但仍有一些问题亟待解决，如顺-1,4结构含量偏低、胶液黏度偏高、门尼黏度偏低等。由于天然橡胶的产量不足以满足需求，与天然橡胶相近的异戊橡胶的需求越来越多，推动了其合成技术的发展[1]。

中国有很多公司使用自主研发的技术建设异戊橡胶工业化设备，采用稀土催化生产技术，装置设备的总产能较高，生产技术的应用效果较好，例如：中国石化燕山石油化工公司采用稀土催化异戊橡胶生产技术和设备，产能达到3万t/a，所使用的技术有成套的装备，设置了不等温度、不等压力的三釜凝聚系统，与传统的技术相比，不仅可以提升设备应用性能，还能减少蒸汽的能源损耗量，降低污染物的排放量[2]。

4.1 聚合反应机理

研究稀土催化剂结构的目的在于进一步了解定向聚合机理，为改进催化剂结构和性能、生产更优良的产品创造条件。稀土 Ziegler-Natta 催化剂由两部分组成，其中一个叫主催化剂，即稀土化合物；另一个叫助催化剂，即烷基铝化合物。若稀土原子上不含卤素，则一般须加含卤素的第三组分以提高催化活性和定向效应。这里所指的催化剂结构是指各催化组分反应之后所产生的具有催化能力的活性体的结构。

关于催化剂结构是一个很复杂的问题，多组分的反应产物更加复杂。而且这种产物易受空气与水的破坏，活性极不稳定，在研究工作上增加了许多困难。Ziegler-Natta 催化剂虽然已经发现很多年，种类也很多，但能够研究出它的分子结构的却很少。过去分析 Ziegler-Natta 催化剂的结构大致有下列几种途径：

（1）从均相催化剂中分离出活性的单晶，如 G. Natta 等用 Ti、Cl 与 AlEt$_3$ 反应，得出单晶，用 X 射线测出它的结构(1957)。

（2）测均相催化剂溶液的光谱，如 G Sartori 等对用 $AlEt_3$ 或 $Al(CH)-5C_n(acac)$ 反应的产物进行分析与光谱研究(1959)。

（3）从非均相的组分反应，得均相溶液，再分离结晶活性体，如 L Porri 等用 $AlCl_2ph$、$AlClph+CoCl$ 在苯中反应，得结晶的配合物，但未培养出单晶(1963)。

（4）从催化组分的非均相反应产物研究它的组成，如 L. A. M. Rodriguez 等研究在无溶剂时，$TiCl_5$ 与 AlMe 的反应产物组成(1966)。

（5）从催化组分的均相反应产物研究它的组成，如 M. U-etsuki 等用 H-NMR、ESR 和化学电离质谱研究由叔丁氯基钛(Ⅳ)或钒(Ⅳ)与烷基铝的反应产物结构(1976)。

（6）模型催化剂的合成，如 D. G. H. Balland(1978)和 JHolton 等(1979)合成出一系列铝与稀土的双金属配合催化剂。

（7）催化剂模型的计算，如 D. R. Armstrong(1972)、P. Corradini 等(1979)、K. C. Mukep 等的计算[3]。

非均相催化组分的反应产物很难得到组成均一的化合物。一是由于组分间的反应很难完全，二是由于生成的固体混合物很难分离。从均相催化体系分离出单晶是唯一有效的方法。但如果不能分离出活性体的产品，也很难解决结构问题。用光谱去分析均相催化溶液，只能得到结构的局部数据，不能了解结构的全貌。催化剂模型的合成可说明作者所假设的问题，但不能指定为某一催化剂的结构，催化剂模型的计算可说明某些结构，但问题在于所设计的模型是否符合实际。从所有上面提出的已经试验过的方法来看，还是 G. Natta 在 1957 年提出的从均相催化剂溶液中分离出活性的单晶，继而用 X 射线去测定它的结构，是迄今测定配位催化剂结构最直接而有效的方法。但困难在于：一是绝大部分 Ziegler-Natta 催化剂都是非均相的，至今很多合成出的可溶性催化剂，还只能以双环戊二烯基化合物为出发点，就可说明这个问题；二是并不能容易地从均相催化剂溶液中培养出单晶，这就是解决这种催化剂结构中遇到的实际困难。

在稀土催化剂结构的研究上也曾重复过以前的方法，后来只有从均相催化剂溶液中分离出活性体的单晶，才能初步得到解决。试验过两种催化体系：三氟乙酸稀土体系 $[(CF_3COO)_3LnEtOH-AlEt_3]$ 和异丙氧基稀土体系 $[Ln(i-PrO)_3-AlEt_2C-AlEt_3]$，从三氟乙酸稀土体系分离出 6 种稀土与铝的双金属配合物的结晶，但没有培养出单晶，因而无法用 X 射线测定它的结构。从异丙氧基稀土体系中只分离出 Nd-Al 双金属配合物的单晶；对 Gd-Al 配合物也曾分离出单晶，但因这种晶体容易离解，无法进行 X 射线的测试工作。

1960 年 Mulley 等发表了专利，公开了利用镧、铈、钐、钆、镨、钕的氯化物与烷基铝制备的催化剂引发乙烯聚合。1963 年 Anderson 等发表专利，公开了利用铈的卤化物与有机金属化合物制备的催化剂引发丁二烯聚合。Robinson 等在 1964 年也发表了类似的结果。1963 年美国联合碳化物公司的 Von Dohlen 发表专利，公开了三组分的稀土催化剂的组成及制备方法，所用原料为：Ce、La、Dy 的有机化合物；一卤化烷基铝；烷基铝化合物。利用这类催化剂制备了 98% 顺式含量的聚丁二烯，也制备了 92% 顺式含量的聚异戊二烯以及异戊二烯和丁二烯的共聚物。我国是最早研究稀土催化合成橡胶方面的国家之一，1964 年中国科学院长春应用化学研究所的沈之荃等公开报道了利用二元稀土催化剂引发丁二烯聚合的结果[4~5]，我国也在世界上率先公开报道了稀土催化剂下的聚合异戊二烯定向聚合。沈之荃教授在20世纪六七十年代开发了多种有特色的催化剂体系，成功研制了稀土顺丁橡胶和异戊橡胶等多种新胶种，具有创新特色。沈之荃教授还协助研究单位及工厂建立了中试装置。沈之荃还将稀土催化剂负载于二氧化硅等载体上制成负载型稀土催化剂，并用该催化剂研究了丁二烯、异戊二烯的气相聚合、聚合机理和聚合动力学，取得了很好的结果[6,7]。

1970年起，长春应用化学研究所同吉林石化公司研究院等单位联合进行异戊橡胶工业化技术开发。工业化试生产的稀土异戊橡胶质量接近钛系异戊橡胶，制成的轮胎通过里程试验达到国家标准。20世纪70年代，继镍系顺丁橡胶国产化后，中国科学院长春应用化学研究所与锦州石化公司合作，在世界上最先进行钕系顺丁橡胶工业化开发，完成千吨级的工业化试验，2004年实现了钕系顺丁橡胶工业化生产。吉林石化公司与长春应用化学研究所合作开发了"C_5资源综合利用-异戊橡胶生产技术开发"项目，2011年千吨级异戊橡胶工业化技术开发建设项目在中国石油吉林石化公司研究院实现中交。

在稀土引发剂存在下，异戊二烯单体进行溶液聚合。反应机理与锂系异戊橡胶及钛系异戊橡胶均有相似之处。稀土引发聚合过程中，分批加入异戊二烯单体可使聚合链持续增长，若分批加入丁二烯和异戊二烯则可合成嵌段共聚物。但是稀土异戊橡胶的分子量分布略宽，可以通过添加链转移剂——氢化烷基铝，降低分子量并使分子量分布窄化[10]。

自Ziegler-Natta催化剂被发现以来，关于其催化机理人们已提出了多种假设和模型，主要包括三种：双金属机理、单金属机理、烯丙基机理[8]。沈芝荃等[9]根据分子轨道理论提出在三价稀土离子中，f轨道的电子参与引发，络合成键的假说，并对不同稀土离子与单体进行络合时的能量变化做了进一步估算，发现稀土离子中钕、镨络合时的能量最低，利用钕、镨制备的引发剂活性最高，高活性稀土引发剂需含有三价稀土离子、卤素离子及烷基铝，据此提出了环烷酸稀土与烷基铝进行烷基化反应，与卤化烷基铝(或其他卤化物)进行卤化反应，从而形成双金属多核或双核配合物络合活性中心的假设。双金属活性中心形成机理如下。

$$LnX_3+3AlR_2Cl \longrightarrow LnCl_3+3AlR_2X$$

$$LnCl_3+3AlR_3 \rightleftharpoons$$

一般而言，稀土引发剂活性中心类型有两种：一种为可溶性，一种为不溶性。两种类型的活性中心生成过程也不同。

（1）均相活性中心的生成：先进行烷基化，而后氯化：

$$Nd-L+AlR_3 \longrightarrow Nd-R$$

$$Nd-R+AlR_2Cl \longrightarrow Cl-Nd-R$$

（2）非均相活性中心的生成：先进行氯化，而后烷基化：

$$Nd-L+AlR_2Cl \longrightarrow NdCl_3 \downarrow$$

$$NdCl_3+AlR_3 \longrightarrow Cl_2-Nd-R \downarrow$$

通常情况下，不溶性活性中心的引发剂活性和聚合产物的相对分子质量均高于可溶性活性中心，如果烷基化反应和氯化反应同时进行，将会同时生成两种活性中心的引发剂，并各自引发异戊二烯聚合反应，生成的聚合物分子量差别很大，分子量分布较宽。因此，欲要获得分子量分布较窄的聚异戊二烯，必须严格控制引发剂制备的条件参数，以获得单一的活性中心。

对可溶性活性中心，有动力学研究表明[10,11]，异戊二烯的聚合速率 $\gamma = \kappa_P [Nd]^n [M]$，式中 κ_P 为表观增长速率常数。根据实验结果，n 值在 1.0~2.0 之间。

根据以上反应式可知，实际生产过程中，可通过调整引发剂浓度以及引发剂的加入量对聚合速率进行控制，从而达到强化聚合釜生产能力的目的[12]。

异戊二烯在烃类溶剂中用稀土催化剂进行聚合反应的机理研究表明[13]，聚合反应只有引发和增长阶段，无终止阶段，催化剂中的烷基铝与聚合增长链发生转移。据此，可建立快引发、无终止和烷基铝转移的均相连续反应动力学模型，对串联聚合釜的转化率和分子量等进行数学模拟。

对于生产稀土异戊橡胶所采用的多釜串联连续聚合工艺来说，由于串联首釜与后面各釜的单体浓度不同，聚合反应速率 r_A 也不同。同时，为了撤热而向聚合釜内加入的冷己烷在一定程度上也降低了催化剂的浓度，因此它们的表观速率常数 k 值也不完全相同，无法使用一个全混釜一级反应模型描述异戊二烯在多个串联聚合釜内的聚合过程，必须针对串联釜中的每个釜建立反应过程中具有不同速率常数的全混釜一级反应模型。

研究表明，稀土催化异戊二烯聚合反应遵循 Arrhenius 关系，表观反应速率常数只与反应温度和活化能有关，其表观活化能为 37.68kJ/mol。对于首釜，其表观反应速率常数和温度的关系 $k_1 = \exp(-2.756 + 0.0464T)$，式中 k_1 为表观反应速率常数；T 为摄氏温度（℃）。

4.2　催化剂及其制备

4.2.1　稀土催化剂的特点

对稀土催化剂活性表征的简单而普遍采用的方法，是在一定条件下考察催化合成出的聚合物的量，即转化率。以单位催化剂生成的聚合物的量表示，则称催化效率。在聚合动力学研究中，聚合活化能的大小也可以表示催化剂活性的大小。一般聚合活化能小则催化活性高，反之则低。科学的方法是测定聚合体系的活性中心数和增长速率常数，这两者的乘积即代表催化剂的活性。但这种方法的困难在于迄今还没有找出一种令人十分满意的可靠方法来测定催化体系中的活性中心数，因而也不容易找出正确的增长速率常数。

正确评价某一催化体系的催化活性只能用各体系都处于最佳条件下来比较，因不同体系的最佳条件是不同的。如 $NdCl_3 \cdot 3ROH$ 体系与 $AlEt_3$ 组合活性最佳，而与 HAl（i-

Bu）₂组合则很差，而环烷酸稀土体系则恰恰相反。如果都采用同一种烷基铝来比较，显然是不合理的。当然，评价一种催化体系不只是根据催化活性这一点，还有其他因素如定向效应、分子量等，但活性是首要的。影响稀土催化剂活性的因素众多，其中稀土元素的性质对催化活性起决定性作用，其影响居其他影响因素的首位。14种稀土元素虽同处于元素周期表中原子序数为57的镧系元素，位置相近，但它们对双烯或乙烯催化聚合的活性表现极不一致。不同稀土催化剂对不同单体所表现的催化活性大不相同；而且就原子序数的顺序来看，活性大小的变化呈现出一定的规律性，一般来说，轻稀土的催化活性高于中稀土和重稀土。

标准的钕催化体系包括二元体系和三元体系。二元体系通常由氯化钕以及烷基铝或烷基镁组成。三元体系一般由一个类似羧酸钕的无氯钕化合物、烷基铝或烷基镁以及一个氯原子供体组成。向体系中添加氯原子供体，可以大幅提高产物的顺式含量。通过向三元体系中添加极性溶剂，就可形成所谓的四元体系。当然还有更复杂的催化剂体系，可包含多达8个不同的催化剂组成部分。

具有工业化应用价值的合成异戊橡胶用稀土催化剂可分为两类：

（1）稀土化合物与烷基铝组成的二元催化剂体系，如 $NdCl_3 \cdot nL-Al(i-Bu)_3$（其中 L 为电子配位体，如乙醇或丁醇；$n$ 为数值1~4），该体系为美国 Phillip 公司开发，所得聚合物顺-1,4构型含量可达98%，基本不含凝胶，该催化体系已实现工业化。

（2）稀土化合物、烷基铝和卤化物组成的三元催化剂体系，如环烷酸稀土盐类，我国70年代开发，综合多方面因素选择其最佳组成为：$Ln(naph)_3-Al(i-Bu)_3-Al_2(Et)_3Cl_3$（Ln 为除 Ce 外的混合轻稀土元素），催化体系为非均相。

三元催化体系合成的异戊橡胶产品顺-1,4构型含量为95%，其硫化胶强度指标较钛胶稍低；还有专利 US 0009870 中报道的一种催化剂配制新方法，用该方法可配制一种完全均相的溶液聚合稀土催化体系，其特点是在催化剂配制过程中加入一种共轭二烯单体。

专利 US 0009870 采用该技术配制的催化体系最佳组成为三［二（2-乙基己基）磷酸］钕-Al(i-Bu)₂OH-Al(Et)₂Cl。加入的最佳共轭二烯单体为丁二烯，使用该催化体系，在合适的反应条件下，转化率可达100%，顺-1,4构型含量为97.9%~98.5%，特性黏数为3.8~4.8dL/g，且重复性非常好。三元催化剂体系因稀土化合物具有来源方便、便于计量、活性高和聚合产物相对分子质量容易调控等优点，而成为目前制备异戊橡胶的主要催化剂体系。但依然存在着一些问题，例如顺-1,4结构含量偏低、胶液黏度偏高、门尼黏度偏低等。

经过多年努力，我国在聚异戊二烯橡胶的研究开发上取得很大进展。中国科学院长春应用化学研究所先后成功开发出采用钛系和稀土体系的聚异戊二烯橡胶合成技术；中国石化北京化工研究院燕山分院自主知识产权技术所生产的产品综合性能优异；中国石油吉林石油化工公司研究院以及锦州石油化工公司，先后完成了稀土聚异戊二烯橡胶的中试研究开发；青岛科技大学等单位也开展了相关的研发工作。这些都为我国聚异戊二烯橡胶的工业化、规模化发展提供了强有力的技术支撑。稀土系催化剂是催化异戊二烯聚合最有价值的催化剂之一，我国是世界上稀土资源贮藏量最为丰富的国家，稀土催化合成橡胶是稀土资源综合利用的一个重要方向。我国在稀土催化剂体系的研究方面走在了世界的前列，分别对稀土钕催化剂系统的二元和三元催化体系进行了广泛的研究。尤其以有机酸钕、烷基铝和卤剂构成的三元催化体系，由于催化活性高，容易形成均相，而受到广泛的重视。

茂名鲁华化工有限公司在总结了国内外橡胶合成催化体系技术特点的基础上，于2009年开发出一种新型的用于合成橡胶生产的三元稀土催化体系，建立了国内首套异戊橡胶工业装置，2010年实现工业化生产，填补了国内异戊橡胶工业化生产的空白。用于合成橡胶生产的钕催化剂性能稳定，分散均匀，可以长期储存而不会出现沉淀，在连续生产中便于管道输送，不挂壁，不堵泵。该催化剂用于共轭双烯烃的聚合，包括异戊二烯聚合生产异戊橡胶、丁二烯聚合生产稀土顺丁橡胶以及异戊二烯和丁二烯共聚生产丁异戊橡胶等。该钕催化剂通过下述方法制备：用溶剂配制成浓度为0.08~0.12mol/L的有机磷酸钕溶液、浓度为0.8~1.2mol/L的烷基铝化合物溶液和氯化物溶液；再按有机磷酸钕与共轭二烯烃的摩尔比1：(5~30)的比例在有机磷酸钕溶液中加入共轭二烯烃，搅拌3~12min，加入烷基铝化合物溶液，在30~70℃下反应8~12min，然后加入氯化物溶液，在30~70℃下反应50~70min得三元催化体系螯合物；三元催化体系螯合物经管线式胶体泵研磨后，再按三元催化体系螯合物中有机磷酸钕与共轭二烯烃的摩尔比1：(5~30)的比例将三元催化体系螯合物与共轭二烯烃一起送入高剪切乳化泵，之后送入陈化釜，加入溶剂稀释至钕的浓度为0.04~0.06mol/L，搅拌陈化12~36h即得；其中有机磷酸钕、烷基铝化合物和氯化物的摩尔比为1：(1~10)：(1.5~10)，配制及稀释所用溶剂均为不含单烯烃、双烯烃和芳香族物质的饱和脂肪族化合物。该催化剂是一种相对均匀的"亚均相"液体。这里将一种介于均相和非均相之间的，动力学上相对稳定的液相体系定义为"亚均相"，用以区别于通常的澄清透明的均相催化剂体系和混悬的动力学不稳定的非均相的催化体系。该成果应用于异戊橡胶生产中，具有催化剂活性高、单体转化率低以及能耗物耗低等优势。

4.2.1.1 稀土催化剂及活性影响因素

元素周期表中镧系元素镧、铈、镨、钕、钷、钐、铕、钆、铽、镝、钬、铒、铥、镱、镥共15个元素以及与镧系元素密切相关的2个元素钪和钇，共17个元素，总称为稀土元素。稀土催化剂按照组成可分为两元体系和三元体系。二元体系第一元为醇类、醚类、胺类及膦酸酯类与无水稀土卤化物形成的配合物，第二元为烷基铝。三元体系第一元为稀土的羧酸盐或酸性膦酸酯盐，第二元为烷氧基稀土或环戊二烯基稀土，第三元为烷基铝及其他含卤素试剂，含卤素试剂主要为烷基卤化铝、卤代烷、$SnCl$、$SbCl_3$、PCl_3等[15]。

（1）不同稀土元素对催化剂活性的影响

稀土元素的种类和性质决定了稀土催化剂的催化活性，是稀土催化剂活性最重要的影响因素。轻稀土(La~Nd)的催化活性高于中稀土(Sm~Ho)和重稀土(Er~Lu+Y)。稀土催化剂对于丁二烯和异戊二烯聚合的催化活性顺序为：钕>镨>铈>钆>铽>镧>钬>钇>铒、钐>铥>镱>镥、钪、铕[16]，其中以钕、镨的活性最高；双烯烃聚合的稀土催化剂大都使用Nd

催化剂。这种催化剂活性差异可能与催化剂形成过程中稀土离子的价态及稀土 4f 轨道电子的分布特性有关。研究发现，其很容易被烷基铝还原成二价态的稀土元素，如钐和铕，催化双烯烃的活性很低，而不容易被烷基铝还原为二价且保持三价的稀土元素，如钕和镨催化双烯烃的活性很高。研究表明二价钕化合物也可以进行二烯烃聚合，有一定的活性，但活性远低于三价钕。也有观点认为，不同稀土元素的稀土催化剂活性不同是由于各种稀土元素 4f 轨道电子数不同，电子数的不同会使三价稀土金属离子与双烯烃及配体配合过程中产生能量差异[17]。此外，不同稀土元素的稀土催化剂活性不同还可能与稀土的离子半径有关，该观点把增长动力学的控制点放在稀土金属离子与双烯烃或配位体配位上。另一种观点把增长动力学的控制点放在稀土金属—碳键上，该种观点认为催化活性的高低取决于稀土金属—碳键的强弱，稀土金属—碳键强的单体容易插入，催化活性高。影响稀土催化剂催化活性的因素很多，并且很复杂，在目前的情况下多数考虑单一的因素，所得解释都没有得到广泛的信服[13]。

（2）不同稀土元素配位基团对催化剂活性的影响

稀土化合物配位基团的种类和性质对稀土催化剂的聚合活性也有很大影响，配位基团影响催化剂活性的性质主要有配体电负性、电子云密度、基团大小以及催化剂的亲油性，已研究过的同一稀土元素不同配体的催化剂活性次序为：$Ln(P_5O_7)_3 > Ln(P_2O_4)_3 > Ln(CF_3COO)_3 > LnCl_3 \cdot xP_5O_3 > Ln(naph)_3 > Ln(C_5C_9) > Ln(acac)_3 \cdot 2H_2O$，$Ln(BA)_3 \cdot 2H_2O$，$Ln(BAc)_4 \cdot HpiP > $ 无水 $LnCl_3$。

（3）不同烷基铝对催化剂活性的影响

烷基铝的种类和性质、铝上取代基的大小及催化体系中烷基铝的用量对稀土催化剂的催化活性及所得聚合物分子量都有显著影响。在氯化稀土体系 $NdCl_3-ROH-AlR_3$ 催化剂体系中，AlR_3 烷基铝的活性次序为：$Al(i-Bu)_2H > Al(i-Bu)_3 > AlEt_3 > AlMe_3$。在环烷酸稀土催化剂体系中，$AlR_3$ 烷基铝的活性次序为：$HAl(i-Bu)_2 > Al(i-Bu)_3 > AlEt_3 \gg AlMe_3$。铝上取代基的大小对催化剂活性及所得聚合物分子量也有影响，在相同的催化剂浓度下随着烷基铝中取代基长度的增加，所得聚合物分子量会增大。同一烷基铝的氢化物聚合得到的聚合物分子相对较低。这与催化剂聚合活性能够对应，在相同的催化剂用量下，催化剂聚合活性越高，催化剂活性位就越多，所得的聚合物分子量越低。

（4）卤素对催化剂活性的影响

卤素作配位体是稀土催化剂具有高的活性的必要因素，配位体的电负性对过渡金属的定向能力及聚合物的微观结构有决定性的影响；电负性对聚丁二烯和异戊二烯的顺-1,4 结构含量及聚合物的 $[\eta]$ 值影响较小，不同电负性配体均能制得高顺式结构含量的聚合物。卤素可以与稀土元素以结合方式进入催化体系，也可以作为第三组分加入催化体系。对不同的稀土催化体系，卤素的种类和性质不同，对催化剂催化活性的影响也不一致。

4.2.1.2 稀土催化剂催化原理

稀土催化剂聚合异戊二烯属于配位阴离子性质的加成聚合反应，主要生成顺-1,4-聚异戊橡胶结构，顺式含量 96%~98%，聚合过程包括链引发、链增长、链转移、链终止等多个基元反应。反应方程式如下：

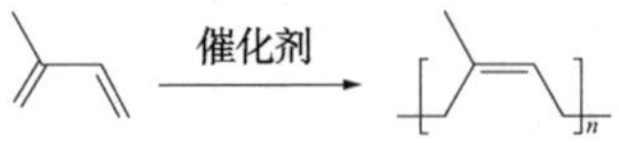

稀土催化剂是由稀土化合物、烷基铝和氯化物三个组分组成的：稀土化合物是主催化剂，一般选用镨、钕元素的羧酸盐；烷基铝是助催化剂，其作用是对稀土化合物进行烷基化，生成含有稀土—碳（Nd—C）键的活性中心，过量的烷基铝，还具有链转移作用，可用来调节聚合物的相对分子质量和相对分子质量分布；氯是稀土催化剂高活性、高顺式立构规整性的必要组分，主要起氯化的作用，生成稀土—氯（Nd—Cl）键。

4.2.1.3　主要技术工艺特点

生产方法是以正己烷为溶剂，以稀土-烷基铝-氯化烷基铝为催化剂，使溶于己烷中的异戊二烯聚合成为顺-1,4 结构的异戊橡胶，聚合胶液用热水凝聚回收溶剂和未聚合的单体，回收的单体和溶剂经精制后循环使用，含水胶块经挤压脱水干燥后压块成成品胶。

稀土催化合成异戊橡胶与传统的钛系催化合成异戊橡胶的生产工艺相比，具有以下特点：组成催化剂的稀土化合物、烷基铝、氯化物等都可溶于脂肪溶剂中，有利于生产过程中的输送、计量、配方调整等操作；用烷烃或加氢抽余油等脂肪作为聚合溶剂，沸点低，有利于回收精制，降低能耗，且几乎无毒，有利于环境保护；稀土元素如镨、钕（Ⅲ），是不易变价金属元素，因此稀土催化剂是非氧化型催化剂，残存于橡胶中对产品性能无不良影响，可不需要洗除工序；稀土催化剂由于加料方式及配制工艺条件的变化，可形成均相及非均相催化剂。易制得高门尼黏度及低门尼黏度、宽分子量分布及窄分子量分布的多牌号稀土橡胶品种；聚合温度对聚合物结构及性能没有显著影响，可采用绝热方式聚合，降低能耗；稀土橡胶有较高的自黏性，聚合过程不挂胶，不堵管，有利于连续聚合，装置生产周期长；稀土催化剂聚合双烯具有准活性特征，助催化剂烷基铝是最主要的链转移剂，大分子链端是具有反应活性的金属-碳链（如镨钕-碳键、铝-碳键），可采用末端改性技术进一步提高橡胶性能。

4.2.2　主催化剂

作为主催化剂的稀土化合物主要有氯化稀土、羧酸稀土、磷酸酯类稀土和烷氧基稀土四种。稀土金属使用的是钕，在大多数钕系催化体系引发的聚合中，钕原子通常都是以+3 价存在。在一篇文献中提到以 NdI_2 和 NdI_2/AlR_3 为引发剂，采用+2 价钕体系引发聚合反应，且当使用 NdI_2 为引发剂时可以不用助催化剂便可引发聚合[18]。在另一篇文献中提到采用 0 价钕引发的双烯烃聚合反应，所用的钕系络合物 $(C_6H_6)_3Nd_2$ 是由钕金属蒸气与苯反应制得[19]。

最先用于双烯烃聚合的钕组分为 $NdCl_3$。NdX_3/AlR_3 型的二元体系是最早的催化体系，呈非均相，活性很高。早在 1985 年的报道中提到 $Nd(OH)_{2.4}Cl_{0.6}$ 催化体系具有很高的活性，但其为非均相，导致产物有 35% 的凝胶生成。由于基于 NdX_3 的催化剂通常为非均相，且产物中容易生成凝胶，所以没有被广泛使用[18]。

在钕的化合物中，使用最广泛的是羧酸钕。常见的羧酸钕有新癸酸钕、环烷酸钕、辛酸钕和异辛酸钕等。Wilson 对不同的羧酸钕进行了研究，发现 $Nd(OCOCR_3)_3$ 的活性较 $Nd(OCOCH_2R)_3$ 高[20]。对环烷酸钕（NdN）及新癸酸钕（NdV）的活性比较发现，在 $Nd(carboxylate)_3/DIBAH/t-BuCl$ 三元体系中，NdV 活性更高[21]。除氯化钕和羧酸钕外，涉及的钕组分通常还有醇钕、磷酸钕、氨基钕、烯丙基钕、茂钕等。

20 世纪 80 年代初，Mazzei[22] 首次合成出烯丙基钕 $Li[Nd(C_3H_5)_4]$，但是 $Li(C_3H_5)$ 会导致生成的双烯烃聚合物具有高反式结构。直到 90 年代，研究人员采用 BEt_3 提取的方式，将 $Li[Nd(C_3H_5)_4]$ 中的 $Li(C_3H_5)$ 提取出来，才真正合成了烯丙基钕 $Nd(\eta_3-C_3H_5)_3$[23]。在二烯烃聚合中，单组分 $Nd(\eta_3-C_3H_5)_3$ 催化活性较低，产物为高反式结构。Taube 研究发现在添加 DEAC 及 MAO 后，其活性大幅提升，产物结构转变为高顺式。茂钕化合物通常有 $CpNdCl_2$、$CpNdR_2$、Cp_2NdCl，且几乎都不溶于有机溶剂。茂钕化合物在所有的钕化合物中是最特殊的存在，可催化聚合多种烯烃包括 α-烯烃、苯乙烯、极性的丙烯酸酯等[24]。在标准的钕系催化体系如 NdV/MAO 中引入茂，生成的环戊二烯等茂衍生物通过原位生成方式形成茂钕化合物，可引发丁二烯苯乙烯共聚或乙烯及甲基丙烯酸酯的均聚，但产物 1,2 结构略微增加[25]。

4.2.3 助催化剂

若只有单一的钕组分催化剂，催化活性较低，需要添加对应的助催化剂来提高催化活性。添加的助催化剂主要是通过与钕发生反应，形成活性中心，并起到调节分子量的作用；与体系中杂质反应，清除水分、有机酸等。常用的助催化剂种类有烷基铝、烷基镁等。

烷基铝是稀土催化体系中使用最广泛的助催化剂。由于助催化剂的主要作用是定量的而不是定性的，因此，在不同的钕催化体系中，使用的铝助催化剂是相同的。在形成活性中心的反应中，烷基铝将烷基以及氯元素转移到钕原子上形成活性中心。另外烷基铝可以将氯原子上的氯或烷基剥离，形成空配位。反应活性主要受烷基铝上烷基的链长影响[13]，Wilson 在研究中系统阐述了 AlR_3 型助催化剂中烷基链长对聚合活性的影响。Wilson[26] 的研究中提到，升高反应的温度，有提高活性的效果，并且发现由甲基取代的烷基铝活性极低，而乙基取代的活性稍微高些，丙基和丁基取代的活性最高，而后链长继续增加则对聚合活性不会再产生影响，不同助催化剂活性排序：$AlPr_3 > AlBu_3 = AlHex_3 = AlOct_3 = AlDodec_3 \geqslant AlEt_3 \geqslant AlMe_3$。烷基铝除了以上的作用外，还可作为分子量调节剂，通过调整 Al/Nd 来实现控制分子量的目的，助催化剂用量的提高将导致分子量降低。Al/Nd 的改变同样会影响聚合速率，这对大规模生产特别是连续生产十分不利。

在钕系催化的双烯烃聚合中，可由烷基镁助催化剂代替烷基铝。助催化剂的改变也会带来产物结构的变化，使得生成具有高反式结构的聚合物[27]。另一篇文献的报道中提到使用烷基镁作为助催化剂，可制备顺-1,4、反-1,4 嵌段聚合物，并且在聚合过程中添加氯供体可使二烯烃的插入方式由反-1,4 转变为顺-1,4 结构[28]。

4.2.4 催化剂分类及制备

稀土催化剂是稀土异戊橡胶生产的关键，通常决定着生产技术的先进性与产品性能的优劣[29]。按照组分的不同，稀土催化剂可划分成二元体系和三元体系，二元体系中，醇类、胺类、醚类和膦酸酯类与稀土卤化物形成的配合物称为第一元，第二元为烷基铝化合物。三元体系中，稀土的酸性膦酸酯盐或羧酸盐为第一元，环戊二烯基稀土或烷氧基稀土为第二元，烷基铝以及其他含卤素试剂为第三元[30]。目前在工业上使用的稀土异戊橡胶聚合催化剂主要有氯化稀土催化剂和羧酸稀土催化剂两类。氯化稀土催化剂在俄罗斯用得较多，而中国技术则多采用羧酸稀土催化剂。

4.2.4.1 氯化稀土催化剂

目前研发的诸多催化异戊二烯(IP)聚合的稀土催化体系主要有两类：一类是由氯化稀土和烷基铝(AlR$_3$)组成的二元催化体系；另一类是由稀土元素的有机盐或络合物、AlR$_3$ 及含卤化合物组成的三元催化体系。三元催化体系由于各组分均溶于溶剂，便于配制、配方调节和计量、输送，早在 20 世纪 80 年代就已用于工业生产稀土顺丁橡胶，同时也用于研发稀土聚异戊二烯橡胶(IR)，可实现在同一装置上用同一催化剂生产多胶种的多功能化。

氯化稀土催化剂由氯化钕的异丙醇配合物(NdCl$_3$·ni-PrOH)和烷基铝(AlR$_3$)组成。氯化钕中的 Nd—Cl 键属于离子键，不易被助催化剂烷基铝烷基化。但与异丙醇形成配合物后，Nd—Cl 键能降低，Nd—Cl 键削弱，活化了 Nd—Cl 键，有利于烷基化的进行，催化异戊二烯聚合的活性与氯化钕相比显著提高[42]。但是，由于 NdCl$_3$·ni-PrOH 在烃类溶剂中的溶解性差，其与 AlR$_3$ 的烷基化反应也是非均相的。因此，氯化稀土催化剂的活性仍然较差，生产的异戊橡胶凝胶含量高、相对分子质量分布较宽[29]。

同样添加其他醇类，除不能与氯化稀土形成配合物的叔丁醇外，都能提高氯化稀土的活性。这说明不同种类的醇都同样对氯化稀土有提高活性的作用，在正确配制的条件下，氯化稀土的催化活性由活性顺序的末位一跃而居首位。

醇为什么有这种活化作用？过渡金属卤化物接受烷基金属(如 AlR$_3$)的烷基化作用，形成金属-碳键是 Ziegler-Natta 催化剂产生活性中心的一个必要过程。将典型的 Ziegier 催化剂(TiCl$_4$-AlR$_3$)与二元催化稀土体系(LnCl$_3$-AlR$_3$)相比，可发现 TiCl$_4$ 的共价性较 LnCl$_3$ 强。显然 LnCl$_3$ 要比 TiCl$_4$ 难于接受烷基化作用，这可能是 LnCl$_3$-AlR$_3$ 体系活性很低的原因之一。如加入醇生成 LnCl$_3$·3ROH 醇合物后，由于醇分子中氧基的给电子性质会降低稀土离子的正电性，从而减弱 Ln—Cl 键的离子性，同时引起晶格的变化，使之有利于烷基化作用的发生，导致活性的提高。李振祥等用 INDO 方法计算了氯化钕异丙醇配合物的电子结构，计算结果显示，配位后 Nd—Cl 键对应的分子轨道能量提高，Nd—Cl 键级降低，Nd—Cl 键削弱，有效活化了 Nd—Cl 键，有利于烷基化的进行。基于这种理论，陆续引导出一系列含O、N、P 等给电子剂的高活性二元氯化稀土催化剂。

在氯化稀土醇合物催化体系中，不同烷基铝对催化聚合活性的影响按顺序逐渐减小：$AlEt_3 > Al(i-Bu)_3 > HAl-(i-Bu)_2 >> AlMe_3$，而 AlR_2Cl 无活性。此外，氯化稀土四氢呋喃（THF）配合物（$LnCl_3 \cdot 2THF$）或 $LnCl_3 \cdot 4THF$ 与 AlR_3 组合对双烯聚合物同样具有高聚合活性[31]。

4.2.4.2 羧酸稀土催化剂

由于环烷酸盐在汽油中溶解性较好，原料丰富，成本较低，故在工业上催化剂采用环烷酸稀土。但环烷酸本身系结构与组成不尽相同的混合物，它的化学与物理性质也依产地而稍异，不能用一简单的化学式来表示，而以符号 naph 代表环烷酸根。

在初期稀土催化研究中一般都采用环烷酸盐体系。常用三元体系，即除稀土盐外，还有三烷基或氢化二烷基铝与卤化烷基铝。三烷基铝起烷基化作用，卤化烷基铝对稀土盐起卤化作用。从许多试验的结果得出结论：不含卤素的催化剂活性很低，或者没有活性。

不用卤化烷基铝，用其他含卤化合物代替也同样对稀土离子起卤化作用，也有催化聚合的活性，如氯硅烷、烯丙基氯、四氯化碳等一系列含卤化合物。环烷酸稀土催化剂的相态与催化组分中的 Cl/Ln（摩尔比）有关：在 Cl/Ln < 2 时往往为均相；Cl/In > 2 时则呈非均相，往往非均相的催化活性略高于均相；在 Cl/Ln = 3 时活性最高。溴的活性比氯高，一般为 2.5~3.5，通过改变催化剂制备条件，聚合条件及催化组分配比等可以调节催化活性与聚合物的分子量，这是它优于氯化稀土催化剂的地方。环烷酸稀土顺丁胶的加工工艺性能及硫化胶的物理机械性能良好，用于轮胎制造工业是很有前途的。

稀土催化剂的配制一般都经过陈化，陈化时间为 30min~24h，催化三组分的加料顺序以 La+Cl+Al 为最好。

用环烷酸稀土催化剂合成的异戊橡胶一般顺-1,4 含量在 94%~95% 左右。用 La(naph)-$Al(i-Bu)_3$-$Al_3Et_3Cl_3$-加氢汽油体系制得的异戊橡胶性能接近 SN-600，硫化胶的强度稍低于钴胶，突出优点是在连续聚合时不挂胶。

国内的稀土异戊橡胶的生产大多采用自主研发的羧酸稀土催化剂技术。而羧酸稀土则作为异戊二烯聚合催化剂的主催化剂，一般采用环烷酸、异辛酸（2-乙基己酸）和新癸酸的水溶液与氯化稀土在烷烃中加氨水反应制备（环烷酸稀土），或将羧酸与碱反应生成羧酸钠或钾盐与氯化稀土反应制备，或稀土氧化物直接与羧酸在烷烃中反应制备（新癸酸稀土）[31]。合成环烷酸钕所使用的环烷酸为石油炼制过程的一种副产品。羧酸稀土催化剂又分为非均相和均相两种。当采用羧酸钕己烷溶液-倍半乙基氯化铝-三异丁基铝的三组分及加料顺序配制时，催化剂呈含有细小沉淀的非均相；而当采用新癸酸钕己烷溶液-异戊二烯-三异丁基铝-倍半乙基氯化铝的四组分及加料顺序配制时，催化剂则呈均相。均相催化剂与非均相催化剂相比更容易控制加入量，产品的相对分子质量分布更窄，顺-1,4 结构的含量更高[29]。由于第二种均相羧酸催化剂添加了异戊二烯的组分，增加了工艺的复杂性和难度，但是总体来说是很有发展前景的。中国石化北京化工研究院"钕系均相稀土催化剂、其制备方法及其应用"介绍了一种新型的均相钕系稀土催化剂及其制备方法[32]。催化剂的组成为羧酸钕、烷基铝、含卤素化合物和共轭二烯烃，各组分的摩尔比为1:（5~30）:（2~10）:（35~65），制备方法为在惰性溶剂中，先将羧酸钕、含卤素化合物和共轭二烯烃混合，最后加入烷基铝。制备的该种催化剂具有均相、活性高、稳定性好（存放一年时间性质不变）等优点，利用该催化剂可合成顺式结构含量大于98%、重均相对分子质量在 1.0×10^6 ~ 2.5×10^6 范围内可调、相对分子质量分布为3.0~4.0的稀土异戊橡胶。

4.2.4.3 烷氧基稀土催化剂

单成基等研究 $Nd(OR)_3-Cl_n-AlEt_3$ 二元催化剂中 R 和 n 对丁二烯的聚合的催化活性和聚合物微观结构的影响，发现按 n 数值不同（0，1，2）可分三种，当 $n=0$ 时，催化活性最低，顺式链节含量也最低；当 $n=2$ 时，对聚丁二烯微观结构的影响类似于三元体系 $Nd(OR)_3-Al_2Et_3Cl_3-AlEt_3$，但前者活性较后者高。这表明可用简单的二元体系代替三元体系，当固定 n 值而改变 R 的大小和结构时，对聚合活性有显著影响，但对结构影响较小。当固定 R 而改变 n 时，对催化活性和聚合物微观结构都有显著影响。

这说明 n 的影响大于 R，对烷氧基稀土催化剂所得聚丁二烯的顺-1,4结构含量较其他体系略低。随烷基支化度的增加，催化活性降低，改变烷基的大小和结构对聚丁二烯的微观结构没有影响。n 值增大则聚双烯的顺-1,4结构含量增大，而反-1,4结构含量减小。嵇显忠在 $Nd(OP)_3-AlR_3$ 二元体系中加入 RX 使其成三元体系，则催化活性与定向效应均有很大提高。

Mazzai 用烷氧基钕、烷基铝和 Lewis 酸三元体系研究双烯的聚合，发现带支链的烷氧基钕的活性比线型烷氧基的低。

4.2.4.4 载体稀土催化剂

李玉良等对高分子载体稀土催化剂研究的部分结果如下：苯乙烯-丙烯酸共聚物载体钕配合物（SAACNd）体系用 $SAACNd-AlEt_2Cl-Al(i-Bu)_3$ 对双烯在己烷中的聚合，得高顺-1,4结构的产物。据红外光谱的分析，其中 Nd—O 键比低分子量的羧酸稀土更富有共价性。

在 THF 或二氧六环存在下制得的 SAAC 最适合于合成高活性的 Nd 配合物。功能团含量大约为12%，金属钕含量与功能团含量摩尔比在0.2左右时，载体钕配合物催化活性最佳。曾试验过一系列氯代烃作第三组分，无论用甲苯或己烷作溶剂，均是以三苯氯甲烷的活性最高。对用同一种氯代烃时，两种溶剂以甲苯为佳，聚合物载体钕配合物在其烃中易溶胀，有利于体系组分之间的接触，加速活性中心的形成，氯烃的性质不影响所得聚合物的微观结构。

苯乙烯-甲基丙烯酸 $\beta-$（甲基亚硫酰基）乙酯共聚物（SMC）载体钕配合物催化剂 SMC 在四氢呋喃中与 $LnCl_3$ 形成配合物而沉淀出来，配合物的颜色仍保持各 $LnCl_3$ 的颜色。试制过的配合物有 La、Pr、Nd、Ho、Er、Tm 与 Yb。由 $SMC \cdot NdCl_3(SMC \cdot PrCl_3)-Al(i-Bu)_3$ 组成的二元体系对丁二烯具有良好的催化活性和定向效应。聚丁二烯的顺-1,4含量达98%，Pr 的活性不如 Nd，但顺式含量相近。$SMC-NdCl_3-Al(i-Bu)_3$ 体系的催化活性为 $NdCl_3 \cdot$

DMSO 体系的 2~3 倍，但比 SAAC 体系小。

曾试验过一些无机载体稀土催化剂，但未找到合适的载体。蔡世绵等把 $NdCl_3$ 与无水 $MgCl_2$ 共研磨得到的载体催化剂与 $Al(i-Bu)_3$ 组合用于丙烯定向聚合有较好的效果。如再与 $AlCl_3$ 共研磨，则催化活性可进一步提高，但聚合物等规度较低，特别是全等规度只有 30%。

4.2.4.5　其他稀土催化剂

（1）混合稀土催化剂

嵇显忠等研究用 $NdCl_3$ 与 $FeCl_3$ 邻菲罗啉配合物的混合催化剂对丁二烯的聚合，发现在合适的 Fe/Nd 比值范围内，对丁二烯的聚合活性高于单一稀土或铁催化剂。产物的微观结构可随催化剂中铁、钕含量的不同而有较大幅度的变化。随 Al/M 比值的变化，催化活性出现一个高峰。随催化剂用量的不同，活性峰高的 Al/M 值也不同。溶剂对催化活性影响很大，其顺序是：甲苯＝苯＞环己烷＞正己烷，即芳烃＞脂环烃＞直链烃，显然有两个活性中心在起作用。Martin 用氯化稀土作载体与 $TiCl_4$ 混合，结合烷基铝作乙烯的聚合催化剂，发现每克 Ti 所得的聚乙烯量以 $PrCl_3$ 与 $NdCl_3$ 作载体的最高，超过了用 $MgCl_2$ 作载体的催化剂。Jenkins 用混合稀土化合物加二烷基镁制得了高反式聚丁二烯，再加氯化烷基铝作第三组分时，则得高顺式聚丁二烯。Hgrxp 等研究不含卤素的稀土催化剂对双烯的聚合，发现在三异丙氧基钕或三羧酸钕和三异丁基铝组合在甲苯中，50℃下聚合时，活性很低，生成主要含反-1,4 链节的聚合物。认为所研究的体系形成烷氧基或羧基的烷基钕衍生物。

（2）单金属稀土催化剂

俄罗斯科学家合成了一系列单金属稀土催化剂。例如，利用乙醚配位的三苄基钕作催化剂用于双烯烃的聚合研究，采用乙基苯或二甲苯作溶剂，在-78℃极端低温条件下得到了反-1,4 构型的聚丁二烯与聚异戊二烯，丁二烯的聚合速率比异戊二烯快得多。俄罗斯另一学者避开用烷基铝对稀土进行烷基化的方法，而由三苯氯甲烷与稀土金属（Pr、Nd、Gd、Ho）在 THF 中 20℃下直接反应合成出含有 Ln—C 键的催化活性体。一般收率都很高，所得 Ph_3CLnCl_2 的收率竟达理论量的 100%。但单独用三苯甲基氯化稀土不能使双烯聚合，必须外加少量 $HAl(i-Bu)_x$（Al/Ln 摩尔比为 3~4）才能引发聚合。用 Pr、Nd 催化剂所得聚异戊二烯的顺-1,4 结构含量高达 97%~98%。在 THF 中反应后，有少量 THF 结合在产物上，加进去的烷基铝是为了除去 THF，而不是烷基化稀土，因为烷基化稀土需大量烷基铝（Al/Ln ＝15~30），而这只有 3~4（摩尔比），催化活性体可能是 $RLnCl_2$ 或者它与烷基铝的配合物。Hcone 等用氧化剂加成苄基氯化金属钕与镨的反应以合成三价稀土的苄基氧化物。反应在 THF 中进行，20℃下以很少量碘活化，溶液中 Ln^{3+} 离子的浓度也很高，所得稀土有机化合物在真空中除去 THF 后，加少量 $Al(i-Bu)_3$ 引起异戊二烯的定向聚合，而不加 AlR_3 时不聚合。合成出可溶于烃的含齐聚丁二烯的镧系（Pr、Nd、Gd、Sm）化合物，这种化合物在室温下足够稳定。据实验三齐聚丁二烯钕与镨跟三苄基钕相似，是丁二烯反式聚合催化剂，得到结晶的聚丁二烯，含 94%~96% 的反-1,4 链节，聚合是在 30℃甲苯中进行。研究用各种方法合成出的 RNdCl，在没有烷基铝存在的情况下是丁二烯与异戊二烯的顺式聚合催化剂。用三苄基钕聚合丁二烯与异戊二烯时，得反-1,4-聚合物。Nd、Pr、Sm 的三齐聚丁二烯化合物也具有同样的定向作用。当对三苄基钕添加 HCl、$SnCl_4$、Ph_2CCl 可以形成 $RNdCl_2$ 时，则反式转变为顺式。实验证明在没有烷基铝存在下也可得顺式聚双烯。

齐淑珍等用苯基钕 $Nd_2(C_6H_6)_3$（由金属 Nd 与苯蒸气在 0.0133Pa 时高温反应制成）与 $Al_2Et_3Cl_3$ 聚合丁二烯，得聚丁二烯顺-1,4 在 77% 左右。再加 $AlEt_3$ 时顺-1,4 结构增为 97%，单用 $Nd_2(C_6H_8)_3$ 聚合时，顺-1,4 结构在 38.7%，但转化率很低。齐淑珍等将 C_6H_5NdCl 与 $HAl(i-Bu)_2$ 结合聚合双烯，得二烯：顺-1,4 结构约 94.4%，反-1,4 结构约 4.7%、反-1,2 结构约 0.9%；聚异戊二烯：顺-1,4 结构约 94.4%，反-3,4 结构约 5.6%。

于广谦等用 $C_6H_5ONdCl_2 \cdot nTHF$（$n=0,1,2$）和 $NdCl_3 \cdot HoAr$ 与烷基铝结合，得高活性催化剂聚合丁二烯，在 $NdCl_3 \cdot HoAr-AlR_3$ 中，活性顺序为：

陈文启等将 $LnCl_3$（Ln＝Nd、Sm 和 Gd）与丁二烯镁 $C_4H_6Mg \cdot 2THF$ 反应合成丁二烯氯化稀土配合物 $C_4H_6LnCl_2 \cdot (C_4H_3O)_n$。该配合物与丁二烯溶液反应很弱，聚合物含顺-1,4 结构约 43.12%、反-1,4 结构约 48.4%、反-1,2 结构约 8.4%。

于广谦等研究 $C_5H_5LnCl_2-AlR_3$ 催化体系对双烯的聚合，发现催化活性比稀土醇合物体系高，稀土活性顺序为 Nd>Pr>Y>Ce>Gd，AlR_3 活性顺序为：$HAl(i-Bu)_2>Al(i-Bu)_3=AlEt_3>AlMe_3$。聚丁二烯的分子量较大，顺式较高，转化率较低，聚异戊二烯则相反。

陈文启等研究茚基稀土二氯化物的合成及其对丁二烯聚合的催化活性，合成的化合物一般通式为 $C_9H_7LnCl_2(C_4H_8O)_x$[33]。

Cui 等[34]合成了芳基二亚胺 NCN 钳形稀土金属二氯化物，$[2,6-(2,6-C_6H_3R_2NCH)_2-C_6H_3]LnCl_2(THF)_2$，可与 AlR_3 或 $[Ph_3C][B(C_6F_5)_4]$ 形成一种新型 Ziegler-Natta 均相催化体系。25℃下进行异戊二烯聚合，cis-1,4 结构含量可高达 98.8%。此外，聚合温度升高至 80℃时，聚合物中仍具有很高的 cis-1,4 结构。NCN 钳型二氯稀土催化体系与传统 Ziegler-Natta 催化体系存在显著差别，传统 Ziegler-Natta 催化体系中金属元素对定向性几乎没有影响，对催化剂活性影响较小，而 NCN 钳型配体 N-芳基环邻位取代基的空间位阻和烷基铝的蓬松度将直接影响到催化剂的活性和定向性。Cui 等[35]还合成了双碳 CCC 型催化剂 $(PBNHC)LnBr_2(THF)$（Ln＝Y，Nd，Gd，Dy，Ho），在助催化剂 AlR_3（R＝Me，Et，i-Bu）和 $[Ph_3C][B(C_6F_5)_4]$ 的作用下，以氯苯为溶剂进行异戊二烯聚合，[Ln]/[AlR_3]/[B]＝1∶20∶1，25℃下所得产物 cis-1,4 结构含量高达 99.6%。其高定向能力不受中心元素和烷基铝的影响，且能够在较高的温度下保持高定向性，当聚合温度提高至 80℃时，cis-1,4 结构含量仍达到 97.4%。新型催化剂性质如表 4-1 所示。

表4-1 新型催化剂性质

催化剂	催化剂结构	顺-1,4 含量/%	活性/[g/(mol·h)]	数均相对分子质量	相对分子质量分布
NCN 型[45] $[2,6-(2,6-C_6H_3R_2N=CH)_2—C_6H_3]LnCl_2(THF)_2$ (Ln=Y; R=Me, Et, i-Pr; Ln=La, Nd, Gd, Tb, Dy, Ho, Lu; R=Et)		98.8	—	—	—
CCC 型[46] $(PBNHC)LnBr_2(THF)$ (Ln=Y, Nd, Gd, Dy, Ho)		97.3~99.6	$3.3×10^3$~$1.3×10^5$	$6.1×10^4$~$62.2×10^4$	1.6~3.8
NCN 型[47] $[(S,S)-Phebox-iPr]LnCl(THF)_2$ (Ln=Sc, Y, Dy, Ho, Tm, Lu)		97.4~99.5	$2.4×10^3$~$5.8×10^5$	$2.1×10^4$~$57×10^4$	1.7~4.6
NCO 型[48] $(^{Arl}NCO^{Ar2})LnCl_2(THF)_2$ (Ln=Y, Lu, Gd)		97.3~99	$1.8×10^3$~$1.1×10^4$	$10.1×10^4$~$38.4×10^4$	1.5~2.5
NCS 型[49] $[(^{Arl}NCS^{Me})Ln(μ-Cl)]_2[(μ-Cl)Li(THF)_2(m-Cl)]_2$ (Ln=Y, Gd)		97.8~98.9	$0.78×10^2$~$2.7×10^4$	$36.3×10^4$~$59.8×10^4$	1.6~1.8
PNP 型[50] $(PNPph)Ln(CH_2SiMe_3)_2(THF)_x$ $(PNPph=[2-(Ph_2P)C_6H_4]_2N$; Ln=Sc, x=0; Ln=Y, x=1; Ln=Lu, x=1)		98.5~99.6	$1.3×10^4$~$4.9×10^5$	$5.0×10^4$~$32.0×10^4$	1.05~1.11

Pan 等[36]合成了NCN型催化剂$[(S,S)-Phebox-iPr]LnCl_2(THF)_2$(Ln=Sc, Y, Dy, Ho, Tm, Lu),其中当Ln为Y时,该催化剂表现出较好的催化性能。与$[PhNHMe_2][B(C_6F_5)_4]$、$Al(i-Bu)_3$组成催化体系进行异戊二烯聚合时,25℃下cis-1,4结构能达到98%

以上；在 -8℃下可得 cis-1,4 结构质量分数 99.5%，且反应温度对顺式含量影响较小，在80℃时仍具有较高顺式含量，可达 96.4%。

Gao 等[37] 分别利用 NCO/NCS 前体，合成 NCO 型催化剂 [(Arl NCOAr2) LnCl2(thf)2] 和 NCS 型催化剂 {[(Arl NCSMe) Ln(μ-Cl)]2[(μ-Cl) Li(thf)2(m-Cl)]2}，常温下进行异戊二烯聚合，cis-1,4 结构含量达到 98.8%。随着温度的升高，顺式含量略有下降。Zhang 等[38] 合成了一种 PNP 型稀土金属配合物，含双（膦苯基）配体的稀土金属配合物 [(PNPph) Ln (CH₂SiMe₃)₂(THF)x]（PNPph = [2-(Ph₂P) C₆H₄]₂N；Ln = Sc，x = 0；Ln = Y，x = 1；Ln = Lu，x = 1），在溶剂 C₆D₅Cl 中与 [PhMe₂NH][B(C₆F₅)₄] 作用可催化异戊二烯定向聚合。当稀土元素为钇时，聚合产物中 cis-1,4 结构 >99%，且相对分子质量分布窄（M_w/M_n 为 1.05 ~ 1.13）。聚合温度升高到 80℃时，cis-1,4 结构含量基本不变，说明该活性种具有很好的热稳定性。

总之，钳形催化剂具有较强的定向能力，在异戊二烯聚合中具有独特的优势，但是该类催化体系整体催化效率不高，基本为 $10^4 g/(mol \cdot h)$，所得聚异戊二烯的相对分子质量也较低。近年来，崔冬梅等[39] 对 NCN 型稀土化合物进一步扩展，制备出改进 NCN 稀土化合物，如含有取代基的 NCN 亚胺钳形稀土化合物、NCN 亚胺钳形稀土烷基化物、NCN 亚胺钳形稀土羧基化物、NCN 亚胺钳形稀土烷氧基化物、NCN 亚胺钳形稀土酚基化物等，其与烷基化试剂进行反应，可制备出可溶于脂肪烃溶剂的双组分均相催化体系。改进后的催化体系具有较高的定向能力和催化效率，所得聚合物中顺式含量可高达 99.9%，活性达到 $10^5 g/(mol \cdot h)$，相对分子质量 M_n 高达 $3×10^6$。可见，新型钳形催化剂的研制是高顺式异戊橡胶制备的又一热点领域。

通过对传统催化体系的改进研究，使得聚异戊二烯的顺式含量得到了一定提高，而采用新型高定向的催化剂能够得到顺式含量 99% 以上的高顺聚异戊二烯，对于催化体系的研究仍然是重中之重。此外，通过对异戊橡胶工艺条件的比较，针对溶液聚合流程长、装置多、能耗大等缺点，如能直接利用气相聚合法原位制备不发黏的异戊橡胶颗粒具有广阔的发展前景。

4.2.4.6　催化剂制备

稀土催化剂的配制一般采取陈化的方式，这是因为固体稀土化合物的烷基化需要一段时间，也由于烷基化了的稀土催化剂比较稳定。因此，只要保存得好，稀土催化剂可以陈化很长时间不会影响它的活性。在室温下陈化 40 天，聚合转化率仍不降低，这表明它的活性中心是稳定的[3]。

许晓鸣等[7] 研究了一种新型稀土引发剂的制备方法，使用稀土引发剂反应可获得高分子量、高顺式含量的聚异戊二烯。利用此类引发剂也可以进行异戊二烯苯乙烯聚合，得到二者的无规共聚物，单体聚合转化率达 97%，共聚物顺式含量达 95% 为左右。文献[40] 中报道的一种新型的三元催化体系，使用的引发剂聚合催化活性高，可得到高分子量、高顺式含量且分子量分布窄的异戊橡胶。同时研究者考察了芳烃的引入对稀土催化聚合引发的影响。研究结果表明，小试试验中，在引发剂配制过程中引入芳烃试剂，可提高引发剂活性，降低聚合物分子量[41]。

近年来，将甲基铝氧烷用于稀土引发剂的研究也有很多，取得了很大的进展。文献[42]中提到将改性甲基铝氧烷溶于庚烷，将新癸酸钕用烷基铝进行活化配制成引发剂，考察了该引发剂对异戊二烯聚合的影响。研究结果表明，在少量单体存在下，新癸酸钕、一氯二异丁基铝和改性甲基铝氧烷可制备成三元均相稀土引发剂。该引发剂活性高，所得异戊橡胶顺式构型含量达96%[8]。

目前还存在的一种制备稀土异戊橡胶催化剂的方法，主要包括以下步骤：①配制三异丁基铝甲苯溶液；②配制三异丁基铝甲苯溶液与间戊二烯的混合物；③制备一水氯化钕异丙醇配合物：将一水氯化钕和异丙醇加入甲苯中进行配位反应，得到一水氯化钕异丙醇配合物；④制备催化剂：将一水氯化钕异丙醇配合物加入三异丁基铝甲苯溶液与间戊二烯的混合物中，反应得到催化剂，反应温度为-5℃以下，时间为5~10min，并在搅拌下进行；⑤催化剂陈化：将步骤④制备的催化剂陈化16h以上，陈化温度为20~40℃。此种方法制备稀土橡胶催化剂，制备工艺简单易行、原料易得、副反应少、制备的催化剂活性高[43]。

法国Michelin公司采用$Nd(P_2O_4)_3$、$Al(i-Bu)_2H$和$AlEt_2Cl$为原料，制备出一种稀土催化剂，用来聚合异戊二烯可以制备顺-1,4结构含量高于98%的异戊橡胶，所得异戊橡胶分子量分布低于2.5，制备该催化剂时首先将环己烷或甲基环己烷作为溶剂加入含有钕盐的反应器中反应形成凝胶，两者接触的温度为30℃，接触时间0.5h；保持体系温度30℃，将稀土含量50倍的异戊二烯加入反应器中，"预形成"催化体系；随后，将与稀土比例3~6倍的1mol/L氢化二异丁基铝加入反应器中，进行烷基化反应，反应时间15min，反应温度为30℃；最后将与稀土比例3倍的1mol/L氯化二乙基铝作为卤素给体添加剂加入反应器中，此时把催化剂环境温度提升至60℃，陈化2~4h。异戊二烯聚合后产品顺-1,4结构含量用核磁测试达到了98.4%。如果低温聚合顺式结构含量更高，如-15℃时顺-1,4结构含量可达99.1%，-25℃时顺-1,4结构含量可达99.4%，-45℃时顺-1,4结构含量可达99.6%。但由于催化剂配制工艺复杂，催化剂组分是多相悬浮液，为非均相，而且是低温配制，限制了该催化剂的应用[3]。

美国固特异公司公开了由新癸酸钕、辛基铝和氯气制备均相稀土催化剂的方法：①在室温下将20mL浓度为0.506mol/L的新癸酸钕[Nd(V)]加入反应器中；②将142mL浓度为1mol/L的三辛酸铝(TOA)慢慢加入第一步所述新癸酸钕溶液中[TOA和Nd(V)的比例为14]，溶液颜色变为亮蓝色，在70℃反应10~60min，溶液颜色变成棕褐色；③在室温下将9.5mL浓度为1.06mol/L氯气的己烷溶液慢慢加入反应器中[氯气和Nd(V)的比例为1]，摇晃使其充分反应，最后溶液颜色变为亮褐色。利用上述催化剂、己烷为溶剂，40℃下聚合异戊二烯，可制备出顺-1,4结构含量98%以上的高度立构规整的聚合产物，该聚合产物分子量分布低于2.0，该种异戊橡胶性能优于钛系异戊橡胶，与天然橡胶接近。但由于氯气的腐蚀性大，对环境污染大，限制了该催化剂的应用[3]。

米其林公司的专利CN 1479754A[44]涉及具有高含量顺-1,4键的合成聚异戊二烯及其制备方法，本发明的合成聚异戊二烯的顺-1,4键含量大于99%，催化体系组成为：共轭二烯烃单体，一种或多种稀土金属的有机磷酸盐，烷基化剂烷基铝(AlR或HAlR)，卤素给体卤化烷基铝，聚合温度不高于0℃。埃尼凯姆·埃拉斯托麦里公司的专利CN86103812[45]，该专利通过在一种催化剂体系存在下和无溶剂时进行聚合的方法制造异戊二烯聚合物和共聚物，该催化剂体系包含：①至少一种属于周期表第三副族的元素或该元素的化合物；②至少一种铝的烷基衍生物；③至少一种有机卤素衍生物或至少一种能以两种价态存在的元素的卤化物(以较最低价态高的价态与卤素结合)或至少一种卤素或至少一种氢卤酸；④至少一种含有一个或多个羟基且羟基上的氢可被取代的化合物，组分②与组分①之比等于或小于20。由此方法制备的异戊橡胶顺式含量大于96%，门尼黏度大于75且无凝胶。

国内长春应化所对稀土法制备异戊橡胶的研究最为深入，申请的专利也最多，特别是2007年以后发表更为集中，2007年以前只有一篇，该专利提供了一种新的用稀土催化剂本体聚合异戊二烯的方法，催化剂组成为：①钕(或镨钕富集物)化合物；②氯化烷基铝；③烷基铝(或氢化烷基铝)体系，聚合为本体聚合，聚合温度-78~100℃。

2007年后长春应化所有七篇相关专利公开，CN101186663A[46]公开了双烯烃稀土催化剂的制备方法与条件及催化剂用于催化的步骤与条件，这种稀土催化剂组成的催化剂体系可以催化异戊二烯或丁二烯聚合制备高顺-1,4结构的聚异戊二烯或丁二烯。这种稀土催化剂由INCNT配位的钳型稀土配合物与烷基铝和有机硼盐组成。烷基铝为AlMe$_3$、AlEt$_3$、Al(Bu)$_3$、AlEt$_2$Cl、HAlEt，有机硼盐为[Ph$_3$C][B(C$_6$F$_5$)$_4$]或[PhNMe$_2$H][B(CF$_5$)$_4$]，聚合反应所用的溶剂为甲苯或氯苯。催化异戊二烯聚合时，烷基铝与钳型稀土配合物的比例是10~40，有机硼盐与钳型稀土配合物的比例是1~3，聚合温度为-20~80℃，聚合反应时间为0.5~2h，单体转化率最高可达100%，聚合物中顺-1,4结构含量为55.0%~98.8%。CN101492514A[47]公开了一种制备聚异戊二烯的稀土催化剂的制备方法及异戊二烯聚合方法，该聚异戊二烯的特点是顺-1,4结构含量可达95%以上，有较低的重均分子量(5.600~120.000)，M_w/M_n为1.1~2.0的窄分子量分布。聚合方式可以是溶液聚合也可以是本体聚合，氢化二烷基铝：氯化物：共轭双烯烃：稀释羧酸盐的摩尔比为(5~20)：(1.0~3.0)：(5~20)：1，该催化剂可在较高的聚合温度、高收率地聚合异戊二烯。催化剂用量为Nd/IP=(9.8~60)×10^{-5}mol/g，溶剂为己烷、环己烷或庚烷，利用2,6-二叔丁基对甲基苯酚的乙醇溶液作为终止剂，催化剂中的稀土羧酸盐为新癸酸钕、环烷酸钕或异辛酸钕，烷基铝为氢化二烷基铝、氢化二异基铝或氢化二异丁基铝的一种，氯化物可以为二氯二甲基硅烷、三氯甲基硅烷、二甲基氯硅烷、四氯化硅、二氯二苯基硅烷或三氯硅烷的一种或多种。

CN 101397348提供了高顺-1,4异戊二烯或丁二烯的选择性聚合催化体系的制备方法和用法。该催化体系组成为：烷基化试剂、β-双亚胺稀土配合物和有机硼盐三组分催化剂按摩尔比1：(2~1000)：(1~2)制备，或者由β-双亚胺稀土配合物、烷基化试剂两组分催化剂按摩尔比1：(2~1000)组成；聚合时所用溶剂为己烷、苯、甲苯、二甲苯、溴苯或氯苯，聚合体系温度为-60~120℃，聚合5~1800min，单体转化率为30%~100%，所得聚合物顺-1,4含量可达97%~99.9%，数均分子量为5~300，分子量分布小于3.0，所得聚合物具有拉伸诱导结晶性。CN101260164B[48]公开了一种稀土催化剂，催化体系由分子式为[2,6-(2,6-R$_3$-4-R$_4$-C$_6$H$_2$N=CR$_2$)$_2$-4-R$_1$-C$_6$H$_2$]LnX$_2$(THF)$_2$的NCN-亚胺钳型稀土配合物与烷基化试剂组成的双组分稀土催化剂。聚合所用溶剂为己烷、苯、甲苯、二甲苯或氯苯；烷基化温度20~80℃，烷基化反应时间0.5~5h；聚合反应温度范围为-20~120℃；聚合时间范围为 1~30h；单体转化率可达 100%；聚合得到的聚异戊二烯和聚丁二烯顺-1,4 结构含量可达到 98%~99.9%，数均分子量为 $(5~300)×10^4$、分子量分布小于 3.0，所得聚合物具有拉伸结晶性和透明性。

CN 101475652 提供了用于制备高顺-1,4-聚异戊二烯的稀土催化剂及制法，催化剂组成是三价稀土金属配合物和烷基化试剂，聚合方法为本体聚合。聚合工艺流程中不产生污染和废弃物、工艺简单且流程短、能源消耗小，具有一定的优越性。聚合所得异戊橡胶分子量为 5 万~297 万，分子量分布均小于 3.0，顺-1,4 结构含量在 95%~99.5% 之间。不需冷却撤热，聚合温度为 20~80℃；尽管聚合过程中体系黏度大，但聚合产物不黏釜、不挂壁、不抱轴、无凝胶，所得聚合物生胶拉伸强度达 2.0~3.7MPa，硫化胶 300% 的定伸应力为 10~18MPa，拉伸强度为 25~28MPa。

CN 101045768 公开了制备聚异戊二烯的稀土催化剂及制法和制备聚异戊二烯的方法。该催化剂的组成是羧酸钕、烷基铝、氯化物、共轭双烯烃，其配比为烷基铝：氯化物：共轭双烯烃：羧酸钕为 (5~30)：(1.0~4.0)：(5~20)：1，本发明可以制备得到稳定的均相稀土催化剂，该催化剂具有高催化活性，在较高的聚合温度下引发异戊二烯聚合，获得高的顺-1,4 结构含量(>96%)和窄的分子量分布(<3.0)，且具有拉伸结晶性能特点的聚异戊二烯。

4.2.5 双烯的聚合

在稀土催化聚合研究工作中双烯的聚合是主要的，其中尤以丁二烯的研究较多，异戊二烯次之。在单烯中对乙烯做了一些工作，由于 α-烯烃的催化活性较低，研究得更少。

异戊二烯在环烷酸稀土盐-氯化二异丁基铝-氢化二异丁基铝-加氢汽油体系下的聚合[44]，廖玉珍等采用稀土镨钕富集物(Ln 或 Di)($Pr_{11}O_{16}$ = 16.4%、Nd_2O_3 = 49.6%、La_2O_3 = 23.0%、Sm_2O_3 = 5.4%、Y_2O_5 = 6%) 环烷酸酸值为 182。因不同稀土盐所得聚丁二烯的顺式含量几乎不变，故用混合稀土与单一稀土对聚合物的微观结构没有影响。因此从资源利用及催化活性来看，以镨钕富集物为原料制备催化剂较为适宜。

配制催化剂时三种加料顺序对催化活性几乎无关，而对所得聚合物的分子量则有一定的影响。当采用 Ln+Cl+Al 的加料顺序时，所得聚合物的分子量较大。催化剂溶液在催化 1h 后开始产生沉淀而成非均相体系，而其他两种加料方式催化剂放置 48h 后仍不见有沉淀生成。陈化时间对活性影响不大，聚合的分子量却随陈化时间增长而有增大的趋势。加料顺序及陈化时间对聚合物的微观结构均无影响。

催化剂制备温度(即催化组分反应时的温度)0~70℃与聚合活性无关，而所得聚合物的分子量随温度升高而变大，但在 0~30℃之间变化不大。制备温度与聚合物的微观结构无关。催化剂催化浓度对聚合的影响决定于催化剂用量。在催化剂用量较大时，催化浓度对聚合影响较小。但在催化剂用量较小时，随催化浓度的变稀，催化活性显著降低，而使得聚合物的分子量增大。因此，提高催化剂浓度是降低催化剂用量的手段之一。在催化剂用量较高的条件下，在 0~50℃范围内，催化活性与催化温度无关。当催化温度升至 70℃时，催化活性略有下降。在催化剂用量较低时，在 30~50℃范围内催化活性与陈化温度无关。但陈化温度降至 0℃时，活性下降。当陈化温度高于 30℃时，随温度升高，分子量增大。

69

70℃时得到的聚合物含少量凝胶。在实验条件下，陈化时间对催化活性及聚合物分子量均无显著影响。

廖玉珍等在环烷酸稀土催化体系中用氨代硅烷$(CH_3)_2SiCl_2$、$(CH_3)_3SiCl$ 等代替氯化烷基铝作第三组分，可得到均相体系。本催化体系对丁二烯的聚合具有高活性，由于本体系在相态上基本不受催化条件的影响，且聚合条件对分子量分布影响较小，因此，有利于聚合过程的平稳进行及控制最终产物的性能。用该体系进行了二烯的本体聚合，其聚合规律与溶液聚合相似，但表现有差异：①单体转化率随烷基铝用量的增大（Al/Ln 摩尔比为 40）而出现峰值，而每个钕原子所产生的高分子链数 N 值在此处亦出现峰值，这表明过量的烷基铝有降低催化剂活性的作用；②本体聚合可使其有更高的催化活性；③用本体聚合所得的聚丁二烯具有较窄的分子量分布，这对于改善聚顺-1,4 丁二烯的加工性能是有益的，用本体聚合方法合成出$[\eta]$在 1.0~5.0 无凝胶、顺式含量高于 97% 的聚丁二烯，其最终产品的加工性能及物理机械性能亦良好。丁二烯在 $NdCl_3$-EtOH-$AlEt_3$-加氢汽油体系下聚合。

杨继华等研究这一体系的加料顺序是 $LnCl_3+ROH+AlR_3$，ROH/Ln，摩尔比是 4。二元陈化或三元陈化时间对催化活性和$[\eta]$影响不大。二元催化温度在 0~50℃ 变化对催化活性和$[\eta]$均无明显影响。但随三元陈化温度的升高，催化活性有降低趋势，特别是在催化剂用量较小的情况下更为明显，所得聚合物的$[\eta]$则随之稍有增大。这可能因温度升高导致部分活性中心受到破坏。一般用 15~25℃ 进行催化剂陈化。

在配制催化剂时添加少量单体既可改进催化剂的状态，使其成为有一定黏度的，分散较均匀、不易沉降的乳浊液体，又有一定提高活性的作用。添加顺序以 $LnCl_3$+单体+AlR_3和 $LnCl_3$+单体+C_2H_6OH+AlR_3 较好。添加量以单体 $LnCl_3$ 摩尔比为 5~15 为宜。添加单体对$[\eta]$没有太大的影响。

几种烷基铝的催化活性以 $AlEt_3$ 为最高，$AlMe_3$ 为最低，所得聚合物的$[\eta]$大小顺序为$Al(i\text{-}Bu)_3>AlEt_3>HAl(i\text{-}Bu)_2$。

4.3　聚合的影响因素

与催化活性不同，影响稀土催化活性的因素很多，但对稀土催化剂的定向效应影响不大，对双烯的聚合最能表现出稀土催化剂的定向效应特点。d-轨道过渡金属（如 Ti、Co、Ni 等）催化剂对丁二烯与异戊二烯两种双烯只能使其中之一聚合成高顺式聚合物，但稀土催化剂却能同时使丁二烯与异戊二烯聚合成高顺式的均聚物，还能使丁二烯与异戊二烯共聚成为含高顺式链节的共聚物[11]。

异戊二烯在进行催化聚合时，可以形成四种不同的微观结构，分别为顺-1,4 结构、反-1,4 结构、3,4 结构和 1,2 结构，其中 3,4 结构和 1,2 结构还存在等规、间规和无规的问题，四种不同结构的含量对异戊橡胶的性能有重要影响。

（1）微观结构对玻璃化温度的影响

玻璃化温度（T_g）表征橡胶的耐磨性、弹性、低温性能以及抗湿滑性，是聚合物的一个重要的物理参数，通常情况下 T_g 降低，橡胶的耐磨性、弹性、低温性能以及抗湿滑性都有所提高。对聚合物来说，当聚合物的分子量超过一定数值时，聚合物中各种链节含量决定 T_g 的大小。对聚异戊二烯而言，3,4 结构增加，主链上侧基空间位阻增大，链段的运动困难，因此其玻璃化温度 T_g 随 1,2 和 3,4 结构含量的增加而升高。Saltman 等根据试验得出以下的经验公式：$T_g = -0.74 \times (100-C)$，其中，$C$ 为聚合物中 1,2 和 3,4 结构的总百分含量，3,4 结构在 7% 以内，T_g 相差不超 3%，因此有人认为，对双烯烃橡胶而言，1,4 结构总含量超过 95% 的聚合物，其玻璃化温度就与任一 1,4 结构（顺或反）超过 95% 时的 T_g 相似。

（2）微观结构对结晶性的影响

聚合物的结晶行为与橡胶的强度、低温性能及加工行为等都有密切关系，虽然影响结晶的因素很多，但连接结构的规整性是重要因素之一。与天然橡胶一样，合成顺-1,4-聚异戊二烯橡胶的最快结晶温度在 -26℃ 左右，其相对结晶度可用下式表示：$A = 271 \times n \times [c/(100-c)]$，其中 c 表示顺-1,4 结构的含量，顺-1,4 结构含量下降，聚合物的结晶速度和结晶度下降，其含量在 30% ~ 70% 时，聚合物没有结晶现象。3,4 链节能够降低聚合物的结晶能力。Brock 认为出现这种情况的原因是主链中插入 3,4 结构后，改变了聚合物头-尾、尾-尾连接方式，使聚异戊二烯晶格中的链失去紧密排列的结果，这一观点可以解释为什么天然橡胶结晶速度远远大于锂系异戊橡胶。

（3）微观结构对聚合物物理性能的影响

异戊橡胶的流变行为、加工性能、应力-应变性能等都与其微观结构有关。反-1,4 含量约 60% 的异戊橡胶，在密炼机中加工时，如果胶料没有填满，很容易碎裂，无法使助剂及炭黑均匀分散。对加工性能和硫化性能来说，3,4 和 1,2 结构的含量不变，反-1,4 结构含量增加，顺-1,4-聚异戊二烯橡胶在塑炼过程中的降解速度下降；反-1,4 结构为 50% 的异戊橡胶，塑炼时几乎不降解。3,4 结构含量增大，塑炼降解速率加快，聚异戊二烯自黏性变坏，钛系异戊橡胶自黏性高、锂系的差，可能与此有关。3,4 结构含量进一步提高，自黏性则会完全消失，在辊筒上不能压成光滑胶片。Gibbs 等根据上述结果，认为 3,4 结构含量不宜高于 5%。

链结构的规整性对生胶和硫化胶的性能有显著的影响，随着顺-1,4 结构含量的增加，生胶的屈服强度及断裂强度都增大。特别是在高温下，随着顺-1,4 结构含量的降低（3,4 结构含量增加），除强度表现出明显差异外，热稳定性也降低。随着反-1,4 结构的增加，橡胶的强度性能、耐磨性能及抗裂增长等性能变差，只有耐多次形变性能有所改善，这可能与结晶度的降低有关。稀土异戊橡胶的强度与顺-1,4 结构的关系可表示为：

$$抗张强度（kgf/cm^2）= 5.12x - 180.6$$

式中 x 是顺-1,4 结构含量，以质量分数表示。聚合物中的 3,4 和 1,2 结构含量高时，聚合物弹性差；当 3,4 和 1,2 链节的含量达 100% 时，生胶和硫化胶都强烈结晶。另外，1,2 和 3,4 链节含量的增加会导致聚合物硫化速度的减慢。

（4）分子量及其分布对聚合物性能的影响

聚合物的分子量及其分布是影响聚合物性能的重要因素，研究表明，在一定的范围内，聚合物分子量提高，其机械性能提高。聚异戊二烯的结晶行为也与分子量有明显的关联，随着分子量增大，半结晶期缩短，因此天然橡胶结晶速度较快。除了结构更为规整及含有少量极性物质和极性基团之外，分子量较大也是原因之一，从上述事实可以得出这样一个结论：如果生胶的应力-应变行为为取决于拉伸过程中的结晶，那么，用提高分子量的办法也可以达到改善应力-应变行为的目的。分子量分布与结晶的关系尚未进行过研究，据推测，分子量分布变宽，将会引起结晶速度降低，拉伸时结晶速度也会变慢。分子量分布也可能影响结晶熔化温度，对于聚异戊二烯，其 T_g 与分子量 M_n 之间的关系可以用 Flory-Fox 方程表示[49]：

$$T_g = T_g(\infty) - K/M_n$$

式中，$T_g(\infty)$ 表示分子量为无穷大时的玻璃化温度，K 是一个常数，需要注意的是，它并非一个固定的常数，而是需要通过对不同分子量样品进行 DSC 测试，得到一系列不同分子量下的 T_g，然后通过最小二乘法得出常数 K。M_n 为聚合物数均分子量，聚合物分子量的增加，其 T_g 增加，特别是当聚合物分子量较低时，这种影响尤其明显，当聚合物分子量超过 10000 后，影响减弱。因为在聚合物分子链的两头各有一个链端链段，同样条件下链端链段的运动能力远远大于一般链段。分子量越低，链端链段所占比例越高，T_g 越低。随聚合物分子量的增大，链端链段所占比例减小，T_g 不断升高，分子量增大到一定程度，链端链段所占比例可忽略不计，由于橡胶分子量均在 100000 以上，分子量对 T_g 的影响可以忽略不计。文献研究了不同分子量、不同微观结构异戊橡胶的 T_g，表明异戊橡胶的 T_g 与分子量无关，与 3,4 链节含量呈线性关系。

Short 等研究发现，聚合物的分子量分布较宽时，聚合物具有较好的加工性能，与天然橡胶相似，当聚合物分子量 M 超过临界值 M_a 后，线性高分子溶液的牛顿黏度 no 与 M 的关系可表示为：$no = K \cdot M \cdot a$，式中 K，a 为常数。由该式可知，聚合物分子量分布宽，其加工性能好。在低模量范围内时，窄分子量分布的聚合物硫化胶的强度和耐磨性能都较好。原因可能是窄分子量分布聚合物能够保证聚合物硫化速度的一致，得到的硫化胶结构完整且均匀。分子量分布变宽将导致聚合物硫化胶定伸强度、抗张强度、永久变形等性能的变坏，分子量分布变宽也会使聚合物门尼黏度有规律地降低，这也说明分子量分布影响聚合物门尼黏度。

（5）门尼黏度与橡胶性能的影响

在橡胶工业中，门尼黏度作为生胶和混炼胶可塑度的指标被广泛应用，它是胶料加工性能最重要的特征之一。通过门尼黏度的大小可判断橡胶加工性能的好坏，门尼黏度高，说明平均分子量大，可塑性小，生胶不易塑炼，胶料不易混合均匀，挤出性能也差；反之则平均分子量小，可塑性大，生胶混炼时容易粘辊，还可能影响硫化后制品的强度。门尼黏度一般随橡胶分子量的增大和填充剂的增加而提高；随添加增塑剂和软化剂以及温度的提高而下降。

总的来说，可以通过三种方法对橡胶门尼黏度进行调节，使橡胶的门尼黏度适合不同橡胶制品的加工要求。第一种方法是通过后加工补充加入填料、塑解剂、增塑剂、软化剂及通过混炼工艺、挤出工艺、压延工艺的改变来调节橡胶门尼黏度，如 McKinstry[50] 在胶料中加入单烯型羧酸盐（如甲基丙烯酸锌），可以在不改变橡胶物理性能的情况下降低橡胶门尼黏度，并且加入甲基丙烯酸锌可以提高橡胶的加工性能。文献中通过向天然橡胶中加入 0~0.1% 的增黏剂可以使天然橡胶门尼黏度从 66.9 提高到 92.4，增加了 25.5 个单位，效果显著；通过向天然橡胶中加入增黏剂，橡胶储存 3 个月后，门尼黏度基本不变化。

第二种方法是利用高门尼黏度的胶液和低门尼黏度胶液混合得到所需的门尼黏度橡胶[51]。

第三种方法是在聚合阶段通过催化剂配方调节、催化剂用量调节、聚合条件的调节或在聚合阶段加入调节剂得到不同门尼黏度的橡胶产品。专利 CN 1425698A 公开的镍系低门尼黏度高顺-1,4-聚丁二烯橡胶的制备工艺，是在聚合过程中加入分子量调节剂 D（羟基化合物或烯烃类），通过调节分子量调节剂的加入量以及调节催化剂配比，能够聚合得到门尼黏度 25~40 的低门尼黏度异戊橡胶。在聚合体系中加入偶联剂二乙烯基化合物，使聚合得到的低门尼黏度异戊橡胶保持与门尼黏度 40~50 相当的较高的拉伸强度，同时该低门尼黏度异戊橡胶的凝胶含量低，小于 0.5%。研究发现含氧类分子量调节剂可以加宽顺丁橡胶门尼黏度的调节范围；α-烯烃分子量调节剂，能够明显降低异戊橡胶的门尼黏度；少量苯类添加剂可以提高异戊橡胶的拉伸强度以及 300% 定伸应力。

通过向稀土催化剂体系中加入合适的 1,2-二烯烃如丙二烯、1,2-丁二烯、1,2-戊二烯或它们的混合物来控制共轭二烯烃的门尼黏度，这些共轭二烯烃可以是 1,3-丁二烯、异戊二烯等，1,2-二烯烃可以间歇加入也可以连续加入。

专利中利用在线测定胶液固含量和胶液黏度，通过门尼黏度和两者的关系计算门尼黏度，然后通过调节单体浓度和催化剂用量稳定所得胶料的门尼黏度。

长春应用化学研究所的《稀土催化合成橡胶文集》[57]中有多篇文献论述了催化剂配方的改变、聚合条件的改变对橡胶门尼黏度的影响，下文用 [n] 表示门尼黏度。文献表明催化剂陈化时间、制备温度和制备浓度对聚合物的门尼黏度影响不大，Al/Ln 摩尔比增大，聚合活性提高，聚合初速度线性增加，聚合物分子量降低，分子量分布加宽，聚合物的 [n] 值即门尼黏度下降，由此表明，$Al(i\text{-}C_4H_9)_3$ 用量的增加，可能使活性中心的数目增加，同时它本身又兼有链转移剂的作用。单体浓度增大，聚合物的 [n] 值略有增加；随聚合温度的提高，聚合速度加快，聚合物的 [n] 值降低，分子量分布变宽，在固定 Al/Ln 比值、Cl/Ln 比值的情况下提高催化剂总用量，仅导致 [n] 值降低，而分子量分布变化很小，可见，影响分子量分布的主要因素是聚合温度和 Al/Ln 比，而不是 $Al(i\text{-}C_4H_9)$ 的绝对含量。

文献表明，随着陈化温度的提高，使得生成的活性中心发生分解，其分解速度随着陈化温度的增高而加速，随着陈化时间的延长而分解的数量增多，由于活性中心的减少，分子量随陈化温度的增加而增大，随单体浓度的增大，转化率增加，[n] 降低，当聚合温度由 50℃ 降至 30℃ 时，[n] 至多增加一个单位；在同一聚合温度下，Al/Nd 比值由 20 降至 10 时，则 [n] 增加 2 个单位左右，这说明烷基铝对 [n] 的作用比聚合温度的效应显著。聚合物的分子量则随转化率的增加而增大，当转化率达 60% 以上时，分子量几乎不再增大，趋于平衡状态。文献表明，随着氢化二异丁基铝含量的增加，[n] 值逐渐降低，这就说明了氢化二异丁基铝是一种较强的链转移剂。同时随着稀土用量的增加，[n] 值逐渐降低。文献用数理统计方法（主要为正交设计与回归分析方法）研究异戊二烯在稀土催化体系中的聚合规律及聚合物的结构与性能的关系，表明只有一个因素 $Al(i\text{-}C_4H_9)_3$ 用量对特性黏度 $[n]$ 有显著影响，Cl/Ln 的摩尔比也不可完全忽略。

研究还发现，催化剂组分的加料顺序对催化剂的顺式定向性有着较大的影响，在其他条件相同的情况下，将烷基铝和氯化物陈化后再加入稀土化合物制备催化剂时可获得顺式结构含量为 94.7% 的聚异戊二烯，而烷基铝和氯化物催化液直接加入稀土化合物制备催化剂时则只获得顺式结构含量为 93.7% 的聚异戊二烯。当催化体系各组分配比和加料顺序确定后，催化剂的顺式定向性则基本确定，催化剂的其他制备条件如陈化温度和时间等对聚异戊二烯的顺式结构基本没有影响，在接下来的聚合过程中，聚合工艺条件将继续影响最终产物的微观结构，主要影响因素为聚合温度和溶剂种类。

4.3.1 卤素

卤素是 Ziegler-Natta 催化体系合成高顺式聚合物必不可少的元素[13]。Evans 等[52] 的研究发现，在羧酸钕体系中氯元素的存在是生成高顺式聚合产物的必要条件，并且在反应过程中卤素被转移到 Nd 原子上。而 Kwag 等[53]) 用计算证明，当 Cl 配位到 Nd 原子后，双烯烃倒数第二个碳原子"回咬"概率极大提高，1,2 结构配位被堵塞，顺式配位结构得以强化。除此之外，沈之荃等的研究提到[54]，氯原子比氟原子更易生成高顺式聚合物。Kwag 等[55] 用 BF_3OEt_2 为卤素供体，以 $NdV/TIBA/BF_3OEt_2$ 催化体系催化丁二烯聚合，发现其产物顺式结构大于 97%。通常在二元催化体系中，无须添加多余的卤素供体，但在三元体系中，则需添加卤素以保证其产物顺式含量，但卤素供体的种类对聚合活性和产物顺式含量的影响都不大。在羧酸钕系中，通常使用的卤素供体有 $(i\text{-}Bu)_2AlCl$（DIBAC）、Et_2AlCl（DEAC）及 $Et_3Al_2Cl_3$（EASC）[56]，而使用卤化烷基铝化合物的主要原因是其在烃类溶剂中拥有高的溶解度。

4.3.2 溶剂

溶剂的性质对稀土催化剂的活性影响较大。通过研究[57,58]溶剂的影响发现，当 Nd 作主催化剂时，在烯烃、脂肪烃、芳烃三种不同烃溶剂中聚合产率逐个下降。在 Co 作催化剂时，发现含 1-丁烯或 2-丁烯的 C_4 馏分是适于聚合的溶剂，对钕催化剂催化制备顺丁橡胶可能有借鉴意义。在我国稀土催化体系聚合双烯烃的过程中，由于加氢汽油具有毒性小，来源广，成本低等优点，通常被作为聚合的介质来使用。加氢汽油中存在的杂质对于催化剂或聚合链都有破坏的可能，采用化学精制和物理纯化的方法可以很好地排除杂质，使聚合正常进行。

4.3.3 杂质

通过总结十几种杂质对聚合反应的影响[13]，发现无论是何种杂质，无论是亲电子试剂还是给电子试剂都会导致催化活性的降低，并提高聚合物的分子量。由此可知，杂质主要是通过阻止活性中心的形成或减少已形成的活性中心来影响聚合。又如 $Nd(naph)_3$ 中残留过量的水或游离酸值过大，均会严重影响聚合活性。

4.3.4 催化剂各组分加料顺序

我国是稀土资源最为丰富的国家，而稀土系催化剂是异戊橡胶生产最有价值的催化剂之一，因此稀土系异戊橡胶的合成应用是一个重要的方向。吴世逵等[14]研究表明，采用三元催化剂体系 Ln(naph)$_3$-Al(i-Bu)$_3$-Al$_2$(Et)$_3$Cl$_3$(Ln 为除 Ce 外的混合轻稀土元素)应用于异戊橡胶工业生产具有广泛前景。三元催化剂体系具有稀土化合物来源方便、便于计量、活性高和聚合产物相对分子质量容易调控等优点。

经过对催化剂组成和配制方式的大量实验室研究、中试研究，最终选定新癸酸稀土-倍半铝-氢化二异丁基铝催化剂体系和"先氯化后烷基化"的配制方式。考察了新癸酸钕-倍半铝-氢化二异丁基铝体系中各组分摩尔配比及用量对聚合速率、单体转化率和产品门尼黏度、特性黏数、凝胶含量、相对分子质量及相对分子质量分布的影响。结果表明，Al 与 Nd 的摩尔比为 1:2 时，该稀土催化剂仍具有高的催化聚合活性。催化剂的配制方法、流程如图 4-1 所示，称取一定量新癸酸钕放入经干燥充氮处理的陈化管内，按聚合配方和陈化浓度的要求，加入倍半铝和氢化二异丁基铝以及正己烷，将此溶液陈化过夜，以供聚合时使用。

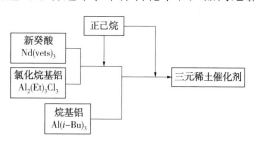

图 4-1 三元稀土催化剂的配制流程图

对比了中国科学院长春应用化学研究所和中国石化北京化工研究院的关于均相羧酸稀土催化剂的专利技术。从表 4-2 可以看出，两项专利技术的催化剂配制加料顺序、配方中的异戊二烯含量、第一阶段配制温度和陈化时间都明显不同，因此导致了催化活性与聚合产物的微观结构差异较大。但又各有长处，若能取长补短，则有望在保持催化剂高活性的基础上获得顺-1,4 结构含量高且相对分子质量分布较窄的稀土异戊橡胶[29]。

表 4-2 两种均相羧酸稀土催化剂专利对比

项 目	中国科学院长春应用化学研究所[59]	中国石化北京化工研究院[32]
配制加料顺序	(Nd-IP-Al)-Cl	(Nd-IP-Cl)-Al
n(Nd):n(Al):n(Cl):n(IP)	1:(5~30):(1~4):(5~20)	1:(5~10):(35~10):(35~65)
第一阶段配制温度/℃	30~80	0~70
第一阶段陈化时间/min	1~10	5~120
催化活性/[kg/(g·h)]	1.68	3.14
聚合物相对分子质量分布	<3.0	3.0~4.0
聚合物顺-1,4结构含量/%	>96.0	>98.0
优点	聚合物相对分子质量分布较窄	活性较高，聚合物顺-1,4结构含量高
缺点	活性低，聚合物顺-1,4结构含量低	聚合物相对分子质量分布较宽

注：Nd—新癸酸钕；IP—异戊二烯；Al—三异丁基铝；Cl——氯二乙基铝。

4.3.5 陈化

钕系催化体系由多种组分组成，催化剂各组分的添加方式及顺序等都会对聚合产物的分子量、分子量分布及催化剂的活性和相态产生影响。除此之外，有无单体参与陈化也是一项重要的影响因素。

（1）无单体参与陈化

Oehme 等[60]对 Nd(OCOR)$_3$/TIBA/EASC 中各组分的添加顺序做了研究，组合方式如下：

① Nd(OCOR)$_3$+EASC+TIBA；

② TIBA+Nd(OCOR)$_3$+EASC；

③ TIBA+EASC+Nd(OCOR)$_3$。

将催化剂各组分在 25℃下陈化了 30min 后，发现其催化活性组合 1>组合 2>组合 3；分子量随催化活性增加而降低，但对产物结构影响甚微。有研究者研究了催化剂陈化方式对分子量的影响，结果证明延长陈化时间会使产物分子量升高，且提出这是由于部分催化剂失活导致的。对产物分子量分布也进行了研究，以第一种组合方式进行陈化，陈化时间从 0min 到 1080min，产物分子量分布也逐渐由双峰变为单峰[61]。

（2）单体参与陈化

Porri 等的研究显示，在催化剂陈化过程中有单体陈化有利于 π 键的形成，相对于无单体陈化形成的 σ 键更稳定，且在陈化中加入共轭二烯会提高催化活性[62]。还有研究者对未经陈化的 NdV/DIBAH/EASCQ 体系进行了探究，发现根据各组分加入顺序不同，可生成两种活性中心。EASC+NdV+DIBAH 的陈化方式产生非均相的活性中心，活性较低，分子量分布宽并呈双峰分布；DIBAH+NdV+EASC 的陈化方式生成均相活性中心，活性较高，分子量分布窄，且呈单峰分布。不论哪种加入方式，对结构影响较小，产物仍保持高顺式[63]。

在陈化中加入共轭二烯单体对稀土聚异戊二烯很有利，可得到支化度较高、分子量分布较窄的支化聚异戊二烯，其溶液黏度明显低于线性稀土聚异戊二烯。其中较典型的是在 NdV/DIBAH/EASC 体系中添加 IP 和二甲基-二-2,4-戊二烯-(E,E)-硅烷(DMDPS)[13]。

4.3.6 聚合温度

异戊橡胶的顺式含量随聚合温度的升高而降低，国外(如俄罗斯)采用低温(常温以下)聚合方式保证异戊橡胶高的顺式含量，但低温不仅造成能耗的升高，聚合速度(生产效率)的下降，而且增加了设备的复杂性，大大增加了生产成本，国内企业一般不接受低温聚合方式。因此如何保证稀土催化体系在高温具有高的顺式定向性是决定生产成本的关键因素。主要通过调整催化剂配方、控制催化剂的配制条件和陈化条件来解决稀土催化体系的高温顺式定向性问题，使聚合温度在 50℃条件下稀土异戊橡胶的顺式含量达到 96%。

聚合温度与异戊二烯的聚合程度关系见表 4-3，可以看出，提高聚合温度，会提高聚合物的收率，降低其分子量，加宽其分子量分布范围，顺-1,4-结构质量分数下降，符合常规的稀土聚合规律。在聚合温度较高的情况下仍保持平稳收率，进一步验证了此催化体系具备出众的热稳定性。

表4-3　聚合温度与聚合效果的关系

序号	聚合温度/℃	收率/%	$M_n \times 10^{-4}$	M_w/M_n	cis-1,4/%
1	30	55.6	90.7	2.16	96.4
2	40	90.8	93.4	2.19	96.3
3	50	96.7	92.6	1.96	96.4
4	60	99.0	65.7	2.78	95.7
5	70	99.0	59.9	2.86	95.2

反应环境：己烷，3h，[A] = 1.5×10^{-6}mol/(gIP)，[IP] = 12g/100mL。

4.3.7　窄分子量分布

异戊橡胶的分子量分布与胶液黏度密切相关，从而关系到异戊橡胶的生产成本，且窄分子量分布的异戊橡胶不仅加工性能优良，混炼胶收缩程度小，而且硫化胶物理机械性能较好，滚动阻力较低。一般稀土催化体系异戊橡胶分子量分布较宽（M_w/M_n = 4～13），合成窄分子量分布（M_w/M_n<3）异戊橡胶是技术难点，也是关键技术之一。通过特定的催化剂配方和制备工艺可以去除稀土异戊橡胶中的高分子量级组分，从而使稀土异戊橡胶分子量分布变窄（M_w/M_n<3），达到降低胶液黏度的目的。

4.3.8　均相稳定性

稀土催化剂具有均相稳定性，能够保证催化性能稳定、输送方便、计量准确，保证聚合过程稳定和产品质量稳定。进行了催化剂均相稳定性考察试验，催化剂放置6个月（玻璃聚合瓶）仍为均相透明状且呈现稳定性；在试验室进行了催化剂放大试验，在100mL聚合瓶小试基础上，聚合釜规模放大到10L，催化剂制备量放大了100倍，然后在此基础上放大到20L×3模试、1m³×3聚合釜中试规模，试验中发现，无论在小试、模试和中试还是间歇和连续聚合反应上，催化剂都呈现相似的规律性。

4.3.9　催化剂B/A摩尔比

从均相稀土体系视角出发，催化剂配B/A的值是影响聚合的重要一环，对特性黏数、门尼黏度、转化率影响明显。由表4-4可知，B/A摩尔比值的升高，会提高聚合物的收率，当B/A值达到15时，收率趋于平稳。调低B/A的值，对产品在微观上的组成几乎没有影响，可促成门尼黏度的升高，增加其分子量。当B/A值为10时，聚合物的收率接近六成，可达113万左右的分子量，分子量分布数为2.66。当B/A值为15时，收率达96%以上，产品有93万的分子量，分子量分布数在1.9附近。据此分析想要得到最理想的产品，B/A摩尔比应控制在15～17之间。

表4-4　催化剂B/A与聚合之间的联系[1]

序号	B/A	收率/%	$M_n \times 10^{-4}$	M_w/M_n	cis-1,4/%	3,4/%	$ML_{100℃}^{1+4}$
1	5	5.3	131.2	2.39	95.9	4.8	92.2
2	10	58.6	113.6	2.66	95.2	4.3	90.7

续表

序号	B/A	收率/%	$M_n \times 10^{-4}$	M_w/M_n	cis-1,4/%	3,4/%	$ML_{100℃}^{1+4}$
3	12	81.2	83.8	1.98	96.5	4.7	81.7
4	15	96.9	92.5	1.94	96.7	3.6	80.4
5	17	95.4	69.5	2.18	96.1	3.4	76.7
6	20	98.7	27.3	4.97	95.6	4.5	75.9

① 聚合条件：己烷，45℃聚合3h，[A]=1.6×10⁻⁶mol/(gIP)，[IP]=11.9g/100mL。

4.3.10 催化剂的用量

不同催化条件下异戊二烯聚合情况见表4-5。当加大催化剂的使用量，会使聚合活性有显著提升，不影响产品的顺式含量；分子量及其分布无显著变化，持续保持着窄的分子量分布与高的分子量，当使用量达到一定浓度即[A]=4×10⁻⁶mol/(g·IP)时，聚合产物的 M_n 依然超出 $110×10^4$，分子量分布数值 M_w/M_n 不到2.0。

表4-5 催化剂浓度与聚合的关系①

序号	[A]×10⁶/[mol/(gIP)]	收率/%	cis-1,4/%	$M_n \times 10^{-4}$	M_w/M_n
1	1	0	—	—	—
2	1.5	96.9	96.1	92.4	1.94
3	2	97.5	95.7	108.6	2.37
4	2.5	99.0	96.6	106.8	2.24
5	3	99.0	95.8	109.9	1.98
6	4	99.0	96.0	112.1	1.96

①反应条件：己烷，50℃反应3h，[IP]=12g/100mL。

4.3.11 单体浓度的影响

分子量及其分布也会受单体浓度的一些影响。固定反应时间及催化配方，聚合反应收率会随着单体浓度的增加而提高，这说明高浓度单体会使催化活性提高，同时降低聚合物的分子量，分子量分布范围变大，出现这种情况的原因应该是单体链转移情形增多而引起的。异戊二烯单体含量与聚合的关系如表4-6所示。

表4-6 异戊二烯单体含量与聚合的关系①

序号	[IP]/(g/100mL)	收率/%	$M_n \times 10^{-4}$	M_w/M_n	cis-1,4/%	3,4/%
1	8	80.8	121.8	2.13	95.8	4.3
2	10	89.7	112.5	2.36	95.5	4.3
3	12	97.2	108.7	2.37	95.6	4.1
4	14	99.0	60.8	2.81	95.9	4.2

① 聚合条件：己烷，50℃反应3h，[A]=2.0×10⁻⁶mol/(gIP)。

4.3.12 聚合时间

在确立了其他工艺参数的前提下，连续聚合时间的长短取决于催化剂活性。从有利生产的角度观察，聚合停留时间是决定聚合釜生产能力、总容量和各釜间转化率进行最优调整的重要参数，聚合时间对异戊二烯聚合的影响结果见图4-2。通过聚合停留时间、转化率二者的关系可得出如下结论：稀土系聚合过程与一级反应相似，在规定了催化剂的用量后，间歇聚合3h异戊二烯单体转化率

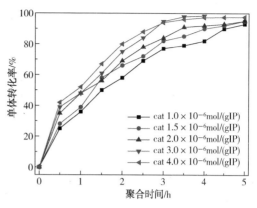

图4-2 单体转化率与聚合时间

全部大于75%，从图4-2中还可以看出，当聚合到了后期时，转化率速率的增加也是较为平缓的，这也可以折射出尽量选择短的反应时间是合适的。

4.3.13 聚合工艺条件

（1）聚合釜热稳定性分析

异戊二烯溶液聚合的主要工艺条件是单体浓度、催化剂各组分配比及用量、单体转化率、聚合温度和时间。低温聚合可提高稀土异戊橡胶的顺-1,4结构含量，但聚合活性降低。溶液聚合中，提高单体的浓度、降低聚合的温度，可增加聚合产物的产量，单体的回收量也会增加。采用本体聚合的方法，可降低催化剂的使用量，且转化率可达到80%以上，合成的异戊橡胶中顺-1,4结构的含量也会增高，产物的相对分子质量分布较窄[64]。

单体浓度影响有两种情况：①当保持催化剂各组分的浓度不变而改变单体浓度时，则催化剂的活性与单体浓度无关，产物分子量随单体浓度升高而增大；②当催化剂配比不变而改变单体浓度时，即溶剂用量变化时，则聚合速率及最终转化率随着单体浓度增加而升高，分子量则降低。聚合温度越高反应速度越快，聚合物的分子量则随温度升高而降低，但在50~70℃之间变化不显著[18]。

低Al/Nd值陈化催化剂对聚合过程也会产生影响，将聚合需要的Al分成两份，一份用于配制催化剂进行低Al/Nd值陈化，另一份在聚合前10min加到单体和溶剂中，用来消除杂质对活性中心的作用。实验表明，低Al/Nd值陈化催化剂能使催化活性降低，可能与其不能形成足够量的活性中心有关。通过低温引发高温聚合、高温引发低温聚合和加入少量单体陈化等方法对稀土异戊橡胶的分子结构和性能均无明显改进。采用稀土催化剂本体聚合法能使生胶门尼黏度提高，分子量的分布变窄，硫化胶性能改善，是改进稀土异戊橡胶分子结构和性能的有效途径[64]。

在采用釜式反应器生产聚合物过程中，聚合釜是否处于热稳态下操作是聚合过程能否连续稳定进行的关键因素之一。以2万t/a异戊橡胶生产装置为例，对其聚合单元首釜进行热稳定性分析。该套装置采用多釜串联连续聚合工艺，首釜体积为30m³，夹套换热面积为40m²，采用反向双螺带搅拌器。催化剂、异戊二烯和溶剂混合进料温度为25℃，夹套用冷

却水温度为 15℃，釜壁夹套理论换热系数为 150kJ/（m²·℃·h）。异戊二烯进料量为 3125kg/h，停留时间为 1h。

在首釜投用初期，通过向夹套通低温水和降低进料温度可以在首釜转化率为 40%~45% 时，将温度控制在 45~50℃。但随着聚合釜连续运行时间的增加，胶液在釜壁逐渐形成挂胶层，并随着连续运行时间的延长而逐渐增厚。这使聚合釜夹套换热系数快速下降，使首釜接近绝热状态运行，只能单纯通过降低进料温度撤热，在不进一步降低进料温度的情况下，釜内温度会上升至85℃，发生"暴聚"。

如果为了控制反应温度而进一步降低进料温度，则会出现因釜内物料混合不均导致的温度梯度明显增加，影响釜内催化剂活性，使首釜温度和转化率在较大范围内波动，严重影响生胶质量。为了保证产品质量和装置连续运行，通常生产装置只能采取降低异戊二烯进料量的方法控制首釜温度。

通过对首釜的热稳定性分析可以看出，在不降低异戊二烯进料量和最终转化率的前提下，适当降低首釜转化率，首釜在绝热状态下的反应温度也能保证。稀土系异戊二烯聚合反应为一级反应，且反应遵循 Arrhenius 关系，串联釜中每个釜的转化率受催化剂浓度、停留时间、反应温度及釜内异戊二烯浓度影响，在不降低单体浓度的前提下，可以通过减少停留时间或降低催化剂加入量来控制转化率[65]，为了不影响最终转化率，优先考虑减少首釜停留时间。

由此可以看出，仅通过改变首釜的体积，缩短了异戊二烯在其中的停留时间，降低了釜内转化率和放热量，使首釜的温度长期稳定在可以接受的水平。同时由于首釜出料转化率下降，整个釜内物料的黏度差明显下降，在一定程度上降低了低温进釜物料和釜内高温胶液混匀难度，减少釜内温度梯度和浓度梯度，使釜内不同区域反应速率差减小，提高了生胶质量。

（2）首釜搅拌器的选择

通过对异戊橡胶聚合过程动力学分析可以看出，在一定温度范围内，体系中催化剂浓度变化不大时，表观反应速率常数 k 可以视为常数，在异戊二烯聚合时，链转移活化能大于链增长活化能，因此当温度升高时，链转移速率常数的增长远大于链增长阶段的增长。当首釜反应温度和转化率过高时，过宽的相对分子质量分布会影响异戊橡胶机械性能和适用范围。

为了避免出现上述情况，聚合工艺对首釜混合的要求可概括为：①实现进料与釜内胶液的快速均匀混合，尤其是进料中的催化剂和单体在釜内迅速分散，避免因催化剂和单体局部浓度过高导致相对分子质量分布过宽；②强化釜内返混，通过冷料迅速升温，降低反应釜温度，避免因局部反应过于剧烈而产生相对分子质量分布较宽。从上述分析可知，进入首釜的催化剂、异戊二烯和溶剂与釜内胶液能否快速达到"宏观混匀"，是确保首釜稳定运行和产品质量的关键因素之一。一般情况下，高黏度差和高密度差物系混匀所需时间较等黏度等密度体系长数倍，这主要是因为其中高、低黏度流体两相界面破裂所需时间较长，而非牛顿流体流变特性的介入进一步延长混合时间。因此首釜进料与胶液间达到"宏观混匀"所需时间非常长，浓度和温度梯度消除的效率很低。

异戊橡胶生产技术开发初期，由于采用的催化剂活性不高，首釜温度和转化率相对较低，釜内物料黏度不大，能够通过夹套撤出反应放出的热量，普通桨式搅拌器就可以实现釜内物料的返混。随着技术的发展，聚合所使用的催化剂活性越来越高，首釜的转化率和黏度明显升高，釜内物料非牛顿流体特性愈发明显。由于釜内物料黏度较高，桨式搅拌器无法实现物料充分返混，在釜壁和釜内挡板处存在大范围的"死区"，包含有大量高活性催化剂的胶液在该处停滞，逐渐聚合成大量相对分子质量超高挂胶层，严重影响聚合釜夹套传热，使聚合釜几乎处于绝热状态，同时大团的挂胶不定期脱落，导致输胶管线频繁堵塞。

为了减少釜内挂胶量，提高夹套换热系数，强化径向返混，一些生产装置曾尝试采用框式或偏框式搅拌作为首釜搅拌形式。这种搅拌桨主要产生切向流，突出径向返混，有利于釜壁传热，而几乎没有轴向返混，使釜内物料近于平推流。但这种反应器内釜底至釜顶温度梯度很大，无法利用低温进料降低釜内温度，聚合釜出料的聚合产品相对分子质量分布明显变宽[66]。

针对框式和偏框式搅拌出现的问题，正常运行的万吨级异戊橡胶生产装置首釜搅拌多采用内外双螺带搅拌。双螺带搅拌具有很强的轴向流，可以在相对较短时间内实现全釜物料混合均匀，即使在釜内少量挂胶，聚合釜处于绝热状态下也能够通过降低进料温度控制聚合釜温度和转化率。同时还可以通过增加刮板等手段降低釜壁挂胶层厚度，提高夹套换热系数，强化首釜的撤热能力[66~69]。

首釜采用双螺带搅拌的聚合单元启动初期，由于釜内物料有一定的返混，首釜温度上升速率比使用框式搅拌首釜要缓慢，釜内物料也未达到正常运行时的黏度，搅拌电流偏低。经数小时连续进料后，首釜反应温度和黏度逐步趋于正常。与采用框式和偏框式的搅拌器相比，使用双螺带搅拌器的首釜温度梯度小，釜的导热能力强；釜内催化剂浓度和活性均匀，反应速率也趋于均一，有利于链增长速率和链转移速率的控制，避免了因局部温度和催化剂浓度过高，导致局部暴聚产生挂胶和胶团的现象，首釜运转周期随之大幅延长。为了避免聚合单元启动时产生过多低胶含量的胶液，该单元启动时可以适当延长进料在首釜内的停留时间，并提高进料预热温度，缩短首釜温度和转化率达到预设值所需时间。

（3）首釜和二釜连接优化

从国内外异戊橡胶生产装置聚合单元聚合釜数量、功能以及首釜与二釜连接管线走向看，尽管首釜采用内外双螺带搅拌，但首釜仍无法完全避免内壁挂胶，每隔一段时间就需要开釜清胶，为了不影响整个聚合单元连续运行，首釜一般一用一备，两釜切换操作。首釜与二釜相连的管线内部，因没有任何强制混合过程，致使其中的胶液完全呈层流态流动，靠近管壁的物料流速远低于平均流速，含有较高活性催化剂的首釜出料胶液在管壁长时间停留，易于聚合形成挂胶层，并随着装置运行时间而不断增厚，最终管线彻底堵塞。针对多釜连续聚合的工艺特点，目前只能通过优化聚合釜物料进出口方向和管线走向，缩短釜间管线长度，缓解管线内部胶液挂壁。

异戊橡胶生产装置聚合单元三台聚合釜采用同样的双螺带搅拌器，均为下部进料顶部出料。首釜顶部出料经过多个弯头和较长的管线进入二釜的底部，二釜出料管线走向与首釜相同。首釜出料胶液所经过的弯头较多，管线较长，在管线内壁容易形成挂胶层。同时二釜的进料口位于釜底部，当聚合单元因生产波动而短时间停车时，首釜与二釜之间输胶管线中的挂壁胶块冷流沉降后，极易堵塞二釜进料口，造成聚合单元停车。

如果将第二聚合釜的出料口和进料口互换，改为顶部进料，同时将搅拌电机反转，改变釜内胶液的返混方向，此时首釜顶部出料管线直接与第二聚合釜釜顶进料管线相连，首釜出料胶液仅经过较少的弯头和较短的管线就能够进入二釜，当聚合单元发生短时间停车时，首釜与二釜之间管线内的挂壁胶块只会回流至首釜和二釜内，在一定程度上能够缓解管壁挂胶和大团胶块对釜间输胶管线的堵塞[70]。

4.4　工　艺　特　点

异戊橡胶的生产工艺流程如图4-3所示，主要包括五个工段。

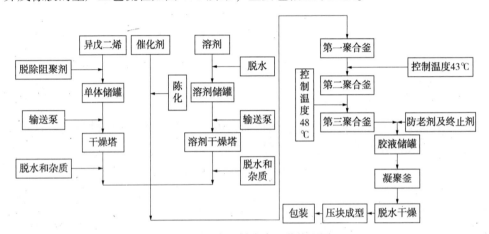

图4-3　异戊二烯聚合工艺流程图

（1）精制单元：包括异戊二烯精制单元和溶剂精制单元。原料异戊二烯首先送入精制单元，在异戊二烯脱水塔脱除水分和轻组分，在脱重塔脱除阻聚剂和重组分等，精制后异戊二烯送入精异戊二烯储罐待用。粗溶剂由溶剂罐区送入精制单元，在溶剂脱水塔脱除水分和轻组分，在溶剂脱重塔脱除重组分，再送回精溶剂罐待用。

（2）催化剂及助剂配制单元：聚合反应所用催化剂是以正己烷为溶剂，由稀土盐催化剂配体、三异丁基铝以及一氯二乙基铝在催化剂配制釜内反应生成的溶液。

（3）聚合单元：聚合单元设有多级聚合反应器，精制合格的异戊二烯和溶剂混合后进入聚合反应器，在催化剂作用下发生聚合反应，生成聚异戊二烯橡胶溶液，送入胶液罐内，再由胶液泵送至凝聚单元。

（4）凝聚单元：聚异戊二烯橡胶溶液在凝聚釜内与水、蒸汽混合，得到聚异戊二烯橡胶颗粒，溶剂气相经冷凝后送入溶剂罐区循环使用，聚异戊二烯橡胶颗粒和水的混合液送入后处理单元。

（5）后处理单元：含水的聚异戊二烯橡胶颗粒在后处理单元通过脱水筛、挤压脱水膨胀干燥一体机及干燥箱等脱去水分，再经压块、重检、金检、喷码、包装等步骤，得到聚异戊二烯橡胶产品。

4.4.1 工艺特点

稀土系异戊橡胶主要工艺特点如下：①采用绝热聚合技术，异戊二烯聚合过程不需冷却，大大降低了能耗；②采用预混工艺，使催化剂高度分散，从而提高产品质量，降低催化剂消耗；③在工程设计方面采用补充溶剂、加粗管径、增加胶液输送泵等方法解决胶液黏度高、难以输送的问题；④后处理单元可采取挤压脱水膨胀干燥一体机来完成脱水过程。关键技术应用于生产中取得了满意效果[72]。

稀土异戊橡胶凝聚过程从胶液中回收溶剂和未反应单体，通常采用的湿式凝聚工艺，然而此工艺是将聚合工段得来的胶液用螺杆泵喷进加热到一定温度的热水中，通过水蒸气将胶液中的溶剂和未反应单体汽提脱除，整个过程消耗大量的蒸汽，对整个装置的能耗和物耗水平影响很大。因此，对稀土异戊橡胶凝聚过程进行研究是稀土异戊橡胶生产技术开发中非常重要的一个课题。

为了达到降低橡胶装置的凝聚能耗，增强凝聚效果，减少胶粒油含量，提高装置生产能力等目的，各国研究者从凝聚釜数量(单釜、双釜和多釜)的改变，胶液喷嘴形式的优化，蒸汽喷嘴的位置，搅拌桨的形式，出胶口的位置等多个方面对橡胶凝聚装置进行研究改造。王毅等[73]以配合吉林石化公司建设万吨级稀土异戊橡胶生产装置为目标，在前人研究的基础上，通过建设和运行连续聚合模试装置和千吨级异戊橡胶中试装置，重点考察了凝聚温度、水胶比、水蒸气消耗、凝聚喷嘴、分散剂等对凝聚效果的影响，确定了最佳工艺参数，为万吨级工艺包的编制提供了技术依据。

在异戊橡胶生产过程中有许多物料的混合过程，如催化剂的配制混合、催化剂与聚合物料的混合、溶剂与胶液的混合、防老剂与胶液的混合以及胶液与水的混合等。早在20世纪80年代就使用高效的静态混合器完成这些混合过程，其中防老剂与胶液的混合是最困难的，两种混合物料不仅其黏度差高达15700倍，而且流量也相差20倍。在异戊橡胶生产中一般都是用1个体积与聚合釜相当的搅拌釜进行聚合后的胶液与配制的防老剂溶液的混合，其能耗是很高的，与串联聚合釜的末釜相当。测试对比结果表明，采用Kenics型静态混合器的混合效果良好而且略优于搅拌釜，即其标准偏差和混合均匀度系数(其值越小表明混合效果越好)分别达到0.166和0.105，都低于搅拌釜。因此，在稀土异戊橡胶生产中，用静态混合器代替大型搅拌釜以实现在胶液中均匀加入防老剂不仅可行，而且还可以数十倍地节省能耗和数百倍地节省设备投资。即使其混合均匀度系数还没有达到小于0.05的理想混合状态，也不必担心成品胶中的防老剂不均匀，因为在防老剂混合器之后还有储胶罐、胶液泵、较长的输送管线和凝聚釜喷嘴(特别是目前多数都在喷嘴上装有静态混合器)等的进一步液相混合，还有在凝聚釜(胶粒基本达到全混釜状态)、胶粒泵、洗胶罐、多级振动筛、脱水挤压机、膨胀干燥机直到压块机的胶粒混合，完全可以保证产品胶块中的防老剂是均匀的。

只有不断采用和创新开发新技术才能取得更好的经济效果，改进异戊橡胶生产的核心设备——聚合釜，逐渐摆脱传统的串联聚合釜，使用高浓度卧式螺旋推进式聚合反应器乃至本体聚合反应器[86]，不仅可极大地节省设备投资，也能极大地节省能耗。这种高浓度反应器得到的胶液黏度很大，需与大比例的水混合后通过带有机械分散装置的喷嘴进入毗邻的凝聚釜。凝聚过程是能耗很高的一个工序，它所消耗的水蒸气量约占橡胶生产总水蒸气消耗量的一半，一般每吨橡胶需要4t左右的水蒸气。因此，应该对现有的凝聚生产工艺过程进行系统的优化，并采用双釜的液相胶粒水提浓技术进一步降低水胶比[74]，采用釜间气相串联回收利用后釜的蒸汽以及利用特殊的胶粒水混合分离器回收振动筛损失的热量等，可将凝聚过程的水蒸气消耗量降至每吨橡胶3t左右。如果打破传统的立式凝聚釜方式，改为卧式凝聚釜将进一步节省设备投资和能耗[75]。

釜式凝聚工艺按采用凝聚釜的个数可分为单釜、双釜和多釜凝聚工艺，按釜间物料的走向可分为温差式和压差式凝聚工艺。从理论上分析，串联的釜数越多，蒸汽消耗越低，但釜数高于3时，所节约的水蒸气量常常抵不上设备及动力消耗等的费用，故凝聚釜一般不多于3个。国内凝聚工艺多为双釜凝聚，仅燕山石化公司合成橡胶厂采用过3釜凝聚[76]。国外凝聚工艺多采用多釜凝聚，工业应用表明，多釜工艺比单釜工艺省蒸汽，国外采用水胶比为4，凝聚温度(甲苯为溶剂时)为90~94℃。国内一般采用两釜凝聚，水胶比大于5，凝聚温度为97~102℃，在不影响分散效果的情况下，水胶比越小，越省蒸汽；凝聚温度越低，也越省蒸汽，因此，国外凝聚流程较国内能耗低。

4.4.2　聚合反应器的设计

由于异戊橡胶具有自身的反应特点，其聚合釜设计与聚合反应动力学、胶液黏度、停留时间分布和胶液混合状况等多种因素有关。由于反应过程中随异戊二烯转化率的增加聚合体系黏度不断增大，而聚合体系黏度的增加对聚合釜传质和传热都有很大的影响，黏度增加会导致聚合釜传热系数降低，并使聚合釜搅拌功率增加，对聚合釜的稳定性和控制都有不利影响。另外，聚合体系黏度的增加使分子扩散和传质速率降低，使得聚合体系要达到相同的均匀程度需要混合时间较长，使宏观和微观混合程度都降低，并影响到聚合单体的停留时间分布。在以上基础上开发了新型异戊橡胶聚合反应器。

目前通过20L、1m³规模聚合考察采用稀土催化体系的异戊二烯聚合在不锈钢材质的聚合釜未发现有腐蚀现象，为了防止聚合物沉积在釜壁，要求釜壁表面应抛光，但从经济角度出发，可以采用不锈钢复合钢板，这对第一釜尤其重要。由于聚合釜要求密闭性高，因此搅拌轴最好采用机械密闭代替填料密封。在工业化聚合釜中处理的物料量比小聚合釜大上百倍，其暴聚危险程度加大，其安全措施的必要性亦加大，一般低压聚合要求的安全措施是加防爆膜装置，因此在大聚合釜设计中应予以考虑。国外较先进的聚合工艺中趋向于采用连续多釜聚合流程，这在经济上是比较合理的，现在已经成功地设计和使用50m³大聚合釜，其生产能力3万~5万t/a。为了提高聚合釜生产能力，可以从工艺上提高其反应速度并在工程上解决传热问题，是有可能在聚合流程上有较大改进的。

通过提高反应速度及缩短反应时间来提高聚合釜生产能力，工程上的关键之一是解决大聚合釜的传热问题。聚合釜的体积加大和个数减少都会使其单位体积的传热面积减小，再加上成倍地提高了反应速度使单位体积的放热速率加大，大大加重了这种聚合釜的传热负荷，这就要求加强其传热的手段：

① 充分利用物料自身的显热可把全部或大部分反应热带走。

② 可考虑利用部分物料的熔融潜热。国外有专利介绍在原料中加入苯、四甲基苯或对二甲基苯及环己烷等冰点比较高的物料，在原料预冷时它们凝固为固体小颗粒分散在原料中，在聚合釜中利用他们的熔融热可以吸收大量的热量而帮助聚合釜排热。

③ 其他方法：利用搅拌器通入冷却水或物料在釜外循环换热进行撤热。可以采用多釜串联进行聚合反应，加大传热面积，一般采用 3~4 台聚合釜串联；采用釜外加设换热器进行聚合反应撤热；改进聚合釜搅拌形式，改善传热效率，从而达到移出聚合热的效果。

聚合釜设计及特点：

现有技术在异戊二烯聚合反应初期和中期时，可以有效地将反应热移出，保证温度稳定可控。但随着聚合胶液黏度的加大，从聚合釜中移出反应热也越来越困难，特别是后期聚合胶液变成高黏体系，不能及时有效地移出反应热，很难将聚合温度控制在设定值。可以通过增加串联釜的数量和采用釜外循环，增大传热面积，但是会增加动力消耗，对大规模生产不利，而且稀土异戊橡胶聚合反应后期属于高黏体系，很难实现釜外循环传热；充冷溶剂可以有效达到撤热目的，但是实验发现稀土异戊橡胶聚合后期胶液黏度太大，冷溶剂不能和胶液很好地混合，造成撤热效果变差，温差大，温度分布不均影响聚合反应；还可以通过改变搅拌形式，例如带刮板的螺带搅拌器或轴流搅拌器与导流筒组合的反应器，改善釜内传热传质效果。稀土异戊橡胶聚合反应需要严格控制反应温度，反应温度不宜超过 50℃，聚合反应温度是影响稀土异戊橡胶顺-1,4 结构含量的主要因素，随着反应温度的升高而顺-1,4 结构含量降低，因此有效抑制异戊二烯聚合反应热是保证稀土异戊橡胶产品质量的关键。

为了解决稀土异戊橡胶聚合反应后期高黏胶液易挂壁和撤热困难的问题，设计了一种新型聚合釜，该聚合釜在现有双螺带搅拌聚合釜的基础上，增设径向推进式刮板，改进刮板结构和放置方式，使刮板与釜壁结合得更好，可以自由拆卸，改善了聚合反应后期高黏体系的传质和传热，使反应温度分布合理且平稳可控。

该聚合釜主要包括内置螺旋导流板的夹套、带有夹套的釜体、釜体内搅拌器，其搅拌主要由釜体内自上而下的搅拌轴、釜顶刮刀、双螺带搅拌和釜底锚式搅拌组成，聚合釜特点在于在釜内双螺带搅拌上增设径向推进式刮板，刮板放置在双螺带搅拌外侧的螺带间，其刮胶方向与搅拌切线方向呈夹角 30°~60°，并与釜壁始终紧密配合，相邻刮板呈 30°~180°均匀分布，刮板为钢板增强的聚四氟板，可自由拆卸更换。通过连续开车发现，在聚合反应后期，采用本项目设计的新型异戊橡胶聚合反应釜，釜内聚合反应温度基本控制在 44~46℃，没有出现温度随反应时间逐渐升高难控制的现象，可以保证稀土异戊橡胶聚合装置连续稳定运行。所得产品顺-1,4 结构含量 96.8%，分子量分布为 2.4，门尼黏度为 95。

如此设计的聚合釜的优点可归纳如下：

（1）解决了稀土异戊橡胶聚合温度难控制问题，采用推进式刮板能够降低釜壁处热阻，反应热通过釜壁及时由夹套中的冷剂带走，使反应温度平稳可控和分布合理，保证稀土异戊橡胶顺-1,4结构含量达到96%以上。

（2）解决了稀土异戊橡胶聚合釜釜壁挂胶问题，刮板能始终与釜壁紧密配合，保证聚合反应长周期稳定运行。

（3）有效改善聚合反应后期高黏体系的传质和传热，改善高黏胶液混合效果，避免局部反应强烈，降低凝胶含量和稳定分子量分布。

4.4.3 橡胶后处理工段

由于异戊橡胶的聚合物胶液脱除溶剂的方法，大多是采用热水作为直接给热介质，因此脱除溶剂后所得的生胶，含有少量的溶剂和大量的水，这些溶剂和水的存在，会给橡胶加工带来困难，并大大降低硫化胶的质量。因此在生胶加工前，必须进行脱水干燥，将水含量降至低于1%，才可进行加工。挤压脱水干燥方法，按其原理可分为膨胀干燥法和减压干燥法两种。这两种方法均采用机械挤压脱水，仅干燥原理不同。

挤压脱水干燥，主要是在挤压机内进行的，挤压机具有带夹套的机筒和与机筒相配的螺杆，螺杆的螺纹槽可以变深或变距或是两者兼用。从加料口到机头螺纹槽的梯级是逐步变小的，形成对胶料的压缩，因而将胶料内的水挤出。由于机筒内壁切有纵向沟槽，以及机筒在加料口下面部分开有孔洞，挤出的水沿着沟槽往回流，并从加料口的下部孔洞排出挤压机。利用这个方法，一般在挤压一次能够将胶的水含量降至8%~15%。要想得到水含量更低的胶，单纯利用机械挤压的方法不易达到，还需在挤压机的后继工序或另一台干燥机里进行干燥。

膨胀干燥法，胶料的干燥是由于胶料被旋转着的螺杆向前输送的时候，一方面受夹套内通入高压蒸汽或热油的机筒加热，另一方面由于螺杆和胶料之间的摩擦发热，使胶料逐步加热到高温，同时由于螺杆螺纹槽体积的减少，以及机头孔板小孔的憋压，使胶料的压力逐步提高，因此胶料在挤出机头孔板之前处在高温、高压之下，这时经过前面挤压脱水后胶料内残留的8%~15%的水分处于过热状态。带水的胶出了机头孔板后，直接喷入大气中，压力急剧下降至常压，胶内原来的过热水马上汽化（称为闪蒸），从胶条内逸出而达到干燥的目的。胶料出机头孔板前，需要较高的温度才能满足在出机头后将全部残余水汽化，根据计算，对异戊橡胶来说，需要在185℃以上。较高的压力是为了使残余水在出机头孔板前保持过热水状态，以便在出机头处形成闪蒸，并使出料具有一定速度。由于膨胀干燥法是利用形成过热水再汽化，膨胀逸出，挤出的胶条不宜太粗。一般认为直径1~3mm，才便于闪蒸和膨化形成多孔状的结构，有利于蒸发和冷却；虽较大的粒径不易堵塞并能提供较大的生产能力，但脱水效果较差。一般来说粒径要根据温度、压力及胶料情况来选择。为了加强闪蒸效果，避免出机头后从胶料内闪蒸出来的蒸汽在胶料上重新冷却而降低干燥的效果，可在胶条出机头处鼓热风，随后再鼓冷风，冷却到常温。膨胀干燥法，设备简单，操作可靠，但对于热敏性橡胶则是不适宜的。国内的干燥机，以应用膨胀干燥为多，如顺丁、乙丙、丁苯等橡胶。

减压干燥法，所用挤压机的螺杆的螺纹槽设计是特殊结构的，顺着胶料前进的方向螺纹槽逐步减小（在这里胶粒受压同时提高压力和温度），到一定距离之后，突然变大，同时在机筒上开设一个通往大气或者真空泵的抽气口(通常真空度为几十到几百毫米汞柱),使湿胶内的水分和挥发物排出。一般是经过数次减压即可达到干燥。减压干燥法不需很高的温度和压力,适用于热敏性橡胶如氯丁橡胶,但是它的设备复杂,易于堵塞抽气口,带来操作不便。

膨胀干燥机机头带独立的切割造粒机,在膨胀干燥的同时通过旋转切刀将聚合物切割造粒。闪蒸的水汽随排风机送入RTO,物料向下落入振动输送器传输的热箱,进行进一步干燥。在此过程中,物料被风机送来的热风干燥,热风是通过中压蒸汽加热风机送来的空气得到。烟气被排风机抽出,与振动脱水筛和挤压脱水机的轴流排风机出口汇合,一起送到烟气处理系统处理达标后排放。从热箱振动输送器出来的物料进入流化床干燥器,对物料进行进一步干燥和冷却。物料在流化床内分段进行干燥和冷却。鼓风机送来空气进入冷却/加热器,用蒸汽加热或用冷冻水冷却后送入流化床干燥器前段或后段对物料进行加热或冷却。从流化床干燥器出来的胶粒通过出料输送器分流输送到压块机顶部的称重罐,经计量后再进入压块机中压缩成块。一般设计每条线提供两台压块机,压块机中加入硅油防粘剂。压成块的橡胶被聚合物输送机送到金属探测器和重量检测系统,再送到包装机打包后进行码垛,最后送到成品仓库中待售。

4.5 单元操作要点

4.5.1 岗位任务

(1)催化剂制备单元

① 按工艺规程指标规定接收以下催化剂原料、辅助原料——氯化乙基铝、三异丁基铝、稀土盐、异戊二烯、溶剂,防老剂、精氮气,并记录收入量。

② 按工艺规程的指标规定配制氯化乙基铝溶液、三异丁基铝溶液、防老剂溶液。

③ 按催化剂和防老剂配比计算的规定流量向催化剂配制釜和防老剂配制釜按顺序投料,配制合格的催化剂溶液和防老剂溶液。

④ 向陈化釜输送催化剂溶液陈化待用,以及向防老剂缓冲罐输送防老剂溶液。

⑤ 按照工艺规定从陈化釜向聚合釜输送催化剂陈化溶液,以及从防老剂缓冲罐向防老剂末釜后的管线输送防老剂溶液。

(2)精制单元

在规定的工艺条件下,把溶剂、异戊二烯单体引入精馏塔,利用精馏塔脱出溶剂和单体中的水分,降低单体和溶剂的水含量。把脱后的单体送入精单体罐,精制后的溶剂送入中间罐区的精溶剂罐。

(3)异戊二烯聚合单元

在规定的工艺条件下,按照一定的比例把异戊二烯、溶剂油、催化剂泵送入聚合釜中,在催化剂的作用下,进行异戊二烯连续溶液聚合反应,制得顺式聚异戊二烯胶液,并在末釜或末釜出口管线加入防老剂溶液，送胶罐供凝聚使用。

（4）胶罐单元

根据聚合末釜测得胶液门尼黏度和胶含量等工艺指标，按要求接入胶液罐，并根据工艺指标采用倒胶的方式调配胶液门尼黏度供凝聚使用。

（5）凝聚单元

聚合反应的胶液采用水析凝聚原理，使胶液中的溶剂油、未反应的异戊二烯单体在热水和搅拌的作用下闪蒸。气相进入冷凝器冷凝，冷凝后进入油水分层罐沉降分离，分离后的溶剂油送入粗溶剂罐，水相返回到凝聚釜，脱除了溶剂油和异戊二烯的胶液在蒸汽和凝聚釜搅拌的作用下分散成颗粒，送往后工序进行干燥处理。

（6）回收单元

把凝聚回收的溶剂油进行精制，脱除其中的异戊二烯、水及其他杂质，并将处理合格后的溶剂油经干燥塔处理后送罐区，供异戊橡胶装置循环使用。塔顶分离出来的异戊二烯送往上游装置进一步精制，塔底重组分作为危险废物处理。

（7）前工序岗位与外部的联系

① 与分离装置联系接收新鲜异戊二烯，送出溶剂精制塔塔顶回收的异戊二烯、溶剂精制塔的塔底重组分。

② 与车间材料分管人员联系接收三异丁基铝、氯化乙基铝、稀土盐、防老剂等。

③ 与检验中心人员联系，进行有关原材料和中间产品的质量分析。

（8）脱水干燥(后处理)单元

对来自凝聚系统的异戊橡胶颗粒水，经过脱水振动筛滤去水后，胶粒进入挤压膨胀一体机内，经过挤压膨胀干燥机螺杆的挤压脱水、剪切螺钉的摩擦生热，橡胶被加热升压，达到一定的压力和温度后，橡胶被挤出模头，进行膨胀干燥。或者经过挤压脱水机，再经过膨胀干燥机，进行挤压膨胀干燥。

干燥后的橡胶胶粒落入振动流化床，振动流化床内胶粒被从底部进入的热风吹起，伴随着流化床的振动，胶粒向前运动，胶粒中的水分被进一步蒸发。

（9）压块工序

将来自振动给料机的松散的橡胶胶粒，落入压块机的自动秤料斗，称量后落入压块机料仓，按规定的重量和形状压缩成块状送包装。

4.5.2 工艺流程

（1）催化剂配制单元

外购的三氯三乙基铝溶液，通过汽运钢瓶送入催化剂配制现场，接入临时专用管线，利用精氮气压入稀氯罐，根据工艺要求用溶剂油进行稀释，稀释后的浓度为20g/L。稀释后符合规定浓度的三氯三乙基铝溶液通过稀氯加料泵，送入稀氯计量罐，为下一步配制催化剂陈化液做准备。

经过准确称量的合成的催化剂钕剂粉料放入催化剂料仓，利用精氮气压入催化剂配制釜。来自稀铝计量罐的三异丁基铝溶液、来自稀氯计量罐的三氯三乙基铝溶液、来自配制釜溶剂计量罐的溶剂经过准确计量后，先后用精氮气压入催化剂配制釜。在搅拌的作用下，上述物料进行陈化反应，陈化反应热通过夹套的循环水带走。

催化剂配制釜反应后的物料利用氮气压入催化剂陈化釜，来自陈化釜计量罐的溶剂油经准确计量后，用精氮气压入催化剂陈化釜。陈化釜装有搅拌系统，物料一直处于搅拌状态，经分析合格后作为催化剂备用。分析合格的催化剂陈化溶液通过催化剂输送泵送入聚合首釜。

外购的防老剂放于催化单元防老剂配制罐附近，根据工艺控制的防老剂浓度和配制量加入防老剂料仓，开启料仓底部阀门依靠重力流入防老剂配制罐，然后根据计算量加入溶剂油，启动搅拌 1~2h，打开釜侧的阀门流入防老剂缓冲罐，通过防老剂输送泵送入聚合末釜出口管线。

（2）干燥单元

来自分离装置的合格的单体异戊二烯经过冷冻水换热器冷却，冷却到 10℃，进入粗单体罐，控制液面不超过 80%，粗单体罐装有列管，继续冷却降低温度。异戊二烯由粗单体罐送出，经单体干燥泵送入装有三氧化二铝的单体干燥塔，进行水分吸收，降低单体中的水值。单体干燥塔实行一开一备，当干燥塔吸收效果达不到预期时，从系统中切除，进行三氧化二铝的再生，由电加热器加热的高温氮气送入干燥塔进行水分脱除。单体经干燥塔干燥后，送入精单体罐，作为聚合使用的精单体。如果水值不合格，则进行粗单体的干燥循环继续送入粗单体罐。

来自脱水塔侧线凝液罐的合格溶剂，经过侧线输送泵送入溶剂第一、二、三干燥塔。溶剂干燥塔分为两组，两组干燥塔实行一开一备，每组塔串联操作，依次通过。如果干燥塔吸收效果达不到预期时，将从系统中切除，进行三氧化二铝的再生，由电加热器加热的高温氮气送入干燥塔进行水分脱除。干燥后的溶剂经分析合格后送入中间罐区的精溶剂罐，作为聚合的精溶剂储存备用。

（3）聚合单元

来自中间罐区的精制溶剂，通过精溶剂输送泵送入溶剂冷却器，溶剂被冷却后与来自精单体罐经单体输送泵输送的异戊二烯单体在静态混合器内混合，混合后的物料分成两路，分别经过质量流量计计量后与来自催化剂输送泵的催化剂陈化溶液在静态混合器内混合进入聚合釜进行反应。经过冷却后的精溶剂分成四部分，一部分送往聚合釜，其他三部分分别作为第二聚合釜的充油、第三聚合釜的充油和事故线充油。从一号聚合釜进入的物料反应后，从聚合釜釜顶导出，两股物料在第二聚合釜底部汇合，进入第二聚合釜，继续反应，反应后的胶液由第二聚合釜釜顶导出，从第三聚合釜的底部进入，在第三聚合釜内反应一段时间后，由该聚合釜顶部导出进入第四聚合釜底部，并由该釜顶部导出进入第五聚合釜，胶液从第五聚合釜底部流出与来自防老剂输送泵的防老剂溶液混合，经末釜胶液泵输出，并依据末釜门尼黏度情况，分别送入不同的胶液罐。

聚合釜釜底设有事故线，如果出现生产意外、聚合釜搅拌出现问题以及聚合釜需要清理等原因，可以开启事故线把该釜从系统中切除。

聚合釜釜顶和釜底设有充油线，如果出现输送困难，需要降低胶液黏度以及聚合釜温度控制出现问题均可以从釜底和釜顶充油进行调控，末釜顶部装有充油线可以进行充油，降低胶液输送的难度。

聚合釜任何一个釜从系统中切除，必须从事故充油线充油，以保证胶液进入胶液罐，避免胶液在事故线内存放，进行二次反应堵塞胶液管线。

（4）胶罐单元

来自聚合末釜的胶液，依据其门尼黏度的高低、胶含量的多少及胶液温度状况分解接入不同的胶液掺混罐，进行门尼黏度的调配。胶液掺混罐的装料系数为80%，一般每罐控制在80±5m³。符合搅拌运行条件后，启动搅拌运行1~2h后，通知化验室做门尼黏度和胶含量分析，分析合格可以作为送往凝聚釜的胶液备用。如果不合格必须打开该罐的底部阀门经胶液掺混泵进行倒胶，根据门尼黏度的计算情况分别倒入其他胶液掺混罐内进行配胶，直到分析合格为止。

分析合格的胶液掺混罐内的胶液，打开该罐的底部阀门，通过胶液泵经胶液过滤器过滤后送往凝聚首釜。

（5）凝聚单元

来自胶液泵的胶液与来自分散剂进料泵的分散剂在静态混合器内混合后从凝聚首釜的釜顶进入，凝聚首釜底部通入蒸汽，来自热水罐的热水经热水泵与来自油水分层罐的分层水混合后由凝聚釜的釜侧进入凝聚首釜，在搅拌的作用下进行充分的热交换。胶粒由釜侧的切线出口流出，由首釜胶粒水泵送入凝聚中釜的上部切线入口，凝聚中釜底部通入中压蒸汽，继续进行搅拌传质传热，胶粒由该釜的下部切线口出料，经中釜胶粒水泵送入凝聚末釜。自上部切线入口进入的胶粒水继续在搅拌和蒸汽的作用下脱除溶剂油和异戊二烯单体。当末釜的胶粒中的油含量达到规定要求时，启动末釜胶粒水泵，从该釜下部侧线出料，送入后处理缓冲罐。如果胶粒中的油含量未达到要求，必须把这部分胶粒水送往凝聚首釜的上部进行循环。

凝聚末釜析出的溶剂油和异戊二烯单体的油气及部分蒸汽，通过蒸汽喷射泵吸收，送入凝聚首釜底部的蒸汽入口管线。凝聚釜中析出的溶剂油和异戊二烯单体的油气及部分蒸汽也送入凝聚首釜底部的蒸汽入口管线。

凝聚首釜析出的溶剂油和异戊二烯单体的油气及部分蒸汽，通过该釜的釜顶出口进入油气过滤器，过滤后进入油气冷凝器，冷却后流入油水分层罐，分层后的水相由该罐底部出料，经分层水泵送入凝聚首釜；分层后的油相由该罐封头处出料，经溶剂油泵送入溶剂储罐。

（6）回收单元

来自中间罐区的粗溶剂，经粗溶剂输送泵送入溶剂脱水塔的进料预热器，预热后进入该塔，塔顶蒸出的物料经塔顶冷却器冷凝后流入脱水塔回流罐，回流罐内的物料经脱水塔回流泵送出，一部分送往一期分离装置，一部分作为该塔的回流送入塔顶。

脱水塔的塔侧采出物料作为精溶剂。侧线采出溶剂经过进料预热器一级换热之后，进入脱水塔侧线冷凝器，进行二级换热后流入侧线凝液罐。

（7）罐区单元

外购溶剂通过汽车运输，管线输送进入粗溶剂罐；来自分层罐内的溶剂油经过泵输送进入，经过溶剂干燥塔干燥后的不合格溶剂也将流入该罐。

粗溶剂罐内的溶剂通过粗溶剂输送泵输送到溶剂脱水塔的进料预热器。来自溶剂干燥塔的合格溶剂送入精溶剂罐，精溶剂罐可以并联使用，也可单独使用，送出的精溶剂通过精溶剂输送泵送往溶剂冷却器，冷却后送往聚合釜。送出的精溶剂也可通过精溶剂泵送往催化剂配制单元。

（8）脱水干燥（后处理）单元

由凝聚单元来的胶粒水进入缓冲罐，在缓冲罐内胶粒水的流速得到了降低，防止了胶粒水高速冲击振动脱水筛所造成的胶粒水飞溅现象，同时保证了胶粒在振动筛上的均匀分布。通过振动对胶粒进行脱水后，分离后的热水靠位差流回热水罐供凝聚系统循环使用，振动脱水后的胶粒经挤压膨胀一体机料斗落入挤压膨胀一体机。在挤压膨胀一体机内，首先通过挤压的方式脱出胶粒中的大部分水，然后进入膨胀阶段，胶粒被螺杆向前输送，压力和温度同时上升。在胶粒的输送方向上建立起由低到高的压力梯度，胶粒中的水由于压力作用，从高压区向低压区流动，在加料斗和锥筒体的排水口排出。由于胶料在被螺杆向前推进的过程中螺杆的螺距在特定区间逐步减小，胶料的体积被逐渐压缩，压力逐步增大。同时，由于剪切螺钉和筒体衬套剪切槽的双重作用，胶料温度继续上升，在到达出料口的模头时温度和压力达到最大，胶料喷出，在模头处闪蒸，呈海绵状固体落在振动流化床干燥机内，橡胶固体依次通过振动流化床。在输送过程中，胶料在干燥箱内经热风干燥，使其挥发分最终降至0.8%送压块岗。

关键的脱水设备采用两体机，即挤压脱水机和膨胀干燥机，也是一般异戊橡胶生产采用的工艺。挤压脱水机主要由机座、减速箱、进料斗、机体、机头、辅助润滑系统和主电机以及集水槽等部件所组成。机体分为筒体部分和弹杆部分。筒体由骨架和由笼条所组成的两个半圆筒，用24个螺钉把紧，分为四段，各段笼条间间隙依次减小。在两半圆筒体之间的合拢部位，装有相对应的六对刮刀，它正好伸入螺杆和螺叶的断开部位。螺杆由轴、螺套、键组成，它与一般的螺杆不同，由若干节断开式螺旋叶构成，各节螺旋叶等深不等距，螺距逐渐减小。工作时电机带动螺杆旋转，胶粒从进料斗进入，在螺杆的旋转挤压下，其密度和压力增加，所含的水分从笼条的缝隙流出，胶粒被挤向出料口，排出脱水机。从挤压机出来的胶粒经下料斗进入膨胀干燥机，胶粒经模板孔喷出。在膨胀脱水机出口，由于橡胶压力剧烈下降，闪蒸使得橡胶膨化，水和液体被热空气带走，最后橡胶中的水以及溶剂几乎全部被脱除。膨胀机模板的外侧带有独立切刀，将橡胶切成小块胶。

4.5.3 装置开车准备

（1）设备试压、试漏

① 试压。

设备的试压采用水压试验，一般工作压力（P）小于0.5MPa时（表压），水压试验的压力为1.5P（表压），但不小于2个大气压；工作压力大于0.5MPa时（表压），水压试验的压力为1.25P（表压），但不小于P+3个大气压。

水压试验采用的最大压力应不超过设计规定的压力。

受外压的真空系统的水压试验为工作压力。

水压试验时，使设备、管线在试验压力下停留 5min，然后降至工作压力。在此压力下进行检查，用 0.5~1.5kg 的手锤在焊缝处轻轻敲打，看是否有渗漏的地方。

水压试验合格的标准：表面无破裂现象；焊缝和铆缝无渗漏现象；无残余变形。

② 试漏。

试漏用氮气或杂风进行，试漏的压力应是工作压力的 1.05 倍，试漏应保持 4h 以上。在试漏过程中应用肥皂沫检查接头、人孔、法兰和焊缝的气密性，详细记录压力和温度的变化情况。

气密性试漏的合格标准：如果在 1h 内压力下降不超过 0.2%，就认为试漏合格。即气密试漏完毕后，充压至操作压力，保压 1h。

每小时泄漏量的计算公式：

$$S=\frac{1-\dfrac{P_{K}(T_{h}+273)}{P_{h}(T_{K}+273)}}{t}\times100\%$$

式中　S——每小时泄漏率,%；

P_{K}, T_{K}——终了的压力、温度；

t——稳定压力的时间，h；

P_{h}, T_{h}——初始的压力、温度。

（2）开车前的综合检查

① 工艺设备方面：

a. 各工艺设备、机械是否可以投入使用；

b. 管线、阀门等是否符合运转要求，保温及支架是否良好；

c. 各工艺物料的排净阀是否已全部关闭；

d. 安全阀下的主阀是否已经全部开启，铅封、爆破板是否良好；

e. 检修及清理工作是否已经结束，操作现场道路是否畅通；

f. 设备或管线是否有敞口部位，气体置换是否已经合格；

g. 全系统是否有泄漏部位；

h. 生产用工器具、记录等是否准备齐全。

② 仪表方面检查：

a. 所有仪表是否安装齐全，动作是否正常；

b. 所有仪表的电源、气源是否已经接通；

c. 二次仪表与现场仪表的指示是否相符；

d. 压力表、液面计等的阀门是否已经开启，液面计有无堵塞或指示误差；

e. 各调节阀的开闭试验是否正常，指示灯试验是否良好；

f. 各联锁系统、报警系统试验动作是否准确；

g. 各流量计动作是否正常；

h. DCS 控制系统是否准备就绪。

③ 安全方面：

a. 可燃气体检测，报警系统是否运作正常；

b. 各静电接地点是否连接良好；

c. 温度感知器、火灾报警系统是否运作正常；

d. 各种防护用具是否准备齐全，处于待用状态；

e. 各种防护用具是否准备齐全、好用。

④ 公用工程方面：

a. 室内外照明灯具是否完好；

b. 通信、呼叫系统是否良好；

c. 各转动设备是否已经送电，开停动作是否正常；

d. 各项公用工程（如 FW、CW、N2、IA、PA、LS 等）是否已送入装置；

e. 分析化验系统已经基本就绪，各工业分析仪表动作调校良好；

f. 其他认为需要检查的内容。

上述各项检查全部结束后，检查人和班长应在检查报告单上签字。

⑤ 工艺流程方面：

a. 确定开车流程与开工方案；

b. 备齐外供辅助材料，如防老剂、氯化乙基铝、浓三异丁基铝等；

c. 对聚合系统进行油运，油运温度<60℃，油运标准为设备内水值≤20mg/kg，必要时对设备油运的溶剂油进行小瓶聚合鉴定，以确保设备管线油运合格；

d. 在溶剂油合格情况下，配备催化剂、防老剂溶液，且收入中间罐，按要求配制所需稀碱溶液；

e. 将所选用聚合釜前两釜或所有用釜内溶剂油退入胶罐，釜内氮气保压0.1~0.2MPa；

f. 异戊二烯、溶剂油进行切头经事故线入胶罐或入中间釜；

g. 备齐记录用品及所需工器具。

（3）催化单元操作

① 稀铝罐收料操作：

a. 检查稀铝罐压力表阀、液面计阀，使其处于开启状态；

b. 联系车间管理人员把装满三异丁基铝的钢瓶运到催化单元的稀铝罐附近；

c. 在三异丁基铝的钢瓶上接入氮气临时管线和物料送出临时管线；

d. 认真做好接入管线的氮气置换工作，认真检查所有接头是否牢固，操作是否安全可靠；

e. 打开钢瓶的物料出口阀和稀铝罐的入口阀；

f. 确保流程无误后，稍微打开钢瓶上接的氮气进入阀；

g. 认真观察稀铝罐的现场压力指示，如果氮气临时线上的压力指示与该罐的压力相同，表明三异丁基铝钢瓶内的物料已被压空；

h. 打开钢瓶上物料出口管线上的溶剂油阀门，对该段管线进行置换，2~3min 后关掉溶剂油阀门，关掉稀铝罐上的物料入口阀；

i. 根据三异丁基铝的加入量和稀铝规定浓度，计算加入的溶剂油体积，并在 DCS 上设定加入量；

j. 打开溶剂油进料阀，打开 DCS 画面上的气动开关阀，溶剂油进入了稀铝罐；

k. 稀铝罐上装有氮气自动保压系统，不需要人工操作氮气压力，但是必须确保氮气入口管线的阀门和气动开关阀的底阀处于开启状态。

② 稀铝计量罐的收料操作：

a. 检查稀铝计量罐上的压力表阀、液面计阀，使其处于开启状态；

b. 认真检查稀铝计量罐的液面，计算需要加入的稀铝的体积，并在 DCS 上设定；

c. 打开稀铝罐底部出料阀的阀门，打开铝剂加料泵的入口阀和出口阀，并检查上述泵的压力表根阀是否打开；

d. 打开该泵回流管线到稀铝罐的阀门和进入稀铝计量罐的阀门；

e. 开启进入稀铝计量罐的启动开关阀；

f. 确保流程无误后，启动铝剂加料泵，开始送料；

g. 当输送的物料达到设定液位后，气动开关阀自动关闭，物料不再进入稀铝计量罐，气动开关阀自动打开，避免计量泵憋压造成损坏；

h. 认真检查稀铝计量罐的液位是否达到设定要求，如果满足要求，依次关闭计量泵出入口阀、稀铝罐出口阀、稀铝罐回流管线阀、稀铝计量罐入口阀。

③ 稀氯罐收料操作：

a. 检查稀氯罐压力表阀、液面计阀，使其处于开启状态；

b. 联系车间管理人员把装满三氯三乙基铝的钢瓶运到催化单元的稀氯罐附近；

c. 在三氯三乙基铝的钢瓶上接入氮气临时管线和物料送出临时管线；

d. 认真做好接入管线的氮气置换工作，认真检查所有接头是否牢固，操作是否安全可靠；

e. 打开钢瓶的物料出口阀门和稀氯罐的入口阀；

f. 确保流程无误后，稍微打开钢瓶上接的氮气进入阀；

g. 认真观察稀氯罐的现场压力指示，如果氮气临时线上的压力指示与该罐的压力相同，表明三氯三乙基铝钢瓶内的物料已被压空；

h. 打开钢瓶上的物料出口管线上的溶剂油阀门对该段管线进行置换，2~3min 后关掉溶剂油阀门，关掉稀氯罐上的物料入口阀；

i. 根据三氯三乙基铝的加入量和稀氯规定浓度，计算加入的溶剂油体积，并在 DCS 上设定加入量；

j. 打开溶剂油进料阀，打开 DCS 画面上的气动开关阀，溶剂油进入稀氯罐；

k. 稀氯罐上装有氮气自动保压系统，不需要人工操作氮气压力，但是必须确保氮气入口管线的阀门和气动开关阀的根阀处于开启状态。

④ 稀氯计量罐的收料操作：

a. 检查稀氯计量罐上的压力表阀、液面计阀，使其处于开启状态；

b. 认真检查并记录稀氯计量罐的液面，计算需要加入的稀氯的体积，并在 DCS 上设定；

c. 打开稀氯罐底部出料阀的阀门，打开稀氯加料泵的入口阀和出口阀，并检查上述泵的压力表根阀是否打开；

d. 打开该泵回流管线到稀氯罐的阀门和进入稀氯计量罐的阀门；

e. 开启进入稀氯计量罐的气动开关阀；

f. 确保流程无误后，启动稀氯加料泵，开始送料；

g. 当输送的物料达到设定液位后，气动开关阀自动关闭，物料不再进入稀氯计量罐，气动开关阀自动打开，避免计量泵憋压造成损坏；

h. 认真检查稀氯计量罐的液位是否达到设定要求，如果满足要求，依次关闭计量泵出入口阀、稀氯罐出口阀、稀氯罐回流管线阀、稀氯计量罐入口阀。

⑤ 陈化釜溶剂计量罐的收料操作：

a. 检查陈化釜溶剂计量罐的压力表阀和液面计阀，使其处于开启状态；

b. 认真查看该罐的现场液位计与室内液位计是否一致，并记录和计算加入的溶剂油体积；

c. 根据计算结果在 DCS 画面设定液位，开启进料气动开关阀；

d. 打开溶剂油进料阀门，溶剂油流入该罐内；

e. 收料完毕后关掉进料阀，并仔细检查流程。

⑥ 配制釜溶剂计量罐的收料操作：

a. 检查配制釜溶剂计量罐的压力表阀、液面计阀，使其处于开启状态；

b. 认真查看该罐的现场液位计与室内液位计是否一致，并记录；

c. 根据溶剂油和异戊二烯的配比，计算加入的溶剂油和异戊二烯的体积；

d. 根据计算结果在 DCS 画面设定溶剂油加入的液位，开启气动开关阀；

e. 打开溶剂油进料阀门，溶剂油流入该罐内；

f. 根据计算结果在 DCS 画面设定异戊二烯加入的液位，开启气动开关阀；

g. 打开异戊二烯进料阀门，异戊二烯流入该罐内；

h. 收料完毕后依次关掉溶剂油进料阀和异戊二烯进料阀，并仔细检查流程，确定无误后方可离开。

⑦ 催化剂配制釜的操作：

a. 检查催化剂配制釜的压力表阀、液面计阀，使其处于开启状态；

b. 根据工艺规定和配制的催化浓度计算加入的催化剂粉料的量，加入的稀铝、稀氯的体积，加入配制釜溶剂计量罐中物料的体积；

c. 打开催化剂料仓的人孔，将称量准确的催化剂粉料加入料仓，关闭人孔，打开进入催化剂配制釜的阀门，用氮气将粉料压入催化剂配制釜内，然后关闭氮气阀门和进入配制釜的物料进入阀门；

d. 根据计算的加入稀铝的体积，在 DCS 上设定液面；开启气动开关阀；打开催化剂配制釜上的铝剂阀门和稀铝计量罐的出口阀；在氮气的压力下，稀铝流入催化剂配制釜；

e. 根据计算的加入稀氯的体积，在 DCS 上设定液面；开启气动开关阀；打开催化剂配制釜上的氯剂阀门和稀氯计量罐的出口阀；在氮气的压力下，稀氯流入催化剂配制釜；

f. 根据计算的加入配制釜的溶剂计量罐中物料的体积，在 DCS 上设定液面；开启气动开关阀；打开催化剂配制釜上的该物料的进料阀门；在氮气的压力下流入催化剂配制釜；

g. 进入催化剂配制釜内的物料根据计算结果操作完后应及时进行液面复核，准确无误后及时关闭相应的阀门；

h. 打开进入该配制釜夹套的循环水，进行散热；

i. 启动配制釜的搅拌，运行 1~2h 后停止搅拌，通知分析化验人员取样分析。

⑧ 催化剂陈化釜的收料作业：

a. 检查催化剂陈化釜的压力表阀、液面计阀，使其处于开启状态；

b. 打开催化剂配制釜釜底阀门，打开催化剂陈化釜的催化剂进料阀，利用氮气物料被压入陈化釜；

c. 根据催化剂陈化釜的液位变化，计算出加入的催化剂溶液体积；

d. 根据加入聚合物的催化剂溶液浓度，和已经加入的催化剂溶液体积，计算出需要加入的溶剂油体积；

e. 在 DCS 界面上输入与需要加入的溶剂油体积相对应的陈化釜溶剂计量罐的液位，打开气动开关阀；

f. 打开陈化釜溶剂计量罐的出料阀和进入催化剂陈化釜的溶剂油进料阀，溶剂油流入该釜内；

g. 当液位达到规定后，启动该陈化釜的搅拌；

h. 操作完后应及时进行液面复核，准确无误后及时关闭相应的阀门。

⑨ 防老剂的配制操作：

a. 检查防老剂配制罐的压力表阀、液面计阀，使其处于开启状态；

b. 认真查看该罐的现场液位计与室内液位计是否一致，并记录；

c. 根据液面记录情况计算需要配制的防老剂溶液体积，依据防老剂的规定浓度计算出需要加入的防老剂的量，计算加入的防老剂袋数；

d. 关闭氮气保压系统的进入该釜的氮气的阀门，打开氮气放空阀排掉氮气；

e. 打开防老剂料仓的人孔，把计算数量的防老剂倒入该仓内，打开料仓底部阀门，防老剂流入防老剂配制罐内；

f. 防老剂倒完后，关闭防老剂料仓的阀门和氮气排空，打开氮气稳压系统；

g. 根据计算加入相应的溶剂油量，在 DCS 界面上设定防老剂配制罐的液位，打开气动开关阀和进入配制罐的加油阀门，溶剂油流入该罐内；

h. 操作完后应及时进行液面复核，准确无误后及时关闭相应的阀门；

i. 当液位达到规定后，启动该罐的搅拌系统，搅拌 1h 后停止。

⑩ 配料操作的计算：

a. 氯剂、铝剂稀溶液配制计算：

浓氯和浓铝加入量：

$$V_1 = \frac{Vx}{x_1}$$

溶剂油加入量：

$$V_2 = V - V_1$$

式中　V——配制体积，L；

V_1——浓氯(或浓铝)加入量，L；

V_2——溶剂油加入量，L；

x——需配制稀氯(或稀铝)溶液浓度，g/L；

x_1——所需浓氯(或浓铝)溶液浓度，g/L。

b. 防老剂溶液配制计算：

防老剂加入量：

$$w = \frac{Vx}{1000}$$

式中　w——防老剂加入量，kg；

V——配制体积，L；

x——需配制溶液浓度，g/L。

⑪ 计量泵的标定：

a. 对新泵及检修后和长期停用的泵，开车投用前须进行试运标定，目的是确保计量泵投用后能正常运行；

b. 计量泵标定，可使得催化剂管线充满物料，以便顺利开车；

c. 标定时要对行程进行不同位置的调节，以检查泵的使用性能；对每次改变行程后的流量变化要明显，在每次改变行程后的流量要稳定，最后将计量泵输出流量调节至开车需用流量，经检查核对确认流量稳定符合使用标准后，计量泵标定结束；计量泵标定完毕后按正常停车进行操作。

4.5.4　装置开车操作要点

（1）开车操作基本原则

① 熟练掌握开车方案或开车工艺条件；

② 熟知开车流程；

③ 掌握开车所用设备状况；

④ 熟练掌握开车过程中容易出现问题的紧急处理措施；

⑤ 开车流程要达到最合理化，对于开车流程中阀门的开关情况要做到熟悉；

⑥ 在开车流程中，如果留有关闭的阀门需要进料后开启时，必须掌握对此阀的开启时机；

⑦ 投料后及时进行现场检查各密封点的密封情况，防止出现漏、跑料现象；检查动、静设备运行情况，以便及早发现设备或工艺出现的各种异常现象。

（2）催化剂系统开车操作

① 接到开车指令后，根据聚合釜异戊二烯的进料量、催化剂催化液浓度、工艺规定的Nd/IP之比计算催化剂的流量；

② 检查催化剂陈化液到聚合釜的流程，首先打开催化剂陈化釜的釜底出料阀，打开催化剂输送泵进出口阀，检查泵的压力表根阀有否打开；

③ 打开流量计的前后阀、回流线上的调节阀的前后阀，关闭该调节阀的副线阀，打开入催化剂陈化釜的回流进料阀；

④ 打开催化剂进料线上流量计前面的保护阀，打开调节阀的前后保护阀，并关闭相应的副线阀；

⑤ 仔细检查该流程中的倒淋阀是否全部关闭，流程中的调节阀开度 80%；

⑥ 启动泵，仔细查看压力，如果压力异常，马上停泵，待压力正常后方可离开现场。

（3）单体干燥系统开车操作

① 接收分离装置单体异戊二烯后，仔细检查收料流程；

② 打开单体换热器冷冻水进出口阀、压力表根阀，关掉冷冻水的倒淋阀，调节阀开度控制在 80%；

③ 打开单体换热器物料的进出口阀门和进入粗单体罐的阀门，关闭该罐上的倒淋阀和取样阀；

④ 打开粗溶剂罐上的氮气入口和氮气排空的所有阀门，打开该罐的压力表根阀和液位计根阀；

⑤ 通知分离装置送异戊二烯单体；

⑥ 待粗单体罐液位达到 40% 后，打开该罐出料阀及单体干燥泵的入口阀；

⑦ 根据上级指令，投用单体干燥塔，并开启相应的异戊二烯进出料阀门；

⑧ 打开粗单体罐上的干燥塔来料的阀门，仔细检查流程上的倒淋阀并使其处于关闭状态；

⑨ 启动单体干燥泵，根据压力指示情况，开启出口阀门，对单体进行干燥循环；待取样分析水值合格后方可打开精单体罐上的阀门；

⑩ 仔细检查精单体罐的倒淋取样阀是否处于关闭状态，检查压力表根阀、液位计根阀是否处于开启状态，打开该罐上氮气入口和氮气排空的所有阀门；

⑪ 根据单体干燥后的取样水值情况，水值低于 20mg/kg 时，方可开启精单体罐上异戊二烯进料阀门；

⑫ 待精单体罐的液位达到 40% 后，可以开启罐底的出料阀门、单体送出泵的入口阀门，送出单体异戊二烯至原料混合器和配制釜溶剂计量罐。

（4）溶剂干燥系统开车操作

① 根据上级指令确定投用 A 组干燥塔或者 B 组干燥塔，A、B 组干燥塔各由三个塔串联组成；

② 如果投用 A 组干燥塔，则相应地把该组干燥塔上的盲板抽掉，氮气试漏合格后，开启阀门溶剂油依次顺序通过干燥塔；

③ 出料后通知分析化验人员取样分析溶剂水值，如果水值低于 20mg/kg，则溶剂合格，送往精溶剂罐；若水值不合格，该溶剂继续送往干燥塔，进行循环，直到水值合格。

（5）聚合单元开车操作

① 接到上级开车指令后，确定开车使用的流程和单体异戊二烯的投料量；

② 装置初次开车宜选用单首釜流程，即物料由首釜底部进入，上部出料，经过下部横管的三通阀、第二聚合釜横管的三通阀、第二聚合釜立管的三通阀进入第二聚合釜，由第二聚合釜釜顶出料，经第三聚合釜的立管三通阀进入第三聚合釜，由第三聚合釜釜顶出料，经过第四聚合釜的立管三通阀进入第四聚合釜，第四聚合釜釜顶出料从第五聚合釜的釜顶进入第五聚合釜；

③ 根据聚合釜流程开启相关的阀门和三通阀；

④ 检查精溶剂罐到原料混合器的流程，并开启相应的阀门，流程无误后开启精溶剂输送泵，进行系统油运；油运宜采用常温溶剂油，因此关闭溶剂冷却器冷冻水；

⑤ 检查精单体罐到原料混合器的流程，并开启相应的阀门，流程无误后开启单体输送泵；进行单体的切头置换，置换完毕后停止单体输送泵的运行；

⑥ 接到聚合开车指令后，检查催化剂陈化液到聚合釜的流程，检查完毕后启动催化剂输送泵，根据聚合釜异戊二烯的进料量、催化剂陈化液浓度、工艺规定的 Nd/IP 之比计算催化剂的流量，通过逐步调节计量泵的冲程，达到规定的流量；待管线内充满催化剂后，停止计量泵的运行；

⑦ 单体异戊二烯与溶剂油混合后，经质量流量计、调节阀与催化剂在静态混合器内混合，由首釜底部进入聚合釜；

⑧ 油运 2h，通知分析化验人员取样分析异戊二烯和溶剂油的水值，如果水值低于 20mg/kg，可停止油运；如果水值不合格，则继续油运，直到水值合格；

⑨ 水值合格后，停止溶剂油泵的运行，调整下部横管的三通阀，把正常出胶线从系统中隔离，打开底部的事故阀，用氮气把该釜内物料压空，压空后恢复之前流程；

⑩ 完成上述工作后，依次启动催化剂进料泵、单体进料泵、溶剂进料泵，进料 10min 后，启动搅拌，当首釜下部温度与进料温度出现较大温差后，表明聚合反应已经开始，可以适当开启冷冻水；

⑪ 首釜物料充满后依次进入二、三、四、五号釜，然后依次开启搅拌；打开冷冻水进出该釜的阀门；

⑫ 物料进五号釜后，打开釜底的出料阀，启动防老剂输送泵向胶液内加入防老剂；

⑬ 五号釜内液面 40% 后，启动末釜胶液泵，向胶罐输送胶液。

（6）防老剂系统开车操作

① 检查防老剂缓冲罐的液位计根阀是否已打开，倒淋排空阀是否关闭；

② 开启防老剂缓冲罐与防老剂配制罐的平衡线阀门；

③ 确定防老剂配制釜内有足够的防老剂溶液后，打开防老剂出料阀，防老剂溶液流入防老剂缓冲罐；

④ 打开防老剂输送泵的进出口阀门、压力表的根阀、回流线上的阀门，确认进入五号釜釜底防老剂管线的阀门已开启，启动防老剂输送泵；

⑤ 根据聚合异戊二烯的进料量、防老剂的浓度、防老剂和异戊二烯之比确定防老剂的流量；

⑥ 根据防老剂缓冲罐的液位指示计算防老剂的流量，并与原流量进行核对，如果不符

及时调节防老剂泵的冲程。

（7）胶罐单元的操作

① 接胶操作：

a. 检查胶液掺混罐的阀门是否按要求开启与关闭；

b. 确定接胶流程，根据指令，打开其中一个胶罐的接胶阀门，关闭其他胶罐的接胶阀门；

c. 为保证聚合釜在出现异常现象时能够及时开启事故阀向胶罐输送胶液，四个胶液掺混罐上的事故线阀门，其中之一必须保持常开状态；

d. 根据聚合末釜门尼黏度情况和胶含量情况确定由哪个胶液罐接收胶液；

e. 当接胶罐的液面体积超过 60m³ 时，方可启动搅拌，搅拌 2h 可以停止搅拌；

f. 胶液罐的接胶体积原则上不准超过该罐容积的 80%，超过应立即切换其他胶罐接胶，切换胶罐时，必须先开启要接胶罐的接胶阀门，然后缓慢关闭之前的接胶罐的接胶阀门，如果操作不当，聚合釜将会憋压，安全阀起跳；

g. 当接胶罐的胶液体积达到 80m³ 后，开启胶液罐的搅拌，搅拌 2h 后通知分析检验人员取样，检测门尼黏度和胶含量；

h. 如果门尼黏度不合格，则要进行倒胶操作，所谓倒胶操作就是把该胶液罐里的胶液导出一部分进入其他胶液罐，或者把其他胶液罐的胶液导出一部分进入要掺混的胶液罐，目的是调配门尼黏度，使门尼黏度在要求指标范围之内；

胶液调配计算公式：

$$ML = \frac{V_1 ML_1 + V_2 ML_2 + \cdots}{V_总}$$

式中　　ML——需要调配合格的门尼黏度；

　ML_1，ML_2——不同胶液门尼黏度；

　　　$V_总$——配制胶液体积，m³；

　V_1，V_2——不同胶液体积，m³。

i. 调配胶液时，可根据具体情况，将高低不同门尼黏度的胶液需要量混合在一起，搅拌 2h 后停止搅拌，使胶液混合均匀，分析门尼黏度合格后备用；

j. 当两种门尼黏度不同的胶液，在门尼黏度差别不大的情况下，可采用胶液混喷的方法进行胶液的调配，采用此方法时，必须将不同门尼黏度的胶液用量搭配合适，确保成品胶门尼黏度合格。

② 胶罐单元的喷胶操作：

a. 确定喷胶的胶罐、胶液泵与使用的过滤器；

b. 按照喷胶流程打开相应的胶液罐出口阀，所使用泵的入口和出口阀门，胶液过滤器的前后阀门，胶水混合器的阀门；

c. 接到送胶指令，再次确认喷胶流程贯通无误后，准备启动胶液泵，启动前，先将变频器调节至 50%，然后启动泵，用变频器将喷胶量调节至需要范围内；

d. 胶液泵启动运行后，仔细观察胶液管线的震动情况及喷胶系统各静密封点情况，使其达到正常状态。

（8）凝聚单元开车操作

① 接到开车指令后，检查热水罐的热水液位情况；

② 打开热水泵的入口阀，待热水充满泵壳后，启动泵，压力稳定后开启热水泵的出口阀；

③ 打开调节阀和该调节阀前后保护阀，热水进入凝聚首釜；

④ 待首釜液位达到50%后，启动该釜的搅拌系统，然后启动首釜胶粒水泵，将热水送入凝聚中釜；

⑤ 待凝聚中釜液位达到50%后，启动该釜的搅拌系统，然后启动凝聚中釜胶粒水泵，将热水送往凝聚末釜；

⑥ 待凝聚末釜液位达到50%后，启动该釜的搅拌系统；

⑦ 岗位人员应及时通知后工序操作人员做好开车的相应准备工作；

⑧ 待后工序打开缓冲罐底部阀门后，启动凝聚末釜胶粒水泵，将热水送往后工序缓冲罐；缓冲罐内的热水流入振动脱水筛，过滤后的热水流入热水罐；

⑨ 热水建立循环后逐步调整热水的流量及各釜的液位，直到正常稳定；

⑩ 热水循环建立并稳定后，打开凝聚中釜底部蒸汽系统的凝水阀排放蒸汽凝液，凝液排完之后，缓慢打开底部的蒸汽阀；

⑪ 凝聚首釜蒸汽管线排放凝液后，打开首釜底部的蒸汽管线上的阀门；

⑫ 逐步调整蒸汽加入量，直到各釜温度达到规定要求，热水流量稳定；

⑬ 仔细检查喷胶流程无误后，开启胶液输送泵输送胶液，胶液流量严格执行上级指令；

⑭ 喷胶后及时开启胶水混合器的热水系统和分散剂加入系统；

⑮ 通过视镜仔细观察各釜的胶粒状况，待凝聚末釜内发现较多的颗粒后，开启蒸汽喷射泵，适当调整蒸汽喷射的流量，保持末釜压力的稳定；

⑯ 启动末釜胶粒泵后要仔细观察胶粒水的流量，注意末釜的液位，避免因该泵流量过大抽空末釜；

⑰ 凝聚热水建立循环后及时检查气相流程，开启一组油气过滤器的前后阀门，油气冷凝器的循环水提前引入，仔细检查油水分层罐的阀门开关情况；

⑱ 仔细检查分层水泵和溶剂油泵是否具备投用条件，所有条件具备后方可进行喷胶。

（9）精制单元开车操作

① 检查溶剂脱水塔的再沸器的蒸汽是否按规定引入，换热器的循环水是否已经引入；

② 检查溶剂脱水塔、回流罐、侧线油罐的压力表根阀、液位计根阀、安全阀根阀是否按规定打开，各设备的排空、倒淋、取样阀等是否按规定关闭；

③ 检查流程是否畅通，规定的阀门是否打开，进入相应设备的最后一道阀门是否关闭；

④ 检查完毕后，再沸器适当通入蒸汽预热，使塔底温度保持在50℃；

⑤ 检查中间罐区排水情况，正常后溶剂引入粗溶剂输送泵，启动泵，待压力稳定后，

开启泵的送出阀门；

⑥ 溶剂经流量计测量调节阀控制后进入进料预热器，控制流量在设定值，进入脱水塔；

⑦ 塔釜出现液面后，适当提高蒸汽用量控制塔釜温度，刚开车时可以控制塔釜温度稍高；

⑧ 回流罐液面到 20%后，及时排放回流罐内的游离水，排水完后开启回流泵向塔内回流；

⑨ 逐步调整塔的温度、压力达到工艺指标控制范围，稳定后开启侧线采出，溶剂油进入侧向凝液罐，启动脱水塔塔底泵适当采出重组分送往分离装置；

⑩ 脱水塔侧线凝液罐液面到 20%后，启动脱水塔侧线输送泵将溶剂送往粗溶剂罐；

⑪ 溶剂合格并做小瓶鉴定后，方可采出溶剂去溶剂干燥塔。

（10）脱水干燥单元

① 开车前 30min，手动开启一体机筒体和模板预热蒸汽阀门，开始预热，预热温度要求达到 100℃；

② 开车前 20min，排放蒸汽凝液，并将蒸汽引入，做到阀门开度适中，启动流化床的风机电机，调节各进出口的风门，做到风量合适，送入干燥箱的风温度在 60~70℃；

③ 启动振动给料机的电机；

④ 投运所有仪表，并将其调至手动位置，开车前接通 1000kV 高压电机电源；

⑤ 启动振动脱水筛电机及其除雾排风系统电机；

⑥ 提前 10min 启动膨胀一体机齿轮箱润滑油泵，并观察压力是否正常；

⑦ 启动膨胀一体机模头处的引风电机；

⑧ 启动膨胀一体机切刀电机，通过变频调节转速，使切刀转速维持在 300r/min；

⑨ 当橡胶颗粒落入膨胀一体机的料斗时启动高压电机，缓慢调整液力耦合器的转速，使其维持在螺杆转速 20r/min；

⑩ 一体机开机 1min 后，先将切刀电机转速提高到 650r/min，然后将螺杆转速提高到 60r/min；

⑪ 一体机开机 2min 后，先将切刀电机转速提高到 1000r/min，然后将螺杆转速提高到 100r/min；

⑫ 一体机开机 3min 后，先将切刀电机转速提高到 1200r/min，然后将螺杆转速提高到 150r/min；

⑬ 一体机开机 4min 后，将切刀电机和螺杆转速调整到适当的值，这时转入正常运行状态。

（11）压块机

① 启动给料机；

② 启动压块机；

③ 启动高、低压油泵，使其空负荷运转 5min；

④ 将选择开关扳至"自动"位置；

⑤ 待物料进入给料机后，观察给料机、自动秤、压块机的工作情况、动作程序，胶块重量符合要求，各电气开关动作是否协调。

4.5.5 装置停车操作要点

（1）聚合单元停车操作

① 接到停车指令后，及时对班组人员的分工作出合理的安排；

② 首先停止催化剂进料，停止催化剂输出泵的运行，关闭催化剂出口阀门；

③ 异戊二烯停止进料，停止单体输送泵的运行，关闭该泵的出口阀和入口阀；

④ 停止单体干燥泵的运行，并关闭该泵的出口阀；

⑤ 通知分离装置停止输送单体异戊二烯；

⑥ 继续进溶剂油，观察各釜的温度和压力，开启各釜的釜顶充油，直到各釜的胶液黏度明显下降，温度降至常温时，停止溶剂油进料，关闭各釜的釜顶充油，关闭精溶剂泵的进出口阀门；

⑦ 停止各釜的搅拌运行；

⑧ 停止末釜胶液泵的运行，关闭该泵的出口阀；

⑨ 聚合停止溶剂油进料后，停止防老剂输送泵的运行，关闭该泵的出口阀。

⑩ 根据各釜温度情况关闭各釜的冷冻水出入口阀门；

⑪ 根据车间指令停止冷冻水泵及冷冻机的运行，并关闭相应的阀门。

（2）凝聚单元停车操作

① 接到停车指令后，及时对班组人员的分工作出合理安排；

② 停止胶液输送泵的运行，并关闭该泵的出口阀门；

③ 通知后工序凝聚已停车，岗位人员密切注意振动脱水筛上的物料情况，待振动筛上的胶粒不能满足膨胀干燥机继续开车时，通知前工序人员停止胶粒泵的运行；

④ 岗位人员接到通知后首先停止末釜胶粒水泵的运行，依次停止中间釜胶粒水泵、首釜胶粒水泵、热水泵、分层水泵的运行，并关闭泵的出入口阀门；

⑤ 停止蒸汽喷射泵的运行，关闭蒸汽阀门和物料入口阀门；

⑥ 关闭中间釜加热蒸汽的阀门和首釜底部蒸汽的阀门；

⑦ 停止分散剂加料泵的运行，并关闭该泵的出入口阀门；

⑧ 如果凝聚釜内胶粒没有彻底倒空，不得停止凝聚釜搅拌的运行；

⑨ 凝聚停车后及时停止溶剂油泵的运行，并关闭相应的阀门。

（3）精制单元停车操作

① 接到停车指令后，及时对班组人员的分工作出合理安排；

② 停止中间罐区粗溶剂泵的运行，关闭该泵的出入口阀门；

③ 关闭再沸器的蒸汽入口阀门和调节阀；

④ 根据塔釜温度和压力变动情况，确定关闭侧线溶剂油去溶剂干燥塔的流程，开启溶剂油去粗溶剂罐的流程；

⑤ 及时关闭脱水塔回流罐内的物料去分离装置的流程阀门，开启全回流操作；

⑥ 塔内操作温度和压力缓慢下降，确定塔顶没有物料蒸出时，根据回流罐的液面情况停止回流泵的运行，关闭泵的进出口阀门；

⑦ 根据侧线凝液罐的液位变化情况，确定停止侧线输送泵的运行，关闭该泵的出入口阀门；

⑧ 塔釜内的物料根据指令确定是否送往分离装置。

（4）脱水干燥单元及压块机停车操作

① 停车前电话通知前工序，做好停车的准备工作；

② 停车前根据进料情况及时降低干燥机的温度、转速，膨胀干燥机排料后，将调速器调至零位，停干燥机 1000kV 电机；

③ 干燥箱内排完料后停止引风机和排风机的运行，关闭板式换热器的蒸汽；

④ 膨胀一体机停止运行后，停止齿轮箱的润滑油泵运行；

⑤ 关闭所有仪表、冷却水阀、蒸汽阀；

⑥ 清理干燥箱及干燥机模头，清理挤压机笼条存胶；

⑦ 根据情况确定是否更新模块；

⑧ 停止振动脱水筛电机及其除雾排风系统电机的运行；

⑨ 停止膨胀一体机模头处的引风电机的运行。

4.5.6 生产过程中主要异常现象及处理

4.5.6.1 前工序异常现象及处理

异常现象	原　因	处 理 方 法
计量泵不上量	(1)泵出入口单向阀不严； (2)泵隔膜坏或油杯部分出问题； (3)泵入口物料供给量不足	(1)加大泵行程冲洗出入口单向阀，如仍不能正常切换备用泵找维修工处理； (2)切换备用泵找维修工处理； (3)停泵拆清泵入口管线或过滤器
计量泵压力高	(1)聚合釜系统压力高； (2)计量泵出口管线不畅通	(1)调整聚合釜系统压力至正常； (2)如果是管线堵塞，在不能维持生产的情况下，联系有关部门进行临时停车处理
防老剂罐收料困难	(1)平衡线不畅通； (2)收料管线不畅通	(1)检查平衡阀开关情况或拆清平衡线； (2)检查、清理收料管线或阀门及过滤器
反应温度超标	(1)使用 IP 浓度高； (2)所使用的配方偏高； (3)冷冻水温度高或用冷冻水量控制不当	(1)适当降低 IP 浓度； (2)根据反应与门尼黏度情况适当降低配方； (3)联系降低冷冻水温度或检查调节冷冻水用量
釜间压差大	管线挂胶或聚合釜进出管口堵挂严重	(1)釜顶充油维持生产； (2)切换或甩出聚合釜进行管线清理，必要时联系有关部门停车处理
系统压力高	(1)管线挂胶严重； (2)胶液动力黏度过大； (3)首釜入口堵挂严重	(1)根据情况甩、换聚合釜进行管线清理； (2)根据情况降低 IP 浓度或进行釜顶充油； (3)切换首釜或临时停车进行拆清管口
反应不佳	(1)原材料质量差； (2)某种原因致催化剂流量降低而提不起来	(1)根据情况适当提高配方或 IP 浓度维持生产； (2)切换计量泵

4.5.6.2　脱水干燥异常现象及处理

异常现象	原　因	处　理　方　法
缓冲罐出口积胶太多	缓冲罐挂胶严重	停车，清胶
振动脱水筛回水不畅	回水管内积存胶粒太多	按停车处理，停车后清理回水管
振动脱水筛脱水效果下降	筛网堵塞，胶料不均匀	停车清理筛网，或者调整脱水筛振幅
润滑油泵突然停车或不上压	油液面低，过滤器堵，油泵电机或设备故障	发现报警信号后立即重新按一下开车按钮，然后观察是否有压力，若没有压力，按事故停车处理
挤压膨胀一体机跳闸		按停电处理
挤压膨胀一体机返料	干燥机模头压力高，分散剂太多、pH值高	根据具体情况采取降温，联系凝聚单元调整胶粒水的pH值
挤压膨胀一体机进料口堵	进料不均匀、返料，进料口挂胶	立即停止进料，降温减速，人工扒出下料口后均匀送料，根据进料量大小加速，进料恢复正常后升温
胶料塑化着火	入料口堵，机腔内不能连续送料，机腔内胶料温度过高	立即停夹套蒸汽，通冷却水、减速；已发生着火应立即停车，停热风机，通消防蒸汽；若火势蔓延，应采取其他消防措施或报警

4.5.6.3　压块机异常现象及处理

异常现象	原　因	处　理　方　法
自动秤失灵	(1)传感器螺栓松脱或断裂； (2)气缸连杆固定螺栓断裂、弯曲或磨损； (3)气缸阀堵塞； (4)气缸内皮碗脱落或损坏； (5)气缸杆磨损严重； (6)管路漏气； (7)箱体内外挂胶	(1)重新紧固或更换； (2)重新更换固定螺栓； (3)清理或更换备件； (4)联系钳工维修或更换； (5)联系钳工更换； (6)更新管线； (7)清理挂胶
给料机发生故障	给料机走料偏	联系钳工校正
压块机发生故障	(1)主、侧缸不到位； (2)主、侧缸动作慢； (3)高、低压油泵故障； (4)电磁阀或溢流阀失灵； (5)红外线开关失灵； (6)电路问题； (7)油箱液位过低； (8)管路或阀件漏油； (9)油压低； (10)不卸压	(1)联系钳工处理； (2)联系钳工处理； (3)联系钳工处理； (4)联系钳工处理； (5)联系电工处理； (6)联系电工处理； (7)联系加油； (8)找钳工处理； (9)找钳工处理； (10)联系仪表、电工、钳工协商处理

4.6 原辅料及公用工程消耗

4.6.1 原辅料

原辅料质量指标控制如表4-7所示。

表4-7 原辅料质量指标控制表

序号	材料名称	主要指标
1	异戊二烯	纯度≥99.4%，环戊二烯含量≤5mg/kg，总炔烃含量≤50mg/kg
2	正己烷	无色透明，无机械杂质，无游离水，正己烷≥62%，水含量<200mg/kg
3	氧化钕	氧化钕≥99%
4	羧酸	淡黄色，含量>96%
5	盐酸	浓度≥31%，无机械杂质
6	片碱	纯度≥99%，无杂质，不结团；常温下，水溶液清澈，无杂质
7	一氯二乙基铝	无色透明，铝含量21.9%~22.4%，氯含量29.2%~29.8%
8	三异丁基铝	无色透明，无悬浮物，总铝≥103g/L
9	防老剂	白色结晶，初熔点≥69℃，水分≤0.05%，灰分≤0.005%，无机械杂质
10	分散剂	乳白色黏稠液体，黏度100~600mPa·s，pH值2.6~6.0
11	脱膜剂(ML-8208)	灰白色液体，固体物3.30%~3.75%，黏度300~1000mPa·s，pH值6.70~7.70，密度0.97~1.02g/cm³
12	EVA膜	透明，无杂物，不穿孔，熔点≤90℃；δ=0.055±0.005mm；宽度：上膜740mm，下膜610mm
13	PE膜	透明，无杂物、不穿孔，熔点≤110℃；δ=0.051~0.100mm；宽度：上膜740mm，下膜610mm
14	牛皮纸编织袋	无杂物，袋体黄色，字体黑色(医用)；字体蓝色(工业)，规格：950mm×365mm×170mm

以橡胶装置的年设计生产能力1.5万t，生产时间8000h为例，主要原辅材料及使用量见表4-8。

表4-8 橡胶车间主要原辅料及用量

主要原辅材料和能源	消耗量	主要原辅材料和能源	消耗量
异戊二烯	1.6万t/a	电	1.2×10⁷kW·h/a
己烷	500t/a	蒸汽	7万t/a
新鲜水	6000t/a		

异戊二烯的规格要求如表4-9所示，溶剂的规格要求如表4-10所示，稀土盐的规格要求如表4-11所示，三异丁基铝的规格要求如表4-12所示，倍半铝的规格要求如表4-13所

示，防老剂的规格要求如表4-14所示。

表4-9 异戊二烯的规格要求

组　分	质量组成	组　分	质量组成
异戊二烯	>99.3%	戊烯	<0.05%
2-甲基-1-丁烯	<0.5%	环戊二烯	<1mg/kg
2-甲基-2-丁烯	<0.5%	含氧化合物	<100mg/kg
3-甲基-1-丁烯	<0.5%	双戊烯	<1000mg/kg
环戊二烯	<0.05%	水	<20mg/kg

表4-10 溶剂的规格要求

组　分	质量组成	组　分	质量组成
正己烷	74.6%	硫	<5mg/kg
甲基环戊	13.4%	溴值	<0.1g/100g
2-甲基戊烷	0.55%	水（干燥前）	无游离水
3-甲基戊烷	11.4%	水（干燥后）	<20mg/kg

表4-11 稀土盐的规格要求

项　目	指　标	项　目	指　标
分子量	897	相对密度	约0.9
分子式	$Nd(naph)_3$		

表4-12 三异丁基铝的规格要求

项　目	指　标	项　目	指　标
分子式	$Al(i\text{-}Bu)_3$	氢化物含量	41.41%
分子量	176	相对密度	0.78
总活性铝含量	2.95×10^{-3} mol/mL		

表4-13 倍半铝的规格要求

项　目	指　标	项　目	指　标
分子式	$Al_2Et_3Cl_3$	氯含量	1.55×10^{-2} mol/mL
分子量	247.5	相对密度	0.972

表4-14 防老剂的规格要求

项目名称	2,6-二叔丁基-4-甲基苯酚	外　观	白色粉末状结晶
分子量	220	含量	>95%

4.6.2 公用物料及能量

公用工程消耗如表4-15所示，公用工程及能量规格如表4-16所示。

表 4-15　公用工程消耗

公用物料	单耗	公用物料	单耗
低压蒸汽/(t/t 胶)	5	氮气/(Nm³/t 胶)	8
电/(kW·h/t 胶)	880	工业风/(Nm³/t 胶)	25
仪表风/(Nm³/t 胶)	60	水/(t/t 胶)	6

表 4-16　公用物料及能量规格

公用物料		规格指标
冷却水		
压力(供水)/MPa(表压)	≥	0.42
压力(回水)/MPa(表压)	≥	0.22
温度(供水)/℃	≤	32
温度(回水)/℃	≤	40
污垢系数/(m²·K/W)		$5.0×10^{-4}$
冷冻水		
压力(供水)/MPa(表压)	≥	0.5
压力(回水)/MPa(表压)	≥	0.25
温度(供水)/℃	≤	-10
温度(回水)/℃	≤	-3
新鲜水		
压力(供水)/MPa(表压)	≥	0.3
温度/℃		2~22
pH 值		7~7.8
COD/(mg/L)		3.1
浑浊度		<2
Cl⁻/(mg/L)		28
碱/(mg/L)		4.5~4.8
低压蒸汽		
压力/MPa(表压)		1.0
温度/℃		220
仪表风		
压力/MPa(表压)		0.7
温度/℃		常温
露点/℃		-33 冬/-20 夏(最大),无油、无尘
压缩空气		
压力/MPa(表压)		0.7
温度/℃		常温

续表

公 用 物 料	规 格 指 标
氮气	
压力/MPa(表压)	0.6
温度/℃	常温
N_2/%(v)	99.5
交流电　10kV±3%	3相3线制, 中性点不接地, 50+0.5/−1.5Hz
交流电　380V/220V±7%	3相3线制, 中性点接地, 50+0.5/−1.5Hz

在稀土异戊橡胶的生产成本中, 防老剂的成本也占有相当的比例。橡胶防老剂的品种繁多, 价格差异也很大, 可根据不同用途和储存时间选用不同品种的防老剂, 包括混合型防老剂。国内早期开发稀土异戊橡胶时在生胶中使用的防老剂是防老剂264, 其用量为质量分数2%(实际生胶的防老剂264质量分数在1.5%左右), 设计的生胶储存期是2年。可根据储存的需要适当减少防老剂加入量, 生胶货源紧张时不可能存放如此长的时间。特别是直接供给下游使用单位时, 可以较大幅度减少防老剂的加入量。根据催化剂体系的特点和聚合机理, 防老剂还兼作聚合的终止剂。如果催化剂不是很过量, 即使因减少防老剂加入量而终止不完全, 其聚合时的转化率在出聚合釜到凝聚釜前有所升高, 对生胶性能也不会带来多大的影响。减少防老剂用量不必担心稀土异戊橡胶在正常生产中的热解。在凝聚系统中停留时间稍长, 但温度最高也只有100℃左右; 在挤压干燥时虽然温度较高, 但停留时间短, 其热降解不明显, 所产生的降解主要是机械降解。在挤压过程的这种机械降解是不可避免的, 它甚至对调节相对分子质量及其分布都是有利的。减少防老剂用量也不必担心产品橡胶的老化问题, 虽然减少了生胶的防老剂用量, 但是在其后加工时还要加入一定量的防老剂以保证硫化胶的防老化性能。另外值得重视的问题是, 根据笔者的技术开发试验, 大约有1/4(根据凝聚的工艺条件)的防老剂264通过凝聚釜进入回收系统脱重塔的塔釜, 这些防老剂是可以回收再利用的。

4.7　节能降耗技术

通常采用溶液聚合法进行生产顺式异戊橡胶, 所需的能量消耗较高。在钛系异戊橡胶的生产过程中, 吨胶消耗的蒸汽一般为7~13t, 电耗为400~1000kW·h, 能耗在橡胶成本中占有相当比例。由于国内开发的稀土异戊橡胶生产流程较简短, 特别是具有一定经济规模装置(如青岛伊科思新材料股份有限公司3万t/a生产装置)的消耗指标要低于钛系异戊橡胶的消耗指标。尽管如此, 国内异戊橡胶生产的能耗仍然有相当的降低空间。

早在20世纪70年代, 异戊橡胶生产的经济规模已经由1万t/a级提高到3万t/a级, 世界最大的异戊橡胶生产厂已达到20万t/a的规模。但是, 生产规模大不等于其生产装置大型化, 就目前异戊橡胶串联聚合釜的工艺而言, 12m³聚合釜的总搅拌能耗是溶液聚合最大的48m³聚合釜的3倍, 回收系统和凝聚系统以及后处理系统都存在大型化问题。生产装置大型化是大规模生产的发展趋势，它不仅降低能耗，也节省设备投资，并有利于生产管理[77]。

简化流程不仅节省设备投资也能明显降低能耗，如国内开发的溶剂单体回收技术，用1个精馏塔完成回收单体和回收溶剂的分离、溶剂脱水和脱重3个分离任务，由于减少了回收物料的多次汽化和冷凝，可节省近一半的能耗和2/3的设备投资。还有用1个精馏塔完成回收单体脱水和脱重的分离任务等。如果采用将前述2个塔合为1个塔的真正一塔流程，将进一步节省能耗和设备投资[78]。

4.7.1 凝聚节能及降耗理论

4.7.1.1 凝聚节能技术

早期，为降低蒸汽用量，采用首釜温度低、末釜温度高的温差式凝聚，后来发现，这种工艺在气液平衡方面不利于溶剂的汽化，反而会增加蒸汽消耗。后来，有的厂家采用了首釜温度高、压力高，末釜温度低、压力低的压差式凝聚工艺[79]，这样可以提高凝聚釜气相中的烃水比，有利于胶粒在末釜减压闪蒸，从而达到节约蒸汽的目的。工业应用表明，压差式工艺和温差式工艺相比，同样生产1t干胶，蒸汽消耗可以减少1t左右[80]。釜间物料的交换，前期主要采用溢流或颗粒流的方式进行，但这两种方式都易出现堵塞现象，现在大多采用釜底边出料，并且出料口与釜底边呈切线方向，出料均匀，不易发生堵塞。

此外，为了降低消耗，并保证胶粒不黏结，还可采用中间提浓或分段加水工艺。中间提浓工艺就是为了防止胶粒粘连，首釜采用大的水胶比，当大部分溶剂蒸出，胶粒黏度变小、黏结风险降低后，在釜间设置一个排水装置，使二釜在较低的水胶比下操作，以增加胶粒的停留时间，从而实现在较低的蒸汽消耗下脱除更多的溶剂。分段加水工艺[81]就是在胶液预分散阶段，先加入5%~10%的水，在首釜中再加入30%~50%的水，为了降低胶粒密度，便于输送，在凝聚结束后再加入40%~60%的水。由于水是分段加入的，凝聚釜中胶粒的密度更高，故有利于减少热量损失。采用此法对顺丁橡胶进行凝聚，能显著提高产品质量，蒸汽耗量可降低10%~20%[72]。

单釜凝聚工艺如图4-4所示，设备少，操作简单，但能耗物耗都比较高；双釜凝聚工艺分为双釜并联凝聚工艺和双釜串联凝聚工艺，双釜并联凝聚工艺又可分为等压并联双釜凝聚工艺(图4-5)和差压并联双釜凝聚工艺(图4-6)[72]。

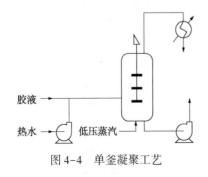

图4-4　单釜凝聚工艺

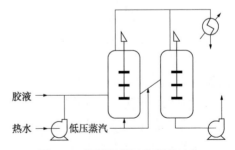

图4-5　等压并联双釜凝聚工艺

等压并联双釜凝聚工艺两釜之间一般采用溢流管连接，两釜压力相等，若想通过操作压力调节实现节能，两釜压力必须同时调节，这样不利于胶粒中溶剂的汽化，势必会造成溶剂的不必要消耗。差压并联双釜凝聚工艺，两个凝聚釜的气相分别走各自的冷凝器，釜间用颗粒泵来输送热水和胶粒，可通过提高首釜操作压力来降低蒸汽消耗，通过降低末釜压力来降低溶剂消耗。差压凝聚的实施，使首釜、末釜有了各自的分工，首釜重在节能，末釜重在降耗，大大缓解了节能与降耗的矛盾，使进一步节能成为可能[82]。

双釜串联凝聚工艺第二釜用蒸汽加热，第一釜用第二釜的气相进行加热，第一釜温度低，第二釜温度高、压力高，由于第一釜使用了第二釜的热量，使热量得到了充分的利用，降低了凝聚的蒸汽消耗。但由于第二釜温度高、压力高，一般在第二釜后面再加一个釜，以便温度下降，如图4-7所示。

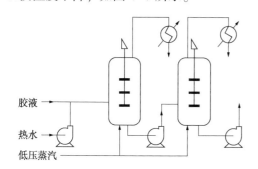

图 4-6　差压并联双釜凝聚工艺　　　　　图 4-7　双釜串联凝聚流程

不同凝聚工艺的能耗差别很大，如表4-17所示[83]。

表 4-17　不同凝聚工艺的能耗、物耗

项　　目	单釜凝聚技术	等压并联双釜凝聚	差压并联双釜凝聚	串联双釜凝聚
能耗/t	3.5~4.5	2.5~3.5	1.9~2.9	1.1~2.1
物耗/kg	80~90	65~75	55~65	7~25

4.7.1.2　凝聚节能理论

在一定温度下，溶剂处于气液平衡时的饱和蒸气压与它的实际压力之差，称之为汽化推动力[84]。在湿法凝聚过程中，凝聚温度一定，能耗随凝聚釜操作压力的提高而下降，而物耗却上升，反之亦然。凝聚的能耗和物耗是以汽化推动力为纽带的一对不可调和的矛盾[85]。

在整个凝聚过程中，能耗和物耗占生产成本的比例非常大，对凝聚过程进行适当的工艺革新、技术改造及条件优化，从而减少凝聚过程的能耗和物耗，对降低整个装置的生产成本具有十分重要的意义。

（1）凝聚过程消耗水蒸气的作用

凝聚过程在不考虑热损失的前提下，主要消耗在以下三个方面：①将进料温度下的胶液和凝聚釜中的水加热至操作温度；②将喷入凝聚釜的胶液中的溶剂和未反应的单体蒸出；③将气相溶剂和未反应的单体带出凝聚釜。

（2）凝聚过程蒸汽的消耗量

凝聚过程蒸汽的消耗量和凝聚釜的气相组成密切相关，在固定的操作温度和操作压力下，蒸出的油相和水蒸气是成一定比例的，即进入气相的油相的量和水蒸气的量之比等于它们的饱和蒸气压之比，可用如下关系式表示。

$$\frac{W_油}{W_水}=\frac{N_油 \times M_油}{N_水 \times M_水}=\frac{P_油 \times M_油}{P_水 \times M_水}=\frac{(P_总 - P_水) \times M_油}{P_水 \times M_水}$$

即：

$$W_水 = W_油 \times \frac{P_水 \times M_水}{(P_总 - P_水) \times M_油}$$

式中　　W——汽化质量；

　　　　N——汽化分子物质的量；

　　　　M——汽化分子的分子量；

　　　　P——饱和蒸气压。

由上式可求出带出溶剂所需消耗的蒸汽量，然后通过公式计算溶剂汽化所需消耗的蒸汽量。

4.7.1.3　凝聚过程节能理论

在异戊橡胶生产中，通过提高单体转化率，增加单体浓度，降低凝聚时的水胶比对胶液管线、热水管线及凝聚釜进行保温，都可降低凝聚时的能耗，但由于胶液黏度随其胶含量增加而迅速增加，给聚合传热和胶液输送带来困难，因此提高聚合单体浓度和单体转化率受到限制，即使降低凝聚"水胶"比也只能降到一定范围，节能潜力不大。在凝聚釜内气相物料为水蒸气和蒸出的溶剂及未反应单体的均相混合物，液相物料可视作水与溶剂及未反应单体的非均相混合物，固相物料为聚异戊二烯胶粒。在凝聚的过程中不存在固液平衡，只存在胶粒中溶剂及未反应单体的扩散与汽化，所以凝聚过程只讨论气液两相的平衡。由于聚异戊二烯的相对分子质量与溶剂及未反应单体的相对分子质量相差悬殊，并且其摩尔分数又小，溶剂的汽化受聚异戊二烯的影响可以忽略。水与溶剂及未反应单体的性质差别很大，凝聚釜内液相是完全不互溶的非均相物系，在这种物系中，溶剂的蒸气压与水的存在及其含量无关。

在凝聚的过程中，凝聚釜内既有大量的水存在又通入了过热蒸汽，水处于气液平衡状态，溶剂处于非气液平衡状态。因此，讨论凝聚过程中气液两相的平衡状态实际上是讨论溶剂所处的状态。凝聚釜的操作压力可表示为：

$$P_操 = P_水^0 + P_油$$

式中　　$P_操$——凝聚釜操作压力，MPa；

　　　　$P_水^0$——水的饱和蒸气压，MPa；

　　　　$P_油$——溶剂的蒸气压，MPa。

当凝聚处于气液平衡状态时，溶剂的蒸气压只是温度的函数，凝聚釜的压力可表示为：

$$P_平 = P_油^0 + P_水^0$$

式中　　$P_平$——凝聚釜气液平衡态压力，MPa；

$P_{油}^{0}$——溶剂的饱和蒸气压，MPa；

$P_{水}^{0}$——水的饱和蒸气压，MPa。

1994 年，黄健等曾计算出凝聚过程中显热、潜热的蒸汽消耗量。在水胶体积比固定、溶剂干胶质量比不变的条件下，此部分蒸汽耗量受温度、压力影响较小，可视为一定值，同时提出减少从釜内带出气相溶剂的蒸汽耗量是凝聚节能的关键。

通过对凝聚过程的相平衡与动力学进行研究，可以得出凝聚釜在接近气液两相平衡状态下操作的节能依据。优化凝聚工艺条件关键在于寻找适宜的操作温度和与之相互匹配的操作压力，使操作状态向气液平衡态靠近，蒸汽消耗量才能较大幅度下降。

在凝聚过程中，水处于气液平衡状态，蒸出的油相物质处于气液不平衡状态，液体的汽化推动力实际上等于烃类的汽化推动力。汽化推动力可用下式表示：

$$P_{推} = P_{平} - P_{操}$$

式中　$P_{推}$——烃类汽化推动压力，MPa；

　　　$P_{操}$——实际操作压力，MPa；

　　　$P_{平}$——气液平衡状态时的压力，MPa。

溶剂的饱和蒸气压和凝聚釜的操作温度的关系可用安托尼公式进行表示，即：

$$\lg P_{油}^{0} = A - \left(\frac{B}{t} + C\right)$$

式中，t 为溶剂的温度，A、B、C 是与溶剂种类有关的安托尼常数，对于己烷：A 为 2.99695，B 为 1171.530，C 为 224.336。

由上式可计算不同操作温度下汽化推动力与从凝聚釜带出气相烃类的蒸汽消耗的关系，如图 4-8 所示。

由图 4-8 可见，烃类的汽化推动力越大，从凝聚釜内带出气相烃类的蒸汽消耗越高；当汽化推动力加到某值后，蒸汽消耗将迅速增加，此值即为凝聚汽化推动力的优化值。在实际生产中，凝聚釜不可能达到气液平衡状态，总是有个最佳平衡态。当凝聚操作力一定时，带出气相烃类的蒸汽消耗随凝聚温度升高而增加。当凝聚温度一定时，带出气相烃类的蒸汽消耗随操作压力提高而下降。

在凝聚过程中，蒸出的烃类气体必须由蒸汽带出凝聚釜，凝聚釜内气相烃类的浓度越高，带出气相烃类消耗的蒸汽量越低；而气相烃类的摩尔浓度与其分压成正比，它的气相分压越高，消耗的蒸汽量就越低，因此，凝聚节能的关键是提高凝聚釜内气相烃类的分压。但提高操作压力，烃类的汽化推动力降低，胶中油含量增多，物耗增高，这不仅影响产品质量，造成溶剂的浪费，而且还会造成环境污染。因此，在实际凝聚过程中，能耗和物耗互

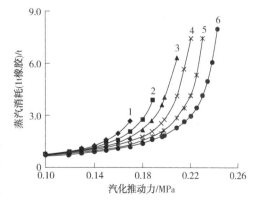

图 4-8　不同操作温度下汽化推动力与
从凝聚釜带出气相烃类的蒸汽消耗的关系
凝聚温度/℃：1—92；2—94；3—96；
4—98；5—100；6—102

相制约，必须协调兼顾。

4.7.2 节能措施

4.7.2.1 节水

本工程生产冷却水尽量用循环水，不用或少用直流水。装置用水设量测水设施，加强考核，严格控制一次水用量。尽量一水多用，如利用经冷却后的蒸汽冷凝水作为工艺水。

设计采用规范有：GB 50013—2018《室外给水设计标准》、GB 50014—2021《室外排水设计标准》、GB 50015—2019《建筑给水排水设计标准》、GB 50140—2005《建筑灭火器配置设计规范》、GB 50151—2021《泡沫灭火系统技术标准》(2001 年修订)、GB 50160—2008(2018版)《石油化工企业设计防火规范》、SH 3034—2012《石油化工给水排水管道设计规范》、SH/T 3015—2019《石油化工给水排水系统设计规范》。

4.7.2.2 节电

节电措施具体有：

① 变配电所尽量靠近用电负荷中心，缩短供电距离；

② 低压配电采用集中电容无功功率补偿，补偿后的功率因数达 0.9 以上，从而减少配电设备容量和导线截面，降低电能损耗；

③ 照明灯具采用高光效节能灯；

④ 变压器等变配电设备选用低损耗、节能型。

4.7.2.3 生产节能

(1) 采用节能型工艺流程和技术

凝聚单元、溶剂精制、后处理单元是本项目主要耗能单元，鉴于这个原因，本项目凝聚单元与溶剂精制单元分别采用了目前先进节能的三釜凝聚技术和单塔侧线采出精馏技术，从而使本项目的能耗水平得到大幅度的提升。而后处理单元则采用挤压膨胀一体机单机工艺代替橡胶工业广泛采用的挤压脱水+膨胀干燥机两机工艺，不仅降低了投资，也大幅度降低了电耗。

(2) 采用节能型设备和材料

① 采用高效隔热材料，减少能量损失；

② 选用结构先进、质量可靠的蒸汽疏水器，对于使用蒸汽量较大的设备采用疏水罐，减少蒸汽的泄漏，提高蒸汽冷凝水的回收率；

③ 采用高效机、电、仪设备；

④ 设置路灯控制器和节能型灯具，降低电耗；

⑤ 采用电容补偿技术，提高功率因数。

(3) 优化工艺操作参数

优化了聚合釜内部结构，也有效降低了单位产品的能耗，提高单釜生产能力；同时采用先进的聚合技术，降低循环溶剂的含量，有效提高胶液浓度，从而降低单位产品蒸汽、循环水、电的消耗。

（4）辅助系统节能措施

① 供配电系统节能措施：采用节能免维护低损耗电力变压器；采用无功补偿，提高供配电系统的功率因数；设计中尽量减少导线长度以减少线路损耗；充分利用自然光，设计中采用节能型电子镇流照明灯具，并改进灯具控制方式。

② 给排水系统节能措施：循环水泵采用 KPS 新型高效双吸水泵，在设计工况点上效率可达 89%；凉水塔风机采用变频控制，降低能耗；循环水泵出口控制阀选用液控蝶式斜置缓闭止回阀，水头损失是现有循环水系统电控阀的 95%；给水阀门选用高质量的防泄漏阀门，卫生器具选用延时自闭冲洗阀，可节约水资源，降低能源费用；设计中应采用节水型卫生器具，严禁使用铸铁阀门和螺旋升降式水嘴，强制推广使用陶瓷密封水嘴和一次冲洗水量为 6L 以下的坐便器；供水系统采取防渗、防漏措施，减少不必要的损失；控制绿化用水，根据土壤旱情合理确定用水量，浇水时间不宜选择在中午等温度较高时段进行，避免水分较快蒸发；大力提倡健康的用水理念，教育全体职工形成节水的良好习惯。

③ 建筑的节能措施：根据山东省建筑节能设施标准对厂区内的车间厂房、办公生活等辅助设施采取保温节能设计，施工中在不增加投资的前提下，采用新型节能的墙体材料，重点使用轻质、高强、保温性能好的节能新材料和保温门窗，加强屋面及墙体保温。推广使用新技术、新工艺，各主要房间朝南，充分利用自然光和自然通风，以节能降耗；积极采用工厂布置一体化；建筑材料的选择尽量做到标准化、系列化、定型化，并积极推广新技术、新材料，以取得技术进步和经济效益，并尽量采用当地的建筑材料；根据厂区原有地形进行厂区规划、排水、埋管设计，减少动土量。

④ 结构的节能措施：根据工艺设备条件，合理进行建筑包的选型，在安全可靠的基础上，合理选择建材，柱、梁、梯的形式；除生产上有特殊要求外，柱网及承重结构的布置符合建筑模数的要求，构件的种类和类型尽量统一。

⑤ 暖通与空调的节能措施：暖通管道采用岩棉管保温，采用高效率的散热片，合理布置，减少输送过程中的热量损耗；空调方面减少新风负荷、降低新风能耗，选择最小必要所需风量，使用能量回收装置，用新风回收排风能量等，选用效率高、部分负荷时调节特性好的动力设备，选择合理的空气处理方式等。

4.8 环境保护与安全措施

4.8.1 环境保护

王福民等[86]研发设计了一种稀土异戊橡胶工业化生产中溶剂和单体的回收方法：溶剂回收塔侧线采出位置在靠近塔顶 60~70 块理论塔板处；从侧线采出计量罐将部分精制己烷溶剂泵入储罐，作为生产异戊橡胶的溶剂，将部分异戊二烯回流至分离器顶部；异戊二烯精制塔侧线采出位置在靠近塔顶 70~90 块理论塔板处；从异戊二烯精制塔侧线采出气相异戊二烯；侧线采出计量罐将部分异戊二烯泵入吸附塔，得聚合级异戊二烯单体，将部分异戊二烯回流至分离器顶部。本方法仅通过两个带有侧线采出的精馏塔就完成了溶剂回收与精制、未反应单体回用和新鲜单体的精制，减少了设备投资和能耗，实现了己烷溶剂完全连续循环套用和异戊二烯部分循环利用。

在稀土异戊橡胶的凝聚过程中，王毅[72]对不同批次的废水排放进行了跟踪调研，对有代表性的废水水样进行了水质分析，表4-18列出了稀土异戊橡胶凝聚装置排放的有代表性的废水的COD数据。

表4-18　凝聚和挤出废水数据

批次	1	2	3	4
凝聚废水COD/（mg/L）	203	227	245	195

该项目委托中国石油吉林石化公司环境保护监测站对稀土异戊橡胶凝聚装置产生的废水进行了监测。通过对不同批次废水的COD进行检测，结果表明，本装置排放废水COD在195~284mg/L之间。并且对异戊橡胶中试装置总排放口的废水进行了监测，废水COD为168mg/L，BOD为90.4mg/L，因此凝聚工艺排放的废水满足《吉化污水处理厂进水控制指标》（COD<300mg/L），可排入污水处理。

4.8.2　安全措施

4.8.2.1　生产工艺特点

异戊橡胶车间所用的材料有：异戊二烯、正己烷、三异丁基铝、一氯二乙基铝、防老剂BHT、盐酸、片碱等；产品和副产品有：异戊橡胶、未参加反应的异戊二烯、重组分等。

以上物料从特性来看可分为三类：①三异丁基铝、一氯二乙基铝化学性质非常活泼，遇到空气自燃，遇到水剧烈反应，引起爆炸，应高度注意；②异戊二烯、溶剂油等的沸点低，易挥发，对防火、防爆要注意；③盐酸、片碱具有强腐蚀性，对防腐蚀要特别注意。

在对三异丁基铝和一氯二乙基铝、盐酸、片碱的操作过程中，应穿戴好劳保防护用品，皮肤不能裸露或直接接触，戴防护面具，胶皮手套。另一特点是，大部分物料是液体且不易挥发，不易流动，这在生产管理中应予以充分重视。

生产过程为连续操作过程，过程有单体和溶剂的精制、催化剂配制、聚合、胶液掺混、凝聚和脱水干燥等过程。操作压力变化也频繁：有中压过程，也有真空操作。在容器气液界面上，由可燃气与氮气混合而成等。

以上这些特点，都给生产管理带来极大的困难，也是制定安全规定的依据，安全管理的原则是：防火、防爆、防腐蚀、防串压、防跑冒、防中毒，保护人身安全，保证设备安全。

4.8.2.2　安全技术

（1）装置处理物料为易燃、易爆物料，异戊二烯在空气中的爆炸范围为1.2%~9.7%，按爆炸危险场所划分为甲类。在操作过程中必须小心，防止静电，避免火花形成，尽量减少泄漏。

（2）装置分三个压力等级，有中压、常压和负压系统。操作工必须严格按操作法精心操作，严防各系统物料串料；严禁超温超压作业。

（3）装置处理物料中异戊二烯为较为活泼的双烯烃，它们接触氧易于生成二聚物。这种二聚物受热、光和震动的作用易发生爆炸，在操作时必须注意勿使物料接触氧气、空气，注意二聚物在流程中的分布和积累，勿使物料泄漏。不要用铁器敲打、撞击设备及管道中的残渣、焦油等。

（4）为确保贮液安全，常压装置设有呼吸阀，要注意检查。同时在中压系统及精溶剂贮罐中都设有安全阀，确保装置安全，操作要按规定检查其压力开启等是否正常。

（5）油水分层罐接阻火器，而且厂房内罐区、控制室均装有可燃气体报警仪及低液位报警仪，发生报警要认真查找并处理。

（6）装置中使用的三异丁基铝具有强烈刺激和腐蚀性，主要损害呼吸道和眼结膜，高浓度吸入可引起肺水肿。吸入其烟雾可发生金属烟雾热。皮肤接触可致灼伤，产生充血、水肿和水疱，疼痛剧烈。氯化二乙基铝对人体组织有强烈的破坏性，与皮肤接触产生化学性烧伤，与空气中的氧气反应后产生有毒、腐蚀性烟雾，强烈刺激呼吸器官。

（7）装置使用的盐酸，接触其蒸气或烟雾可引起急性中毒，出现眼结膜炎，鼻及口腔黏膜有烧灼感、鼻衄、齿龈出血、气管炎等。误服可引起消化道灼伤、溃疡形成，有可能引起胃穿孔、腹膜炎等。眼和皮肤接触可致灼伤。慢性影响：长期接触，引起慢性鼻炎、慢性支气管炎、牙齿酸蚀症及皮肤损害。

（8）鉴于上述有毒有害物料及辅助材料，装置要严禁跑、冒、滴、漏，同时要加强室内通风，有些有毒有害的物质如异戊二烯、溶剂油及防老剂等都不能就地排污。如果是生产中的事故或检修必须排放时，污物要予以回收。若因排污引起三异丁基铝、盐酸及配制好的催化剂大量污染空气时，操作工必须戴上相应的防毒面具，同时穿好相应的劳动保护用品。

（9）对装置操作职工要定期体检。

（10）装置设有一定的消防器材，操作工要注意维护保养这些消防器材，同时要会使用消防器材。

4.8.2.3　操作安全规定

（1）操作工在操作时，必须严格以岗位负责制为中心，遵守车间工艺规程和岗位操作法等各项安全制度和规定。

（2）所在岗位的设备、管道、容器及附属部件，应保持严密，杜绝跑、冒、滴、漏等现象。

（3）各种传动设备的转动部位应设防护罩，生产中不允许任意取下不用；设备检修完，防护罩应恢复原状。

（4）禁止在设备运行中摩擦转动部位，以免发生事故。

（5）机泵开车前要认真检查所有零部件和安全附件是否齐全好用，检查油箱油面，冷却水与各部位阀门开关情况，启动前必须盘车，运行中要坚持巡回检查，发现问题及时处理，保证设备运行正常，停车后要立即关闭有关阀门。

（6）检修前，要切断易燃易爆有害的物料来源管线，根据盲板安装要求增设盲板。

（7）设备、管线装卸盲板时，不允许带压操作，当有毒有害物料的管线装卸盲板时要佩戴安全防护设施，并有监护人。

（8）动火要严格执行《动火管理制度》，办理动火证，取样分析合格，岗位派专人监护，措施完善可靠，方可动火。现场要配备必需的灭火器材，发现跑料时，应立即停止动火。工作结束后，对周围环境进行重复检查，要熄灭明火后，方可离开现场。

（9）电气设备要有良好的接地，检修时要切断电源，电源处要挂"禁动"牌，经两次启动无误后，方可进行检修。不允许向电机和电器设备上洒水和物料。

（10）所有化工设备及受压容器应根据设备特点及危险程度，配齐各种安全附件，并要定期校验，保证灵活好用。

（11）化工设备管线必须严格按照操作规程进行操作，不允许超温、超压、超装、超负荷运行，装料不允许超过设备的85%。

（12）当设备压力超过极限，安全装置失灵时，应迅速处理，必要时放火炬或停车，避免事故的发生。

（13）在脱水作业时，应缓慢进行，脱水时不能离人，注意液面的变化，防止跑料，不允许将物料放入下水井。

（14）不允许乱排放物料，生产上必须排放时，应排放到适当的容器中，加以回收，气体排放时，要放火炬，不得现场排放。

（15）各生产装置的沟、井、池要设有紧固的盖板，不允许任意挪动，工作中要防止滑倒摔伤。

（16）氮气管线与物料管线连接时，氮气管线必须装设两道阀门，并在两道阀门中间加导淋阀。氮气停用时，要关闭阀门，并打开中间的导淋阀。

（17）操作工应熟练掌握突然停水、停电、停气、停风的紧急事故处理方法，做好事故预想，发生事故及时正确处理。

（18）溶剂脱水塔操作时，生产前要对塔系统进行试漏、试压。进料前装置都要进行氮气置换，分析氧含量小于0.1%时，方可进料。

（19）化工输送泵启动前要排气、盘泵，并检查有关阀门的开关情况。开泵后，要沿线检查，防止发生跑串事故。收送物料双方，收送前必须联系好输送物料的名称、罐号、数量和时间。收送后双方要及时计量，数量核对清楚后，关闭有关阀门。

（20）在生产装置发生火灾爆炸时，有关人员应立即通知消防队、气防站、调度室、安环部、医院、保卫科，并切断物料来源。必要时及时通知上下岗位紧急停车，停止着火部位的送风机，隔离其他易燃易爆的物料和设备，保护好周围其他岗位管线。带压管线着火后，应首先扑灭明火，停止有关机泵，关闭有关阀门。当有人被烧时，不要用冷水扑救，应就地打滚或用石棉布扑灭，不要乱跑。

4.8.2.4　防火防爆安全规定

（1）装置为甲类防火防爆区。进入厂区内严禁吸烟，不允许带火种进入化工生产岗位，要动火时，必须按动火管理制度办理动火手续。

（2）不准穿带钉子的鞋进入化工生产装置区、原料罐区、卸料泵站等。这些岗位的工作人员禁止穿合成纤维服装上岗，以防止静电。

（3）严禁在生产装置区内和原料罐区擅自从罐内取油品，要使用时，必须经车间主任或有关部门批准。严禁用石头或铁器敲打设备。

（4）不准用汽油擦洗工具、设备、零件、衣帽等。凡沾有汽油溶剂的衣物，一律不许用火或暖气烘烤。

（5）正常生产中，不准随便排放物料。如紧急状态下需排放，必须通过放空管或收集的方法，安排好现场监护人，停止周围一切火源，采取适当的措施，一并排放到火炬系统。

（6）操作岗位上如发现不正常气味或可疑现象时，应及时查看设备、管道运行情况，必要时通知安环部进行快速测试测量气体中易燃有毒物质的含量。如含量超过 0.4%，该岗位即为事故状态，必须立即查找跑料处，并及时采取紧急防火措施。

（7）用过的废料、废渣，如废汽油、煤油、机油、胶制品、废催化剂等，要及时清扫集中到指定地点，不得随意乱倒。

（8）一切可能产生自聚物或氧化物的设备、管线、阀门，必须用可靠的化学或物理方法处理后方可打开，对清出的这些物质，应及时送到安全地带处理。

（9）化工生产装置区、易燃品区、仓库区、化学试剂库、劳保库，严禁使用明火取暖或烧水做饭。

（10）生产岗位上的人员对配备的灭火器材，必须学会使用，了解其性质和使用扑救的火种，一切消防设备应由在岗人员保管和维修，并把这些设备纳入交接班内容。

（11）装置的消防灭火设施完善：①厂房及罐区周围有固定消防栓与全厂消防管网相通；②厂房各层平面设有足够数量的干粉可移动式灭火器，以便随时消除管道区域火灾；③原料罐区及厂房之内设有自动可燃气体检测报警器，可集中于控制室内进行监视；④各主要岗位都设有联系电话，必要时可向 119 报警，及时消除火灾。

4.8.2.5 安全救护措施

（1）自救

要做好自救，必须先了解周围的危险因素，其次要懂得中毒的先兆症状，一上岗就要有防事故的意识和精神行动上的准备。

急性中毒：在可能或确已发生有毒气体泄漏作业场所，当突然出现头晕、头痛、恶心、欲吐或无力症状时，必须想到有发生中毒的可能性，要根据实际情况，采取有效对策。①如果身上备有防毒面具，则应憋住一口气，快速、熟练地戴上防毒面具立即离开中毒环境；②憋住气，迅速脱离中毒环境或移到上风侧；③发出呼救信号；④如果是氨氯等刺激性气体，手帕毛巾浸水，捂住鼻子向外跑；⑤如果在无围栏的高处，以最快的速度抓住东西或跑到上风侧，避免坠落外伤；⑥如有报警装置，应予以启用。

眼睛：①发生事故的瞬间闭住或用手捂住眼睛，防止有毒有害液体溅入眼内；②如果眼睛被玷污，立即到流动的清水下冲洗，如果一只眼睛受玷污，在冲洗眼睛的最初时间，应保护好另一只眼睛。

皮肤：①如果化学物质玷污皮肤，立即用大量的清水或温水冲洗，毛发也不例外；②如果玷污衣服、鞋袜，应立即脱去，然后冲洗皮肤。

骨折或出血等：要就地找代用品，按照骨折或出血的处理方法，解决固定和止血的问题。

（2）互救

许多情况下，无法自救，特别当中毒病情较重、患者意识不清的时候，当眼睛被化学物质刺激肿胀睁不开的时候，这就需要他人救助，因此，互救是十分重要的措施。

摸清情况，落实救护者的个人防护：一定要先摸清被救者所处的环境，如果是有毒有害气体，则要选择合适的防毒面具；如果是酸碱泄漏，要穿戴防护衣、手套和胶靴；如果毒源仍未切断，则立即报告生产调度。在设法抢救的同时，要采取关闭阀门、加盲板、停止送气、堵塞漏气设备等措施，切忌盲目行动，以免产生更严重的中毒。

救出患者，仔细检查，分清轻重，合理处理：①搬动过程中要沉着、冷静，不要强拖，若已有骨折、出血或外伤，则要简单包扎、固定，避免搬运过程中造成更大损伤；②患者被搬运到空气新鲜处后，要按顺序检查，神志是否清晰，脉搏、心跳是否存在，呼吸是否停止，有无出血及骨折。检查搬运前的处理是否有效，还需做哪些补充处理。

如果神志清晰，心跳、呼吸正常，则检查眼睛。如玷污化学物质，则需就地冲洗，如果是氨等，则冲洗时间要长，起码20min以上，甚至30min，并要使上、下眼窝冲洗彻底。

最后检查皮肤，不要疏忽会阴部、腋窝等处：如果发生断指（趾）等意外，则应将断指（趾）用消毒纱布包好，放于塑料袋中，扎紧袋口，外围敷以冰块，迅速连同伤员送往医院。

总之，自救互救是抢时间、挽救生命的措施，要快、正确，不要过分强调条件，同时，要向医务部门发出呼救，尽快送往医院。

4.8.2.6 劳保防护用品

个人防护用品品种繁多，形式各异，主要介绍常用的防毒、防尘用品。

（1）简易防毒口罩：①此种口罩由十层纱布浸药液烘干制成；②仅用于毒性极小，刺激不大，浓度较低，空气中氧含量不低于18%的场所使用；③仅供个人使用，不宜共用；④使用中如嗅到轻微的有刺激性气体时，即为失效，应更换新滤垫后再用；⑤它仅用于短暂性或防护氨气和酸性气体。

（2）半面罩型防毒口罩：①此型防毒口罩有单罐式和双罐式两种；②此口罩适用于空气中氧气体积大于18%，有毒气体浓度低于0.1%，对眼睛、皮肤无刺激的作业场所；③滤毒盒内装填的各种防毒药剂，其编号、标色、防毒类型和防护对象见表4-19；④装药剂不要在有毒气体的现场进行，应选择环境清洁、干燥，温度适宜的场所，药剂要装得匀实，粉末要筛掉，装后要听不出盒内药剂的响动；⑤使用中，严禁随便拧开滤毒盒盖和避免滤毒盒剧烈震动，以免引起药剂松散，并应防止水和其他液滴溅到滤毒盒上；⑥使用中，对于有臭味气体，当嗅到轻微气味时即为失效，对于无味气体，则要看安装在滤毒盒里的指示纸或药剂的变色情况而定，一旦发现失效，应立即停止使用，更换新的药剂。

表4-19 滤毒盒标色和防护对象

滤毒盒编号	标色	防毒类型	防护对象
3	褐	防有机蒸气	苯及其衍生物、汽油、丙酮、二硫化碳、醚等
4	灰	防氨、硫化氢	氨、硫化氢
6	黑+黄道	防汞蒸气	汞蒸气
7	黄	防酸性气	氯气、二氧化硫、硫化氢、氮的氧化物等

（3）过滤式防毒面具：①过滤式防毒面具有头罩式和面罩式两种；②滤毒罐的型号、标色和防毒性见表4-20，当毒气浓度大于2%和空气中氧气含量低于18%时，禁止使用过滤式防毒面具，应该使用隔离式防毒面具，进入槽罐等密闭容器内部作业，不能使用过滤式防毒面具；③根据毒物的种类，正确选用不同类型防毒面具，根据头型大小选择面具。

表4-20　滤毒罐型号、防护范围

型　号	颜　色	防护对象
1L	草绿+白道	综合防毒、氢氰酸、氯化氢、砷化氢苯、二氯甲烷、磷化氢
1	绿	
2L	橘红	综合防毒、一氯化碳、各种有机气体、氰氮酸及其衍生物
3L	褐+白道	防有机气体、氯、苯、醇类、氨基及硝基烃化合物
3	褐色	
4L	灰+白道	防氨和硫化氢
4	灰	
5	白	专防一氧化碳
6	黑+黄道	防汞蒸气
7L	黄+白道	防酸性气体、一氧化碳、氯气、硫化氢、氮的氧化物、光气等
7	黄	

注：型号中加"L"者，兼防烟雾。

（4）隔离式防毒面具：①长管式面具：适用于任何毒气浓度范围（即与空气隔绝），但吸气口必须置于干燥洁净空气处。用前要检查面罩是否合适、管路有无破损及是否畅通，并有专人监护；按管路长短又分通风式（长管）和自吸式两种；②氧气呼吸器：氧气呼吸器有2h、4h不同规格，它是一种与外部空气隔绝、依靠自身供给氧气防毒用具；③自生氧式防毒面具：主要供施工人员佩戴，在密闭、缺氧、毒物浓度比较高的环境中应用效果较好。

4.9　稀土异戊橡胶改性技术

稀土异戊橡胶其分子结构和物理机械性能非常接近于天然橡胶，仅在微观构型、分子参数以及极性基团含量等方面与天然橡胶存在一定差异，这些差异导致二者在物理机械性能和化学行为方面有所不同，其中比较突出的是稀土异戊橡胶的生胶强度要明显低于天然橡胶。因此，改进稀土异戊橡胶的生胶、混炼胶和硫化胶的性能，特别是提高生胶的强度，是稀土异戊橡胶改性的方向之一[87]。改性主要目的，一是针对与天然橡胶的差异，改进其生胶、混炼胶和硫化胶的性能，以便替代天然橡胶；二是通过卤化、氢化和环化等进行化学改性。

改性的一种方法是通过向聚合链段上引入各种极性官能团，称为合成阶段的改性。另一种方法是在IR的加工过程中向胶料中加入各种化学活性剂、各种硫化促进剂或者加入结晶性和含极性基团的聚合物也是工业上有意义的改性方法，称为加工阶段的改性。

将 IR 与其他合成橡胶并用或添加各种结晶性聚合物也是很有意义的改性方法。除了与顺丁橡胶、丁苯橡胶并用制造性能优良四季适用的轮胎外，与卤化丁基橡胶、氯磺化聚乙烯、丁苯吡共聚物等并用都能达到改性的效果。

在 IR 中加入适量的反式聚异戊二烯、反式聚戊烯、低压聚乙烯和热塑性弹性体等也能改进某些性能，如乙烯基丁二烯类的热塑性弹性体与 IR 共混制得适宜制作轮胎的新型材料，具有良好的耐湿滑和低滚动阻力性能。

4.9.1 环氧化

作为橡胶改性的技术之一的环氧化方法主要有两种，分别是有机过氧酸环氧化改性以及过渡金属催化下的环氧化改性。有机过氧酸环氧化反应的机理主要是利用过氧酸类作为环氧化试剂，其中一个氧原子与双键结合，形成环氧基团，而过氧酸本身被还原成羧酸。有机过氧酸环氧化改性法包括预制过氧酸环氧化法和原位环氧化法[83]。

4.9.1.1 有机过氧酸环氧化改性法

（1）预制过氧酸环氧化法

预制过氧酸环氧化法是在研究弹性体环氧化初期使用较多，但在目前研究较少。此方法是指预先配制好过氧酸(过苯甲酸、有机酸过乙酸，无机酸磷酸等)，再进行环氧化反应。但是过氧酸存在稳定性差的问题，工艺条件难以掌握，在工业上的实施受到了限制[88]。

（2）原位环氧化法

当环氧化试剂为过氧酸时，通常是采用过氧化氢与相应的酸或者酸酐反应来制备，然后对制备好的过氧酸进行标定后使用，但其稳定性、危险性高且不易储存。因此，主要采用在反应体系中直接反应产生过氧酸，在原位进行环氧化反应。该方法反应条件方便简单，无须分离，是被广泛采用的环氧化方法。稀土异戊橡胶的环氧化改性采用的就是此种方法，且当环氧化程度提高，环氧化异戊橡胶(EIR)分子链上相邻的环氧基团数目也随之增加[89]。

（3）天然橡胶的环氧化研究

早在 1922 年，就有研究人员采用天然橡胶与过氧酸制备环氧化天然橡胶[90]。国内对这一领域进行研究的单位有许多，其中最具代表性的是华南理工大学和中国热带农业科学院产品加工设计研究所。

华南理工大学材料科学研究所的姚似玉等以过氧乙酸为环氧化试剂，在天然橡胶的胶乳中实施环氧化反应，可达到较高的环氧化程度，得到环氧化程度不同的环氧化天然橡胶，再用核磁共振测量(NMR)、差示扫描量热分析(DSC)、红外光谱(IR)等手段对所得的产物进行全面的表征与分析，实验结果表明，所得到的环氧化天然橡胶是无规共聚物，其环氧化程度可间接测定，环氧化反应基本上按化学式计量进行，所得的环氧化天然橡胶具有优良的气密性和耐油性[91]。

四川大学的杨科珂等用过氧化氢在甲酸存在的条件下对天然橡胶的胶乳进行环氧化反应，制备出了环氧化天然橡胶，具体的实验过程为：将天然橡胶胶乳加入三口瓶中，加入乳化剂 OP-210 在恒温条件下搅拌 1h，再向三口瓶中滴加 HCOOH 水溶液将胶乳酸化到一定程度，然后滴加一定量的 H_2O_2 水溶液进行反应，所得的产物用乙醇沉淀，再经过水洗、

1%的 Na_2CO_3 浸泡、大量水冲洗至中性，最后于40℃恒温状态下真空干燥至恒重，用 ${}^1H$-NMR谱、IR光谱、化学方法等对所制得的环氧化天然橡胶进行表征与分析，通过研究影响环氧化反应的因素得出最佳的反应条件，结果说明在天然橡胶的环氧化反应过程中，原料的浓度、配比以及反应条件的选择不当，就会引起环氧基的扩环和开环反应，此次实验得到的最佳反应条件为：反应温度为30℃，反应体系初始的pH值为2.0，天然橡胶初始的质量分数为30%，H_2O_2、HCOOH与天然橡胶干胶的摩尔比为1∶0.55∶1，在此条件下进行反应，可以避免凝聚以及副反应的发生[92]。

国外对环氧化的研究有许多，长冈技术科学大学、泰国皇家理工大学用过氧乙酸对天然橡胶胶乳在一定条件下进行环氧化反应制备了环氧化天然橡胶，并用核磁共振氢谱对其进行了表征。马来亚大学化学系还研究了环氧化天然橡胶的副反应（开环反应），并对其表征方法进行了介绍[71]。

（4）稀土异戊橡胶的环氧化研究

环氧化天然橡胶的合成研究一直是科研人员感兴趣的课题，许多国家都开展过相关课题的研究，与之相比，稀土异戊橡胶环氧化改性的研究较少[71]。

吉林化工集团公司研究院的蔡小平等人，把有机酸作为催化剂、H_2O_2作为氧化剂，在甲苯或者己烷溶剂中，以稀土异戊橡胶为原料合成出了环氧化度（即摩尔分数）分别为10%、30%、50%的环氧化稀土异戊橡胶（EIR-10、EIR-30和EIR-50）。实验结果表明，反应的时间、温度以及H_2O_2的用量均对环氧化度有影响。环氧化度不超过50%时，随着环氧化度的提高环氧化稀土异戊橡胶的特性黏数增大。EIR-50除了具有原来稀土异戊橡胶的优良性能，还具有较好的抗湿滑性、气密性和耐油性，与丁基橡胶、丁腈橡胶相当[71,93]。

（5）其他弹性体的环氧化研究

黑龙江省科学院石油化学研究分院的邸明伟等研究了聚苯乙烯-聚异戊二烯-聚苯乙烯三嵌段共聚物（SIS）在甲苯溶剂中的环氧化反应，通过实验得出了甲苯溶剂中SIS环氧化反应的适宜条件为：反应温度为50℃，反应时间为2h，SIS的溶液浓度为15%，过氧化氢/甲酸（摩尔比）=1∶1.5，最后所得的产物的环氧含量为3.350mol/kg[71,94]。

华南理工大学材料科学与工程学院的李红强等采用了过氧化氢和甲酸原位所生成的过氧甲酸对苯乙烯-丁二烯-苯乙烯（SBS）进行环氧化反应，得到了环氧化SBS，研究了工艺条件以及原料摩尔配比对其环氧基质量分数的影响，又利用${}^1H$-NMR、FT-IR、GPC等手段对制备出的环氧化结构进行了表征。实验结果表明，在SBS的环氧化反应过程中，有少量环氧基会发生开环副反应，当反应温度为60℃、反应时间为2h，SBS中C=C双键、H_2O_2和甲酸的物质的量比为1∶0.6∶0.5时，环氧基的质量分数最高，达到了18.1%。体系中少量聚乙二醇的加入，有利于提高环氧基质量分数。丁二烯链段上双键的反应活性顺序为：顺-1,4结构>反-1,4结构>1,2结构[71,95]。

4.9.1.2　过渡金属催化下的环氧化反应

在催化剂的作用下，过氧化物可以与聚合物反应，使双键打开进行环氧化；这种反应工艺不会发生循环反应，且避免了使用腐蚀性的酸类化合物[96]。

随着有机合成化学的发展，一种以次氯酸盐、烷基氢过氧化物、双氧水等为氧化剂，以过渡金属化合物(如铬、银、钴、镍等的化合物)为催化剂，催化烯烃的环氧化反应获得了成功，为弹性体的环氧化改性增加了一条新途径。

20世纪80年代初期，苏联科学家用叔丁基氧过氧化物作氧化剂，乙酰丙酮钼作催化剂，在80℃下进行低分子量聚丁二烯的环氧化。通过实验发现，所得的产物环氧化聚丁二烯中不同构型的双键含量不同，结果表明双键的构型不同，催化环氧化的选择性也不同，1,2结构的双键不能被环氧化，1,4结构的双键容易被环氧化。后来，在钼中心原子旁引入了膦氧基配位体，在保留1,2结构双键的同时，可以使1,4结构的双键全部环氧化。2000年，研究者研究了甲基三氧化钌催化高分子量1,4-聚丁二烯的环氧化反应，这是一种高选择性的催化环氧化体系，通过调节氧化剂的用量，设计了聚丁二烯的环氧度。

在聚丁二烯的催化环氧化获得成功后，人们对弹性体的催化环氧化改性产生了极大的兴趣。国内也有许多研究人员对其进行了研究[71]。

辽宁师范大学的安悦等以30%的H_2O_2为氧化剂、磷钼杂多酸盐为反应控制的相转移催化剂，对SBS树脂进行了环氧化反应并得到了适宜的反应条件：反应温度70℃，反应时间2h，n(磷钼酸盐)/n(过氧化氢)=1.72，SBS溶液的浓度为100g/L。相对于SBS过氧化氢的用量为27.2%，在此条件下，可以得到环氧化程度高达7.63%的产物，并且催化剂可以回收再利用[97]。

厦门大学的余谋发等以磷转杂多酸铵盐为催化剂、H_2O_2为氧化剂，在水/有机溶剂两相体系中对苯乙烯-丁二烯-苯乙烯进行了环氧化反应；通过研究表明，该种方法反应速度快、条件温和、不易发生开环水解等副反应，通过添加0.3%~0.6%抗氧剂、选择三苯基磷酸酯/甲苯混合溶剂为有机相可以抑制降解和交联副反应，使制得的产物具有良好的性能[98]。

4.9.1.3 影响环氧化的因素

影响环氧化的主要因素包括溶剂、试剂浓度、反应温度和反应时间。

（1）溶剂

Maenzk等对甲苯、环己烷和加氢汽油这种溶剂对环氧化弹性体的影响进行了研究，结果表明，在相同条件下，弹性体环氧化程度最高的是甲苯体系，其次是环己烷，加氢汽油的最差。另外，溶剂对极性的影响也较大，根据不同的环氧化需求，应当选择不同极性的溶剂[99]。

（2）试剂浓度

过氧化氢是使用最为普遍的环氧化试剂，通常环氧基的含量会随着过氧化氢用量的增大而增加。吉林化工集团公司研究院的蔡小平等通过研究发现，在一定反应时间内的环氧化度随着过氧化氢与稀土异戊橡胶中双键摩尔比值的增大而增加[100]。

（3）反应温度

反应温度对环氧化程度的影响也很大，温度较高时，环氧基的选择性低且副反应增多；温度过低时，反应速度缓慢[101]，因此应选择适宜的反应温度。通常的反应规律是，反应时间越长，转化率越高。但环氧化反应的情况不同。

（4）反应时间

吉林化工集团公司研究院的蔡小平等通过研究环氧化改性稀土异戊橡胶时发现，反应刚开始时，环氧值随着反应时间的延长而增大，但当反应时间超过 4h 后，环氧值反而降低，这是由于当温度较高时，二级开环反应增多，因此应控制适宜的反应时间[71]。

4.9.1.4　环氧化的应用

天然橡胶的环氧化改性已经进行了大量的研究，通过对天然橡胶进行环氧化改性，使其耐油性、气密性、与织物的黏合性能、抗湿滑性能得到了显著的提高，且容易与一些天然橡胶及极性合成橡胶混合使用。吉林化工集团公司研究院已经成功开发出了万吨级的 LnIR 合成技术，但是其工业化生产一直受到多方面的限制。因此考虑对 LnIR 进行环氧化改性，拓宽产品的应用领域，或许对 EIR 工业化的实现可起到较大的作用。但是，目前对于 EIR 的研究相对较少[71]。吉林化学工业公司研究院的蔡小平对 LnIR 的环氧化改性进行了大量研究，得到了多种 EIR[102]。

中国科学院长春应用化学研究所对几种经过环氧化改性后的 LnIR 的生胶、硫化胶、混炼胶的性能与 LnIR、NBR、IIR 进行了对比。对于生胶性能来说，T_g 随着环氧化度的增加也呈现规律性升高，而 T_g 越高，EIR 的刚性链提高，增加了 EIR 的阻尼性能。随着环氧化度的增加，EIR 混炼烧焦缩短，硫化速度加快，最大转矩值增加，并且出现明显的硫化返原现象；EIR 硫化胶硬度、拉断伸长率和弹性等下降，生热值和湿滑性没有明显变化，但气密性明显提高[104]。

4.9.2　马来酸酐接枝

异戊橡胶(IR)是与天然橡胶结构最接近的合成橡胶，它可作为天然橡胶的替代物应用在各种橡胶制品中。稀土 IR 是采用稀土催化剂合成的高顺式 IR，分子结构和物理机械性能等方面非常接近天然橡胶。但由于其在微观构型和极性基团含量等方面与天然橡胶存在一定差异，导致两者在物理机械性能方面和化学性能方面还存在差别。

改善 IR 的生胶和硫化胶的性能，特别是提高橡胶与极性材料的相容性，是 IR 改性方向之一。马来酸酐含有由 2 个 C＝O 键共轭活化的双键，是最亲双烯烃的化合物之一。用马来酸酐对天然橡胶进行接枝改性，是最早尝试用来制备天然橡胶衍生物产品的一种方法。早期的研究发现，天然橡胶中引进极性的马来酸酐基团后，其在极性溶剂中的溶解度大大增加，而在非极性溶剂中的溶解能力则有所降低。之后，Pinazzi 等发现马来酸酐功能化的天然橡胶可以用氧化钙(CaO)、氧化镁(MgO)和氧化锌(ZnO)等来进行硫化，得到的硫化胶具有优良的耐溶剂、耐曲挠龟裂和耐老化性。虽然硫化胶的拉伸强度较原料橡胶的硫化胶低些，但300%定伸应力较高。另外，在炭黑填充以及氧化动力学方面也明显与原料橡胶有所不同，其氧化动力学曲线显示，在氧化初期因没有诱导期而氧化很快，没有自动催化氧化阶段，后期氧化速度明显减慢，耐热氧老化性有所提高[103]。

有研究者用一些低分子化合物如马来酸酐(MAH)、甲基丙烯酸甲酯等，对橡胶弹性体材料进行化学接枝改性形成了新的发展方向[104,105]，例如天然橡胶经 MAH 改性后，改善了天然橡胶与极性材料的界面相容性，提高了共混体系的物理机械性能。还有许多研究者将 MAH 功能化天然橡胶用于废橡胶的改性和橡胶/纤维共混体系的增容等方面，并取得良好效果[87,103]。另外，改性后的天然橡胶可以用于热塑性弹性体，其成本低、加工性能好，具有广阔的应用前景[106]。

稀土 IR 已在我国实现了产业化生产，但对其进行化学接枝改性的研究甚少。溶液接枝法改性天然橡胶的研究，通常以 MAH 和引发剂的良溶剂为反应溶剂，如苯、甲苯、二甲苯等。但稀土 IR 工业生产通常以烷烃作为溶剂，如己烷、戊烷等，在烷烃溶剂中实施化学改性反应，则会因 MAH 和常用的自由基引发剂过氧化苯甲酰(BPO)、偶氮二异丁腈(AIBN)等在烷烃中的溶解性差，导致接枝反应难以进行。因此，选用在己烷中具有良好溶解性的有机过氧化物为引发剂，在稀土 IR 聚合反应结束后对其实施改性，改性反应结束后，水洗凝聚，MAH 进一步与水发生水解反应，制备马来酸(MA)接枝异戊橡胶(IR-g-MA)。

天然橡胶经马来酸酐(MAH)改性后，改善了其在极性溶剂中的溶解性，提高了氧化稳定性，并且改性后的天然橡胶可以用氧化钙、氧化镁、氧化锌等金属氧化物进行硫化，硫化胶具有优良的耐溶剂、耐曲挠龟裂和耐老化性能[107,108]。另外，近年来许多研究者将 MAH 功能化天然橡胶成功用于废橡胶的改性和橡胶/纤维共混体系的增容等方面，并取得良好的效果[109~111]。采用该方法接枝天然橡胶的研究通常是以 MAH 和引发剂的良溶剂为反应溶剂，如苯、甲苯、二甲苯等，在自由基引发剂作用下制备 MAH 接枝天然橡胶[112]。

对稀土异戊橡胶进行酸酐改性也是人们感兴趣的课题，许多国家都开展过相关研究，如在俄罗斯钛系 IR 经 MAH 改性后得到了工业化产品 СКИ-3МА。改性后在聚合物链段中引入了极性基团，链中的酐基可转化为羧基、酰胺基、酯基和氨基甲酸酯，同时还可用多官能醇与胺进行交联。改性后的稀土异戊橡胶具有对金属黏结强度大、生胶强度高、硫化胶生热低、弹性滞后性能较好的特点[113]。同时改性可以在合成阶段或加工过程中进行，如在合成阶段进行则需采用溶液接枝法。在聚合末期进行改性会用到 MAH 和常用的引发剂，如过氧化二苯甲酰(BPO)、偶氮二异丁腈(AIBN)等，但是这些引发剂在己烷中的溶解性差，会导致接枝反应进行困难，难以将 MAH 接枝到稀土橡胶分子链上。何丽霞等[99]的研究选用了在己烷中溶解性良好的过氧化氢对孟烷(PMHP)作为引发剂，在聚合末期对其进行改性，将其反应活性与不同自由基反应进行对比，结果表明 PMHP 的引发活性要高于 BOP 和 AIBN，且通过 FTIR 显示 MAH 成功接枝到了稀土异戊橡胶的大分子链上，遵循自由基的反应机理。

除了采用溶液法接枝还可以用到混炼法，混炼法与溶液法相比，反应的条件更加温和，且不需要溶剂，操作处理更加方便简单，是一种更为经济、环保和高效的方法。董智贤等[121]研究了混炼法实现马来酸酐对天然橡胶的改性，以及马来酸酐单体和引发剂的用量、反应时间、反应温度等因素对反应产物接枝率和接枝效率的影响，并对接枝反应条件进行优化。以 MAH 为单体，以 DCP 为引发剂，采用灰色关联分析法对各项工艺条件与产物接枝率以及接枝效率的相关性进行研究，综合考虑产物接枝率和接枝效率，各影响因素的排序为：反应温度>MAH 单体投料量>引发剂 DCP 投料量>转子转速>反应时间。

4.9.2.1 接枝物的制备

马来酸酐接枝聚烯烃的方法有多种，按照接枝体系中聚烯烃的形态，可分为溶液接枝、熔融接枝、固相接枝和悬浮接枝等。目前马来酸酐接枝天然橡胶主要通过溶液法接枝和混炼法(力化学法)接枝两种途径获得。

（1）溶液法

此过程首先要将天然橡胶溶于合适的溶剂中，加入接枝单体马来酸酐和少量引发剂，在较低的温度下引发自由基聚合反应。影响接枝反应的主要因素是单体的浓度、引发剂的品种和用量、反应温度和反应时间等。常用的引发剂有过氧化苯甲酰、偶氮二异丁腈、叔丁基过氧化物和过氧化异丙苯等。溶液法反应副产物较少，接枝程度相对来说比较高，但由于大量溶剂的使用，使得生产成本较高，溶剂回收后处理工作繁琐，且往往会造成环境污染[114,115]。

（2）力化学法

力化学法是一种综合了机械作用和化学作用的方法，可在较温和的条件下，靠强大的应力场使得聚合物的超分子结构以及大分子链的取向发生变化，当应力大到超过了组成大分子链的化学键的键能时，大分子链会发生断裂而产生大分子自由基，这种大分子自由基可与改性单体结合，从而实现聚合物的功能化。无论在理论上还是实践中，混炼法在聚合物材料研究领域都颇有价值，得到了非常广泛的应用。

采用此法，可将马来酸酐与天然橡胶直接在开炼机上或在密炼机（或 Brabender 塑化仪）中进行混炼，靠机械剪切力破坏橡胶分子链产生大分子自由基来引发化学反应，得到马来酸酐功能化的天然橡胶。较之溶液法，力化学法反应条件温和，无须溶剂，操作方便，后处理简单，无疑是一种更为经济、环保和高效的方法，2000 年以后的相关研究多是采用此方法。

但极性的马来酸酐单体在非极性的天然橡胶中的溶解度较低，受此影响，力化学法为非均相的接枝方法，大多数反应体系存在有两相，即溶有单体的聚合物相和单体相，而引发剂分配在两相的单体中，与马来酸酐单体接触的天然橡胶大分子才有可能发生接枝反应。因此，马来酸酐与天然橡胶的反应产物比较复杂，残存的马来酸酐单体、马来酸酐的低聚物以及橡胶大分子发生交联副反应产生的凝胶等杂质，对接枝产物的应用可能会造成一些影响。在何种制备工艺条件下得到的马来酸酐接枝天然橡胶性能最优？怎样降低副反应的影响？这对于马来酸酐接枝天然橡胶未来实现工业化生产和广泛应用是非常重要的，遗憾的是关于马来酸酐力化学法接枝天然橡胶的制备工艺影响因素以及接枝产物的物理性能研究几乎未见报道[103,116,117]。

在实验室采用无水无氧操作系统，在 250mL 聚合瓶中依次加入己烷、异戊二烯和稀土催化剂，混合均匀后，恒温反应一定时间获得稀土异戊二烯聚合液。在异戊二烯聚合反应完成后，用高纯氮气加压置换出未反应的异戊二烯单体，置换三次。之后，取少量胶液进行转化率测试，根据转化率计算反应瓶中 IR 溶液的干胶含量，然后按照改性反应胶液浓度补加一定量的己烷溶剂，搅拌均匀后，加入一定量的 MAH 和引发剂溶液，搅拌分散均匀后，恒温反应一定时间。最后用大量热水水解凝聚接枝产物，产物在 50℃下真空干燥至恒重，即得到了 IR-g-MA 的接枝粗产物。

将适量接枝粗产物剪成边长约 2mm 见方小块，加入适量的甲苯进行溶解，待完全溶解后过滤出不溶物。在滤液中加入大量丙酮进行凝聚洗涤，再用丙酮洗涤凝聚物至少两次，除去未反应的 MAH 和 MA，最后在 50℃下真空干燥至恒重，即得到了精制的 IR-g-MA。

4.9.2.2 反应机理

天然橡胶每4个主链碳原子便有一个双键，既可以发生自由基反应，也可以发生离子型反应，主要取决于反应条件。自由基反应能力受分子中电子结构及周围取代基的影响，通常在自由基引发剂作用下产生自由基反应，或引起大分子中的双键加成或 α 位的 C—H 键断裂。对于天然橡胶，由于异戊二烯单元中的侧甲基具有推电子作用，使双键的电子云密度增大，双键的 α 位置上 C—H 键易于断裂发生 α 氢取代反应，且该取代反应是主要的，双键的自由基加成反应则较少，也不是主要的。天然橡胶分子链中 1,4-聚合链节中双键旁边有 3 个 α 位置(a，b，c)，3 个位置上的 C—H 离解能是不相同的。

在有关 MAH 接枝 NR 的研究报道中，普遍认为 MAH 与 NR 的反应遵循自由基接枝机理，MAH 通常接枝到 NR 的 α-亚甲基碳原子上。由于 NR 的结构单元中存在推电子侧甲基，增加了 α-亚甲基位上的电子云密度，使得 α-亚甲基碳原子上碳氢键的离解能(32.5kJ/mol)较侧甲基碳原子上的 349.4kJ/mol 低，易于发生 α 氢的取代反应。稀土 IR 的分子结构与 NR 相同，借鉴其反应机理，推测 MAH 与稀土 IR 的主反应过程如图 4-9。

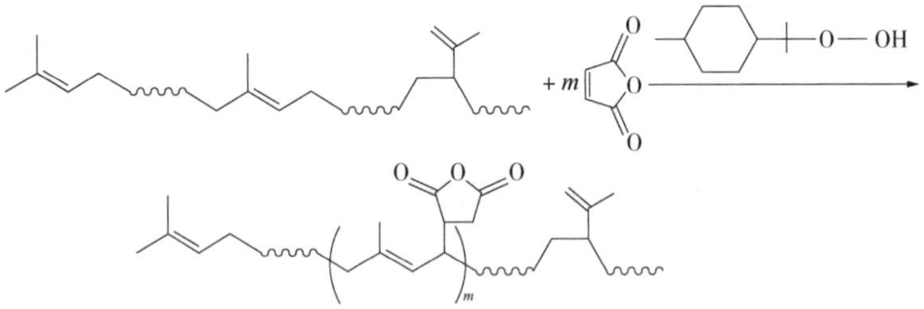

图 4-9 MAH 与稀土 IR 的主反应过程

对于天然橡胶与马来酸酐的反应机理，前人做了大量的研究，主要归结为以下两种理论。

(1) 游离基机理

早在 1939 年，Bacon 和 Farmer[118]发现以少量过氧化苯甲酰作为催化剂(实为引发剂)，将塑炼的天然橡胶与马来酸酐在苯或甲苯为溶剂的体系中，100℃下反应数小时可得到白色或浅黄色的硬树脂状的产物。他们设想马来酸酐是与橡胶大分子链的双键连接的，可能是与同一条橡胶大分子链上相邻的双键连接(分子内反应)，也可能是与相邻的两条大分子链上的双键连接(分子间反应)。

1942 年，Farmer 在 Alder 等对马来酸酐与简单链烯烃的"取代加成"反应研究的基础上，结合他自己对二烯烃及聚二烯烃中 α-亚甲基的反应能力的研究结果，对前面的假设作了修正，指出马来酸酐在自由基引发剂存在下与天然橡胶的结合并非在橡胶大分子链的双键上，而是通过取代 α-亚甲基的氢原子进行的。后续的研究及红外光谱分析也证实，马来酸酐与天然橡胶的反应是在 α-亚甲基处的取代结合。与天然橡胶的红外光谱相对比，在马来酸酐接枝天然橡胶的谱图中于 17801cm⁻¹ 处发现酸酐基的吸收带，而不饱和键在 8351cm⁻¹ 和 16601cm⁻¹ 处的吸收带保持不变[119]。

当存在游离基引发剂(如过氧化苯甲酰、过氧化二异丙苯和偶氮二异丁腈等)时，马来酸酐与天然橡胶的反应遵循游离基机理，单体的加成是在 α-亚甲基碳原子上进行，这一机理得到研究者的普遍认同。

（2）电子同步转移机理

Pinazzi 等[120]研究了无引发剂条件下天然橡胶与马来酸酐的反应，发现混炼法反应得到的产物与自由基反应产物的结构有所不同，其部分双键发生了异构化。在没有引发剂的条件下，马来酸酐与天然橡胶的反应在较高温度(180~220℃)下实现，其反应按分子的电子同步转移机理进行，键的生成和破坏在一个基元反应中发生。而另一研究者也得出一个结论，他们在室温下用开炼机捏炼天然橡胶时加入马来酸酐，得到含凝胶的产物，并发现马来酸结合于橡胶的数量与生成凝胶的数量有着直线的关系。认为马来酸酐与橡胶的结构及橡胶分子的结构化同时平行地进行。首先利用开炼机强烈的剪切作用使得部分橡胶大分子链发生断裂，所产生大分子自由基可与马来酸酐单体相结合，所生成的自由基又可与橡胶大分子自由基作用而产生新的结合，此外，该自由基也可能与橡胶分子双键作用而生成横链。

4.9.2.3　接枝反应条件对接枝率和接枝效率的影响

（1）胶液浓度

MAH 接枝稀土 IR 反应中的产物接枝率和反应接枝效率均随胶液浓度的增加而增大。这是由于胶液浓度增大时，聚异戊二烯分子链间距变小，反应物浓度提高增大了分子链上的活泼氢、大分子自由基等活性中心与 MAH 的反应概率。胶液质量分数为 12% 时在接枝反应中途产生了大量凝胶，对凝胶进行溶解性实验发现，经过长时间浸泡，该凝胶在大量溶剂中仍具有清晰的界面形状，推断其为交联反应产物，这说明胶液浓度过高时分子链间的交联副反应严重。在胶液质量分数小于 8% 时，随胶液浓度增大产物接枝率和反应接枝效率增加较快，超过 8% 后增加趋势有所减缓。另外，由于稀土 IR 的分子量较高，胶液质量分数为 10% 时胶液较为黏稠，MAH 和引发剂需要较长时间才能分散均匀。从操作难易程度和避免交联副反应有效性的角度考虑，建议该反应体系的胶液质量分数采用 8%。

（2）MAH 用量

MAH 接枝稀土 IR 反应中的产物接枝率随 MAH 用量增加而不断增大，反应的接枝效率则随 MAH 用量增加先增大后减小，并在质量分数为 3% 左右时达到峰值。从产物接枝率的变化曲线可以推测，在 MAH 用量较低时反应遵循自由基反应机理，在胶液浓度和引发剂用量相同的条件下，反应体系中的大分子自由基浓度相近，增加 MAH 用量就增大了大分子与 MAH 的反应概率，其反应程度提高，接枝率和接枝效率都有所增大；当 MAH 用量较多时，其易对引发剂及其分解产生的初级自由基形成笼蔽效应，导致反应体系中的一部分初级自由基无法与大分子单体接触，从而使引发剂的效率降低，因此 MAH 单体的加入量不宜过高[121]。

（3）引发剂用量

随着引发剂 PMHP 用量的增加，MAH 接枝稀土 IR 反应中的产物接枝率和反应接枝效率均是先增大后减小。在实验范围内，加入的 PMHP 质量分数为 5% 时二者都达到最高，其中产物接枝率为 1.16%，反应接枝效率为 39.12%。在 PMHP 用量低于 5% 时，随其增加接枝率和接枝效率都明显增大，这是因为 PMHP 加入量增多则分解产生的初级自由基浓度增大，其与单体发生接枝反应的概率就高；当 PMHP 用量大于5%时，随其增加接枝率和接枝效率均略有降低，这可能是因为引发剂浓度过高导致反应体系中 IR 大分子自由基的浓度较高，增大了大分子自由基间发生交联副反应的概率，从而导致反应接枝效率降低、产物接枝率下降。这一推测也被引发剂浓度较高时的实验所证实，当加入的 PMHP 质量分数为6.5%时，未等反应结束体系黏度就出现增大，并在较短的时间内形成聚合凝胶，该现象与过高胶液浓度条件下的反应相同。当发生严重的交联副反应时，体系黏度增大，MAH 单体和大分子自由基的扩散受控，接枝反应不易进行，而大分子自由基与相邻大分子链的交联副反应得以加速，结果导致反应体系迅速凝胶化。所以，为控制交联副反应程度，引发剂浓度不宜过高。

（4）反应时间

随着反应时间的延长，MAH 接枝稀土 IR 反应中的产物接枝率和反应接枝效率不断增大，在前4h内反应速率较快，之后变缓。这是由于前期反应体系中的单体、引发剂和大分子自由基的浓度都较高，因而反应速率快；反应后期体系中的单体浓度较低，大分子自由基浓度也有所下降，反应速率因此减缓，此时产物接枝率和反应接枝效率的增量减小。

4.9.2.4　马来酸酐接枝改性橡胶的应用

虽然硫化的天然橡胶接枝马来酸酐较一般的天然橡胶硫化胶有优良的耐溶解性、耐屈挠龟裂和耐老化性能，但从性能、生产工艺控制、价格等方面综合考虑，另外一些聚合物材料如增塑聚氯乙烯、乙烯/乙酸乙酯共聚物和聚氨酯橡胶等与之相比更具优势，故直到80年代，天然橡胶接枝马来酸酐尚未能在工业上得到应用[103,107]。

（1）作为界面增容剂

马来酸酐接枝改性天然橡胶的一个重要应用领域是作为天然橡胶与塑料或有机无机填料的共混或填充体系的界面改性剂，可起到降低组分间界面张力，提高分散相在混炼过程中的混合均匀性、减少相畴尺寸、提高相间黏着力、保持体系相态稳定等作用。

Carone 等[129]研究了马来酸酐原位增容尼龙6/天然橡胶（PA6/NR）共混体系。他们首先将马来酸酐与 NR 在开炼机上反应，再与 PA6 共混。当马来酸酐改性胶与 PA6 熔融共混时，悬挂在 NR 大分子主链上的活性酸酐基团可与 PA6 分子末端的氨基反应，从而形成 NR-g-PA 接枝共聚物，这样，位于相界面上的接枝共聚物就通过共价键加强了两相间的黏结。共混体系的流变性能、热性能以及动态机械分析进一步证明了接枝物的生成。从共混物的透射电镜照片可清晰地看出，马来酸酐改性后 NR 粒径细小均匀，与 PA6 基体结合紧密，有利于有效引发塑性屈服和银纹，使 PA6 基体的冲击性能得到较大提高。

Nakason 等[122]则将天然橡胶接枝马来酸酐用作天然橡胶/木薯淀粉可降解共混体系的增容剂，并对该共混体系的力学性能、流变性能和固化特性做了深入研究。结果表明，天然橡胶接枝马来酸酐的引入可提高共混体系的力学性能，这是由于天然胶大分子链上悬挂的马来酸酐基团可与木薯淀粉的羟基反应而形成化学键的结合。体系的剪切黏度和表观剪切应力的增加证明了马来酸酐与木薯淀粉间化学反应的发生。

天然橡胶/聚丙烯（NR/PP）热塑性弹性体的成本较低，低温性能和加工流动性较好，是一种具有较好应用前景的热塑性弹性体。但由于 NR 与 PP 的相容性较差，共混时 NR 与 PP 两相界面间的黏结强度较差，制备的 NR/PP 共混型热塑性弹性体力学性能不佳。李志君等[116]研究了马来酸酐/苯乙烯(MAH/St)多单体熔融接枝 NR[NR-g-(MAH-co-St)]对纳米二氧化硅改性天然橡胶/聚丙烯动态硫化共混型热塑性弹性体(NR/PP TPV)力学性能的影响。研究结果表明，纳米二氧化硅的质量分数为 3% 时，NR-g-(MAH-co-St)通过改善纳米二氧化硅分散的均匀性和细化交联 NR 分散相，使 NR 与 PP 两相的相容性得到明显改善，两相界面结合强度明显提高，NR/PP/纳米二氧化硅 TPV 的力学性能提高。

Ismail 等[123]将天然橡胶接枝马来酸酐作为纸浆填充天然橡胶复合材料的相容剂，研究了其对纸浆填充天然橡胶复合材料固化特性、动态性能以及力学性能等的影响。发现在相同纸浆填充量下，加入马来酐接枝天然橡胶后复合材料焦烧时间和固化时间延长，拉伸模量增大，橡胶与纸浆之间的相互作用增大。

Nakason 等[124]还制备了天然橡胶接枝马来酸酐与聚甲基丙烯酸甲酯(PMMA)反应共混物，体系剪切应力和剪切黏度先是随着共混组分中天然橡胶接枝马来酸酐的增多而增大，天然橡胶接枝马来酸酐质量分数超过 60% 后体系剪切应力和剪切黏度反而随着天然橡胶接枝马来酸酐的增多而降低。酸酐含量越多，天然橡胶接枝马来酸酐与 PMMA 界面间的化学作用越大，PMMA 在天然橡胶中的相畴越细。类似地，Nakason 等[125]还研究了天然橡胶接枝马来酸酐与聚丙烯(PP)共混体系流变的行为特征。

上海交通大学曾铮等[126]研究了天然橡胶接枝马来酸酐对纤维素纤维增强天然橡胶复合材料体系的增容作用。结果表明，添加了天然橡胶接枝马来酸酐的纤维增强天然橡胶硫化胶的物理机械性能，尤其是定伸应力比未添加接枝物的硫化胶有明显提高，应力弛豫程度减小。Phromnedatch 等[127]采用熔融接枝方法制备天然橡胶与马来酸酐的接枝共聚物，并用其来提高 NR 与稻壳粉和甘蔗渣灰之间的界面黏合。Cao 等[128]发现天然橡胶接枝马来酸酐在回收 LDPE/NR/红麻纤维粉体系中可起到良好的偶联作用。

（2）废天然胶粉改性

随着废旧橡胶的逐年增多，人们对于如何合理利用这一宝贵的二次资源并消除环境污染做了大量的研究，目前回收利用的方式主要有用作路基或燃料、热分解制造油料及炭黑等、脱硫制成再生胶、粉碎成胶粉等，其中废胶粉最具研究价值。大连理工大学的宋宏等[129]曾用马来酸酐改性"废胎面胶粉(GRT)"来制备具有较高断裂强度和良好加工性能的活化胶粉。他们先将 GRT 快速解聚破坏其网状结构，然后与马来酸酐反应制成表面发亮、手感柔软的活化胶粉。这种活化胶粉在开炼机上一次成片，易包辊而不黏辊，无须长时间塑炼，配合剂易加入，并能与其他生胶任意混炼，有利于 GRT 与其他新胶料的并用。

Pramani 等[130]在研究废胎面胶粉(GRT)填充线性低密度聚乙烯(LLDPE)时发现，GRT 的加入会导致体系抗冲击性能大幅下降，而采用马来酸酐对 GRT 进行改性后，GRT 粒子表面得到活化，橡塑界面黏结得以增强，与 LLDPE 共混后体系熔融黏度和抗冲击性能均有明显提高。Naskap 等[131]对 GRT 填充高密度聚乙烯/三元乙丙橡胶(HDPE/EPDM)动态硫化体系的研究也得到类似的结论：GRT 中残余的氧化锌可与改性 GRT 的马来酸酐反应生成盐，马来酸酐分支主要以离子形式存在，形成可在 60℃ 下离解的离子束。马来酸酐改性的 GRT

填充 HDPE/EPDM 体系的力学性能优于未处理 GRT 填充体系。

此外，Tripathy 等[132] 在 Morin 等[133] 发明的 GRT"高温高压烧结技术（High-Pressure High-Temperature Sintering）"的基础上，先用少量马来酸酐或其他有机化合物对 GRT 进行改性处理，再在不加任何其他胶料或黏合助剂的情况下，采用 200℃ 的高温和 8.5MPa 的高压将改性后的 GRT 直接烧结成块状实体，烧结产物可保持原弹性体力学性能的 70% 以上，与未经处理的 GRT 在同样条件下的烧结产物相比，力学性能提高近一倍，使得完全用废胶粉来制备具有较好力学性能的橡胶制品成为可能。

4.9.3　添加结构改性剂

能催化异戊二烯生成高顺式异戊橡胶的催化剂体系主要有锂系、钛系和稀土催化体系等。稀土异戊橡胶与传统的钛系及锂系异戊橡胶相比，其催化活性高，催化剂用量少，灰分残留较少；聚合物分子量高，顺式含量高，呈线性结构，凝胶含量少；三价钕较稳定，对橡胶性能影响较小。因此，稀土催化异戊橡胶逐步成了研究的热点。稀土异戊橡胶面临的主要问题是胶液黏度太大，严重阻碍了胶液在反应釜内的流动。以新癸酸钕（Nd）/一氯二乙基铝（Cl）/三异丁基铝（Al）为引发体系，采用功能化的含异戊二烯结构单元的液体低聚物作为结构改性剂 A（支化剂），与异戊二烯单体在稀土钕系催化体系下共聚制备出支化聚合物。主要研究了结构改性剂用量对聚合活性、聚合产物特性黏数及溶液动力黏度的影响，期望通过支化改性的方法达到降低胶液黏度的目的。

在曹堃[11] 等的研究中，采用功能化的含异戊二烯结构单元的液体低聚物作为结构改性剂，随结构改性剂用量的增加，单体转化率整体呈现降低的趋势，这主要是由结构改性剂中的杂质引起的，用量不大于 4% 时，转化率降低不明显；用量不大于 6% 时，特性黏数呈现先增加后降低的趋势，而添加到 8% 时，特性黏数在转化率较低的情况下突然升高。加入结构改性剂 A 后，聚合物溶液动力黏度较空白样有所下降。与特性黏数变化规律不同，在结构改性剂 A 用量不大于 4% 时，产物特性黏数较空白样有所升高；结构改性剂加入量为 6% 时，溶液动力黏度最低；当用量增加到 8% 时，动力黏度上升。

关于结构改性剂，还有以下发现：随结构改性剂加入量的增多，产物分子量分布逐渐变宽，重均分子量稍有下降；加入结构改性剂后，通过结构改性剂共聚法可以支化改性稀土异戊橡胶；随着结构改性剂用量的增加，聚合产物的 1,4 结构略有下降，3,4 结构略有增加，但 1,4 结构含量都在 98% 以上。

30mL 聚合瓶实验中，在 NdV-Al(Et)$_2$Cl-Al(i-Bu)$_3$ 体系中，加入结构改性剂对聚异戊二烯进行支化改性。在结构改性剂用量不大于 8% 时，随结构改性剂用量增加，聚合活性、产物特性黏数及旋转黏度逐渐降低，并且在结构改性剂用量为 6% 时动力黏度达到最低。随着结构改性剂用量的增加，产物微观结构及重均分子量变化不大，分子量分布逐渐变宽。加入支化改性剂后，产物支化因子小于 1，显示有支化聚合物生成。

3L 聚合釜实验中，保持 Nd/IP=3×10^{-4}，Al/Nd=30，Cl/Nd=2.5，反应 5h 后，产物转化率基本保持不变，凝胶含量小于 0.5%。随着结构改性剂 A 用量的增加，产物特性黏数及旋转黏度逐渐减小，数均分子量及重均分子量呈上升趋势，加入结构改性剂 A 后，产物有支化结构存在。产物微观结构仍为高 1,4 结构，保持了原有的立构规整性[11]。

4.9.3.1 陈化方式对改性的影响

稀土催化体系中，催化剂的陈化方式对聚合反应有着相当重要的影响。陈化方式不同，对催化剂相态、催化能力、催化活性以及聚合产物的分子、分子量分布、凝胶含量等都有一定影响。Porri 等的研究显示，在催化剂陈化过程中，共轭二烯的参与有利于形成 π-烯丙基钕化合物，这比无单体陈化时形成的 σ 键更稳定，抵抗杂质能力提升，可显著提高催化剂活性。

曹堃等[11]分别以异戊二烯单体(IP)及丁二烯结构单元的结构改性剂 B 为第四组分参与催化剂陈化，以加氢汽油为溶剂在聚合实验中研究了不同催化剂用量及陈化方式下，结构改性剂 B 加入量对异戊二烯聚合活性、产物特性黏数、动力黏度及分子量分布的影响。实验采用了三种陈化方式，分别为(IP+Al+Cl)+Nd、(IP+Al+Nd)+Cl、(B+Al+Nd)+Cl。

（1）（IP+Al+Cl）+Nd 陈化方式

实验以 IP 为催化剂第四组分。将安瓿瓶在烘烤下反复抽真空冲氮气后，在 50℃下，首先将一定量的 IP[IP/Nd(mole ratio)=10]加入安瓿瓶，后依次加入 Al、Cl，此时体系呈均相，无色。将 IP、Nd、Al 陈化 3min 后加入 Nd 在 50℃下继续陈化 30min。加入 Nd 后，体系先由 Nd 的紫红色变为淡蓝色，而后渐渐变为茶黄色，稍显浑浊。根据 Porri 等的研究，这主要是由 IP 加入后，Nd—C 键由 σ 键转变为 π-烯丙基键导致的颜色变化。

（2）（IP+Al+Nd）+Cl 陈化方式

实验以 IP 为催化剂第四组分。将安瓿瓶处理后，依次加入 IP(IP/Nd 摩尔比=10)、Al、Nd，催化剂溶液由 Nd 的紫红色渐渐变为清澈的茶绿色。于 50℃下陈化 3min 后，加入 Cl，在相同温度下继续陈化 30min，颜色及相态均未发生变化。

（3）（B+Al+Nd）+Cl 陈化方式

先将 Nd 与 Al 陈化，后加入 Cl 陈化往往能得到均相催化剂，其溶解性好，反应温和易控制，在工业生产中得到广泛应用。实验以结构改性剂 B 为第四组分，改变其加入方式，将其与催化剂各组分进行共陈化，研究结构改性剂 B 参与陈化时，其用量对聚合活性及聚合产物性能的影响。

通过以上的实验得出：①在陈化中加入 IP 进行共陈化，在(IP+Al+Cl)+Nd，t_{aging}=3min+30min，T_{aging}=50℃的陈化方式下，陈化液呈现浑浊的茶黄色，Nd/IP=1.6×10^{-4}时就具有较高的活性。结构改性剂 B 的加入活性稍有影响，转化率保持在 85%以上。特性黏数及重均分子量随结构改性剂 B 用量的增加有所上升，溶液黏度有所下降。在(IP+Al+Nd)+Cl，t_{aging}=3min+30min，T_{aging}=50℃的陈化方式下，结构改性剂 B 的加入对产物转化率及特性黏数影响不大，当 W_B/W_{IP}=1%时聚合物溶液动力黏度稍有上升。②结构改性剂 B 代替 IP 参与陈化时，对聚合活性影响较大。当 Nd/IP=1.6×10^{-4}时，转化率不过 50%。随着结构改性剂 B 用量的增加，产物转化率、特性黏数、动力黏度均呈下降趋势。当 Nd/IP=3.0×10^{-4}时，产物转化率较高，随结构改性剂 B 用量的增加，产物转化率、特性黏数、重均分子量呈上升趋势，显示了良好的转化效果，聚合物溶液的动力黏度均呈下降趋势。

4.9.3.2　陈化方式及结构改性剂种类对产物性能的影响

曹埜等[11]将所用 A、B 结构改性剂分别与催化剂进行陈化和直接放入异戊二烯加氢汽油溶液中，研究不同加入方式及不同结构改性剂对产物性能及催化剂活性的影响。

（1）结构改性剂加入量对催化剂活性及产物性能的影响

将反应釜抽空冲氮气处理 3 次后，将水温设定为 50℃，依次加入异戊二烯汽油溶液、催化剂，产物的转化率及特性黏数如表 4-21 所示。在催化剂用量为 Nd/IP = 3.0×10⁻⁴时，结构改性剂的引入对聚合物转化率影响不大，聚合 5h 后，转化率均在 95% 以上。除结构改性剂 B 直接加入异戊二烯汽油溶液中和结构改性剂 A 加到催化剂中陈化时聚合产物特性黏数较空白样高外，其他聚合条件下，产物特性黏数均较空白样低。同时可以发现，与聚合管实验规律相同，当把结构改性剂 B 加入催化剂中参与陈化时，聚合物特性黏数较低。但将结构改性剂 B 加入异戊二烯汽油溶液中进行聚合实验时，产物特性黏数最大。原因可能是将结构改性剂 B 与催化剂陈化后，由于此时结构改性剂 B 浓度较高，催化剂预先与结构改性剂 B 发生了反应，而当结构改性剂 B 加入汽油溶液中时，由于体系中既存在异戊二烯单体，又存在结构改性剂 B，导致支化过度，产物特性黏数较高。

表 4-21　结构改性剂的加入对产物转化率及特性黏数的影响

序号	WB/WIP	WA/WIP	转化率/%	[η]
a	0%	0%	98.2	5.78
b	2%	0%	95.2	6.91
c	2%	0%	96.3	4.53
d	0%	2%	98.4	4.81
e	0%	2%	98.7	6.55
f	2%	1%	99.9	5.60

注：[IP] = 1.4g/10mL，Al/Nd = 30，Cl/Nd = 2.5，Nd/IP = 3×10⁻⁴，陈化方式：（Al+Nd）+Cl，t_{aging} = 0.5h+1h，T_{aging} = 30℃，T = 50℃，t = 5h。

b—将结构改性剂 B 直接加入釜内与异戊二烯加氢汽油混合。

c—将结构改性剂 B 与 Nd 混合，与 Al、Cl 陈化，与催化剂一同加入反应釜。

d—结构改性剂 A 加入方式同 b。

e—结构改性剂 A 加入方式同 c。

（2）结构改性剂加入量对聚合物溶液动力黏度的影响

产物动力黏度如图 4-10 所示。由于产物特性黏数规律相同，结构改性剂 B 直接加入异戊二烯汽油溶液中和结构改性剂 A 加到催化剂中陈化时动力黏度较高。

对结构改性剂种类及加入方式进行研究，显示在异戊二烯加氢汽油溶液中添加结构改性剂 B 后，产物特性黏数及动力黏度明显高于空白样及其他聚合产物，推测可能有微凝产生。将结构改性剂 B 与催化剂陈化后，所得产物溶液动力黏度及特性黏数降低明显，低于其他聚合产物。三联检测器 GPC 测试显示，相同分子量下，其聚合产物黏度较低，具有一定的支化度。

对酯化聚异戊二烯进行物理性能测试，发现加入结构改性剂的种类及添加方式对混炼胶门尼黏度及硫化特性影响不大。加入结构改性剂后，硫化胶力学强度均有所上升，与支化聚合物的应变硬化现象相符，证明加入结构改性剂后有支化结构生成。耐老化性能测试显示，将结构改性剂 B 与催化剂陈化后，聚合产物具有良好的耐老化性能，推测可能部分老化发生在聚合物支链，对硫化胶整体力学性能影响不大。流变特性测试显示，加入结构改性剂 A、B 后，产物黏流活化能整体较空白样高，符合支化聚合物特征。对生胶的力学动态性能进行测试发现，加入结构改性剂后，产物储能模量较空白样高，损耗因子较空白样低，符合

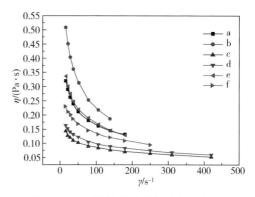

图 4-10　不同结构改性剂及加入方式
对产物动力黏度的影响

支化聚合物的应变硬化特性。将结构改性剂 B 加入异戊二烯加氢汽油溶液中时，产物损耗因子较小，力学性能较好。

4.9.4　添加聚合物改性

天然橡胶在室温下具有优异的机械性能和黏接性能，被广泛用作各种弹性材料。但天然橡胶分子构型单一而规整，在较低温度下，容易结晶，分子链高度定向排列使硫化胶弹性下降，模量大幅度提高，不能满足较低温度下的使用要求[134]。

为改善天然橡胶因低温结晶而引起的性能下降，曾在天然橡胶中加入低温性能优异的顺丁橡胶进行共混改性，同时在天然橡胶中加入长链脂肪酸酯类增塑剂，改善其低温性能[135]，在此基础上分析硫化体系对硫化胶低温性能影响。通过理论分析及大量试验研究，在天然橡胶低温改性方面取得较大进展，研制低温改性天然橡胶在−30~50℃范围内保持良好的弹性，剪切模量基本不变，取得了良好的使用效果[136]。在−35℃左右，低温改性的天然橡胶开始变硬，并逐渐失去弹性，其剪切模量急剧上升，无法满足使用要求。

中国科学院应用化学研究所研制的稀土丁异戊橡胶(Nd−BIR)共聚物中，少量的异戊二烯链节降低了顺丁橡胶的结晶能力，使共聚物呈现更好的耐低温性能。当共聚物组成在 BD/IP＝80/20 左右时，共聚物耐低温性能出现最佳值，其玻璃化转变温度可达−104℃，耐寒性能接近硅橡胶。因此采用稀土丁异戊橡胶(Nd−BIR)共聚物代替顺丁橡胶进行天然橡胶低温改性，同时分析稀土丁异戊橡胶改性天然橡胶在−40~50℃范围内的剪切性能及其与其他材料的黏接性能，希望通过丁异戊橡胶对天然橡胶的改性，使材料性能满足−40℃甚至在更低温度下的使用要求。

将异戊橡胶与其他合成橡胶并用，或添加各种结晶性聚合物也是很有意义的改性方法。除了与顺丁橡胶、丁苯橡胶并用制造性能优良四季适用的轮胎外，与卤化丁基橡胶、氯磺化聚乙烯等并用都能达到改性的效果。在异戊橡胶中加入适量的反式聚异戊二烯、反式聚戊烯、低压聚乙烯和热塑性弹性体等也能改进某些性能。如乙烯基丁二烯类的热塑性弹性体共混制得适宜制作轮胎的新型材料，具有良好的耐湿滑和低滚动阻力性能。

余慧琴等[136]在异戊橡胶的改性研究中对硫化胶室温性能(硫化胶力学性能、剪切行为分析以及与其他材料的黏接性能)、高温性能、低温性能进行了探究。经过改性后，天然橡胶低温性能得到显著提升。

4.9.4.1 硫化胶的室温性能

(1) 硫化胶的力学性能

稀土丁异戊橡胶(BD/IP=80/20)共聚物拉伸强度很低，无法单独使用，将其与天然橡胶共混，以提高材料的加工行为和硫化胶的拉伸性能。表4-22为稀土丁异戊橡胶改性天然橡胶与顺丁橡胶改性天然橡胶基本力学性能的对比结果。由表4-22可知，两者的力学性能基本相当。

表4-22 两种橡胶改性天然橡胶硫化胶的基本性能

种 类	拉伸强度/MPa	拉断伸长率/%	拉断永久变形/%	剪切模量/MPa	剪切强度/MPa
丁异戊橡胶改性的 NR	13.5	75.2	12	0.27	3.6
顺丁橡胶改性的 NR	12.5	70.5	8	0.28	3.9

注：剪切模量系指剪切力为343N时，剪切应力与剪切应变的比值。

(2) 剪切行为分析

图4-11和图4-12分别为稀土丁异戊橡胶改性天然橡胶及顺丁橡胶改性天然橡胶在剪切过程中剪切强度(τ)与剪切应变(γ)、剪切模量(G)与剪切应变(γ)的关系。从图4-11和图4-12中，可以看出两者的形状基本上是一致的，说明在室温下两者的剪切行为是相近的，在剪切应变为100%~350%之间，剪切模量是趋于定值，随后剪切模量又逐渐增大。

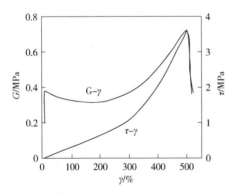

图4-11 稀土丁异戊橡胶改性天然橡胶剪切性能　　图4-12 顺丁橡胶改性天然橡胶剪切性能

(3) 与其他材料的黏接性能

将改性天然橡胶硫化胶作为弹性材料使用时，它与其他刚性材料的黏接性能是非常重要的指标之一。在此着重对两种改性天然橡胶硫化胶与金属黏接性能进行比较。采用橡胶增韧环氧胶黏合剂对改性天然橡胶硫化胶与金属进行黏接，其黏接性能见表4-23。改性天然橡胶黏接试样破坏形式均为橡胶内聚破坏，说明两种改性天然橡胶黏接性能相近，稀土丁异戊橡胶对硫化胶的黏接性能基本没有影响。

表 4-23　改性天然橡胶与金属室温黏接性能

种　类	拉伸剪切强度/MPa	破坏形式
丁异戊橡胶改性 NR	5.4	橡胶内聚破坏
顺丁异戊橡胶改性 NR	5.6	橡胶内聚破坏

4.9.4.2　硫化胶的高温性能

将改性天然橡胶作为弹性材料使用时，其最高温度为 50℃，对稀土丁异戊橡胶改性天然橡胶在 50℃和室温下的剪切性能进行比较，以便为配方设计提供参考依据。

研究数据表明，与室温力学性能相比，丁异戊橡胶改性天然橡胶在 50℃下剪切模量变化较小，但剪切强度明显下降，这是由于改性天然橡胶在 343N 较小剪切力下，温度对剪切应变影响不大；随着剪切过程的继续进行，天然橡胶因受热造成裂解，橡胶分子链缩短，最终导致剪切强度明显下降，该结果与顺丁橡胶改性天然橡胶在 50℃下性能变化趋势一致。50℃下，丁异戊橡胶改性天然橡胶硫化胶与金属的黏接（拉伸剪切）试样破坏形式均为橡胶内聚破坏，拉伸剪切强度值反映的是橡胶本体强度，其变化趋势与改性天然橡胶的剪切强度变化趋势一致。

4.9.4.3　硫化胶的低温性能

对改性天然橡胶分别进行-30℃、-40℃长时间低温贮存，并在低温环境下对其剪切性能进行测试结果发现：顺丁橡胶改性天然橡胶在-30℃到室温之间剪切模量几乎没有发生变化，且剪切性能数据离散性小，但在-40℃下，剪切模量陡然增加，这是由于天然橡胶与顺丁橡胶机械共混后，宏观上天然橡胶与顺丁橡胶呈分散状态，但从微观上看分子仍呈现规整性，天然橡胶和顺丁橡胶随着温度的降低，其结晶趋势加剧，在-35℃时开始变硬（已从构件试验得到证明），-40℃时的剪切模量达到 2.09MPa，是室温剪切模量的 6 倍，因此顺丁橡胶改性天然橡胶不能满足-35℃以下温度条件的使用要求。丁异戊橡胶改性天然橡胶低温性能却比较理想，其剪切模量变化趋势与硅橡胶基本一致，-40℃时剪切模量仅比室温下提高 25%，说明稀土丁异戊橡胶共聚物能有效抑制天然橡胶硫化胶的结晶化作用，明显改善了天然橡胶硫化胶-40℃的剪切性能。

在探究丁异戊橡胶改性天然橡胶-40℃和室温下的剪切模量与剪切应变关系时，在 350%以下，剪切模量变化几乎一样，之后随着剪切应变的进一步增加，-40℃曲线剪切模量快速增加。将改性天然橡胶作为弹性材料使用，其剪切应变值在 200% 左右，因此-40℃下，丁异戊橡胶改性天然橡胶能满足使用要求。

实验表明：①两种改性天然橡胶室温力学性能和黏接性能相近，满足弹性材料在室温下的使用要求；②两种改性天然橡胶 50℃下剪切性能相近；③稀土丁异戊橡胶改性天然橡胶在-40℃保温 2h 后，其剪切模量与室温下的相比变化小，满足弹性材料在-40℃下的使用要求，具有比顺丁橡胶改性天然橡胶更低的使用温度范围[136]。

橡胶的并用或橡塑的共混都是当前橡胶工业生产的重要技术内容。在生产实际中，已很少采用单个橡胶制造橡胶制品，而多采用橡胶品种的并用方式，制得性能良好、成本低廉的橡胶制品。橡胶与塑料共混制造橡胶制品，更是当前橡胶工业生产的重要发展方向之一。橡胶与塑料共混后，也就实现了塑料对橡胶的改性作用，显著地改善了橡胶制品的物理化学性质及机械性能。

　　一种抗滴落、热塑化的橡胶接枝共聚物及其制备方法，共聚物具有由核层和壳层组成的核壳结构，核层为聚（四氟乙烯-接枝-丁二烯），并且核层呈纳米级的两相互穿网络结构，壳层为由甲基丙烯酸烷基酯、苯乙烯和丙烯腈中至少一种单体聚合而成的聚合物层；壳层的质量与核层的质量之比为（30～50）：（70～50）；共聚物的制备原料包括聚四氟乙烯乳液、丁二烯单体、甲基丙烯酸烷基酯单体、苯乙烯单体和丙烯腈单体，其中聚四氟乙烯乳液与丁二烯单体的质量比例为（25～75）：（75～25）。相对于现有技术，本发明中，聚四氟乙烯能够在塑料中均匀分布，而且该橡胶接枝共聚物具有增韧性好、低温韧性好、耐候性好、抗滴落性好、相容性好等优点[78]。

参　考　文　献

[1] 吕红梅，白晨曦，蔡小平. 稀土异戊橡胶研究进展[J]. 弹性体，2009，19(1)：61-64.

[2] 张茜. 基于原子力显微镜及色谱分析技术的橡胶及其复合材料的多尺度表征[D]. 北京：北京化工大学，2019.

[3] 李殿军. 稀土异戊橡胶溶液聚合工艺工程的研究[D]. 北京：北京化工大学，2012.

[4] 沈之荃，龚仲元，仲崇祺，等. 稀土化合物在定向聚合中的催化活性[J]. 科学通报，1964(04)：335-336.

[5] 沈之荃，龚仲元，欧阳均. 稀土化合物在定向聚合中的催化活性——Ⅱ. 稀土螯合物与三烷基铝组成的均相体系对丁二烯定向聚合的催化活性[J]. 高分子学报，1965，7(3).

[6] 张一烽，倪旭峰，李俊菲，等. 丁二烯气相聚合的负载型稀土催化剂研究[J]. 高等学校化学学报，2003，24(8)：4.

[7] 沈之荃，张一烽，刘青，等. 丁二烯气相聚合稀土催化剂的组成及制备方法：CN1084337C[P]. 2002-05-08.

[8] 张桂荣. 稀土催化剂异戊二烯聚合工程研究[D]. 上海：华东理工大学，2013.

[9] 王佛松，沈之荃，沙人玉，等. 异戊二烯在稀土引发剂作用下顺式定向聚合的某些规律[G]//稀土催化合成橡胶文集. 北京：科学出版社，1980：100-112.

[10] 朱行浩，乔玉芹，韩东霓. 稀土催化异戊二烯聚合动力学的研究[J]. 高分子通讯，1984(03)：207-213.

[11] HSIEH H L, YEH H C. Polymerization of butadiene and isoprene with lanthanide catalysts：characterization and properties of homopolymers and copolymers[J]. Rubber Chemistry & Technology，1985，58(1)：117-145.

[12] 虞乐舜，戴行浩，牟道兴. 聚合釜生产能力的强化[J]. 合成橡胶工业，1986(4)：4-7.

[13] 曹堃. 结构改性稀土钕系聚异戊二烯橡胶的研究[D]. 青岛科技大学，2018.

[14] 吴世逮，崔广军. 稀土催化剂在聚异戊二烯橡胶生产中的工业应用[J]. 广东石油化工学院学报，2012，22(01)：1-4.

[15] Gschneidner K A, Bunzli J-C G, Pecharsky V K. Handbook on the physics and chemistry of rare earths：Vol

34[M]. Elsevier, 2005.

[16] Miyatake T, Mizunuma K, Kakugo M. Ti complex catalysts including thiobisphenoxy group as a ligand for olefin polymerization[J]. Makromolekulare Chemie. Macromolecular Symposia. Wiley Online Library, 1993.

[17] 王佛松，沙人玉，金应泰，等. 镧系元素化合物在异戊二烯聚合中的催化活性[J]. 中国科学，1979，22(12)：1181-1186.

[18] Evans W J, Giarikos D G, Allen N T. Polymerization of Isoprene by a Single Component Lanthanide Catalyst Precursor[J]. Macromolecules, 2003, 36(12)：4256-4257.

[19] 齐淑珍，高学琴，肖树辉，等. 苯钕络合物的合成及其对丁二烯聚合的催化活性[J]. 应用化学，1986(01)：63-65.

[20] Wilson D J. A rare earth catalyst system for the polymerization of 1,3-butadiene：the effect of different carboxylates[J]. Polymer, 1993, 34(16)：3504-3508.

[21] Mello I L, Delpech M C, Coutinho F M B, et al. Viscometric study of high-*cis* polybutadiene in toluene solution[J]. Journal of the Brazilian Chemical Society, 2006, 17(1)：194-199.

[22] Mazzei A. Synthesis of polydienes of controlled tacticity with new catalytic systems[J]. Die Makromolekulare Chemie, 1981, 4(S19811)：61-72.

[23] Taube R, Schmidt U, Gehrke J P, et al. New mechanistic aspects and structure activity relationships in the allyl nickel complex catalysed butadiene polymerization[J]. Macromolecular Symposia, 1993, 66(1)：245-260.

[24] Yasuda H, Ihara E. Rare Earth Metal-Initiated Living Polymerizations of Polar and Nonpolar Monomers[J]. Journal of Macromolecular Science Part A：Chemistry, 2006, 34(10)：1929-1944.

[25] Suzuki M, Murakami M, Okamoto N, et al. Catalyst for polymerization of conjugated diene and method of polymerization conjugated diene using the catalyst，rubber composition for tires，and rubber composition for golf balls：US2009105401A1[P]. 2009-04-23.

[26] Wilson D J. A Nd-carboxylate catalyst for the polymerization of 1,3-butadiene：The effect of alkylaluminums and alkylaluminum chlorides[J]. Journal of Polymer Science Part A：Polymer Chemistry, 1995, 33(14)：2505-2513.

[27] Monakov Y B, Duvakina, N V, Ionova I A. Polymerization of butadiene with a halogen-containing trans-regulating neodymium-magnesium catalytic system in the presence of carbon tetrachloride[J]. Polymer Science Series B, 2008, 50(5)：134-138.

[28] Jenkins, Derek Keith. Catalyst for the polymerisation of conjugated dienes：EP0091287B1[P]. 1987-09-16.

[29] 项曙光，王继叶. 稀土异戊橡胶催化剂工业技术进展[J]. 青岛科技大学学报(自然科学版)，2016，37(04)：355-359.

[30] Eyring L G, Karl A Lander GH. Handbook on the physics and chemistry of rare earths：Vol 32[M]. Elsevier, 2002.

[31] 陈文启，王佛松. 稀土络合催化合成橡胶[J]. 中国科学(B辑：化学)，2009，39(10)：1006-1027.

[32] 张杰，李传清，谭金枚，等. 钕系均相稀土催化剂、其制备方法及其应用：CN102532355B[P]. 2014-11-12.

[33] 欧阳均. 稀土催化剂与聚合[M]. 吉林：吉林科学技术出版社，1991.

[34] Gao W, Cui D M. Highly *cis*-1,4 selective polymerization of dienes with homogeneous Ziegler-Natta catalysts

based on NCN-pincer rareearth metal dichioride precursors[J]. Journal of the AmericanChemical Society, 2008, 130(14): 4984-4991.

[35] Lv K, Cui D. CCC-pincer bis(carbene)lanthanide dibromides catalysis on highlycis-1,4-selective polymerization of isoprene andactive species[J]. Organometallics, 2010, 29(13): 2987-2993.

[36] Pan Y, Xu T Q, Yang G W, et al. Bis(oxazolinyl)phenyl-ligated rare-earth-metal complexes: Highly regioselective catalysts for cis-1,4-polymerization of isoprene[J]. Inorg Chem, 2013, 52(6): 2802-2808.

[37] Zhang J S, Hao Z Q, Gao W, et al. Y, Lu, and Gd complexes of NCO/NCS pincer ligands: Synthesis, characterization, and catalysisin the cis-1,4-selective polymerization of isoprene[J]. Chem Asian, 2013, 8(9): 2079-2087.

[38] Zhang L X, Suzuki T, Luo Y, et al. Cationicalkyl rare-earth metal complexes bearing an ancillary bis(phosphinophenyl)amido ligand: Acatalyticsystem for living cis-1,4-polymerization and copolymerization of isoprene and butadiene[J]. Angew Chem Int Edit, 2007, 46(11): 1909-1913.

[39] 崔冬梅, 刘东涛, 高伟, 等. 异戊二烯或丁二烯顺-1,4选择性聚合的催化体系及制法和用法: CN101260164A[P]. 2008-09-10.

[40] Dong W, Masuda T. Homogeneous neodymium iso-propoxide/modified methylaluminoxane catalyst for isoprene polymerization[J]. Polymer, 2003, 44(5): 1561-1567.

[41] 董为民, 杨继华, 逄束芬, 等. 芳烃试剂对稀土催化异戊二烯聚合的影响[J]. 石油炼制与化工, 2001(01): 29-32.

[42] 李桂连, 董为民, 姜连升, 等. 改性甲基铝氧烷和烷基铝活化的新癸酸钕催化剂催化异戊二烯聚合[J]. 催化学报, 2005(10): 879-883.

[43] 本刊编辑部. 一种制备稀土异戊橡胶催化剂的方法[J]. 橡胶科技, 2019, 17(09): 534.

[44] P·劳布里. 合成聚异戊二烯及其制备方法: CN1479754A[P]. 2004-03-03.

[45] 安东尼奥·卡伯纳罗, 多米尼科·弗尔拉罗. 异戊二烯的聚合方法: CN86103812A[P]. 1986-12-03.

[46] 崔冬梅, 高伟. 催化异戊二烯或丁二烯顺-1,4选择性聚合的稀土催化剂: CN101186663A[P]. 2008-05-28.

[47] 张学全, 范长亮, 董为民, 等. 高顺式, 低分子量, 窄分子量分布聚异戊二烯及其制备方法: CN101492514A[P]. 2009-07-29.

[48] 崔冬梅, 刘东涛, 高伟, 等. 异戊二烯或丁二烯顺-1,4选择性聚合的催化体系及制法和用法: CN101260164B[P]. 2010-12-22.

[49] 虞志光. 高聚物分子量及其分布的测定[M]. 上海: 上海科学技术出版社, 1984.

[50] McKinstry P H, Barnhart R R. Elastomeric composition having reduced Mooney viscosity: US04192790A[P]. 1980-03-11.

[51] 杨全运, 符永胜. 天然橡胶门尼黏度的调控技术[J]. 热带农业工程, 2003(2): 13-15.

[52] Evans W J, Champagne T M. Giarikos D G, et al. Lanthanide metallocene reactivity with dialkyl aluminum chlorides: modeling reactions used to generate isoprene polymerization catalysts[J]. Organometallics, 2005, 24(4): 570-579.

[53] Kwag G, Kin P, Han S, et al. Ultra high cis polybutadiene by monomeric neodymium catalyst and its tensile and dynamic properties[J]. Polymer, 2005, 46(11): 3782-3788.

[54] Shen Z Q, Ouyang J, Wang F S, et al. The characteristics of lanthanide coordination catalysts and the cis-

polydienes prepared therewith[J]. Journal of Polymer Science：Polymer Chemistry，1980(12).

[55] Jang Y C, Kwag G H, Kim A J, et al. Process for preparing polybutadiene using catalyst with high activity：US06136931A[P]. 2000-10-24.

[56] Kobayashi E, Hayashi N, Aoshima S, et al. Copolymerization of dienes with neodymium tricarboxylate-based catalysts and *cis*-polymerization mechanism of dienes[J]. Journal of Polymer Science Part A：Polymer Chemistry，1998，36(11)：1707-1716.

[57] 中国科学院长春应用化学研究所第四研究室. 稀土催化合成橡胶文集[G]. 北京：科学出版社，1980.

[58] Ricci G, Boffa G, Porri L. Polymerization of 1,3-dialkenes with neodymium catalysts. Some remarks on the influence of the solvent[J]. Die Makromolekulare Chemie，Rapid Communications，1986，7(6)：355-359.

[59] 董为民，李桂连，柳希春，等. 制备聚异戊二烯的稀土催化剂及制法和制备聚异戊二烯的方法：CN101045768A[P]. 2007-10-03.

[60] Oehme A G, Gebauer U, Gehrke K, et al. The influence of the catalyst preparation on the homo-and copolymerization of butadiene and isoprene[J]. Macromolecular Chemistry Physics，1994，195(12)：3773-3781.

[61] Mello I L, Coutinho F M B. Effect of aging conditions of neodymium-based catalysts on *cis*-1,4 polymerization of butadiene[J]. Journal of Applied Polymer Science，2009，112(3)：1496-1502.

[62] Quirk R P, Yunlu K, Cuif JP. Butadiene polymerization using neodymium versatate-based catalysts：catalyst optimization and effects of water and excess versatic acid[J]. Polymer，2000，41(15)：5903-5908.

[63] Friebe L M, Julia M, Nuyken, et al. Comparison of the solvents *n*-hexane, *tert*-butyl benzene and toluene in the polymerization of 1,3-butadiene with the Ziegler catalyst system neodymium versatate/diisobutylaluminum hydride/ethylaluminum sesquichloride[J]. Journal of Macromolecular Science Part A：Pure Applied Chemistry，2006，43(6)：841-854.

[64] 杨彩云，郑玉莲，龚志，等. 某些聚合条件对稀土异戊橡胶的分子结构和性能的影响[J]. 合成橡胶工业，1987(05)：333-338.

[65] 崔凤魁. 我国镍系顺丁橡胶聚合过程的工程分析及其改进：Ⅰ. 釜式反应器聚合工艺[J]. 合成橡胶工业，1992(03)：135-138.

[66] 戴干策，茅仁杰. BR 生产中首釜浆型选择问题的探讨[J]. 合成橡胶工业，1990，013(005)：305-309.

[67] 陈雄. 聚合釜搅拌器的选型及技术改造[J]. 维纶通讯，2012，32(2)：4.

[68] 单云凤. 顺丁聚合反应工程存在问题及改进方向[J]. 石化技术，1989(2)：117-124.

[69] 于敏晶. 聚合釜螺带式搅拌器改造[J]. 化工机械，2010(002)：037.

[70] 刘姜，田原，王福民，等. 稀土异戊橡胶聚合工艺分析[J]. 弹性体，2014，24(5)：5.

[71] 赵爽. 环氧化稀土异戊橡胶的制备及结构性能研究[D]. 大连：大连海事大学，2013.

[72] 王毅. 稀土异戊橡胶凝聚技术研究[D]. 上海：华东理工大学，2013.

[73] 虞旻，韩方煜. 内通冷剂的螺旋搅拌反应器及其用途和聚合反应工艺方法：CN101091901A[P]. 2007-12-26.

[74] 虞乐舜，韩方煜. 一种聚合物溶液汽提凝聚分离方法及其装置：CN101314086A[P]. 2008-12-03.

[75] 虞旻，韩方煜. 聚合物溶液汽提凝聚分离装置及其分离方法：CN101054447A[P]. 2007-10-17.

[76] 严修隆. 顺丁橡胶单釜凝聚设备的改进[J]. 合成橡胶工业, 1982(04)：266-268.

[77] 王继叶, 项曙光, 虞乐舜. 异戊橡胶研究热点及国内生产提高方向浅析[J]. 合成橡胶工业, 2015, 38(01)：2-7.

[78] 虞旻, 韩方煜. 溶液聚合法生产聚合物工艺过程中溶剂和未反应单体的回收利用方法：CN101045798A[P]. 2007-10-03.

[79] 赵多山. 顺丁橡胶压差式双釜凝聚工艺[J]. 合成橡胶工业, 1986(05)：318-322.

[80] 袁永根, 谢善航, 张光明, 等. 顺丁橡胶的装备技术[J]. 合成橡胶工业, 1993(01)：53-57.

[81] 张永玲. 国外合成橡胶生产工艺的近期发展[J]. 合成橡胶工业, 1984(01)：1-8.

[82] 王明军. 顺丁橡胶凝聚节能降耗技术探讨[J]. 炼油与化工, 2006(3)：18-21, 61-62.

[83] 贺卉昌, 蔡江伟, 杨虎龙. 溶液聚合橡胶的凝聚节能降耗技术[J]. 合成橡胶工业, 2009, 32(06)：443-448.

[84] 黄健, 于进军, 李立新. 溶液聚合橡胶凝聚节能理论[J]. 合成橡胶工业, 2001(01)：9-10.

[85] 王彬, 万志强, 李义章, 等. 顺丁橡胶凝聚节能与降耗的理论探讨[J]. 合成橡胶工业, 2008(06)：411-413.

[86] 王福民, 赵彦强, 杨金胜, 等. 稀土异戊橡胶工业化生产中溶剂和单体的回收精制方法：CN104629082A[P]. 2015-05-20.

[87] 何丽霞, 刘光烨, 刘福胜. 用马来酸酐接枝改性稀土异戊橡胶[J]. 合成橡胶工业, 2019, 42(04)：260-265.

[88] 王永富. 环氧化SIS合成工艺及可控黏接研究[D]. 北京：北京化工大学, 2010.

[89] 何兰珍, 杨丹. 环氧化天然橡胶的研究与应用[J]. 弹性体, 2005(05)：63-68.

[90] 环氧化天然橡胶研制成功[J]. 弹性体, 1992(02)：47.

[91] 姚似玉, 黄素娟. 天然橡胶的环氧化改性与表征[J]. 高分子材料科学与工程, 1994, 10(5)：5.

[92] 杨科珂, 孙红, 李瑞霞. 天然橡胶的环氧化反应[J]. 四川大学学报(自然科学版), 1999, 36(1)：166-168.

[93] 蔡小平, 王玉瑛. 环氧化稀土异戊橡胶的合成[J]. 合成橡胶工业, 1997, 20(5)：3.

[94] 邸明伟. SIS的环氧化反应[J]. 中国胶黏剂, 1999, 8(6)：3.

[95] 李红强, 曾幸荣, 吴伟卿. 苯乙烯-丁二烯-苯乙烯嵌段共聚物的环氧化研究[J]. 弹性体, 2007, 17(3)：5.

[96] 解洪梅. 含双键聚合物的环氧化改性工艺进展[J]. 化工新型材料, 1998, 26(8)：5.

[97] 安悦, 周晓霞, 尹力强. 磷钼杂多酸盐催化作用下的SBS环氧化反应[J]. 辽宁师范大学学报(自然科学版), 2005, 28(4)：3.

[98] 余谋发, 吴维芬, 林国良. 环氧化SBS制备与表征[J]. 厦门大学学报, 2009, 48(2)：246-250.

[99] 丛悦鑫, 刘慧明, 顾明初, 等. 环氧化弹性体的概述[J]. 齐鲁石油化工, 2001(02)：144-147.

[100] 蔡小平, 王玉瑛, 李秀华. 环氧化稀土异戊橡胶的合成[J]. 合成橡胶工业, 1997(05)：44-46.

[101] 李军伟, 李瑞霞, 陈枫, 等. 环氧化SBS研究进展[J]. 合成树脂及塑料, 2004(02)：67-70.

[102] 张新惠, 蔡洪光, 李柏林, 等. 环氧化稀土异戊橡胶的性能[J]. 合成橡胶工业, 1995(05)：302-305.

[103] 董智贤, 周彦豪. 马来酸酐接枝天然橡胶的制备及应用研究[J]. 弹性体, 2010, 20(2)：6.

[104] 刘洪涛, 刘晓洪, 周彦豪. 橡胶化学接枝改性的研究进展[J]. 特种橡胶制品, 2005(03)：58-62.

［105］黄永炎.氯丁橡胶与甲基丙烯酸甲酯接枝聚合胶粘剂的研制［J］.特种橡胶制品，1997（03）：11-13.

［106］马来酸酐和苯乙烯接枝改性对天然橡胶/聚丙烯共混物物理机械性能的影响［J］.合成橡胶工业，2007（01）：20-23.

［107］朱敏.橡胶化学与物理［M］.北京：化学工业出版社，1996.

［108］布赖德森 J A.橡胶化学［M］.北京：化学工业出版社，1985.

［109］董智贤，周彦豪.马来酸酐接枝天然橡胶的制备及应用研究［J］.弹性体，2010，20（2）：10-15.

［110］曾铮，任文坛，徐驰，等.马来酸酐接枝天然橡胶对纤维素纤维增强天然橡胶复合材料的增容作用［J］.合成橡胶工业，2009，32（01）：38-41.

［111］Thames S F, Rahman A, Poole P. The maleinization of low molecular weight guayule rubber［J］. Journal of Applied Polymer Science, 1993, 49（11）：1963-1969.

［112］Nakason C, Kaesaman A, Supasanthitikul P. The grafting of maleic anhydride onto natural rubber［J］. Polymer Testing, 2004, 23（1）：35-41.

［113］赵旭涛，刘大华.合成橡胶工业手册［M］.2版.北京：化学工业出版社，2006.

［114］Saelao J, Phinyocheep P. Influence of styrene on grafting efficiency of maleic anhydride onto natural rubber［J］. Journal of Applied Polymer Science, 2005, 95（1）：28-38.

［115］Nakason C, Kaesaman A, Supasanthitikul P. The grafting of maleic anhydride onto natural rubber［J］. Polymer testing, 2004, 23（1）：35-41.

［116］李志君，魏福庆.NR-g-（MAH-CO-St）对纳米 SiO₂ 改性 NR/PP 共混型热塑性弹性体的影响［J］.弹性体，2004，14（006）：1-5.

［117］Carone Jr E, Kopcak U, Goncalves M, et al. In situ compatibilization of polyamide 6/natural rubber blends with maleic anhydride［J］. Polymer, 2000, 41（15）：5929-5935.

［118］Bacon R, Farmer E. The interaction of maleic anhydride with rubber［J］. Rubber Chemistry Technology, 1939, 12（2）：200-209.

［119］Farmer E H. α-Methylenic reactivity in olefinic and polyolefinic systems［J］. Transactions of the Faraday Society, 1942, 38：340-348.

［120］Pinazzi C, Danjard J, Pautrat R. Addition of unsaturated monomers to rubber and similar polymers［J］. Rubber Chemistry Technology, 1963, 36（1）：282-295.

［121］董智贤，周彦豪，谭丽霞，等.马来酸酐溶液法接枝改性天然橡胶的研究［J］.弹性体，2004，14（5）：1-5.

［122］akason C, Kaesman A, Homsin S, et al. Rheological and curing behavior of reactive blending：Ⅰ. Maleated natural rubber-cassava starch［J］. Journal of Applied Polymer Science, 2001, 81（11）：2803-2813.

［123］Smail H, Rusli A, Rashid A A. Maleated natural rubber as a coupling agent for paper sludge filled natural rubber composites［J］. Polymer testing, 2005, 24（7）：856-862.

［124］Nakason C, Saiwari S, Kaesaman A. Rheological properties of maleated natural rubber/polypropylene blends with phenolic modified polypropylene and polypropylene-g-maleic anhydride compatibilizers［J］. Polymer testing, 2006, 25（3）：413-423.

［125］Nakason C, Saiwaree S, Tatun S, et al. Rheological, thermal and morphological properties of maleated natural rubber and its reactive blending with poly（methyl methacrylate）［J］. Polymer testing, 2006, 25（5）：656-667.

［126］ Zheng Z，Ren W T，Xu C，et al. Maleated natural rubber prepared through mechanochemistry and its coupling effects on natural rubber/cotton fiber composites［J］. Journal of Polymer Research，2010，17(2)：213-219.

［127］ Phrommedetch S，Pattamaprom C. Compatibility improvement of rice husk and bagasse ashes with natural rubber by molten-state maleation［J］. European Journal of Scientific Research，2010，43(3)：411-416.

［128］ Cao X V，Ismail H，Rashid A A，et al. Maleated natural rubber as a coupling agent for recycled high density polyethylene/natural rubber/kenaf powder biocomposites［J］. Polymer-Plastics Technology Engineering，2012，51(9)：904-910.

［129］ 宋宏，董煜. 废橡胶顺酐化的研究［J］. 弹性体，1995，5(4)：4.

［130］ Pramanik P，Baker W. Toughening of ground rubber tire filled thermoplastic compounds using different compatibilizer systems［J］. Plastics，Rubber Composites Processing Appl，1995，4(24)：229-237.

［131］ Naskar A K，De S，Bhowmick A K. Thermoplastic elastomeric composition based on maleic anhydride-grafted ground rubber tire［J］. Journal of Applied Polymer Science，2002，84(2)：370-378.

［132］ Morin J E，Williams D E，Farris R J. A novel method to recycle scrap tires：high-pressure high-temperature sintering［J］. Rubber chemistry technology，2002，75(5)：955-968.

［133］ Tripathy A R，Morin J E，Williams D E，et al. A novel approach to improving the mechanical properties in recycled vulcanized natural rubber and its mechanism［J］. Macromolecules，2002，35(12)：4616-4627.

［134］ 张殿荣，辛振祥. 现代橡胶配方设计［M］. 北京：化学工业出版社，1994.

［135］ 邓本诚. 橡胶并用与橡塑共混技术——性能、工艺与配方［M］. 北京：化学工业出版社，1998.

［136］ 余惠琴，刘晓红，高守超，等. 天然橡胶低温改性试验［J］. 特种橡胶制品，2005，26(1)：3.

第5章 锂系异戊橡胶

1962 年美国壳牌(Shell)化学公司以烷基锂为催化剂首先实现了异戊橡胶的工业化生产，即锂系异戊橡胶(Li-IR)，其中的顺-1,4-聚异戊二烯含量高达 92%~93%，该异戊橡胶装置的生产能力约为 1.8 万 t/a。1963 年美国固特异(Goodyear)公司用四氯化钛与三烷基铝催化剂也实现了异戊橡胶的工业化[1]，即钛系异戊橡胶。

目前只有美国科腾(Kraton)聚合物公司生产锂系异戊橡胶，年产量为 2.5 万 t。锂系异戊橡胶的顺-1,4 结构含量较低，所以一般不用或仅在天然橡胶中添加 20% 生产轮胎。锂系异戊橡胶的突出优点是纯净、无凝胶，其最佳用途是制造医用材料或电路板。我国每年进口锂系异戊橡胶及其制品约 2000t，价格在每吨 3 万元以上，由此可见，锂系异戊橡胶是异戊橡胶中的精细品种。

锂系异戊橡胶基于阴离子聚合原理，以烷基锂为引发剂、异戊二烯为单体聚合生成的一种具有较高规整度的合成橡胶。很早以前人们便已将阴离子用于聚合体系中，但进行深入研究却比较晚。德国人 Harries 和英国人 Strane、Matthews 分别在 1911 年和 1910 年利用钾和钠引发聚合异戊二烯，并得到了异戊二烯聚合物，此聚合物的结构和性能与天然橡胶差别很大；1934 年 Ziegler 及其合作者们对异戊二烯在锂、钠及 R-Li 引发剂体系中的反应进行了深入系统的研究。50 年代初，美国凡士通(Firestone)公司利用锂系催化引发合成了顺-1,4-含量达 90%、结构及性能与天然橡胶相近的聚异戊二烯产品。1956 年 Mswarc 提出了名为活性高分子的概念理论，极大拓展了阴离子聚合的研究广度，促进了阴离子聚合的理论研究及工业化开发向前迈进。20 世纪 50 年代末至 60 年代初，以异戊二烯单体为主要研究对象，Mswarc 及 M. Morton 分别在极性溶剂体系中及非极性溶剂体系中进行了大量的研发工作[2]。

魏邦强等[3]对异戊二烯在正丁基锂/四氢呋喃或四甲基乙二胺/混合环己烷反应体系中的聚合反应进行了研究，考察了引发剂的浓度、反应温度、四氢呋喃或四甲基乙二胺的加入量等聚合反应条件，并考察了各条件对聚合物微观结构及聚合动力学的影响，列出了各反应条件下的聚合动力学方程式，提出了聚异戊二烯中 1,2 结构和 3,4 结构含量与各聚合条件之间的定量关系式。同时还对聚合体系的聚合活性种进行了研究，获得了聚合体系中各聚合活性的动力学参数，探讨了不同活性对聚合反应速率及微观结构的影响。

李扬等[4]对异戊二烯的聚合反应过程及所得聚合物的结构与性能进行了研究，以双卤代烷基锂为引发剂、环己烷为溶剂、四甲基乙二胺为添加剂进行聚合。研究提出了聚合反应速度与引发剂浓度呈 1/2 次方关系，与单体浓度呈线性关系。通过对反应动力学进行的研究，得出异戊二烯单体聚合反应表观活化能 105.1kJ/mol，表观反应速度增长常数 0.98L/(mol·min)。徐其芬[5]以烷基锂为引发剂、二甲苯为溶剂进行了研究，得到了分子量分布达 1.0~1.4，且接近于泊松分布的顺-1,4-聚异戊二烯，该异戊橡胶均匀性良好，能够直接用于生产高分辨率负性光刻胶材料，该研究的提出大大简化并缩短了相关工艺流程。

5.1　聚合反应机理

对于阴离子聚合，若要得到窄分子量分布的聚合物，需满足下列条件：

（1）进行链增长的聚合物链的引发阶段须在瞬间完成，而且引发速率必须远大于链增长速率。在链增长时，不再形成新的引发活性中心。

（2）在聚合反应过程中，反应体系不发生链转移反应和链终止反应。

（3）具备均一性的链引发、链增长过程（引发剂和单体为均相体系），以保证所有的聚合物链同步引发，且以相同的链增长速度进行反应。

当上述三个条件均得到充分满足，确保阴离子聚合反应引发阶段、增长阶段、终止阶段同步进行，这样所有的活性链享有同等的机会去获得单体，与此同时需满足在链增长反应时，不存在导致发生链转移和链终止的杂质，只有这样才能得到窄分子量分布的聚合产物，并可真正设计聚合物的分子量[6]。

环状单体类和非极性的单体是最早被研究开发的，对其阴离子聚合反应的控制较为容易，对它们的研究较深入。相对来说，采用极性单体进行聚合时的难度较大，但因其聚合产物的黏结性、装饰性、耐候性等很好，且转变成水溶性的聚合物比较容易，也受到了越来越多的关注。此外，科研工作者对具官能基单体进行了深入的研究开发，不仅极大地拓宽了活性阴离子聚合的研究范畴，而且可通过分子设计，制备各种所需的功能性高分子聚合物[7,8]。

聚合活性种的稳定性良好、聚合反应速率快、聚合体系较简单是活性阴离子聚合的另一大优势。另外，可选溶剂多、适用的反应温度较广等也促进了阴离子聚合的发展，其中，聚合温度既可在很低的温度下进行（如-78℃），也可选择室温以及更高温度[9]。

锂系异戊橡胶堪称最纯净的聚异戊二烯橡胶，其优点是分子参数、结构可控，单体 100%转化、制品浅色、均匀、微凝胶、纯度高、气味小，并且易于制备功能化聚合物；其缺点是与钛系的 96%~98%和稀土系的 94%~98%相比，锂系的 *cis*-1,4 结构含量偏低，仅为 90%~92%。锂系异戊橡胶是基于阴离子聚合原理，以烷基锂为引发剂、异戊二烯为单体聚合生成的一种具有较高规整度的合成橡胶，链引发反应具体过程如图 5-1 所示，链增长反应具体过程如图 5-2 所示，链终止反应具体过程如图 5-3 所示。

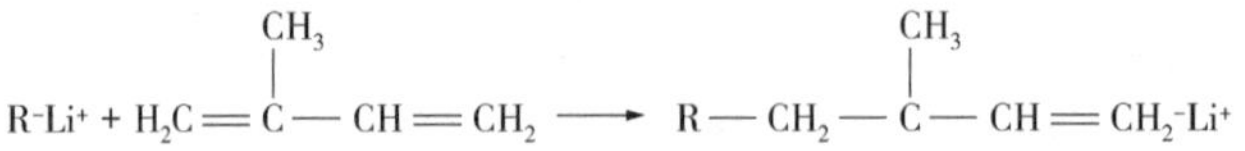

$$R\text{-}Li^+ + H_2C=\overset{\overset{\displaystyle CH_3}{|}}{C}-CH=CH_2 \longrightarrow R-CH_2-\overset{\overset{\displaystyle CH_3}{|}}{C}-CH=CH_2\text{-}Li^+$$

图 5-1　链引发反应

加入水或乙醇等将引发剂破坏即可终止。从理论上来说，异戊二烯单体发生聚合反应时能够得到 1,2-聚异戊二烯、3,4-聚异戊二烯及 1,4-聚异戊二烯三种结构。在 1,4-聚异

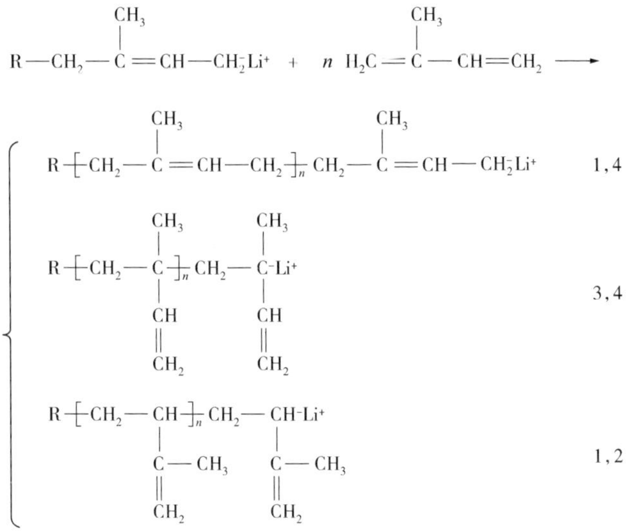

图 5-2　链增长反应

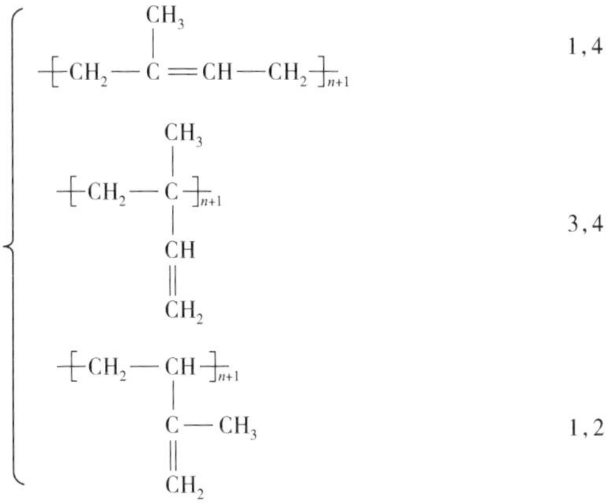

图 5-3　链终止反应

戊二烯结构中又包括顺-1,4-聚异戊二烯及反-1,4-聚异戊二烯。所以采用不同的催化剂体系，合成的异戊橡胶的微观结构中各链节的含量有所不同，但一般说来，所合成的异戊橡胶中基本不含 1,2-聚异戊二烯结构。

　　烃类溶剂中，异戊二烯单体以烷基锂为引发剂进行阴离子聚合，在不存在终止剂及杂质的前提下，聚合仅进行链引发和链增长两个基元反应。反应消耗的单体量直接除以引发剂的摩尔数即可得出聚合物的数均分子量。按 Mark-Hnuwtnk 式进行计算得出聚异戊二烯的特性黏数(ζ)为 6~10。通常情况下，聚合链引发和链增长的反应速率与单体浓度呈一级关系，与引发剂浓度则呈分数(<1)级的反应关系[10]。在 Morton 聚合机理的基础上，金关泰等以正丁基锂(n-butyl lithium，n-BuLi)为引发剂、环己烷为溶剂、四氢呋喃为调节剂，开展了聚异戊二烯微观结构与调节剂用量关系的相关研究，提出了聚合反应机理，具体过程如图 5-4 所示。

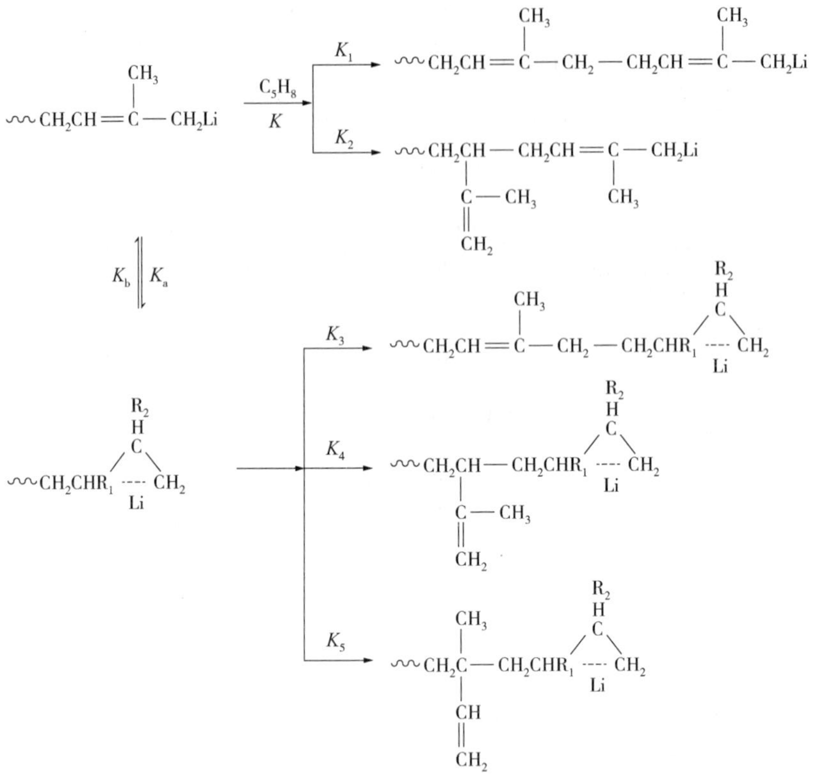

图 5-4　锂系异戊二烯聚合机理

这个机理的特点是：

（1）在非极性溶剂中，活性链末端属于 σ-烯丙基型结构，即定域型；在极性溶剂中，活性链末端属于 π-烯丙基型结构，即离域型；σ- 和 π-烯丙基型加以修正的 σ-烯丙基型、π-烯丙基型活性中心的聚合机理。结构只是在极性溶剂作用下，才呈现热力学平衡状态。

（2）σ-烯丙基型结构在链的增长过程中，除了主要形成 1,4 加成产物外，还形成少量的 1,2 加成产物，以此可以解释在非极性溶剂中往往存在约 10% 含量的 1,2 结构。同样 π-烯丙基结构在与单体进一步聚合时，除了主要形成 1,2 结构外，也形成少量 1,4 结构，这就是在极性添加剂或纯极性溶剂介质中，一般难以获得 100% 的 1,2 结构的原因。

根据上述机理，从质量作用定律出发，可以推导出 1,2 结构含量与极性添加剂用量间的关系，如式（5-1）。

$$\lg\frac{a-b}{a-b_v}-1 = n\lg[\text{THF}]+\lg K' \qquad (5-1)$$

上述方程式除了适用于 THF 作为调节剂的聚合体系外，还用 DME、DOX、Et_2O 等极性添加剂代替 THF 进行验证，具有普适性[11]。人们对异戊二烯的阴离子聚合的理论研究较少，它与丁二烯同属共轭二烯烃，从机理上讲有相似之处，但由于异戊二烯有一个取代基（—CH_3），这使聚合反应和聚合物结构又有一些不同。

烃类在溶剂进行聚合增长过程中，α-烯丙基结构的 1,4 加成产物比例占 92.0%～

95.0%，3,4 加成产物比例占 5.0%~8.0%。

在生产方法上，锂系异戊橡胶与锂系聚丁二烯橡胶、SIS、SBS 有着大致类似的合成工艺，同时为使聚合物有较高分子量和较窄的分布宽度，通常应用间歇型聚合釜来生产。与钛系催化剂作比较会发现，锂系引发剂使用极少量就可起到较好的催化效果；引发剂作为单一组分，不存在凝胶、挂胶现象，生产机器和各原料的运送管线不容易被堵住；单体基本反应完全，不必再将单体回收利用；体系内残余引发剂不会对聚合物的性能有干扰，不需要去除引发剂的工艺流程，生产流程较为简便。Li-IR 分子量高且分布窄，不溶胶的含量几近于零，但是它的 *cis*-1,4 链节含量较低，仅为 91%~92%。另外，锂系引发剂遇到杂质极其容易变质同时失去活性，所以所用的各种原料的质量、纯度要严格控制。由于它顺式结构的含量较低，一般和天然橡胶共用来改良它在加工方面的性能。锂催化剂中引入别的化合物如叔胺、CS$_2$ 等，可使聚合物的顺式结构含量大大增加。日本旭化成公司在丁基锂里加入含膦组分，使聚合产物的 *cis*-1,4 链节含量提高，另外胶的性能也得到显著增强；Shell 公司向烷基烃溶液-仲丁基锂反应体系中添加极少的水，使 *cis*-1,4 链节含量增加至 96%，聚合物的各方面性能也大大改善。向丁基锂中加入间二溴苯、三苯基膦可使聚合物的 *cis*-1,4 链节含量升高至 98%。

5.2 引发剂和聚合物结构影响因素

在合成锂系异戊橡胶时，催化剂起到必不可少的作用，其中主要有正丁基锂、环己烷以及四氢呋喃，其中正丁基锂为引发剂、环己烷为溶剂、四氢呋喃为调节剂。影响锂催化异戊橡胶微观结构的因素主要有溶剂种类、引发剂浓度、杂质与温度。

5.2.1 引发剂

阴离子聚合常用的引发剂主要是以丁基锂为代表的锂系引发剂，这是由于锂原子的半径小、电负性比较大，可以使 C—Li 键共价性比较高。根据 C—Li 的疏松程度和各自之间的作用程度，活性中心又可以分为自由离子、疏松离子对、紧密离子对以及各类缔合体。因此碳负离子活性中心的多样性造成了单体进攻速率的快慢和进攻位置或者形式的差异，其结果体现在聚合速率的快慢和微观结构的差别上。阴离子聚合理论上来说是一个无终止、无转移的聚合方法，转化率都可以达到 100%，但是如果活性种在溶液中的存在状态不同，就会使链增长速率差异巨大，表现在宏观上可能就是几秒和几天甚至更长时间；另外，阴离子聚合可以表现出一定的立构规整性，但是相较于配位聚合要差一些。聚合物微观结构的不同会导致材料性能的不同，以及应用领域的不同，即便是相同的聚合条件和相同的单体，或许因为结构调节剂的投料比例不同，所得的材料物理机械性能也可能会大相径庭。因此，基于以上两方面，阴离子聚合反应速率和微观结构控制的重要性不言而喻[12]。

工业生产异戊橡胶，可采用碱金属、碱土金属或者它们的有机化合物催化引发异戊二烯进行聚合[13]。金属锂的很多有机化合物均能溶于有机溶剂，因此可以采用均相有机锂引发体系进行引发，对体系的计量和进料也比较有利。同时有机锂催化体系引发速度适中、聚合均匀，工业生产广泛采用该体系。

有机锂引发体系又分为有机单锂、有机双锂和有机多锂。在合成多嵌段或特殊结构的异戊橡胶产品时，有机双锂和有机多锂引发体系具有很强的优势，但有机双锂和有机多锂引发体系合成不易且储存困难，因此只有有机单锂具有工业化价值，有机单锂引发体系中，正丁基锂最为常用[14]。

Li-IR 的合成以烷基锂为引发剂，合成出的 IR 分子量和微观结构易于控制，可以制备不同 3,4 结构含量、不同 cis-1,4 结构含量的 IR，而且基于阴离子聚合机理的反应易于制备立构的嵌段聚合物，也可通过偶联技术制备微观结构不同的星形 IR。除此之外，单体转化率高也是阴离子聚合一个突出的优点，由于单体 100% 转化，因此无须进行单体回收，在简化工业化生产流程的同时也提高了产品的纯度，其余优点还包括聚合物无凝胶、引发剂活性高、无须水洗脱灰分等。

但目前工业化的锂系 IR 的 cis-1,4 结构含量偏低，因此，提高锂系 IR 的 cis-1,4 结构含量也成为科学工作者们急需解决的难题。令人鼓舞的是，目前国内这方面的研究工作也已取得了一定的成绩[15]。

5.2.2 聚合影响因素

锂系异戊橡胶的聚合机理为阴离子聚合，可通过改变反应温度、添加剂等方便调控聚合物的结构。使用合适的聚合体系和聚合方法可调控聚合产物中各种结构的含量和分布。以烷基锂为催化剂，进行反应时的聚合温度、单体纯度、引发剂的种类和剂量、溶剂的种类和特性、调节剂的类型和使用量等都会对所得产物的微观组成产生影响[16]。

影响锂催化异戊橡胶微观结构的因素主要有溶剂种类、引发剂浓度、杂质与温度，单体和烃类溶剂的纯度是影响烷基锂引发异戊橡胶的聚合反应方向的最重要的因素。具有供电子性质的物质即使含量甚微，也会降低引发剂作用的立构选择性。溶剂的种类不仅影响聚合反应速度，而且影响聚合物的微观结构。采用脂肪烃溶剂有利于提高顺-1,4-聚异戊二烯的含量。加入极性溶剂，如醚或胺，可提高 3,4-聚异戊二烯含量。此外，加入总体积 10% 的四氢呋喃，可将 3,4-聚异戊二烯含量提高至 60% 以上。一般在本体聚合或用脂族烃为溶剂所得聚合物的顺式结构含量高于芳烃溶剂体系的产物。有机锂化合物中的烷基性质不影响 IR 的微观结构。引发剂的浓度直接影响聚合物的分子量及微观结构。在烷基锂催化剂的浓度非常低、异戊二烯单体纯度非常高的理想情况下，烷基锂催化剂所合成的聚异戊橡胶，其顺-1,4-聚异戊二烯结构的含量可高达 98%。催化剂浓度降低，则反-1,4-聚异戊二烯与 3,4-聚异戊二烯结构的含量亦降低，顺-1,4-聚异戊二烯结构的含量增加。当烷基锂的浓度仅 0.008mmol/L 时，产品的顺-1,4-聚异戊二烯含量达 97%，不含反-1,4-聚异戊二烯，3,4-聚异戊二烯结构含量 3%。低聚合温度亦有利于提高顺-1,4-聚异戊二烯的含量。

（1）聚合反应溶剂

环己烷溶剂也选用工业级环己烷，使用前用活化的分子筛浸泡，再用高纯度氮气脱氧，使水含量和氧含量均小于 $10\mu g/g$。

溶剂的极性对聚合物微观结构的影响极大。非极性烃类溶剂的性质对聚异戊二烯的微观结构影响并不大，此类溶剂中得到的聚合物1,4链节含量高。从两种溶剂的对比情况来看，在3,4结构含量相同的条件下，选用环己烷作为溶剂合成的聚异戊橡胶顺-1,4结构含量较高，但用极性溶剂将导致聚合物中3,4链节以及1,2链节增加[17~19]，如表5-1所示。

表5-1 溶剂性质对聚合物链节结构的影响

溶 剂	cis-1,4结构/%	trans-1,4结构/%	1,2结构/%	3,4结构/%
正庚烷	93	0	0	7
环己烷	94	0	0	6
苯	93	0	0	7
乙醚	0	49	4	47
二氧六环	0	35	16	49
四氢呋喃	0	30	16	54
丁硫醚	62	0	0	38
三丁胺	0	55	1	44
二苯醚	82	0	0	18
苯甲醚	66	0	0	34

（2）引发温度

反应温度对所得产物的结构也有一定关系，在非极性溶剂如环己烷中，无调节剂时，反应温度下降，所得聚合物的顺-1,4链节含量增多；当体系中含有调节剂时，产物的顺-1,4链节含量随聚合温度的提高而增多，温度越高，顺-1,4含量越高。

对不同引发温度下异戊二烯聚合反应过程热效应进行研究，结果如图5-5所示。可见引发温度越高，放热峰出现的时间越早，达到最大值所需时间缩短放热越集中，峰顶温度升高。

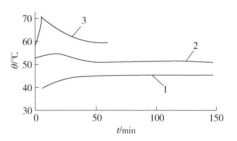

图5-5 不同引发温度时的热效应
引发温度：1—40℃；2—50℃；3—60℃

使用环己烷作为溶剂，考察引发温度对聚合物顺-1,4结构含量的影响。由表5-2可以看出，随着引发温度的降低，聚合物3,4结构含量逐渐减少，顺-1,4结构含量逐渐升高；引发温度从70℃降低到55℃时，聚合物顺-1,4结构质量分数从73.8%上升为76.4%，顺-1,4结构质量分数增加3.5%。也就是说，单纯通过调节引发温度不能使聚合物顺-1,4结构质量分数达到90%以上。

表5-2 环己烷作为溶剂时引发温度对聚合物顺-1,4结构含量的影响

项 目	试样1	试样2	试样3
引发温度/℃	55	60	70
3,4结构质量分数/%	6.0	6.2	6.9
反-1,4结构质量分数/%	17.6	18.5	19.4
顺-1,4结构质量分数/%	76.4	75.3	73.8

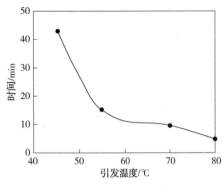

图 5-6　引发温度对聚合时间的影响

（3）聚合时间

较低的引发温度有利于顺-1,4 结构的生成，同时也使聚合时间延长。从图 5-6 可以看出，使用正丁基锂作为引发剂、引发温度为 45℃ 时，聚合时间超过 40min。要在低温条件下反应速率较快、合成顺-1,4 结构含量较高的聚合物，应使用仲丁基锂等引发速度较快的引发剂。

（4）单体浓度

有机锂引发剂的含量是影响聚合物微观结构的重要因素，在相对分子质量保持不变的情况下，降低单体含量是降低反应体系引发剂含量的方法之一[20]。在单体含量不同的条件下，考察了聚合物顺-1,4 结构的含量。从表 5-3 可知，随着单体含量的提高，聚合物 3,4 结构含量增加，顺-1,4 结构含量下降，即单体含量较低有利于顺-1,4 结构的生成。

表 5-3　单体含量对聚合物顺-1,4 结构含量的影响

项　目	试样 1	试样 2	试样 3
单体质量分数/%	10	7	5
3,4 结构质量分数/%	6.2	6.0	5.5
反-1,4 结构质量分数/%	18.5	17.3	16.3
顺-1,4 结构质量分数/%	75.3	76.6	78.2

（5）相对分子质量

在单体含量保持不变的情况下，增加聚合物的相对分子质量是降低反应体系引发剂含量的另一种方法。从表 5-4 可知，随着聚合物相对分子质量的增加，聚合物 3,4 结构含量下降，顺-1,4 结构含量增加，即高相对分子质量有利于顺-1,4 结构的生成。

表 5-4　聚合物相对分子质量对微观结构的影响

项　目	试样 1	试样 2	试样 3
相对分子质量×10^{-4}	42.7	68.3	81.7
3,4 结构质量分数/%	6.9	6.2	4.6
反-1,4 结构质量分数/%	19.4	14.2	8.5
顺-1,4 结构质量分数/%	73.8	79.7	86.9

（6）聚合单体纯度

单体的纯度直接影响聚合的质量，如果异戊二烯单体中含有一定的杂质、硫、氯、水和氧气，则会消耗掉一部分的引发剂，使得涉及的分子量变大、分子量分布变宽，甚至反应不发生。但纯度越高原料价格也越昂贵。以异戊二烯为原料的聚合物的发展，主要取决于是否能找到生产廉价异戊二烯单体的方法，以降低成本。

原料路线广、制备方法多是异戊二烯来源的特点[14]，已实行工业化的原料提纯分离的

方法有：美国的 Enjay 化学公司及 Goodrich Tire & Rubber、日本瑞翁公司和德国的 BASF 公司等采用的溶剂抽提法；俄罗斯采用的异戊烷脱氢法；美国 Shell Chemical 发展的异戊烯脱氢法；日本、德国、法国等采用的异丁烯-甲醛合成法；意大利 SNAM 公司采用的乙炔-丙酮合成法等。

各种提纯制备异戊二烯方法的技术指标大致相近，具体选用哪一种方法要视各国的资源及技术条件而定。在主要采用轻质油为裂解原料的美国和俄罗斯，副产物很少，异戊二烯的生产以脱氢法和合成法为主；而用重质油为裂解原料的西欧和日本，溶剂抽提法是生产异戊二烯的主要方法；意大利有丰富的天然气资源，加之用甲烷生产乙炔及由丙烯和苯生产苯酚和丙酮的方法均已实现工业生产，炼油能力有限，所以采用炔酮法，据称用此法生产的异戊二烯的价格可与丁二烯相比。由此可见，各国采用适合本国资源以及技术状况的异戊二烯单体生产技术可以有效降低异戊二烯的生产成本。

（7）引发剂浓度

根据文献[21]，随着引发剂浓度的增加，聚异戊二烯中顺-1,4 结构含量降低，反-1,4 结构含量增加，3,4 结构含量略有增加，通过减少引发剂用量可得顺-1,4 链节含量高达 97%的产物。

Charles 等[22]用微量水作为仲丁基锂引发剂的改性剂，由此体系引发合成的聚异戊二烯顺-1,4 结构含量大于 96%，水和仲丁基锂的摩尔比为 0.105/1，聚合在 50℃下反应 4h；在不加水的情况下，顺-1,4 结构含量为 88%。William J 等[23]使用三苯基磷、1,3-二溴苯与正丁基锂的反应产物作为异戊二烯聚合的引发剂，1,3-二溴苯与三苯基磷的摩尔量比为 2~4、1,3-二溴苯与正丁基锂的摩尔量比为 1~1.5，制备引发剂的温度为 50℃，时间为 2h。在聚合反应之前向反应容器中加入环己烷，并充氮气排气 5min，然后注入单体和引发剂，保持温度为 70℃，反应 3h，得到的聚异戊二烯顺-1,4 结构含量可以达到 98%；若引发剂中不含三苯基磷，则聚异戊二烯的顺-1,4 结构含量能够达到 94%，但如果预先把三苯基磷加入单体中，顺-1,4 结构含量只为 86%。

科腾公司有多篇专利[24,25]提到顺式异戊橡胶的聚合是以烷基锂为引发剂、烷烃为溶剂，在 25~100℃（最优温度是约 50℃），反应所加引发剂的量为 0.3~2.0mmol/mol（IP）。催化剂对单体的摩尔比率越小，所得聚合物的顺-1,4 链节含量越高，相对平均分子量越高，聚合产物越黏，一般其最低添加量为 0.03mmol。目前科腾公司给出的报告指出，所用正丁基锂的量为体系中总添加物（指反应单体和所用溶剂）使用量的百万分之几。

5.2.3 结构调节剂

阴离子聚合反应过程中，通常用到各类调节剂，它们是调控合成反应较常用且很有效的手段。调节剂在聚合反应中有提高（或降低）活性种的活性、增加（或降低）反应速率、控制所得聚合物的微观结构和共聚反应的竞聚率等各方面作用。向非极性溶剂中添加适合的调节剂可调控所得产物的微观结构且效果较好，该方法有希望使研究者获得所期望微观结构的产物。研究发现，加入调节剂可对阴离子聚合起到各种作用。全方面结合各种调节剂的作用，科研工作者提出含醚键的物质（如 THF）是比较理想的一种添加剂[26]。另外，胺类物质也有比较好的调节效果[27]。在胺类物质中，四甲基乙二胺(TMEDA)最常用作调节剂来调节 PI 的微观结构[28]。

它们大多为含非碳原子的极性化合物。较常用的调节剂有冠醚、穴醚、二氧六环(DUX)、二甲氧型乙烷(DME)、叔丁氯基钾(t-BuOK)以及 1,4-二氯苯双环[2,2,2]辛烷(DAB2CO)、2,2′-双-(4,4,6-三甲基-1,3-二氯六环)(DIDIOX)等。

5.2.3.1 结构调节剂的分类

传统的调节剂通常是带有极性的化合物，又常被称为配伍体，主要可分为以下几类：

(1) σ-型配伍体

该类调节剂主要指的是一些分子中含有杂原子(如氧、氮、硫、磷等)的极性物质(即一些供电子的路易斯碱类)。依据添加剂调节作用的差别，通常分为 3 类[29]：①线型醚类化合物、部分叔胺类化合物(像乙醚)。该种添加剂的主要特征为，当催化剂用量比其添加量少时，才可产生使二烯烃类中乙烯基的量增多的效果，故它的调控作用并不大。其缺点是取代基体积较大时，对应的调节能力大大降低。②环醚类(如 THF)、环胺类(如 DABCO)等。与两个线性的分子相比，两个环状的分子与碳-锂键更易结合，所以该类调节剂使用较少即可有很好调节效果。③含双螯的物质(如 2G、TMEDA 等)。该种化合物几何结构比较特别，对产物有更加有效的调控作用，使用极少量就可有较好的调节效果，具体见表 5-5。

表 5-5 不同极性调节剂对阴离子聚合产物微观结构的影响[30~35]

调节剂	$n(\text{Ai}):n(\text{BuLi})$	温度/℃	1,2 结构含量/%
二苯醚[b]	120	50	10.5
三乙胺[b]	30	30	21.4
乙醚[b]	20	30	31
DOX[a]	10	35	36.2
THF[b]	5	30	44.0
DABCO[b]	3	30	41.0
HMPTA[a]	2	30	60.5
t-BuOK[a]	1	30	48.0
DME[a]	1	30	68.5
TMEDA[b]	1	30	73.3
2G[a]	1	30	83.0
二哌啶乙烷[b]	1	30	98.7
DIDIOX[b]	0.6	5	96.0

注：(1)a 溶剂是 cyclohexane，b 溶剂为 n-hexane；(2)聚合体系为 Bd/n-BuLi。

以上三种极性调节剂的共同点是反应的温度越高，其相应的调节能力越弱。另外，随着调节能力的增强，其受温度的影响越明显。

按照对于 σ-型配伍体的定义来说，还有一些应用于阴离子聚合领域新开发的新型化合物也可以归为此类。此类化合物具有极高的微观结构调节能力，故被称为高效调节剂。

Halasa 等采用二哌啶乙烷得到 1,2 结构近乎 100% 的聚丁二烯；另外，吗啉类极性调节剂也有较高的调节能力；一些不饱和重氮化合物对于二烯烃的调节效果也是非常显著的，有的可以加宽产物分子量的分布，增加橡胶的加工性能。最常见的如 1,5-二氮杂双环[5,4,0]-5-十一碳烯(DBU)等[36]。

(2) μ-型配伍体

主要包括无机盐金属卤化物和烷氧基盐类。烷氧基盐类(如 ROK)一般可以作为溶聚丁苯的无规化调节剂使用[37]。无机盐主要是指锂系盐类，它们一般用在极性单体的聚合中，可以提高阴离子活性中心的稳定性，减少副反应的产生。但是在纯甲苯溶剂中，氯化锂并不能有效阻止丙烯酸酯类的副反应。此外，这种金属氯化物对极性单体聚合的立构选择性不产生明显的影响。烷氧基锂可以和活性种结合，调节链结构的规整性，提高活性种活性(例如 MeOtBu 的加入可以使甲基丙烯酸甲酯的聚合温度从 -78℃ 提高到 20℃ 左右，其调节效果是非常显著的[38]。

(3) σ/μ 型配伍体

这是一种在其分子结构中既有 σ-型又有 μ-型整合原子或基团的双配伍体。该类配伍体的络合能力要比单独的 σ-型或者 μ-型强许多。它们既可以用在极性单体的阴离子聚合中，也可以用在非极性单体的聚合中。这类调节剂中，既有仅含多个氧原子的配伍体，如四氢呋喃醇盐(如 THFA-ONa)等[39]，也有含氮、氧两种原子的调节剂，例如

$$Li—O—CH_2—CH_2—N—CH_2—CH_2—N—CH_3$$ 和 $$Li—O—CH_2—CH_2—N—CH_3$$
（CH₃、CH₃、CH₃ 支链略）

除了以上几种传统的极性调节体系外，还有一些调节剂不属于上述极性调节剂的范畴，例如：包括烷基铝、烷基硼在内的路易斯酸类，它们对于一些极性单体的聚合有显著效果；用于双烯烃微观结构调整的结构调节剂有间溴苯、烷基腈类、二硫化碳、溴代正丁烷等，壳牌公司的专利数据显示这类结构调节剂可以使锂系双烯烃的顺-1,4 结构达到 96% 以上，但是对于体系活性有降低作用[40]。在阴离子聚合体系中，除了对一元调节体系的研究外，二元甚至多元调节体系也在飞速发展中，对于这种复合调节体系的设计思想便是集合两种或者多种调节体系的优势，取长补短，在控制微观结构的同时使得反应速率达到可接受的程度。

5.2.3.2 结构调节剂的应用

杨性坤等[41]研究了在阴离子聚合体系中加入结构调节剂二氧六环(DOX)后聚异戊二烯的微观结构。实验发现，随着聚合温度的升高，聚异戊二烯的 3,4 结构含量会有所降低，在同一聚合温度下，3,4 结构含量随 DOX 加入量的增加而提高，当 DOX 加入量减少时，顺-1,4结构含量升高，聚合温度升高，顺-1,4 结构含量也随之增加；当 DOX/Li<10、聚合温度为 50℃ 时，顺-1,4 结构含量很容易就能达到 90% 以上。

程珏等[42]探索了在 20~50℃ 下，在 n-BuLi、环己烷体系内，加入 THF 对 IP 聚合所得产物微观结构的影响。结果表明，随反应温度升高，聚合物生成更少的 3,4 链节；温度不变，随 THF 用量增多，使得产物生成更多 3,4 链节。当 $R=n(THF)/n(n$-BuLi$)>12$ 时，才

会生成 1,2 结构，聚合温度越高，生成 1,2 链节时的 R 值越大，随 R 值升高，1,2 链节含量增多。此外，程珏等还探索了异戊二烯阴离子聚合规律，其合成的聚异戊二烯顺-1,4 结构含量可达到 92%~95%，此时的聚合反应温度仅为 20~30℃[43]。

陈国忠等[44]考察了在环己烷中，用正丁基锂催化 IP 单体阴离子聚合的过程中，加入二苯基二甲氧基硅烷(DDS)对聚合反应产生的影响。实验表明，加入二苯基二甲氧基硅烷可使引发剂活性和效率提高，也可调控聚合物的顺-1,4 结构含量，当 $n(DDS)/n(n-BuLi)=0.6$ 时，调节效果最好，产物的顺-1,4 链节含量高于 86%。

Ayano 等[45]以萘基锂为引发剂、环己烷为溶剂、THF 作调节剂合成聚异戊二烯，所得产物的 3,4 结构含量高达 93%。Hellermann 等[46]用不对称醚作添加剂，用二乙烯基苯(DVB)作为偶联剂进行 3,4-IR 的合成，聚合物 3,4 结构含量可达 80% 以上。Halasa 等[47,48]采用不同结构的叔胺作为极性调节剂对 IR 的 3,4 结构进行调节，以 n-BuLi 为引发剂，在 30~70℃下引发聚合，通过调节叔胺的加入比例，所得产物中 3,4 结构含量可以控制在 85%~90%，随着叔胺用量的增加，3,4 结构含量也随之增加。

日本旭化成公司在丁基锂里加入含膦组分，使聚合产物的顺-1,4 链节含量提高，胶的性能也得到显著增强；Shell 公司向烷基烃溶液-仲丁基锂反应体系中添加极少的水，使顺-1,4 链节含量增加至 96%，聚合物的各方面性能也大大改善。向丁基锂中加入间二溴苯、三苯基膦可获得聚合物的顺-1,4 链节含量升高至 98%[49]。

金关泰[50]在环己烷/n-BuLi/IP 聚合体系中，加入不同量的 THF，考察不同温度下聚异戊二烯微观结构随添加剂用量的变化情况，如表 5-6 至表 5-8 所示。

表 5-6 30℃时 PI 中微观结构含量与 Al/Li 的关系

Ai/Li	3,4-/%	1,2-/%	1,4-/%
0	6.2	0	93.8
6	23.6	0	76.5
12	36.3	2	61.7
25	46.3	4.9	51.2
64	—	—	—
81	60.9	9.9	29.2
163	67.2	—	14.7
252	—	—	—
纯 THF	—	—	3.5

表 5-7 40℃时 PI 中微观结构含量与 Al/Li 的关系

Ai/Li	3,4-/%	1,2-/%	1,4-/%
0	7	0	93
6	20.5	0	79.5
12	30	0	70
25	37.3	0	62.7

Ai/Li	3,4-/%	1,2-/%	1,4-/%
64	52.3	7.5	40.2
81	—	—	—
163	—	—	—
252	67.8	17	13.7
纯 THF	—	—	7.6

表 5-8　50℃时 PI 中微观结构含量与 Al/Li 的关系

Ai/Li	3,4-%	1,2-%	1,4-%
0	7.2	0	92.8
6	18.2	0	81.8
12	25.9	0	74.1
25	—	—	—
64	—	—	—
81	48.8	6.6	44.4
163	56.8	11.5	31.7
252	—	—	—
纯 THF	—	—	7.6

从以上表可以看出：

（1）在非极性溶剂中，聚异戊二烯中大部分为 1,4 结构，但也有 6%～8% 的 3,4 结构存在。

（2）以 THF 为添加剂时随 Ai/Li（R 值）的增加，3,4 结构含量逐渐增加；尤其是当 R 增加到一定值时（如 30℃时约为 10，50℃时约为 25），聚异戊二烯中会出现 1,2 结构，且随 R 值继续增加，1,2 结构含量也增加。

（3）TMEDA 是阴离子聚合中常用的一种胺类添加剂。DAVIDJAN[5] 的研究表明在 IP 的阴离子聚合中，加入 TMEDA 能显著提高 PI 中 3,4 结构含量，当 T/Li≈4 时，基本达到一平稳状态。

Allan[52] 等在环己烷溶剂中，加入齐聚异戊二烯单体（齐聚度为 10），引发聚合 IP 单体并加入不同量的 TMEDA（T/Li 为 0～2），分析结果表明：

（1）在非极性溶剂中加入 TMEDA，能提高 PI 中 3,4 结构的含量。在 T/Li 为 1～2 时，总 3,4 结构接近 70%；当 R 值达到 1 后，聚合物中 3,4 结构的含量基本不再随 TMEDA 加入量的增大而改变。

（2）聚合物中存在顺反异构化。魏强邦认为这是因为活性末端的稳定构型在类溶剂与在加有一定量的 TMEDA 的溶剂中不同。

由此可见，各研究者的所得结果都表明，当 TMEDA 的加入量（R 值）达到一定值时，聚异戊二烯中 3,4 结构、1,2 结构的含量基本不再随 R 值变化，但各研究者所得的具体 R 值有一定的分歧。

Kiyoshi Endo 等[53]对一系列胺类物质影响聚异戊二烯微观结构的效果做了较为细致的研究工作，其研究结果如表 5-9 所示。

表 5-9   以 sec-BuLi 为引发剂，0℃时 TMDAA 对 P 聚合的影响

TMDAA	n	1,2-	3,4-	cis-1,4	$trans$-1,4
TMDAM	1	10.6	52.5	17.6	19.3
TMEDA	2	28	59.7	5.0	7.3
TMDAP	3	33.3	59.0	3.1	4.6
TMDAB	4	8.6	47.9	20.8	22.7
TMDAH	6	7.8	48.3	22.6	21.3

注：（1）[IP] = 2.0mol/L，[sec-BuLi] = 0.02molL，TMDAA/sec-BuLi = 1。

（2）n 为 $(CH_3)_2N(CH_2)_nN(CH_3)_2$ 中的亚甲基数目。

研究者发现，TMDAA（N，N，N'，N'-tetramethyldianinoalkanes）调节聚合物微观结构的能力受 TMDAA 中亚甲基数目的影响较大。依据 TMDAA 中亚甲基数目的不同，异戊二烯聚合体系中将有两种主要的活性种，亚甲基的数目将导致两种活性种相对量的变化，而两种不同的活性种中心分别有利于不同聚合物微观结构的形成，因此 TMDAA 中亚甲基的数目将直接影响它对聚合物的调节效果。这一假定能较好地解释其实验结果，但不能给出有力的理论证明，其具体原因有待进一步的探讨。

AF Halasa 等[54]研究发现 alkyl tetrafurfuryl ether（ATE）类添加剂是一类综合性能较好的添加剂，见表 5-10。

表 5-10   以 sec-BuLi 为引发剂，不同添加剂对聚异戊二烯结构的影响

调节剂	调节剂/Li	1,4-/%	3,4-/%	1,2-/%
MTE[81]	1	62	37	1
MTE	2	48	49	3
MTE	3	42	54	4
MTE	5	36	58	6
MTE	10	30	63	7
ETE[81]	1	60	37	0
ETE	2	41	52	3
ETE	3	37	57	7
ETE	5	31	64	6
ETE	10	24	66	5
BTE[81]	1	58	40	2
BTE	2	45	52	3
BTE	3	39	57	4
BTE	5	33	62	5

调节剂	调节剂/Li	1,4-/%	3,4-/%	1,2-/%
BTE	10	29	64	7
$CH_3—O—(CH_2)_2—O—C(CH_3)_3$[82]	5	11	81	8
$CH_3—CH_2—O—(CH_2)_2—O—C(CH_3)_3$[82]	5	11	81	8
$CH_3—CH_2—O—(CH_2)_2—O—C(CH_3)_3$	10	6	85	9
$CH_3—CH_2—O—(CH_2)_2—O—C(CH_3)_3$	5	11	81	8
$CH_3—CH_2—O—(CH_2)_2—O—C(CH_3)_3$	10	6	85	9
Et—O—$(CH_2)_2$—O—But[82]	5	9	82	9
Et—O—$(CH_2)_2$—O—But	10	6	84	10

双醚是一种调节能力较强的添加剂，研究表明[55]，以对称结构的双醚(例 2G)作为聚合添加剂时，将导致活性种的失活，并对聚合中的偶联反应产生不利的影响。鉴于此，Hellermann 等[46]改用 R_1—O—CH_2—CH_2—O—R(分子中 R_1、R 是不同的基团)作为异戊二烯聚合时的添加剂，结果表明在[添加剂]/[引发剂]较小时，所得聚异戊二烯中 3,4 和 1,2 结构的含量就较高。此类添加剂能较好地克服对称双醚的不足。

应用传统的醛、胺类等 Lewis 碱作异戊二烯阴离子聚合时的添加剂，所得聚合物中 1,2 和 3,4 结构的含量受聚合温度的影响较大，一般情况下随聚合温度的升高而有明显的降低，因此高温聚合条件不利于制得 1,2 和 3,4 结构含量高的聚异戊二烯。而工业化生产中希望在较高的聚合温度下进行聚合反应以达到最大的生产效率。为此，需寻求能较好解决这一矛盾的新型的添加剂。

5.3　工艺流程

锂系异戊橡胶的生产工艺与锂系丁二烯橡胶的聚合工艺相同，可在同一装置上生产。为获得分子量高、分子量分布窄的锂系异戊橡胶，工业上采用间歇聚合法进行生产；因单体转化率高，基本全部反应完毕，可省去单体回收工序。相比钛胶而言，催化剂用量低，可省去胶液水洗脱灰工序，减少了污水处理量。

5.3.1　壳牌公司

壳牌公司的多篇专利[56~60]提到顺-1,4-聚异戊二烯橡胶的合成是采用烷基锂，如丁基锂(正丁基锂或仲丁基锂)、戊基锂为催化剂，环己烷或戊烷为溶剂，于 25~100℃，较佳温度是 50℃左右聚合，所用催化剂数量是 0.3~2.0mmol/mol(异戊二烯)。催化剂对单体的比率越低，顺-1,4-聚异戊二烯的含量越高，分子量越大，黏度也越大，但 0.03mmol/mol 基本为其临界用量，低于此用量，影响不是很大。现科腾公司提供的产品数据中提到，丁基锂的用量是总反应物(总反应物指的是单体加溶剂)的百万分之几，如百万分之四。壳牌专利 US 3065218 中，提供了一种改进型顺-1,4-聚异戊二烯的聚合方法，其是采用碳五脂肪单烯烃含量超过 50%的异戊二烯进行聚合。聚合物含约 90%的顺-1,4-聚异戊二烯结构，反-1,4-聚异戊二烯及 3,4-聚异戊二烯的含量分别是 4%与 6%。壳牌专利 US3454546 中，谈到一种以烷基锂为引发剂，在烷基锂与水反应产物存在下聚异戊二烯的聚合方法，其顺-1,4-聚异戊二烯及成型黏度得到改善，高温拉伸强度提高。该发明是采用一种水与部分烷基锂反应产物改进的烷基锂为催化剂。据推测，其原理是烷基锂与水反应形成氢氧化锂，然后氢氧化锂以较慢的速度与其他烷基锂反应，形成氧化锂。聚合产品的顺-1,4-聚异戊二烯含量大于 96%，特性黏数达到 8.57。在壳牌专利 US3081276/3031424 中，采用充油高顺式聚异戊二烯组成物及其制备方法，在聚异戊二烯溶液中，加入足够的油溶液，得到不同含量的油。这两种溶液完全混合几小时，得到均匀的混合物。然后，将其加到温度 160℃的热水中凝聚。胶粒浮在水面，干燥过程中胶粒保持分散的颗粒状态，在 175℃下干燥 90min。在壳牌专利 3651025 中，提供了一种改进共轭二烯烃聚合的方法。此外，壳牌公司还对异戊二烯单体纯化进行了一些研究。Shell 公司最先采用该技术建成了 1.8 万 t/a 的异戊二烯生产装置，该方法的原料是从炼油厂 C_5 馏分中抽提分离异戊烯，异戊烯催化脱氢，脱氢产物分离精制提纯得异戊二烯产品。

5.3.2　Goodrich 公司

在 Goodrich 的专利[61]中，以烷基锂为催化剂，引发异戊二烯的聚合，得到几乎全部为顺-1,4-聚异戊二烯。根据该发明，采用具有强活性的催化剂，其中烷基锂的用量减少，而代之以金属锂作为主要的催化剂。与仅用烷基锂相比，聚合物的分子量较高，3,4-聚异戊二烯含量较低。烷基锂的作用是作为锂金属催化聚合的强引发剂，金属锂/烷基锂并用催化剂，对聚合物的结构产生明显的影响。在另一专利[62]中，以烷氧锂与烯基锂为催化剂，合成聚合物基本上全为顺-1,4-聚异戊二烯。

5.3.3　菲利普石油公司

在菲利普石油公司的专利中介绍一种采用锂催化剂与卤素辅助催化剂聚合异戊二烯的方法，通过该专利的方法，可以得到高顺式聚异戊橡胶。在菲利普石油公司的另一专利中，介绍采用多锂引发剂引发的不饱和单体，尤其是异戊二烯单体的聚合，可生产高顺式聚异戊二烯均聚物或异戊二烯与丁二烯的共聚物，聚合产品可以是液体至橡胶材料。

5.3.4　Kraton 公司

科腾 Kraton 聚合物公司是目前世界上唯一的生产锂系异戊橡胶的厂家，每年可生产 2.5 万 t 的 IR307、IR310 牌号 IR，它被用于食品和制药包装与密封、婴儿奶瓶嘴与健康护理、胶黏剂、橡胶的化学衍生物和颜色非常浅或透明的部件。而 IR401 latex 和 IR401B latex 系列则是采用锂系 IR 制备的异戊橡胶乳，每年产出 1 万 t，而它价格很高。由于该成品不含 NR 中致敏蛋白质和其他组分，纯度高，能够替代 NR 应用在外科手套和医用产品等各方面，产品增值利润很高[63]。

5.3.5 国内发展现状

国内对锂系 IR 的合成研究较少，主要局限于实验室规模，没有工业化装置。其应用主要集中在用 Li-IR 作反应型橡胶增塑剂。国内已有部分企业开始进口锂系 IR，用在医疗及密封产品上。

液体聚异戊二烯橡胶是以异戊二烯为单体、烷基锂为引发剂，在有机溶剂中进行阴离子聚合得到的液体橡胶，具有透明度高、VOC 低、反应活性高、黏合均衡性好、不含苯环等优势，应用于轮胎及橡胶制品、汽车用胶黏剂及密封胶、电子灌封胶、涂料等几个有特殊要求的场景。具有良好的流动性，常作为增塑剂应用于橡胶混炼中，可降低混炼能耗，提高挤出效率和挤出物尺寸稳定性，改善挤出和压延胶料的表面质量，改善未硫化胶片的黏性，降低压缩疲劳温升和压缩永久变形，减少滚动阻力，同时在硫化胶中具有不迁移、不挥发、不被溶剂抽出等特点，是高性能、绿色轮胎及橡胶制品的首选原料之一。国外轮胎燃油标签法规实施及国内轮胎产业的升级，为液体聚异戊二烯橡胶的发展提供了机遇。

目前，我国共有三套液体聚异戊二烯橡胶的生产装置，总产能为 2500t/a，分别是青岛竣翔科技、玉皇化工和濮阳乐享化科，都采用锂系引发剂得到液体聚异戊二烯橡胶(LIR)。日本可乐丽公司生产的牌号为 LIR-30 和 LIR-50 的产品就是锂系液体异戊橡胶，每年产出 4600t，每吨价格为 5000 美元[64]。表 5-11 列出了日本 Kuraray LIR 产品、牌号及指标。

表 5-11 日本 Kuraray LIR 产品、牌号及指标①

牌 号	分子量	滤余物含量/(mg/kg)，≤	挥发分含量/%，≤	溶液黏度/(mPa·s)	熔融黏度(38℃)/(Pa·s)
LIR-15	19500	未检索到	未检索到	未检索到	未检索到
LIR-30	28000	—	0.7	9~14	40~100
LIR-50	54000	20	0.7	24~36	300~700
LIR-410	30000	30	1	26~40	210~650

① 检测方法：滤余物含量，200 目滤网过滤；挥发分，100℃下 2h 热失重；溶液黏度，20%甲苯溶液黏度；熔融黏度，布氏黏度计。

参 考 文 献

[1] Holmes Waiter L. Polymer recovery processes：US3031424[P]. 1962-4-24.
[2] 王曙光. 钛系催化剂合成顺-1,4-聚异戊二烯的研究[D]. 青岛：青岛科技大学，2007.
[3] 魏强邦. 异戊二烯阴离子聚合的研究[D]. 大连：大连理工大学，2000.
[4] 李杨徐，洪定一，王钧，等. 双锂体系异戊二烯聚合反应的研究[J]. 石化技术与应用，2002，20(2)：5.
[5] 徐其芬. 以烷基锂为引发剂在二甲苯中合成顺式 1,4-聚异戊二烯的研究[J]. 弹性体，1992(03)：30-35.
[6] 李良萍，李翔，薛兆弘，等. 天然橡胶/杜仲胶共混硫化胶性能研究[J]. 特种橡胶制品，2001，22(3)：1-3.
[7] 姚薇，宋景社，贺爱华，等. 合成反-1,4-聚异戊二烯的硫化与性能[J]. 弹性体，1995，5(4)：1-7.

［8］宋景社，黄宝琛，范汝良，等. 反-1,4-聚异戊二烯硫化胶及其共混硫化胶的研究［J］. 橡胶工业，1997，44（4）：209-213.

［9］宋景社，范汝良，黄宝琛，等. 含反-1,4-聚异戊二烯的轮胎胶料的加工和使用性能［J］. 轮胎工业，1999，19（1）：9-13.

［10］姚薇，金关泰，徐瑞清. 溶剂极性的经验参数 ET 在共轭二烯烃阴离子聚合中的应用［J］. 化工学报，1989，40（6）：6.

［11］Jin G T，Fan L Q，Yao W. Some Theoretical Problems of Anionic Polymerization of Butadiene（Ⅱ）［J］. J Polym Maters，1987（4）：215.

［12］赵帅. 阴离子聚异戊二烯微观结构控制及嵌段共聚物合成研究［D］. 北京：北京化工大学，2014.

［13］杨京伟，鲍浪. 阴离子聚合引发剂［J］. 北京石油化工学院学报，1998（1）：5.

［14］Throckmorton M C，Sandstrom P H. Process for nonaqueous dispersion polymerization of butadiene in the presence of high cis-1,4-polyisoprene as a polymeric dispersing agent：US4418185A［P］. 1983-11-29.

［15］冯小玲，张春庆，张雪涛，等. 在二硫化碳/正丁基锂/环己烷体系中合成高顺式聚异戊二烯［J］. 合成橡胶工业，2010，33（4）：4.

［16］黄葆同. 络合催化聚合成橡胶［M］. 北京：科学出版社，1981.

［17］Brooks C. The geology and geochronology of the Heemskirk granite，western Tasmania［M］. The Australian National University（Australia），1965.

［18］Kuntz I，Gerber A. The butyllithium-initiated polymerization of 1,3-butadiene［J］. Journal of Polymer Science Part A：Polymer Chemistry，2010，42（140）.

［19］Zina G，Bonu G. Epitopic sensitization to rubber and its additives. Allergological study，clinical observations and technopathology［J］. Minerva Dermatol，1961，36：71-82.

［20］加尔莫诺夫（Гармонов И В）. 合成橡胶（Синтетический каучук）［M］. 2 版. 秦怀德，译. 北京：化学工业出版社，1988：170-172.

［21］Hsieh H L，Glaze W. Kinetics of alkyllithium initiated polymerizations［J］. Rubber Chemistry and Technology，1970，43（1）：22-73.

［22］Wilcoxen C H. Process for Isoprene Polymerization and Polyisoprene Compositions：US3454546A［P］. 1969-07-08.

［23］Trepka W J. Triarylphosphine alkyllithium，and 1,3-dihalobenzene polymerization initiator for conjugated diene polymerization：US3699055［P］. 1971.

［24］Holmes W L，Balfour R C. Polymer recovery process：US3031424［P］. 1962-4-24.

［25］Diem H E，Harold T. Process for polymerizing conjugated diolefins using a mixture of metallic lithium and alkyl lithium as the catalyst：US55782656A［P］. 1959-11-17.

［26］Morton M. Anionic polymerization：principles and practice［M］. Elsevier，2012.

［27］Morton M. Anionic polymerization：principles and practice［J］. Academic Press，1983，44（6）：591-621.

［28］Tekin H，Tsinman T，Sanchez J G，et al. Responsive Micromolds for Sequential Patterning of Hydrogel Microstructures［J］. Journal of the American Chemical Society，2011，133（33）：12944-12947.

［29］赵宝忠，刘慧明，顾明初，等. 阴离子聚合反应中的极性调节剂［J］. 弹性体，2001，11（4）：5.

［30］Antkowiak T，Oberster A，Halasa A，et al. Temperature and concentration effects on polar-modified alkyllithium polymerizations and copolymerizations［J］. Journal of Polymer Science Part A：Polymer Chemistry，1972，10（5）：1319-1334.

［31］金关泰，杨大川，杨晓勤. Some theoretical problems of anionic polymerization of butadiene——A Study on the Association Degree of n - BuLi and Polybutadienyl - Li[J]. Chinese Journal of Chemical Engineering, 1991, V2(2): 162-170.

[32] Wofford C F, Hsieh H L. Copolymerization of butadiene and styrene by initiation with alkyllithium and alkali metal tert-butoxides[J]. Journal of Polymer Science Part A: Polymer Chemistry, 1969, 7(2).

[33] Szwarc M. Clarification of some Problems of Anionic Polymerization[M]. Springer Netherlands, 1987.

[34] Hong K, Uhrig D, Mays J W. Living anionic polymerization[J]. Current Opinion in Solid State and Materials Science, 1999, 4(6): 531-538.

[35] Mark H F. Encyclopedia of polymer science and technology, concise[M]. John Wiley & Sons, 2013.

[36] Lohr D F, Schulz D N. Molecular weight distribution and microstructure modifiers for elastomers: US04424323A[P]. 1984-01-03.

[37] 叶明, 王玉荣, 顾明初. 碱金属醇盐和碱金属酚盐的合成及其在橡胶中的应用[J]. 合成橡胶工业, 2002(03): 182-185.

[38] Szwarc M. Living polymers and mechanisms of anionic polymerization[J]. Living Polymers and Mechanisms of Anionic Polymerization, 1983: 1-177.

[39] Hall J E. Oligomeric oxolanyl alkanes as modifiers for polymerization of dienes using lithium-based initiators: US0473473A[P]. 1983-03-09.

[40] Hsu W L, Halasa A F. Modifier for anionic polymerization of diene monomers: US5300599 A[P]. 1994-04-05.

[41] 杨性坤, 程珏, 严自力, 等. 二氧六环调节聚异戊二烯微观结构的研究[J]. 石油化工, 2000, 029(011): 845.

[42] 程珏, 何辰凤. 异戊二烯/THF 负离子聚合产物的微观结构[J]. 合成橡胶工业, 1998, 21(2): 4.

[43] 程珏, 何辰凤, 金关泰. 异戊二烯阴离子聚合机理的研究[J]. 弹性体, 1998, 8(2): 5.

[44] 陈国忠, 陈移姣. DDS 对锂系异戊二烯聚合反应的影响研究[J]. 弹性体, 2013, 23(001): 26-28.

[45] Ayano S, Yabe S. Anionic Polymerization of Isoprene: I. Polymerization of Isoprene by Oligomeric Dilithium Initiator[J]. Polymer Journal, 1970, 1(6): 700-705.

[46] Hellermann W, Nordsiek K H, Wolpers J. Preparation of polyisoprene having high content of 1,2-and 3,4-structural units by anionic polymerization: US4894425A[P]. 1990-01-16.

[47] Halasa A F, Hsu W L, Zanzig D J, et al. Tire tread containing 3,4-polyisoprene rubber: US05627237A[P]. 1997-05-06.

[48] Halasa A F, Hsu W L. Process for preparing 3,4-polyisoprene rubber: US5677402A[P]. 1997-10-14.

[49] 庞贵生, 张冬梅, 韩广玲, 等. 异戊橡胶生产技术及发展趋势[J]. 弹性体, 2014(3): 6.

[50] 程珏, 何辰凤, 金关泰. 异戊二烯阴离子聚合机理的研究[J]. 弹性体, 1998(02): 14-18.

[51] Davidjan A, Nikolaew N, Sgonnik V, et al. nature of effects caused by catalytic amounts of N,N,N',N'-tetramethylethylenediamine in organolithium-isoprene systems[J]. Makromolekulare Chemie-macromolecular Chemistry and Pysics, 1976, 177(8): 2469-2479.

[52] Allan D E, Mayer F X, Voorhies A. ChemInform Abstract: influence of catalyst properties on the simultaneous dehydrogenation and isomerization of cyclohexane[J]. Chemischer Informationsdienst, 1978, 9(3): 233-237.

[53] Kiyoshi, Endo, Yutaka, et al. Effects of amines on the polymerization of isoprene with sec-butyllithium catalyst[J]. Polymer International, 1998.

[54] Halasa A F, Hsu W L. New Ether Modifiers For Anionic Polymerization Of Isoprene[J]. Polymer Preprints,

1996(2)：37.

[55] Davidjan A，Nikolaew N，Sgonnik V，et al. Subkatalytische effekte im system isopren/oligoisoprenyllithium/ N,N,N',N' – tetramethylethylendiamin：2. Umsatzab hngigk eiten der moleku largewichtsverteilung und mikrostruktur der polymere[J]. Die Makromolekulare Chemie，1978，179(9)：2155–2160.

[56] Wilcoxen Charles H. Process for isoprene polymerization and polyisoprene compositions：US3454546[P]. 1969–07–08.

[57] Snyder John L. Oil–containing polymeric compositions and process for preparing same：US3081276[P]. 1963–3–12.

[58] Holmes Waiter L. Polymer recovery processes：US3031424[P]. 1962–04–24.

[59] Bean Arthur R. Diene Polymerization process：US3651025[P]. 1972–03–21.

[60] Diem Hugh E. Process for polymerizing conjugated conjugated diolefins using a mixture of metallic lithiumand alkyl lithiumas the catalyst：US2913444[P]. 1959–11–07.

[61] Diem Hugh E. Polymerization of 2–substituted butadiene：US2856391[P]. 1956–01–09.

[62] Time T. Process for polymerizing isoprene：US3312680[P]. 1967–04–04.

[63] 段芳. 锂系聚异戊二烯橡胶的合成及其胶乳的制备[D]. 青岛：青岛科技大学，2017.

[64] 贺小进，石建文. 锂系异戊二烯橡胶研究进展[J]. 化工新型材料，2009，37(8)：31–32.

第6章 钛系异戊橡胶

钛系聚异戊二烯橡胶(IR)是20世纪50年代首先由美国开发成功的。目前世界上大多数公司以生产钛系聚异戊二烯橡胶为主,只有中国和俄罗斯在斯捷尔利塔马克市的合成橡胶有限公司生产稀土聚异戊二烯橡胶。

6.1 聚合反应机理

Ziegler-Natta引发剂的性质主要取决于两组分的化学组成、配比、过渡金属的性质和化学反应条件。衡量定向聚合引发剂性能的主要指标是活性和定向能力。对于特定单体,须选择特殊的两组分进行配合,才能兼得高活性和高定向两项指标。该引发剂中的Ⅰ~Ⅲ金属有机化合物(AlR_3、MgR_2、LiR等)组分是阴离子聚合引发剂,而Ⅳ~Ⅷ族过渡金属卤化物(如$TiCl_4$、$TiCl_3$、VCl_3等)组分却是弱路易斯酸,即阳离子引发剂。这两种催化剂都不能使乙烯或丙烯聚合,但两者配合之后,并非相互中和,而是起了复杂反应,成为崭新类型的配位阴离子聚合引发剂。以$AlEt_3$+$TiCl_4$(液体)为例,其主要反应如下[1]。

(1)烷基化反应

当Al/Ti<0.5,Ti被烷基化,并生成Al_2Cl_6($AlCl_3$的二聚体),其反应是:

$$2TiCl_4+Al_2Et_6 \longrightarrow 2TiEtCl_3+Al_2Et_4Cl_2$$
$$2TiCl_4+Al_2Et_4Cl_2 \longrightarrow 2TiEtCl_3+Al_2Et_2Cl_4$$
$$2TiCl_4+Al_2Et_2Cl_4 \longrightarrow 2TiEtCl_3+Al_2Cl_6$$

总结果是:

$$6TiCl_4+Al_2Et_6 \longrightarrow 6TiEtCl_3+Al_2Cl_6$$

当Al/Ti>3,Ti被深度烷基化,体系中形成$Al_2Et_4Cl_2$($AlEt_2Cl$的二聚体),其反应过程是:

$$2TiCl_4+Al_2Et_6 \longrightarrow 2EtTiCl_3+Al_2Et_4Cl_2$$
$$2EtTiCl_3+Al_2Et_6 \longrightarrow 2Et_2TiCl_2+Al_2Et_4Cl_2$$
$$2Et_2TiCl_2+Al_2Et_6 \longrightarrow 2Et_3TiCl+Al_2Et_4Cl_2$$

总结果是:

$$2TiCl_4+3Al_2Et_6 \longrightarrow 2Et_3TiCl+3Al_2Et_4Cl_2$$

(2)烷基钛的分解和还原

以上形成的烷基氯化钛在室温下分解,使钛还原至低价态,并形成$Et\cdot$。

$$EtTiCl_3 \longrightarrow Et\cdot + \cdot TiCl_3 \longrightarrow TiCl_3(固体)$$

$$Et_2TiCl_2 \longrightarrow Et\cdot + EtTiCl_2 \longrightarrow EtTiCl_2 \longrightarrow Et\cdot + TiCl_2(固体)$$

总结果是：

$$Ti^{4+} \longrightarrow Ti^{3+} \longrightarrow Ti^{2+}$$

$TiCl_3$ 是粉末状结晶体，有 α^-、β^-、γ^-、δ^- 四种不同的晶形结构，分别由不同的还原剂还原 $TiCl_4$ 制备。β-$TiCl_3$ 的晶体结构中氯原子沿 C 轴的堆积方式为线性结构，其他三种晶形都是由 Cl-Ti-Cl 规则堆积的层状结构，Ti 离子位于两层 Cl 离子之间。β-$TiCl_3$ 的线性结构如图 6-1 所示；α^-、γ^- 和 δ^-TiCl_3 的层状结构如图 6-2 所示。

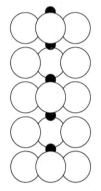

图 6-1　β^-TiCl_3 的线型结构　　　　图 6-2　α^-、γ^- 和 δ^-TiCl_3 的层状结构

（3）形成的 Et· 发生下列反应：

$$2Et\cdot \longrightarrow n\text{-}C_4H_{10}\ 偶合反应；\quad 2Et\cdot \longrightarrow CH_2{=}CH_2 + CH_3\text{--}CH_3\ 歧化反应$$

$$2Et\cdot \longrightarrow 2CH_2{=}CH_2 + H_2\ 歧化反应；\quad 2Et\cdot \longrightarrow Et\cdot + TiCl_4 \longrightarrow TiCl_3 + EtCl$$

实验结果表明，从反应混合物中可分离出 $EtCl$、n-C_4H_{10}、C_2H_6 和 H_2，并检出 Ti 的价态降低，从而证实上述反应的存在。

Ziegler-Natta 型催化体系通过阴离子、阳离子配位机理或者自由基配位机理生成立体规整聚合物。$TiCl_4$ 过量时，催化剂表面主要呈阳离子性质，而当 AlR_3 过量时，由于烷基铝在钛化合物表面的吸附，催化剂表面则呈阴离子性质。这些催化体系特殊的性质，是单体在加成到部分稳定的增长链的活性末端前先配位到络合催化剂上去，络合配位是通过单体的 π 电子或未共享电子对和金属化合物的空轨道进行的。聚合物链端被固定在给定位置上，部分为简单的或复杂的反离子所稳定。聚合和单体取向必须有利于等规立构的排布。在单体分子和增长链端间各种可能的过渡状态中，具有最低活化能的过渡态将控制单体分子向增长链的优先加成方式，结果就形成立构规整的链[2]。

等规立构度有赖于催化剂-聚合物键的强度、单体-催化剂络合物的稳定性以及使单体得以取向的表面的刚性。所谓"表面"可以是一个溶解了的不对称反离子，或者是一个固体表面，完全阻碍了单体从活性中心向一个侧面的趋近。要进行定向聚合，反离子-单体络合物必须比单体-催化剂络合物更稳定。

Ziegler-Natta 催化剂发现之后不久，一些研究者证实，异戊二烯也可用这类催化剂聚合生成高顺-1,4 链节含量的聚合物，其性能也与天然胶极为相似。在异戊二烯聚合过程中，

作为 R_3Al 的可以是 Et_3Al、$i\text{-}Bu_3Al$、$(C_7H_{15})_3Al$、$(C_8H_{17})_3Al$、$(C_{10}H_{21})_3Al$，三乙烯基己烯基铝或2-甲基-3-环己烯基-β-丙基铝、芳烃基及环烷基铝等。烷烃及芳烃均可作为聚合介质。以烷烃为溶剂时所得聚合物凝胶含量较高，一般在 20%~35% 之间；用苯作溶剂时，凝胶含量不大，且具有疏松结构。顺-1,4链节含量与溶剂性质无关。用某些含氧或含氮的化合物，如乙醚、二氧六环、苯胺、二甲基苯胺或吡啶为溶剂时，催化剂完全失去活性。

由于异戊二烯分子的不对称性，单体单元向增长链的加成有四种可能的途径：

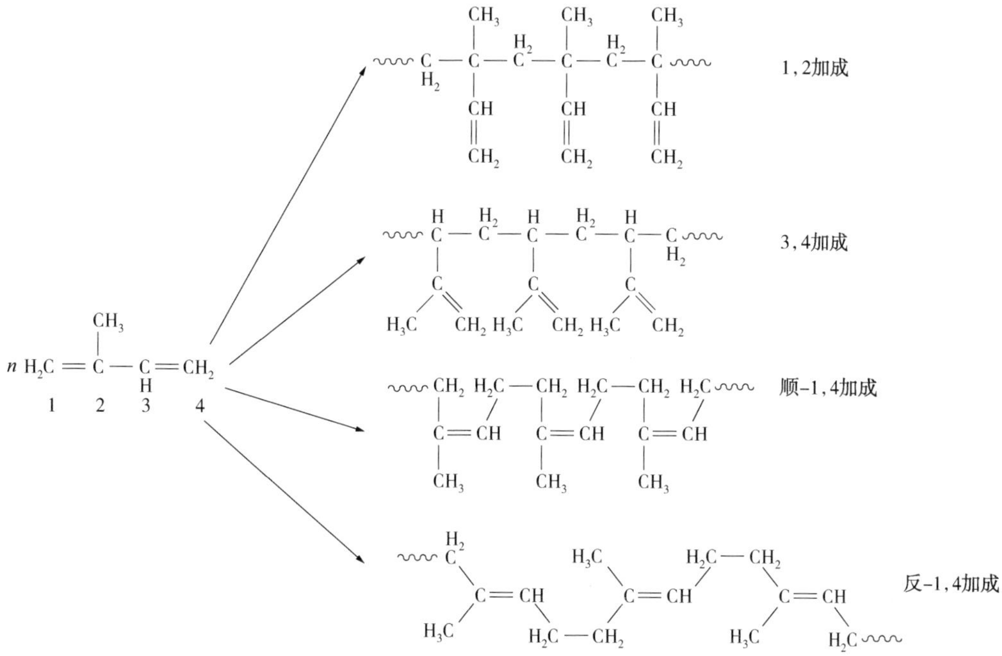

1,2加成

3,4加成

顺-1,4加成

反-1,4加成

在顺-1,4加成中，异戊二烯分子的两个双键都转变成单键，而中间的键变成双键，因此，链中单元的双键位置与起始异戊二烯分子的双键位置是不同的。与顺-1,4加成异构体双键有关的两个碳原子，即 C_2 和 C_3 带有三种不同的取代基。双键阻碍了这两个碳原子的自由旋转，因此单体单元可取两种构型。

顺式　　　　　反式

具有这两种结构的聚合物是几何异构体，其物理性能明显不同。单体单元以顺-1,4位置加成的几何异构体与天然橡胶的结构相似。

黄葆同[3]等根据有关活性催化络合物的结构、动力学数据以及近来普遍接受的有关定向聚合的概念，提出异戊二烯定向聚合机理，其过程可分为如下几步：第一步是单体在具有配位空位的活性催化剂上配位和活化，形成络合物；第二步是被活化的双烯在 Ti-R 的 σ键上的插入或 R 键上的插入或 R 基团的顺式位移。这两个过程反复地进行就形成聚合物链，反应可表示如下：

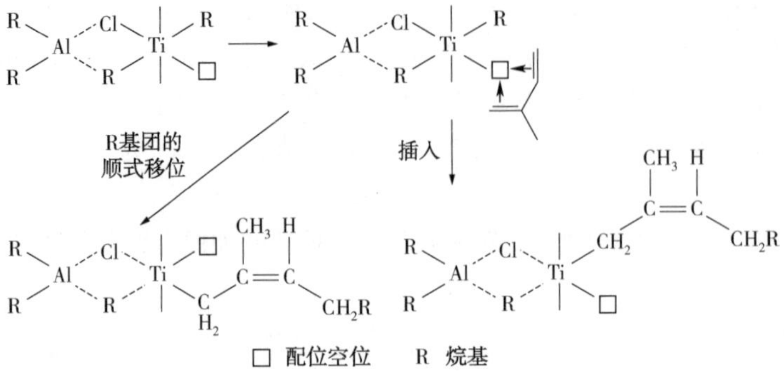

□ 配位空位   R 烷基

有关链终止机理也存在不同的结果与看法。一般认为，异戊二烯在 $TiCl_4-AlR_3$ 体系作用下的聚合终止机理也与 α-烯烃的终止过程类似，主要是发生对单体及烷基铝的转移以及进行自发终止，同时都伴随着活性中心的再生，可表示如下：

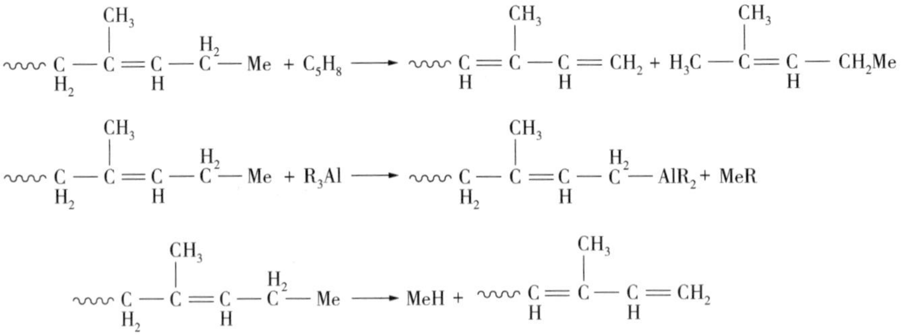

6.2   催化剂及其制备

6.2.1   Ziegler-Natta 催化剂的发展

Ziegler-Natta 催化剂自发明以来已有 60 多年的历史，是工业领域用于聚烯烃生产的一种十分重要的催化剂。Ziegler-Natta 催化剂的制备成本低、活性高、稳定性好，用其制备的聚合物颗粒形态好、加工性能好，适用于大规模连续生产[4]。Ziegler-Natta 催化剂是不溶络合物，它是将 I ~ III 族金属（Li、Al、Sn、Mg、Cd、Hg）的金属有机化合物（其中有机基团通常是脂肪族的，只有少数是芳香族的）、烷基卤化物，特别是铝的衍生物，或它们的氢化物，同 VI ~ VIII 族的过渡金属衍生物，例如 Ti、Zr、Ni、Ce、V、Mo、W、Co 等的卤化物、次卤化物和卤氧化物混合制得的，因此钛系催化体系是一种较为典型的 Ziegler-Natta 催化剂。后人对 Ziegler-Natta 催化剂总结为以 IVB 族过渡金属卤化物为主催化剂、以烷基铝为助催化剂的一类催化体[4]。传统型 Ziegler-Natta 催化剂通常由五部分组成：主催化剂（$TiCl_4$）、载体（$MgCl_2$）、内给电子体（Di）、外给电子体（De）和助催化剂（AlR_3）。

Ziegler-Natta 催化剂的研究应用，推动了聚烯烃的产业化，目前仍然是工业化生产非极性聚烯烃材料应用最为广泛的一类催化剂。Ziegler-Natta 催化剂的发展经历了几个不同的发展阶段[5,6]。

（1）第一代 Ziegler-Natta 催化剂

第一代催化剂是指仅以简单的 $TiCl_3$ 与烷基铝组成的催化剂体系。$TiCl_3$ 催化剂由于合成方法的不同，所得到的 $TiCl_3$ 会显示 4 种不同的结晶形态，即 α、β、γ 和 δ 型，如图 6-3 所示。Natta 首次采用了 $AlEt_3$ 还原 $TiCl_4$ 生成 β-晶态 $TiCl_3$ 的形式，于一定温度条件下，将低活性的 β 态 $TiCl_3$，转化为高活性的 α-晶态 $TiCl_3$，得到了 $TiCl_3/AlCl_3/AlEt_2Cl$，制备出了第一代 Ziegler-Natta 催化剂。

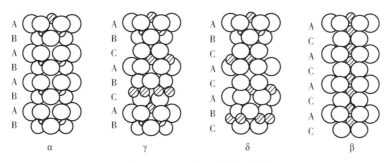

图 6-3 $TiCl_3$ 的四种晶型结构

图 6-3 中 α、γ 和 δ 型为层状结构，该结构是在两层 Cl 之间夹一层 Ti 的三层堆积结构。这三种结晶构型的区别只在于 Cl 的堆积形态上的差异，在 α 构型中是六边形的，在 γ 构型中是立方形的，在 δ 构型中是 α 和 γ 构型之间的混合型，β 构型则显示出类似纤维的线性结构。林尚安[7]对 $TiCl_3$ 的各种晶型结构进行了详细的描述，如表 6-1 所示。然而 Ziegler-Natta 催化剂虽相对以往的催化剂有了一定的突破，但聚合反应完成后，仅有少数的 Ti 原子与烷基铝聚合而成为催化剂的活性中心，活性(0.8~1.2kgPP/gCat)和等规度(81%~91%)还较低，得到的无规物含量高，对聚合物的性能带来不利影响，需要有用溶剂脱出无规物和催化剂残渣的后处理工序。

表 6-1 四种晶型以及性能特点

类型	晶 型	制备方法	性 能
α	层状结构，六方密堆积，紫色	用氢或金属铝在高温下还原 $TiCl_4$	定向能力好
β	线性结构，六方堆积，褐色	用烷基铝在<25℃下还原 $TiCl_4$	定向能力差，但聚合活性高
γ	层状结构，六方密堆积，紫色	用烷基铝在>25℃下还原 $TiCl_4$	定向能力与 α-$TiCl_3$ 类似
δ	层状结构，六方密堆积，紫色，属 α 和 γ 之间的混合型	①用 α 和 γ-$TiCl_3$ 长时间研磨；②将用醚处理过的 β-$TiCl_3$ 在 65℃用 $TiCl_4$ 再处理	定向能力好，聚合活性高

（2）第二代 Ziegler-Natta 催化剂[8~11]

随着 Ziegler-Natta 催化剂逐渐进入人们的视野，有关学者于 20 世纪 60 年代将 Lewis 碱（纯电子体）加入 Ziegler-Natta 体系。催化剂依旧以 Ti 原子为活性中心，利用四氯化钛与氯化烷基铝进行反应，加以与给电子体作用，提高催化剂活性。它减小了催化剂的微晶尺寸，制备出了含有 δ-TiCl$_3$ 微晶粒子的催化剂，比表面积由常规的 $30\sim40\text{m}^2/\text{g}$ 提高到 $150\text{m}^2/\text{g}$，催化活性提高了 $4\sim5$ 倍，等规度提高到 95% 左右。

第二代 Ziegler-Natta 催化剂在第一代催化剂的基础上，有了一定突破。然而催化剂的活性与理想值还有差距，催化剂中大部分钛原子仍是非活性的，产品中无规物和钛盐等灰分仍然较多，需要用正丁醚等对聚合物产品进行脱无规物处理。脱除杂质、分离提纯及对烷烃溶剂的回收问题尚未解决。

（3）第三代 Ziegler-Natta 催化剂

20 世纪 70 年代，有学者于催化剂中引入载体催化剂概念，采用在含羟基等功能基团的高比表面积载体上负载过渡金属化合物的形式，使过渡金属化合物与含高比表面的催化剂进行反应来实现催化剂载体化，形成第三代 Ziegler-Natta 催化剂。随着催化剂载体化的研究，复合载体理念逐步进入了人们的视野。通过对 TiCl$_3$ 的结构分析可以看出，以 TiCl$_3$ 为基础的催化剂中，钛原子活性中心位于催化剂表面及边缘和结构缺陷处，而位于 TiCl$_3$ 晶体内部的大部分 Ti 原子只起到了载体的作用。可以通过寻找高比表面积的载体或者减小催化剂的微晶尺寸的方法来提高催化活性，由此导致了负载型催化剂的出现。

20 世纪 60 年代末，Montedison 公司[12]开发出了以活化 MgCl$_2$ 为载体的载体型催化剂，用于乙烯和丙烯聚合都有较高的活性，但是还不能解决丙烯单体的立体选择性问题。后来通过研究发现，加入适当的 Lewis 碱（给电子体）可以提高催化剂对丙烯定向聚合的能力，通过将 TiCl$_4$、MgCl$_2$ 以及给电子体共研磨就可以得到高活性、高立构规整性的催化剂。第三代催化剂由于采用负载技术，催化剂中钛含量大约只有 2%~4%，而催化活性为 5~15kgPP/gCat，等规度可达到 98%。由于钛含量的降低，就可以免去脱灰工艺。

1975 年，三井公司于催化剂上负载苯甲酸乙酯（EB），成功实现了内给电子体的载体化（TiCl$_4$/EB/MgCl$_2$/AlEt$_3$）。催化剂的立体选择性明显增强，立构规整性达到 92%~94%。

在第三代催化剂的研究进程中，催化剂的活性达到了理想值，使得在后面的 Ziegler-Natta 催化剂研究工作中不再以提高活性为目标，开始着眼于结构形态方面的研究。同时也实现了催化剂体系中免除脱杂质、脱无规物处理、去除残渣等过程。

不同种类的给电子体影响着催化剂的不同性能。后来的研究者们在给电子体方面，逐渐研发了双酯类、二醇酯类、二醚类等内给电子体。孙文姣等[13]通过不同取代的苯甲酰氯和异丁醛进行羟醛缩合、酯化等反应合成 2,2,4-三甲基-1,3-戊二醇双苯甲酸酯（TM），以给电子体结构中苯环上取代基对催化剂性能影响进行探究。分析结果表明，Ziegler-Natta 催化剂活性高达 52kgPP/g，聚丙烯等规度提高至 96.50%，熔融指数上升到 18.24。

姜涛等[14]以 9,9-双（甲氧基甲基）芴（BMMF）为内给电子体方式制备了 Ziegler-Natta 催化剂。在催化剂浓度为 0.05g/mL 时，催化剂活性最高，反应速率最快。且催化剂活性随 $n(\text{Al})/n(\text{Ti})$ 比值的增大呈先增加后下降的趋势，$n(\text{Al})/n(\text{Ti})$ 比值=400 时，活性最佳。

许文倩[15]通过以 2,2-二异丁基-1,3-丙二醇为基础合成 2,2-二异丁基-1,3-丙二醇双苯甲酸酯，同时于苯环不同取代位置引入—Cl 以合成 2,2-二异丁基-1,3-丙二醇双氯代苯甲酸酯内给电子体，从而制备 Ziegler-Natta 催化剂。研究表明，催化剂纯化程度高达 99%，反应活性和等规度明显提高，产品收率大于 90%，证明了取代基种类和位置对催化剂性能有着重要的影响。王李和等[16]采用环己酮为初始原料，经过水解酸化、重排脱羧基等一系列反应合成 1,1-双(甲氧甲基)环己烷内给电子体，制备 Ziegler-Natta 催化剂，显著提高了 1,1-双(甲氧甲基)环己烷的气相色谱纯度，高达 95.3%；产品总收率亦大幅度提高至 61.6%。

（4）第四代 Ziegler-Natta 催化剂

在第三代高活性、高定向性 Ziegler-Natta 催化剂的基础上，20 世纪 80 年代开发出了第四代催化剂体系。技术发展的核心是载体制备技术和对电子体的改进，载体从原来的 MgCl₂ 和卤化钛的共研磨技术发展为化学结晶法，通过不同的结晶手段控制载体的形态、粒径分布、孔容孔径等参数。给电子体技术主要发展了以邻苯二甲酸二酯类为内给电子体和硅烷类化合物为外给电子体的给电子系。第四代催化剂的开发标志着 Ziegler-Natta 催化制备技术趋于成熟，反映了聚烯烃催化剂的发展由注重高活性、高定向性趋于注重产品系列化与高性能化的转变，能够精确控制聚合物的结构，生产各种专用料和高附加值产品。

20 世纪 80 年代，Himont 公司制备了一种形态为球形的 Ziegler-Natta 催化剂，具有颗粒反应器性能，有效控制了催化剂活性中心在载体上的分布及载体本身的物理化学性能，合成的聚合物产品性能(堆密度、加工性能、热稳定性等)也得到了进一步优化。

刘克等[17]采用 MgCl₂ 溶于 THF 溶剂中，后将 SiO₂ 负载在 MgCl₂ 之上以合成 MgCl₂/SiO₂ 复合载体的形式制备 Ziegler-Natta 催化剂。分析表明，复合载体保持了球形形态且更加均匀，球形形态被聚合物良好复制，催化活性高达 5.11×10⁵ gPE/g Ti。

董小芳[18]等在制备过程中掺杂 AlCl₃ 合成 MgCl₂/SiO₂，复合载体改良催化剂，BCl₃ 的加入提高了催化剂活性，且活性随 B 的增加呈上升趋势。60℃ 条件下，催化剂活性高达 3.35×10⁴ g/g；整体上来说温度对聚合物立体规整性无明显影响。

（5）第五代 Ziegler-Natta 催化剂

80 年代后半期，Montell 公司[19]开发了一种新型的 1,3-二醚类化合物用作给电子体。采用这种给电子体得到的催化剂可以在不加任何外给电子体的情况下，得到高等规度(>95%)的聚合物。2003 年 Basell 公司开发出了以琥珀酸酯为内给电子体、烷氧基硅烷为外给电子体的新型催化体系，利用内外给电子体的协同作用，对催化剂结构进行设计，制备出特定性能的聚合物，提高了催化剂产率。实现了对聚合物分子量等规度、聚合物短或长链分布的控制和性能的改善，相比第四代催化剂，产率提高近 50%。催化剂的活性也得到极大提高，立构规整性、氢调敏感性亦优良。琥珀酸酯类催化剂制备的聚合物具有更宽的分子量分布[20]。人们通常将 1,3-二醚类和琥珀酸酯类统称为第五代催化剂。在随后的研究中，又用二醚类、二醇酯类内给电子体对第五代催化剂进行优化，进一步提高催化剂性能。

近年来，国内外研究人员开发出了多项给电子体方面的专利技术和新型给电子体化合物，对聚合产物的高性能化以及开发新的聚合物起到了关键作用。

中国专利 CN101423571A[21]中报道了一种具有螺环取代基的琥珀酸二酯类化合物，该化合物制备方法简单，制备的催化剂的聚合活性与采用常规的琥珀酸酯类化合物为内给电子体的活性相差不大，且不含苯环，对人体危害小，有望在食品级材料中获得应用。

高明智等[22]采用二醇酯为内给电子体制备的 Ziegler-Natta 催化剂，与邻苯二甲酸酯类相比催化活性高出 30%，等规度与氢调敏感性相当，而分子量分布更宽，为 10 左右。

罗文国等[23]控制 Ziegler-Natta 催化剂中 Al/Ni 的质量比和溶剂调度等因素制备异辛烷加氢均相催化剂。研究表明，$m(Al)/m(Ni) = 3$ 时，催化剂活性最佳，且由异辛烷配制的催化剂活性最高，催化剂活性随压力增大而减小。王军等[24]提出了二醇酯类给电子体可以提高聚合物的力学性能，是制备未来 PP 催化剂的发展方向。刘钦辅等[25]通过将 Ziegler-Natta 催化剂被季十六烷基三甲基溴化铵季铵盐处理过的蒙脱土(MMT)所负载，制备聚乙烯/蒙脱土纳米复合材料。证明了用 Ziegler-Natta 催化剂制备的产品可以显著提高聚合物储能模量和动态力学性能。蒋翀等[26]利用所制备的不同质量分散的 Z-N 催化剂，熔融共混等规聚丙烯，以产品的结晶性能为基础进行探究。DSC 等分析表明，共混物的熔点随 Ziegler-Natta 催化剂等规聚丙烯含量呈上升趋势。含量大于 50% 的 Ziegler-Natta 催化剂等规聚丙烯对共聚物熔点无明显影响，且于共混物状态下，形成了结晶，提高了聚合物结晶度。

6.2.2　Ziegler-Natta 催化剂的组成

Ziegler-Natta 催化剂主要由四种组分构成，分别为主催化剂、助催化剂、载体、给电子体，这四种组分中任何一种组分的改变都会直接或间接地对催化剂或聚烯烃产品产生影响。下面分别介绍 Ziegler-Natta 催化剂中的各组分[27]。

6.2.2.1　载体

（1）载体的选择

Ziegler-Natta 催化剂对于载体的选择有着特殊的要求：①载体的外形形态良好。催化剂的形貌与聚烯烃的形貌具有相似性，载体的形貌又对催化剂的形貌起着决定性作用，通过控制载体的形貌来控制催化剂的形貌，进而控制聚烯烃的形貌，这也就是所谓的复制效应。②载体的内部孔隙结构较复杂，比表面积较大。③载体的表面有可供接枝不同组分的活性基团，且属化学惰性。④载体有较优的机械强度等性能。Ziegler-Natta 催化剂中应用最广泛的载体主要为 $MgCl_2$ 载体和 $MgCl_2/SiO_2$ 复合载体[28~30]。

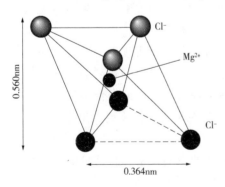

图 6-4　$MgCl_2$ 的晶体结构

（2）$MgCl_2$ 载体的结构及作用

1968 年 Montedison 和 Mitsui 公司合作发现了 $MgCl_2$ 可用作 Ziegler-Natta 催化剂的载体，$MgCl_2$ 也成为迄今为止最理想有效的载体。$MgCl_2$ 晶体是呈八面体结构的单斜晶体如图 6-4 所示，由于其自身所具有的特性使其成为 Ziegler-Natta 催化剂载体的理想选择。在结构上，$MgCl_2$ 晶体与 $TiCl_3$ 具有相似的层状结构；在离子半径上，Mg^{2+}（0.065nm）与 Ti^{4+}（0.068nm）非常接近。这使得与 Mg^{2+} 粒径相近的 Ti^{4+} 非常容易在 $MgCl_2$ 晶体上嵌入，形成共晶[31]。

在电负性上，$MgCl_2$(6.0)晶体比 $TiCl_3$(10.5)晶体低[32]，而电负性较低的载体有利于烯烃聚合，因此，$MgCl_2$ 作为载体是不二的选择。载体 $MgCl_2$ 与 $TiCl_4$ 组分之间是通过 $Mg \rightarrow Cl \rightarrow Ti$ 的推电子效应，如图 6-5 所示，增加 Ti 活性中心的电子云，进而降低反应的活化能，提高聚合活性。典型的钛系 $MgCl_2$ 负载型催化剂如图 6-6 所示[33]。

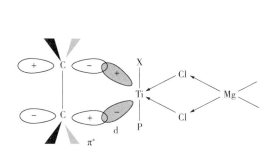

图 6-5　$MgCl_2$ 电子效应模型

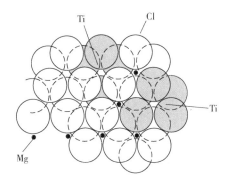

图 6-6　$MgCl_2$ 负载型 $TiCl_4$ 催化剂的表面模型

无水 $MgCl_2$ 晶体有三种晶型，分别为 α-、β-、δ-晶型，其中最常见的也是最稳定的是 α-$MgCl_2$，因其结构比较规整、比表面积较小，反应时载 Ti 量少，催化活性较低。要想提高催化活性，必须改变载体 $MgCl_2$ 的晶型，转化成结构缺陷的较无序的 δ-$MgCl_2$，破坏晶体规整的结构，增大比表面积，提高载 Ti 量，进而达到提高催化活性的效果。δ-$MgCl_2$ 晶体实际上是改变了层间结构的无序晶体，可以看作是 α-$MgCl_2$ 和 β-$MgCl_2$ 晶型的混晶[34,35]。研磨法[36~40]和化学反应法[41~45]是对 $MgCl_2$ 活化的主要方法，而其中化学反应法对 $MgCl_2$ 晶体结构的破坏效果更佳，是改变一般的研磨条件所不能达到的。

研磨法是将催化剂组分($MgCl_2$、$TiCl_4$ 以及给电子体)一次或分次加入球磨机中共研磨，利用机械力打破 α-$MgCl_2$ 晶体层间结合的范德华力，使 Cl-Mg-Cl 晶体层发生相对移动，转变为 δ 晶体。Greco[46] 等发明了一种烯烃聚合用 Ziegler-Natta 催化剂载体的制备方法：①使 $MgCl_2$ 或氯化锰或溴化物与干燥剂在高温条件下紧密接触；②研磨 $MgCl_2$ 或氯化锰或溴化物以活化其表面；③重复步骤①和步骤②，由此产生有效的载体。将无水 $MgCl_2$ 研磨过程与脱水过程结合在一起发现，有效控制研磨过程中的水分，可以增强催化剂活性。Galli 等[47]采用直接将无水 $MgCl_2$ 与 $TiCl_4$ 混合后球磨的方法，使活性 $MgCl_2$ 与 $TiCl_4$ 在研磨过程中发生作用，载体的活化与载体同步完成。Spitz 等[48]将无水 $MgCl_2$ 与芳香酯共研磨后使用 $TiCl_4$ 浸渍，发现在一定程度内随研磨时间的增长，催化剂活性增加，但立体选择性降低。Nowakowska 等[49]将 $MgCl_2(THF)_2$(THF 为四氢呋喃)和 $TiCl_4$ 共研磨得到了一种高效稳定的聚乙烯催化剂，其活性高于 $MgCl_2$ 与 $TiCl_4$ 共研磨制备的催化剂。虽然物理活化方法较为简单，但得到的 $MgCl_2$ 粒径分布不均匀、晶型转化不充分，制备的催化剂活性较低。

化学活化是先将无水 $MgCl_2$ 溶解于给电子体溶剂(如醇、酯和醚类化合物)中形成复合物，然后用热处理脱除溶剂、蒸发溶剂，或用冷凝及氯化物沉淀等使 $MgCl_2$ 重结晶。化学活化的方法又分为负载法和共析出法。

负载法是先形成 $MgCl_2$ 络合物球形载体，然后再进行 $TiCl_4$ 负载形成催化剂。荷兰 Lyondellbasell 公司在负载型催化剂领域占有领导地位，其采用高速搅拌法制备球形载体，首先将 $MgCl_2$ 溶于脂肪醇中，升高温度并提高搅拌速率，高速搅拌使熔融的醇镁络合物充分乳化，以球形液滴分散在惰性介质中，然后将其输送到低温的冷却介质中，球形液滴骤冷固化成型得到固体颗粒，洗涤并真空干燥后，可得到氯化镁乙醇加合物（$MgCl_2 \cdot nEtOH$）球形载体。中国石化等[50]制备了 $MgCl_2 \cdot nEtOH$ 球形载体，再经过特殊方法负载给电子体化合物及活性中心，采用高速搅拌的成形方法，得到球形催化剂载体。在此基础上进一步开发了在超重力场下高速旋转分散卤化镁/醇化合物熔体得到熔融分散体的技术，所制催化剂活性高，用其制备的聚合物颗粒形态好、等规指数可调。此后，开发了一种新型载体体系，在制备醇合物的过程中引入一种或多种给电子体，采用该载体体系制备的催化剂用于烯烃聚合时，活性较高，聚合物颗粒形态较好，细粉含量较低[51]。另外还采用在 $MgCl_2$、白油和乙醇体系中，加入环氧氯丙烷的方法得到球形镁化合物，方法制备的载体兼具了 Lyondellbasell 公司的球形催化剂载体和 N 系列催化剂的特点，球形度好。

共析出法是先将镁化合物在特定体系中溶解得到混合溶液，滴加 $TiCl_4$，使之发生化学反应而破坏溶解体系，进而使钛与 $MgCl_2$ 共析出得到催化剂。日本三井化学株式会社开发的 TK 催化剂是将无水 $MgCl_2$ 与庚烷、2-乙基己醇在高温条件下形成均相溶液，然后加入苯酐在低温条件下用氯化物作为沉淀剂将载体析出。这种溶解重结晶的方法优点在于催化剂活性高、颗粒形态好、活性中心寿命长。三井化学株式会社开发的乙烯聚合催化剂采用的方法是先将 $MgCl_2$ 与 2-乙基己醇在高温条件下使 $MgCl_2$ 溶解，然后在低温条件下缓慢滴加 $TiCl_4$，并缓慢升温使 $MgCl_2$ 析出，同时负载 $TiCl_4$ 得到固体催化剂，该催化剂粒径分布集中、活性高，并可以通过调节搅拌速率和添加其他给电子体调节颗粒大小，但存在形态差、流动性不好、细粉含量高等缺点，目前双峰聚乙烯主要采用该催化剂生产。

$MgCl_2$ 具有作为载体的良好形态，是一种高度多孔的多晶材料，耐断裂，具有化学惰性。它的多孔形态允许单体和助催化剂扩散进入催化剂颗粒的内部，得到的聚合物颗粒的形态能复制 Ziegler-Natta 催化剂的形态，能够通过控制载体的形态来控制聚合物颗粒的形态。载体和催化剂颗粒的形态是决定工艺经济性的关键因素。先进的技术已经应用在生产形状和孔隙率可控的球形次级粒子的活化 $MgCl_2$。$MgCl_2$ 载体对聚合物粒子形态、分布、单体活性和立体选择性都有巨大作用，如果精心设计在载体颗粒表面或者内部的活性位点，就可以达到特定的聚合物产量、聚合速率、共单体插入速率、立体选择性和氢调敏感性[52]。

（3）载体的研究进展

① 醇镁载体体系

1995 年 Bart[53]运用控制湍流乳液法、重结晶和喷雾干燥制备了 $MgCl_2 \cdot nEtOH$，再用流化床脱醇的方法脱去 $MgCl_2 \cdot nEtOH$ 的部分乙醇分子，以得到含有不同乙醇分子数的 $MgCl_2$ 加合物。经验证得到的 $MgCl_2$ 加合物微颗粒的形态和硬度适合作气相 Ziegler-Natta 催化剂的载体，带有乙醇的 $MgCl_2$ 加合物通过热熔法消除加合物中的乙醇分子，可转化为活性烯烃聚合催化剂的载体。Forte 等[54]借助元素分析和扫描电镜（SEM）研究了载体的制备条件对载体及催化剂的化学组成和形态的影响，研究发现乙醇的含量会影响 $MgCl_2 \cdot nEtOH$ 加合物的沉淀。另外，他们发现 $MgCl_2 \cdot nEtOH$ 加合物的沉淀和脱醇是获得球形催化剂和球形聚合物的重要因素。

Choi 等[55]在乙醇和 1-丙醇中（或其混合溶液中）分别溶解 $MgCl_2$，然后在正癸烷中重结晶，制备催化剂载体，得到了以 $MgCl_2$ 为载体的新型 Ziegler-Natta 催化剂。利用制备的催化剂进行丙烯聚合，研究了醇对催化剂催化活性及聚丙烯等规度的影响。研究发现，由于催化剂中剩余醇的量的不同，导致1-丙醇改性的催化剂比乙醇改性的催化剂具有更好的催化性能。当两种醇剩余的量相同时，1-丙醇的存在更有利于提高聚丙烯的等规度，而乙醇的存在对提高催化剂的催化活性具有较大作用。2012年Thushara[56]用共沸蒸馏法以$MgCl_2$和异丙醇为原料，制备了$MgCl_2 \cdot 4[(CH_3)_2CHCH_2OH](MgiBOH)$加合物，将其作为烯烃聚合Ziegler-Natta催化剂载体的前驱体，采用广角X射线衍射、热分析、拉曼光谱和固体核磁研究了MgiBOH加合物及利用MgiBOH加合物制备的新型催化剂的结构和组成。MgiBOH的拉曼光谱显示在$712cm^{-1}$处的峰是$Mg-O_6$的特征吸收峰，表明成功制备了MgiBOH加合物。广角X射线衍射图谱中$2\theta = 7.8°(d = 1.1223nm)$的衍射特征峰也表明了加合物层状结构的形成。另外，研究表明加合物中醇的改变会影响催化剂的表面积、孔径、孔容积和Ti的负载量，最终通过这些因素影响催化剂的活性。研究表明，由小体积的醇变成大体积的醇使活性$MgCl_2$的电子特性有所改变。相对于Ti/MgEiOH催化剂，Ti/MgiBOH催化剂具有较低的聚合活性。导致Ti/MgiBOH催化活性低的原因有：较低的表面积，较低的孔体积和孔径，缺少TR^*自由粒子。另外，研究表明改变醇种类会导致$MgCl_2$载体位阻效应和电子效应的改变。

Gnanakumar等[57]用苄醇制备了$MgCl_2 \cdot 6BzOH$加合物(MBA)作为乙烯聚合催化剂的载体，并对$MgCl_2 \cdot 6BzOH$加合物及制备的Ziegler-Natta催化剂的结构和组成进行了分析。研究结果显示，由Mg^{2+}和苄醇上的六个—OH的作用形成MgO_6；八面体结构在拉曼光谱上$703cm^{-1}$处出峰。他们将用$MgCl_2 \cdot 6BzOH$加合物制备的催化剂用于乙烯聚合，发现催化剂的催化活性较低，原因是$TiCl_4$和载体之间的作用过强所致。$MgCl_2 \cdot 6BzOH$分子加合物的晶体结构如图6-7所示。

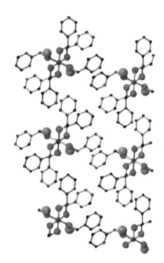

图6-7 $MgCl_2 \cdot 6BzOH$分子加合物的晶体结构

Gnanakumar等[58]合成了一种新型单相分子加合物$MgCl_2 \cdot 6C_6H_{11}OH(MgCyOH)$。^{13}C-CPMAS及单脉冲MAS谱图显示在Mg^{2+}周围存在两种磁性不同的环己醇分子。MgCyOH的拉曼图谱在$712cm^{-1}$处的峰显示环己醇分子在Mg^{2+}周围呈八面体结构。用MgCyOH作为载体的Ziegler-Natta催化剂具有高的表面积(约$236m^2/g$)。将催化剂分别和不同的助催化剂(Me_3Al、Et_3Al和$i-Bu_3Al$)配合，改变乙烯压力和催化剂用量，所得到的催化剂活性均不同。这种现象表明在不同条件下，催化剂产生了性质不同的活性中心，以三异丁基铝为助催化剂得到的催化剂具有相对较高的活性。

Gnanakumar[59]制备了$MgCl_2 \cdot 6CH_3OH$均相分子加合物作为一种烯烃聚合催化剂的载体。由此加合物制备的催化剂结构属于菱面分层结构，并观察到高度无序的$\delta-MgCl_2$纳米结构，六个甲醇分子在Mg^{2+}周围处于磁等价的八面体环境中。高温核磁显示醇含量的改变会诱导催化剂结构的改变。活化后的催化剂具有大量的介孔及相当高的表面积。乙烯聚合

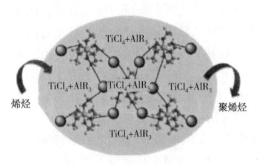

图 6-8 以 $MgCl_2 \cdot 6CH_3OH$ 为加合物的 Ziegler-Natta 催化剂在丙烯聚合中的作用

反应显示催化剂的催化活性高达商用催化剂的 6 倍。反应机理如图 6-8 所示。

Dashti 等[60]以 $Mg(OEt)_2$ 为原料制备 $MgCl_2$ 载体 Ziegler-Natta 催化剂，并将其用于淤浆丙烯聚合的动力学和形态学研究。研究结果显示，在外加不同外给电子体的条件下，催化剂的动力学表现出相似的趋势。$Mg(OEt)_2$ 基催化剂具有良好且持久的催化活性，聚合物能很好地保持催化剂的颗粒形态。他们推断是由于催化剂中 Ti 的均匀分布，使得 $Mg(OEt)_2$ 基催化剂显示了非常稳定的聚合活性及颗粒形态复制性。

Ling 等[61]发现负载催化剂在聚合过程中破损会对聚合物颗粒形态造成严重的影响。减小载体的尺寸是降低在聚合过程中负载型催化剂破损的一种有效方法。他们发现，在载体制备过程加入聚环氧丙烷(PPG)可以使微球 $MgCl_2$ 载体保持良好的形态，对比研究了 PPG 的加入量分别为 1%、3%、15%、35%、80%时催化剂的形貌。结果显示，加入适量 PPG 可改善催化剂的形态，当加入量为 3%时，改善效果较好，载体催化剂的活性为 32.3kgPP/(gCat·h)。不论形态改善如何，加入 PPG 的催化剂活性均低于未加 PPG 的催化剂。XRD 和 R 结果显示，PPG 堵塞了载体的孔隙，干扰了载体与 $TiCl_4$ 之间的作用。

Borealis Polymers OY 公司基于乳液技术[62]，依次将 2-乙基-1-己醇、邻苯二甲酰和 1-氯丁烷加到 $Mg(Bu)_{1.5}(Oct)_{0.5}$ 的甲苯溶液中得到镁的多元溶液，再将 $TiCl_4$ 加到镁的多元溶液中形成乳液体系，并加入聚丙烯酸类表面活性剂稳定催化剂液滴，原位形成液/液两相系统；最终将催化剂液滴凝固、分离并干燥，一步法制备出 Ziegler-Natta 催化剂体系($TiCl_4/MgCl_2/ID/TEA/ED$)，简化了催化剂的制备工艺。Mohammed 等[63]对比了一步法与传统两步法(载体和催化剂分别制备)合成的催化剂，发现一步法制备的催化剂结构紧凑、球形颗粒相似性高、颗粒尺寸分布窄，聚合物颗粒能完美地复制催化剂的颗粒形态。利用一步法合成的催化剂制备出的聚丙烯呈现为完美的球形，在聚丙烯颗粒表面不能观察到催化剂表面的缺陷或聚合过程形成的缺陷。在聚合初期，两种催化剂均能非常迅速地破碎，而一步法催化剂能达到 100%破碎。另外，利用一步法合成的催化剂所制备的聚丙烯也具有更高的结晶度和更窄的熔融峰。

Ronkko 等[64]通过乳液合成技术制备了 $MgCl_2$ 负载的 Ziegler-Natta 催化剂，催化剂的表面积非常小，聚合活性也不高。广角 X 射线衍射研究结果表明，催化剂中存在 δ-$MgCl_2$ 晶型，红外和拉曼光谱显示催化剂中存在 Mg—Cl 化学键。但他们在扫描电镜(SEM)下发现，催化剂颗粒是由颗粒的中心延伸到表面的长链(或者纳米带)组成的，催化剂表面存在直径约为 60nm 的球形核。SEM/IEDS 图谱显示，高浓度的 Ti 均匀分布于颗粒表面。

黄启谷等[65]研发了一种制备纳米尺寸 Ziegler-Natta 催化剂的方法，他们将乙醇与 $MgCl_2$，按摩尔比为 20:1 的比例混合，升温至 120℃溶解形成 $MgCl_2$ 的醇溶液后；将 $MgCl_2$ 的醇溶液冷却至 70℃转移至处于搅拌状态的冷却液中，经过滤、正己烷洗涤、干燥后得到球形氯化镁-乙醇络合物纳米颗粒，经 TEM 表征颗粒粒径在 30~100nm 之间。这种氯化镁-乙醇络合物纳米颗粒可作为 Ziegler-Natta 催化剂的载体材料，制备的催化剂可高效催化乙烯聚合，合成聚乙烯微纳米颗粒。另外，他们还采用经过硝酸处理的纳米炭球为载体，负载上 TiCl$_4$，制备成非均相 Ziegler-Natta 催化剂，利用非均相催化剂的复制现象，成功地制备出平均粒径为 310nm 且球形度较高的 PE 颗粒[66]，其扫描电镜图如图 6-9 所示。

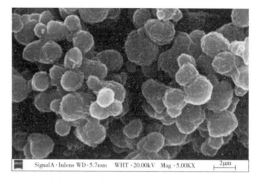

图 6-9　非均相 Ziegler-Natta
催化剂制备 PE 颗粒的扫描电镜

胡友良等[67]以现有非均相 Ziegler-Natta 催化剂制备工艺为基础，采用添加纳米粒子作为晶种和提高催化剂制备的起始温度这两种方法对制备出的载体及催化剂粒子的尺寸进行调控，成功制备出平均粒径为 100 目（150μm）的细颗粒聚丙烯和粒径分布为 1~100μm 的超细聚丙烯球形颗粒。这种催化剂具有较高的活性，能够满足工业化生产的要求。为了制备出更小尺寸的聚丙烯颗粒，该课题组还进行了制备纳米球形 MgCl$_2$ 载体 Ziegler-Natta 催化剂的研究，在常温下将 MgCl$_2$ 的异辛醇溶液滴加到含有大分子表面活性剂聚乙烯吡咯烷酮（PVP）的不良溶剂中，制备出分散性良好且球形度较高的 MgCl$_2$ 载体；再对制备出的 MgCl$_2$ 载体进行活性组分的负载，制备出具有纳米尺寸的催化剂。采用这种催化剂进行丙烯聚合，可以制备出单分散性良好的聚丙烯纳米微球。

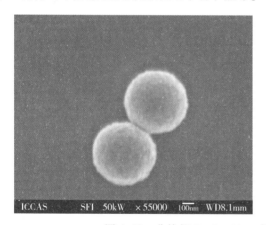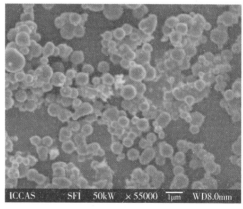

图 6-10　非均相 Ziegler-Natta 催化剂制备 PP 颗粒的扫描电镜

② MgCl$_2$/无机盐掺杂复合载体体系

掺杂负载型催化剂是通过向 MgCl$_2$ 载体中掺杂其他无机物来实现载体晶体结构改变从而改变催化剂的性质。掺杂的无机物具有与 MgCl$_2$ 载体较相似的结晶结构，通过与 MgCl$_2$ 形成共晶，扰乱其晶格的排列，由此负载的 TiCl$_4$ 具有不同的性质，进而影响最终聚烯烃树脂的分子量及分子量分布等性质。掺杂负载是获得新一代高性能催化剂的一种重要途径。

a. 一价盐掺杂复合载体体系

Xue 等[68]通过共研磨 NaCl 和 MgCl$_2$·nEtOH 加合物，再用共混物与 TCl$_4$ 和内给电子体

（ID）反应制备了一系列 $MgCl_2/NaCl/ID/TiCl_4$ 型催化剂。通过广角 X 射线衍射分析发现，在掺杂催化剂中存在 NaCl 晶体。在催化丙烯聚合中，掺杂 NaCl 催化剂表现出较低的催化活性和较高的立体定向能力。随着 NaCl 掺杂量的不同，制备的聚丙烯分子量出现明显的变化。当催化剂中含有 16%（mol）的 NaCl 时，聚丙烯有较宽的分子量分布（PDI = 13）。Jiang 等[69]又将 $MgCl_2/NaCl/ID/TiCl_4$ 催化剂用于 1-己烯聚合，结果显示，催化剂的催化活性、聚 1-己烯的分子量分布和立构规整性均会受到 NaCl 掺杂的影响。通过实验结果推断，NaCl 的掺杂可能会导致催化剂活性中心的分布变化，从而影响催化活性及聚丙烯的性能。

Xue 等[70]还制备了一系列由 LiCl 掺杂 $MgCl_2$ 为载体的 Ziegler-Natta 催化剂，并用于丙烯聚合。先利用 LiCl 和 $MgCl_2$ 在乙醇中共沉淀，制备 LiCl 掺杂的 $MgCl_2 \cdot n$EtOH 加合物，再将加合物溶于 $TiCl_4$ 中制得 Ziegler-Natta 催化剂。运用广角 X 射线衍射（WAXD）和透射电镜（TEM）研究了加合物及催化剂的结晶形态及结构；结果显示，催化剂中存在 Li_2MgCl_4 和 $LiMgCl_3$ 两种混晶，同时还存在 18% 的 LiCl（LMSC18）。聚丙烯的分子量分布（MWD）和等规度（PP）均随着 LiCl 用量的变化而变化，由 LiCl 含量为 11%~18% 的催化剂合成的聚丙烯为宽分布聚丙烯。运用分子量分峰研究催化剂活性中心，结果显示，LMSC18 催化剂中有六种活性中心，其中有两种活性中心占绝大部分。所有的实验结果均显示，由 LiCl 掺杂 $MgCl_2$ 为载体的 Ziegler-Natta 催化剂的活性中心的性能及分布随着 LiCl 用量的变化而改变。

b. 二价盐掺杂复合载体体系

对于 $MgCl_2$ 负载型钛系催化剂来说，绝大部分活性中心存在于 $MgCl_2$ 晶体的边缘或有缺陷的表面上。与 $MgCl_2$ 晶体结构相似的离子型化合物就有可能通过掺入 $MgCl_2$ 晶格中，使晶格产生更多的缺陷，从而产生更多的活性中心，因而可以得到更宽的相对分子质量分布。

Garoff 等[71]研究了用 $MnCl_2$ 掺杂作为 $MgCl_2$ 负载催化剂的载体，发现 $MnCl_2$ 与 $MgCl_2$ 在载体制备中可能产生共晶结构，掺杂少量 $MnCl_2$ 可以提高催化剂活性，且采用掺杂 $MnCl_2$ 载体催化剂得到的聚合物的相对分子质量分布大于采用未掺杂载体催化剂的。Coutinho 等[73]通过浸透载体技术，制备了 PCl_3 用量不同的球形 $MgCl_2$ 载体，并制备了催化剂，用这种催化剂制备了乙烯-丙烯共聚物，这种掺杂催化剂可使共聚物中丙烯含量高达 75%。

Fregonese 等[74]研究了载体中掺杂 $ZnCl_2$ 的方法。他们将金属 Mg 粉、Zn 粉与 1-氯正丁烷混合并对其进行紫外-可见光辐射处理，然后将所得的 $ZnCl_2/MgCl_2$ 复合物与 $TiCl_4$ 反应得到催化剂，并将该催化剂用于丙烯聚合。实验结果表明，催化剂的活性明显受到掺杂 $ZnCl_2$ 含量的影响，当 $ZnCl_2$ 掺杂的质量分数为 0.73% 时，催化剂活性是未掺杂催化剂的 2.5 倍，聚合物分子量分布稍变宽，催化剂立体定向性及其他性质变化不大。研究认为，催化活性的增加及聚合物分子量分布的变化是掺杂载体中晶体结构缺陷的形成引起的。

Phiwkiang 等[75]将 $ZnCl_2$、$SiCl_4$ 或 $ZnCl_2/SiCl_4$ 作为辅助载体，掺杂到 $TiCl_4/MgCl_2/THF$ 催化体系中，并用于乙烯聚合研究。实验结果显示，掺杂 $ZnCl_2/SiCl_4$ 载体的催化活性比单独掺杂路易斯酸、$ZnCl_2$ 或 $SiCl_4$ 载体的催化剂活性高，其催化活性比未经路易斯酸处理过的催化剂活性高出三倍。经广角 X 射线衍射分析，在路易斯酸的作用下 THF 从 $MgCl_2/THF$ 络合物中解离出来，导致 $MgCl_2/THF$ 络合物的 X 射线衍射峰强减弱，这可能与催化活性的增强有关。能量色散 X 射线光谱显示，THF 的解离导致 T 原子集中裸露到载体表面。原位电子自旋共振测定显示，在三乙基铝和催化剂作用之后，$ZnCl_2/SiCl_4$ 加合物会增加 Ti^{3+} 的数量。

由于在聚合反应中无孔单晶纳米氧化镁不会碎裂成片，Toshiaki[76] 将其用作载体的内部材料，合成了一系列新颖的核-壳 $MgO/MgCl_2/TiCl_4$ 催化剂。利用这些新颖催化剂，他们验证了丙烯聚合活性与催化剂比表面积的关系，并得出聚合物的性能与其表面独立的活性中心的性能有关的结论。

c. 三价盐掺杂复合载体体系

肖世镜等[77]制备了掺有稀土氯化盐的 $NdCl_3/MgCl_2$ 双载体负载的 $TiCl_4$ 催化剂。红外分析结果表明，双载体结构与 $NdCl_3$ 或 $MgCl_2$ 单一载体结构均不同。将催化剂用于乙烯、丙烯的聚合结果表明，催化剂的聚合活性变化较大，对于乙烯聚合，双载体催化剂的活性介于单独使用 $NdCl_3$ 和 $MgCl_2$ 为载体的活性值之间；而对于丙烯聚合，这种双负载催化剂的活性超过它们分别单独负载的催化剂，且聚合动力学曲线也不同于这两种载体单独使用时的动力学曲线。

Fernanda 等[78]通过浸透载体技术，将含有不同量的 PCl_3 的球形 $MgCl_2$ 载体制备成 $TiCl_4/MgCl_2/PCl_3$ 催化剂，并用这种 Ziegler-Natta 催化剂制备了乙烯-丙烯共聚物。研究结果，显示 PCl_3 的加入显著增加了 $MgCl_2$ 载体的表面积，同时也促进了 PCl_3 在催化剂中的渗入。这种掺杂催化剂可使共聚物中丙烯的含量高达 75%。

Chen 等[79]制备了 $AlCl_3$ 掺杂的 $MgCl_2$ 载体，他们将 $AlCl_3$ 和 $MgCl_2$ 共同溶解于 EtOH 后，沉淀析出得到 $AlCl_3 \cdot n$EtOH 与 $MgCl_2 \cdot n$EtOH 的混合物。用 $MgCl_2 \cdot AlCl_3 \cdot$ EtOH 作载体制备的催化剂研究乙烯聚合，实验结果表明，掺杂 $AlCl_3$ 提高了催化剂乙烯聚合的活性，聚乙烯分子量分布随 $AlCl_3$ 掺杂量的提高而明显增宽。GPC 的分峰拟合结果表明，聚乙烯分子量分布变宽的主要原因在于载体中 $AlCl_3$ 的引入导致催化剂活性中心类型增多。

Xiao 等[80]用"一锅煮"方法制备了 $MgCl_2/AlCl_3$ 载体催化剂，并用这种催化剂制备了等规度较低的聚丙烯。结果显示，当 Ti 含量为 1.2%，$AlCl_3/MgCl_2$ 摩尔比为 0.1 时，催化剂表现出最高的催化活性。

David 等[81]用 BC 修饰非均相 Ziegler-Natta 催化剂，以改变活性位点的分布。将改性后的催化剂用于丙烯聚合，聚丙烯的产率高出一个数量级，并且不会对聚丙烯的性能(分子量分布、规度等)有大的改变。此研究结果与由异核 B-Ti 集群形成的活性位点的假设是吻合的。这种激活方法也适用于前几代的 Ziegler-Natta 催化剂，产率也有明显的上升。简单和通用的激活过程也可以在温和的条件(较低的温度和较低浓度的 BCl_3)下进行。

③ $MgCl_2$ 杂化复合载体

SiO_2 和 $MgCl_2$ 是烯烃聚合催化剂两种重要载体。两者负载机理不尽相同，对催化剂性能的影响也有所区别。将两者结合，形成的复合载体负载 Zielger-Natta 催化剂，可获得性能更加丰富的聚烯烃树脂。

Ghnlamhossein 等[82]制备了以 $MgCl_2$ 为载体的单载体催化剂($MgCl_2/TiCl_4/DNBP$)和以 SiO_2 与 $MgCl_2$ 为载体的双载体催化剂($SiO_2/MgCl_2/TiCl_4/DNBP$)体系，并用于丙烯聚合。他们利用 FTIR、SEM、XRF 和 BET 技术对催化剂及聚合物进行表征，观察到给电子体中 C=O 和 C—O 键的振动转变，表明给电子体、载体和催化剂之间存在相互作用。BET 结果显示，有给电子体的单载体催化剂和不加给电子体的双载体催化剂的表面积均在 $230m^2/g$ 左右，而以 DNBP 为给电子体的双载体催化剂的表面积大约为 $177m^2/g$。SEM 表征显示，SiO_2 载体的球形结构在催化剂中得以复制，在聚合物中也基本保持了其球形结构。

Patthamasang 等[83]先将 $MgCl_2$ 引入到 SiO_2 表面，然后再将这种复合载体与 $TiCl_4$ 反应制备了 $MgCl_2$-SiO_2/$TiCl_4$ 型催化剂，并将其与 $MgCl_2$/$TiCl_4$ 催化剂进行对比。两种催化剂体系中的 $MgCl_2$ 均采用不同 $EtOH$/$MgCl_2$ 摩尔比制备的 $MgCl_2 \cdot nEtOH$ 加合物制备而成。通过研究对比表明，在以 $MgCl_2$ 为载体的催化剂中[EtOH]/[$MgCl_2$]越低，催化剂的催化活性越高。而在以 $MgCl_2$/SiO_2 为载体的催化剂中[EtOH]/[$MgCl_2$]较低时，$MgCl_2$ 在 SiO_2 表面结块，不适合对 $TiCl_4$ 的负载。另外，双载体的催化剂当中[EtOH]/[$MgCl_2$]为 7 时，催化剂的活性高且 $MgCl_2$ 几乎不存在结块。SEM 结果表明，利用双载体制备的催化剂保持了 SiO_2 的球形结构。BET 研究发现，催化剂孔的尺寸是催化剂获得高聚合活性的关键因素。TGA 测试显示双载体催化剂相对单载体催化剂更稳定。

Jirawat[84]研究了在商用 Ziegler-Natta 催化剂中加入 SiO_2 对烯烃聚合的影响。通过固-固搅拌的物理方法将煅烧后的 SiO_2 和 Ziegler-Natta 催化剂混合。SEM-EDX 研究表明，SiO_2 负载在催化剂表面，同时明显降低了乙烯聚合的催化活性；GPC 结果显示，SiO_2 的加入提高了聚乙烯的分子量；原位 ESR 数据表明，气相 SiO_2 的加入可抑制 Ti^{3+} 的减少，这也有利于丙烯聚合。

Banks 和 Hogan 在 1955 年将三氧化铬沉积在硅胶载体上，极大地提高了乙烯聚合催化剂的性能[85]。美国联合碳化化学品及塑料技术公司开发出以 SiO_2 为载体的高效催化剂，从而推动了 Unipol 工艺的迅速发展[86,87]。SiO_2 是一种具有独特多孔结构的催化剂载体，它的高比表面积和良好的颗粒形态有助于制备颗粒形态良好的聚合物。SiO_2 的另一个特性是具有较大的反应活性，催化剂活性组分通过与 SiO_2 表面的活性基团反应实现负载，得到以 SiO_2 为载体的 Ziegler-Natta 催化剂。但是，SiO_2 作为单一载体会与活性组分 $TiCl_4$ 生成低催化活性的—Si—O—$TiCl_3$，导致 Ziegler-Natta 催化剂的活性和立构定向性降低[88,89]。因此，陆续开发了基于 $MgCl_2$/SiO_2 复合载体体系的 Ziegler-Natta 催化剂，兼有 $MgCl_2$ 载体和 SiO_2 载体的优势，既能够保留 $MgCl_2$ 对催化剂活性的增强作用，同时又可以改善催化剂的流动性，是具有良好颗粒形态、高比表面积和活性的催化剂[90]。

Kim 等[91]将无水 $MgCl_2$ 加热溶解于 THF 中，加入 $TiCl_4$ 形成 $MgCl_2$/$TiCl_4$/THF 络合物溶液，再与热处理过的 SiO_2 作用，制备催化剂。Lu Honglan 等[92]用无水 $MgCl_2$ 在庚烷中与定量丁醇反应形成络合物，再与热处理过的 SiO_2 作用制备复合载体。该复合载体与过量 $TiCl_4$ 反应得到复合载体催化剂。BP Chemicals Limited[93]通过一定方法将硅胶表面羟基含量控制在 $0.5 \sim 3.0 mmol/g$，再将该硅胶与烷基镁共浸渍。然后再向该体系中加入氯代叔丁烷，使氯元素结合到催化剂表面。采用该方法制备的双载体催化剂活性高，能有效增加聚乙烯的堆密度，且氢调敏感性和共聚能力较好，但生产成本相对较高。中国石化北京化工研究院，开发了新型聚乙烯催化剂，将钛化合物和镁化合物溶解在给电子体中制得母液，然后加入活化后的 SiO_2，用环状卤代烷烃和卤代芳香烃作为促进剂。该催化剂活性高，得到的聚合物堆密度高、流动性好。德国 BASF 公司[94]将 $xNa_2O \cdot ySiO_2$ 与硫酸的正丁醇溶液反应，得

到 SiO_2 载体，再与 $MgCl_2$ 复合制备的催化剂可用于气相聚丙烯工艺。张国虹等[95]采用不同比例的 $MgCl_2$ 与 SiO_2 制备了一系列复合载体，并研究了复合载体孔容、孔径和比表面积的变化趋势。结果表明，复合方式既存在 $MgCl_2$ 与 SiO_2 载体的物理共混，也存在 $MgCl_2$ 与 SiO_2 载体表面发生的脱氯化氢反应。Zohuri 等[96]制备了以 $MgCl_2$ 为载体的单载体催化剂[$MgCl_2$/$TiCl_4$/邻苯二甲酸二丁酯（DNBP）]，并将一定比例的 $Mg(OEt)_2$ 与焙烧后的 SiO_2 在甲苯中与 $TiCl_4$ 反应制备了双载体催化剂（SiO_2/$MgCl_2$/$TiCl_4$/DNBP），并用于丙烯聚合。结果表明，SiO_2 载体的球形结构在催化剂中得以复制，在聚合物中也基本保持了其球形结构。双载体催化剂的最佳铝钛摩尔比远低于单载体催化剂，其聚合活性更高，所得聚合物相对分子质量更高。此外，Wang Jingwen 等[97]开发了一种新型双载体催化剂，即（SiO_2/MgO/$MgCl_2$）$TiCl_x$ 型催化剂。催化剂使用乙酸镁与硅胶浸渍，然后焙烧成 MgO，最后与 $TiCl_4$ 回流原位形成 $MgCl_2$ 载体。这种载体的生产成本较低，使用该载体制备的乙烯聚合用催化剂表现出高活性及良好的氢调敏感性与共聚性能。

中国科学院化学研究所[98]提供了一种制备高球形度小粒径聚烯烃催化剂的方法。选取纳米 SiO_2 作为纳米晶种有利于加速催化剂成型，将其超声分散于溶剂中，与 $MgCl_2$ 及给电子体溶液混合后负载钛化合物，反应结束后，洗涤、干燥，得到催化剂。该催化剂所制聚烯烃粒径为 $50\sim300\mu m$，平均粒径为 $150\mu m$。同时，通过提高预热温度、缩短升温时间及提高纳米粒子的加入量可以降低 PP 的粒径和堆密度。Lu 等[99]以庚烷为溶剂，先将无水 $MgCl_2$ 与正丁醇反应得到 $MgCl_2\cdot nBuOH$ 醇合物，随后将 SiO_2 进行热处理，与醇合物反应得到复合载体，研究 SiO_2 预处理条件对催化剂的组成、结构和性能的影响。实验结果表明，SiO_2 与醇合物反应后，表面羟基的特征峰消失，说明 $MgCl_2\cdot nBuOH$ 醇合物与 SiO_2 表面的羟基发生了化学反应；与将活性组分 $TiCl_4$ 直接负载到 SiO_2 载体上相比，$MgCl_2$/SiO_2 复合载体中的 Ti 表现出更高的电子结合能。因此，推测 $TiCl_4$ 作为该复合载体中的活性组分，主要是通过氯桥的方式与 $MgCl_2$ 结合而非直接负载在 SiO_2 表面。祖小京等[100]按照一定比例配制了 SiO_2 与 $MgCl_2$ 悬浮液，采用喷雾干燥法制备了 $MgCl_2$/SiO_2 球形复合载体，再经过钛处理后得到催化剂。该催化剂表面元素分布测试结果显示，Mg 与 Ti 均匀分布在 $MgCl_2$/SiO_2 复合载体表面；XRD 谱图中，$MgCl_2$ 醇合物的衍射峰较小，说明 $MgCl_2$ 晶体粒子为无序排列，有助于活性组分的充分分散；丙烯聚合结果表明，该复合载体制备的催化剂具有高活性、良好的氢调敏感性和立构定向能力。

联合碳化化学品及塑料技术公司[101]公开了一种采用粒径 $0.1\sim1\mu m$ 的 SiO_2 为载体的催化剂生产乙烯聚合物的方法。首先，在给电子体溶剂中将 $TiCl_4$ 还原为 $TiCl_3$，并且与给电子体化合物形成可溶性配合物后加入 $MgCl_2$ 得到催化剂组分；然后将溶液浸渍在纳米 SiO_2 载体上，得到催化剂颗粒。该催化剂适用于生产己烷提取物含量少的乙烯共聚物。由于载体粒径过小，为了避免颗粒团聚，采用了喷雾干燥的方法，但该方法不利于工业化生产。中国石化北京化工研究院[102]将"形态调节剂"（如硅烷偶联剂等化合物）加到超细 SiO_2 载体催化剂中，催化剂的形态和粒径得到极大改善。该方法能够降低生产成本，且所制聚合物具有均一规整的颗粒形态，大幅减少了超细粉含量，避免了静电现象，有效防止管道堵塞。

超高分子量聚乙烯（UHMWPE）具有超高的韧性和优异的力学性能，可应用于诸多领域[103]。为了增强后续的可加工性，用于工业化生产 UHMWPE 的催化剂需要具有高活性及良好的颗粒形态。很多研究人员将纳米颗粒作为催化剂的载体，以期改善 UHMWPE 的形貌。王方等提供了一种结构化纳米 Ziegler-Natta 催化剂的制备方法，将双羟基的 1,4-丁二醇作为络合沉淀剂，通过重结晶法将具有晶格缺陷的纳米 $MgCl_2$ 粒子分散沉积在 SiO_2 表面形成结构化 $MgCl_2/SiO_2$ 复合载体，载体较高的比表面积不但能够提供更多的活性位点高效负载活性组分，而且有助于聚合过程中的传质传热。乙烯淤浆聚合结果表明，结构化纳米 Ziegler-Natta 催化剂不但可以制备 UHMWPE，且聚合产物为近球形颗粒，具有结晶度高、粒径分布窄且形貌规整等特征。

Gholam 等[104]用棒状 MCM-41 介孔材料作为 $TiCl_4/MgCl_2/THF$ 催化剂的复合载体，形成棒状 $MCM-41/TiCl_4/MgCl_2/THF$ 双载体催化剂，然后用此催化剂进行乙烯聚合反应，显示相当高的催化活性[11×10^4gPE/(molTi·h)]。SEM 和 XRD 显示，棒状的半结晶性介孔 MCM-41 具有相当高的表面积(约 $972m^2/g$)；红外光谱检测到合成的 MCM-41 中有机物及水分的遗留成分；用 BET 分析催化剂表面，结果显示，当将催化剂覆盖在 MCM-41 载体上后，表面积显著减小约为 $486m^2/g$。XRD、SEM 和 DSC 研究显示，合成的 PE 以纳米纤维为主要的存在形态；SEM 数据显示，形成的高密度聚乙烯纤维及纳米粒子尺寸在 $1\sim20\mu m$；DSC 数据显示 PE 样品具有高熔融温度(144℃)；XRD 数据显示其晶型结构为斜方晶系。

④ 纳米粒子载体体系

纳米材料具有小尺度效应和纳米增强效应，纳米技术在聚烯烃中的应用研究方兴未艾[105]。在烯烃聚合催化剂的研究中，纳米材料以载体和填充改性剂的形式同时出现。纳米粒子负载烯烃聚合催化剂并催化烯烃聚合，在纳米尺度的空间内，聚合物分子链处于受限挤出生长的状态，进而影响聚合物粒子的形态和性能[106,107]。但是，关于纳米技术在烯烃聚合催化剂中的应用，更多的研究还是着眼于纳米粒子负载烯烃聚合催化剂，烯烃聚合过程中聚合物链生长和聚合放热等作用将纳米粒子均匀分散于聚烯烃树脂中，纳米粒子利用其自身的结构与性能特点，发挥纳米效应，获得力学性能显著提升或具备特定功能性的聚烯烃树脂。蒙脱土、碳纳米管、聚倍半硅氧烷(POSS)、石墨烯等纳米材料相继被用于制备纳米粒子负载烯烃聚合催化剂，原位聚合获得了相应的高性能聚烯烃纳米复合树脂[108]。

以纳米粒子为载体或与 $MgCl_2$ 掺杂形成复合载体负载烯烃聚合催化剂，催化剂活性中心的有效负载以及催化活性是首先关注的问题。在纳米粒子表面引入催化剂负载点(如羟基等)后，通过直接负载或者先用活化剂(助催化剂或 Grignard 试剂)保护然后进行催化剂负载的方法，实现催化剂活性中心在纳米粒子表面的有效负载。例如，在蒙脱土体系，以催化剂前体插层方法为基础，通过蒙脱土有机化在片层间引入大量催化剂负载点(如羟基)，然后通过直接负载或与 $MgCl_2$ 形成复合载体后进行催化剂负载的方法，实现了催化剂在蒙脱土纳米片层间的富集，从而使原位聚合的插层选择性得到提高，更有效地使蒙脱土纳米片层实现剥离[109]。以碳纳米管为载体时，在碳纳米管表面引入的羟基基团，并采用 Grignard 试剂活化处理，利用由此生成的 Mg—Cl 键与 Ziegler-Natta 催化活性组分($TiCl_4$)络合，从而将催化活性中心有效负载于碳纳米管表面，如图 6-11 所示[110]。由此制备的碳纳米管负载 Ziegler-Natta 催化剂催化丙烯聚合活性可达 10^5g/(molTi·h)，聚丙烯基体的等规度在 95% 以上，碳纳米管以纳米尺度均匀分散在聚丙烯基体中。该方法适宜于可控制备聚丙烯/碳纳米管纳米复合材料，也同样适用于蒙脱土和石墨烯纳米负载体系。

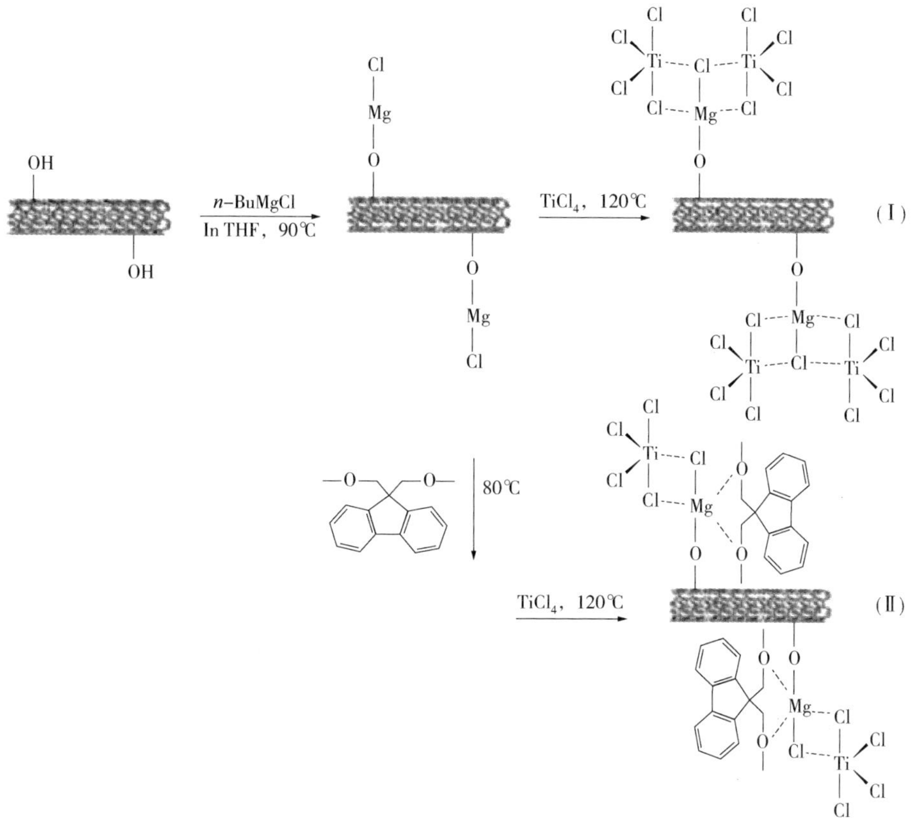

图 6-11 功能化多壁纳米管负载 Ziegler-Natta 催化剂

值得一提的是，在原位聚合制备聚烯烃/石墨烯纳米复合材料的过程中，首次以还原的氧化石墨负载 Ziegler-Natta 催化剂，利用氧化石墨表面的极性基团（羟基、羧基等）与 Grignard 试剂（R MgCl$_2$）反应，然后负载 Ziegler-Natta 催化活性组分（TiCl$_4$）。如图 6-12 所示[111]，在氧化石墨负载 Zielger-Natta 催化剂过程中，氧化石墨被 Grignard 试剂还原为石墨烯[112]，与此同时也实现了催化活性中心的有效负载。还原氧化石墨负载 Zielger-Natta 催化剂的丙烯聚合活性可高达 10^7g/（molTi·h），石墨烯片层在聚丙烯基体中以纳米尺度均匀分散[113]。在上述前提下少量石墨烯［0.2%（v）］在聚丙烯基体中形成了逾渗网络结构，使聚丙烯/石墨烯纳米复合树脂显示出了较高的电导率（3.92S/m），远高于普通聚丙烯树脂的电导率（10^{-13}S/m）。所得聚合物的结晶性能和力学性能也因石墨烯的存在而显著提升。[114]

上述方法是利用了纳米粒子表面的功能性基团，实现对催化活性中心的有效负载。对于表面惰性纳米粒子，选择合适催化剂制备方法，利用纳米粒子的特殊结构，也可进一步影响聚烯烃树脂的性能。以具有中空管状结构的天然黏土矿物——埃洛石为纳米粒子，经过高温处理后与 MgCl$_2$ 醇合物复合，在进一步的 MgCl$_2$ 结晶析出过程中，获得了埃洛石掺杂的 MgCl$_2$/TiCl$_4$ 催化剂。该催化剂保持较高的丙烯聚合活性和立构选择性，同时具有良好的颗粒形态[115]。

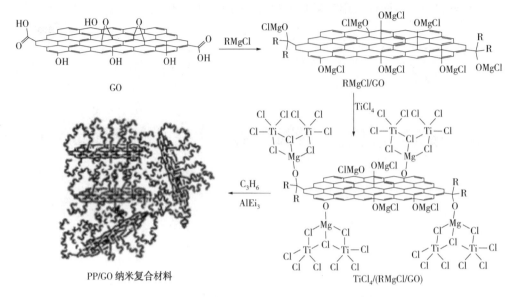

PP/GO 纳米复合材料

图 6-12　原位聚合制备聚丙烯/石墨烯纳米复合树脂

　　埃洛石在聚丙烯基体中以单个粒子的形式均匀分散，极少量埃洛石（0.002%～0.02%）的存在改善了聚合物的结晶性能、热稳定性能以及熔体加工性能[116]。

　　尽管纳米粒子负载烯烃聚合催化剂可催化制备性能优异的聚烯烃树脂，但是，催化剂和聚合物的粒子形态差和堆密度低等问题制约了其发展，仍停留在实验室阶段[117]。为了解决上述问题，在高效球形 $MgCl_2$ 载体催化剂的制备和颗粒反应器技术的启示下，从粒子形态控制入手，先将纳米粒子成型为球形粒子，然后负载 Zielger-Natta 催化剂，利用催化烯烃聚合过程中催化剂和聚合物之间存在的形态复制效应，实现聚合物粒子形态的可控。该方法已成功应用于蒙脱土和碳纳米管等纳米复合聚烯烃树脂体系中，如图 6-13 所示[118]。在上述原位聚合制备聚烯烃纳米复合材料的过程中，聚合物颗粒流动性好，未出现黏釜现象，成功解决了聚合物颗粒形态差的问题[119]。由此可知，上述方法是一种切实可行、适用于工业化的聚烯烃纳米复合材料的原位制备方法。正是由于纳米粒子负载 Zielger-Natta 催化剂的颗粒形态得以有效控制，纳米粒子更加均匀地分散于聚烯烃基体中，使得聚丙烯纳米复合材料显示出了较高的力学性能。

　　不仅如此，具有球形形态的纳米粒子负载烯烃聚合催化剂还可基于颗粒反应器技术制备性能更加多样的多相共聚聚丙烯纳米复合树脂。在多相共聚聚丙烯纳米复合树脂中，纳米粒子、聚丙烯和乙丙橡胶相三者形成了独特的相分散形态。少量纳米粒子的存在，即可显著提升聚合物的力学性能[120]。

　　聚丙烯/蒙脱土纳米复合材料具有低填充量改善聚丙烯的阻燃性和气体阻隔性等优点。张延武等[121]使用 $Mg(Oet)_2$ 与蒙脱土复合载体负载 $TiCl_4$ 后催化丙烯聚合，不但改善了 Mg-蒙脱土载体的活性和所制聚合物的相对分子质量，且省去了插层剂季铵盐的引入。Ngjabat 等[122]用棒状介孔材料（MCM-41）和 $MgCl_2$ 制备了棒状 $MCM-TiCl_4/MgCl_2/THF$ 双载体催化剂，然后用此催化剂进行乙烯聚合，显示相当高的催化剂活性[110kg/(mol·h)]。

合成的聚乙烯以纳米纤维为主要的存在形态形成的高密度聚乙烯纤维及纳米粒子粒径为$1 \sim 20 \mu m$。

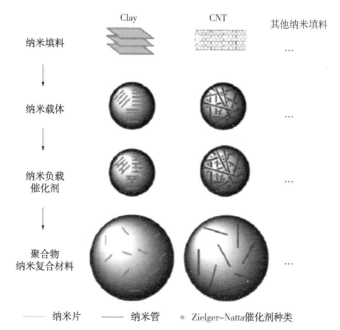

图6-13　聚合物颗粒形态可控的原位聚合制备聚烯烃纳米复合材料新方法

在聚烯烃中添加碳纳米材料，可以获得力学性能显著提高或得到具有特定功能性的聚烯烃。碳纳米材料容易在聚烯烃基体中团聚，而且与聚烯烃基体界面结合力很弱，单纯采用共混方法无法制备性能优异的聚烯烃/碳纳米材料复合材料。因此，研究者们着眼于将纳米粒子作为载体负载烯烃聚合用催化剂，并开展了一系列的研究。Wang Ning 等[123]以碳纳米管为载体，在碳纳米管表面引入羟基，并采用格氏试剂活化处理，然后与 TiCl₄ 反应载钛，从而将催化活性中心有效负载于碳纳米管表面，碳纳米管以纳米尺度均匀分散在聚丙烯基体中。Huang Yingjuan 等[124]利用氧化石墨表面的极性基团（如羟基、羧基等）负载 TiCl₄，通过原位聚合得到聚丙烯/石墨烯纳米复合材料，结果表明，石墨烯在聚丙烯基体中分散良好，复合材料显示出较高的电导率。加入石墨烯后，复合材料的结晶性能和力学性能也显著提升。

董金勇课题组[125]通过喷雾干燥的方法将无定形 MT 粒子成形为类球形，增大了纳米粒子的比表面积及孔隙率；通过将纳米粒子与 MgCl₂ 醇合物复合制备复合载体并负载 TiCl₄，以及利用 Grignard 试剂将镁化合物引入到纳米粒子表面再通过络合作用负载 TiCl₄，制备了烯烃聚合催化剂，在原位催化丙烯聚合后得到流动性良好的 PP/MT 纳米复合材料。该课题组还制备了球形 MT 载体型 Ziegler-Natta 催化剂，所制得的 PP/MT 纳米复合材料的综合性能较好，MT 均匀分散于 PP 基体中，提高了 PP/MT 纳米复合材料的结晶速率、液体阻隔性能及热稳定性[126]。

青岛科技大学[127]公开了一种以碳纳米管/MgCl₂ 为复合载体的烯烃聚合用 Ziegler-Natta 催化剂及其制备方法和应用。由于碳纳米管因自身存在 π-π 电子相互作用而紧密结合，需要经过预处理且高能球磨后才能在负载催化剂中有效分散。通过调节碳纳米管与 $MgCl_2$ 的比例、改变碳纳米管的预处理方式及球磨时间，可调控碳纳米管在复合载体中的有效分布及微观结构。研究结果表明，以高能球磨法制备的碳纳米管/$MgCl_2$ 为复合载体制备的 Ziegler-Natta 催化剂的活性中心能够分布在 $MgCl_2$ 晶体缺陷处以及碳纳米管的表面和管径内部，所得催化剂具有流动性良好、催化异戊二烯聚合活性较高、易于实现工业化生产等特点。

Huang 等首次报道了采用 Ziegler-Natta 催化剂合成 PP/GO 纳米复合材料的方法。利用 Grignard 试剂 n-BuMgCl 与 GO 表面的—OH 和—COOH 等极性官能团反应，经过大量的 $TiCl_4$ 处理后得到 $TiCl_4$/BuMgCl/GO 载体型催化剂，通过原位丙烯聚合得到了 PP/GO 纳米复合材料。GO 片层以纳米尺度分散在 PP 基体中，成功解决了极性纳米材料与非极性 PP 链段不相容的问题。制备的 PP/GO 纳米复合材料具有高导电性，当 GO 负载量为 4.9% 时，纳米复合材料的电导率为 0.30S/m。Grignard 试剂在处理 GO 片层的同时还作为还原剂扩大了片层之间的距离[128]，将层状 GO 还原为松散聚集的石墨烯片层(rGO)，rGO 重构了碳原子的 sp2 杂化结构，因此，由原位聚合制备的 PP/rGO 纳米复合材料具有较低的电渗阈值[$0.2\%(\varphi)$]，同时通过调控 PP 基体中石墨烯的含量实现对纳米复合材料电导率的改变，从而得到较高的电导率(3.92S/m)，拓展了 PP 纳米复合材料的应用范围。参照上述方法，Zhao 等[129]将石墨烯作为载体负载活性组分得到 Ziegler-Natta 催化剂，石墨烯片层在原位聚合的过程中逐渐剥离并分散在 PP 基体中，得到 PP/石墨烯纳米复合材料。对材料退火过程的研究验证了纳米复合材料中三维互穿网络的形成，并研究了它对纳米复合材料电学性能和结晶行为的影响。Zhao 等[130]进一步采用石墨烯片层作为载体制备了 Ziegler-Natta 催化剂，通过原位聚合成不同石墨烯负载量的 PP/石墨烯复合材料，并研究了该复合材料的晶体形貌和结晶动力学，详细讨论了石墨烯在复合材料结晶过程中的作用，证明在原位聚合过程中，石墨烯纳米片层起到了成核剂的作用。

以 SiO_2 和石墨烯为代表的硅材料和碳材料因具有较大的比表面积和孔隙率作为无机载体材料广泛应用于 Ziegler-Natta 催化剂中。但是，由于载体颗粒作为杂质滞留在聚合物中，且不能溶胀的无机载体限制了聚合单体的扩散和吸收，因此，会影响聚合物的物理性能和化学稳定性。同时，由于光散射，无机载体离子碎片化不完全会导致聚合物透明度降低[131]。聚合物基有机载体具有丰富的功能基团，能够调节负载催化剂的活性、选择性及聚合产物的性能[132]。然而，有机载体力学性能较差，通过与无机载体复合可以得到性能更优异的催化剂，因此有机/无机复合成为另一种制备催化剂载体的有效途径，引起极大关注[133]。

聚苯乙烯微球因其较强的惰性、可调控的粒径和交联度，成为具有应用潜力的有机载体材料[134]。近年来，浙江大学阳永荣课题组进行了很多相关研究工作。范丽娜等[135]将聚(苯乙烯-co-丙烯酸)(PSA)通过相转化法沉降在硅胶载体表面，真空干燥后得到 SiO_2/PSA 核壳材料，并作为载体负载 $TiCl_4$ 得到核壳结构的复合催化剂。该复合催化剂微球具有良好的分散性，通过改变复合催化剂核壳层厚度，能够实现调控复合催化剂氢调敏感性及聚合物相对分子质量分布的目的。杜丽君等[136]以 SiO_2 为无机载体支撑层，制备了 SiO_2/$MgCl_2$·

xBu(OH)$_2$/PSA 有机/无机复合载体型 Ziegler-Natta 催化剂,研究了不同载体的化学环境对该催化剂形态特征、载钛量及聚合性能的影响。实验结果表明,复合载体的多样化学环境可以有效增加活性中心种类,提高催化剂的共聚性能,聚合产物的相对分子质量分布加宽。历伟等[137,138]以 SiO$_2$ 负载型 Ziegler-Natta 催化剂为内核,将茂金属溶液负载在 PSA 表面,利用 PSA 包覆膜为阻隔材料分离茂金属和 Ziegler-Natta 催化剂,进一步开发了茂金属/Ziegler-Natta 复合催化剂,并考察了该复合催化剂的淤浆聚合及气相聚合行为。实验结果表明,该复合催化剂在第一反应器中所得产物为低密度聚乙烯,在第二反应器内合成了高密度聚乙烯。

由于使用传统 Ziegler-Natta 催化剂制备的聚合物相对分子质量分布较宽,大量的低聚物会影响聚烯烃的力学性能;而由茂金属催化剂制备的聚合物的相对分子质量分布极窄,会导致熔体黏度极高,影响聚合物后续的挤出加工。因此,采用表面含有羟基的纳米颗粒为载体,通过共价键与活性组分相结合将有助于活性组分更均匀地分布,进而通过聚合得到更均匀的聚合物结构,即更窄的相对分子质量分布。Nietzel 等以苯乙烯与二乙烯基苯为交联剂,通过乳液共聚合成了纳米尺度的羟基功能化聚苯乙烯颗粒作为 Ziegler-Natta 催化剂的有机载体,在乙烯淤浆聚合中,研究了载体表面的羟基含量对负载型催化剂活性的影响。实验结果表明,载体的官能团浓度对催化剂活性和产物收率有显著影响,结合位点过少会导致催化剂负载量不足,而结合位点过多则会导致催化剂失活[139]。

载体技术的进步对催化剂和聚合物性能提升至关重要,醇镁载体体系是目前 Zielger-Natta 催化剂的主要应用体系。尽管醇镁载体体系在载体制备技术和催化剂负载等方面比较成熟,但是,MgCl$_2$ 晶体活化机理、过渡金属化合物和内给电子体与载体的负载机理以及助催化剂和外给电子体的作用机理等基础理论研究仍是目前关注的焦点。MgCl$_2$/无机盐掺杂复合载体正是利用了无机盐对 MgCl$_2$ 晶体结构的影响,掺杂的无机盐扰乱了 MgCl$_2$ 的晶体结构,进而影响了活性中心(TiCl$_4$)的配位结构,获得了更宽(或更窄)分子量分布的聚丙烯树脂。而 MgCl$_2$ 杂化复合载体体系则是基于 TiCl$_4$ 在不同载体材料上的负载机理不同,获得不同性质的活性中心。无论是无机盐掺杂的 MgCl$_2$ 载体体系,还是 MgCl$_2$ 杂化复合载体体系,更多地集中于改善催化剂活性中心的性质以及改变最终聚烯烃树脂的分子量和分子量分布,对聚烯烃树脂性能的改善比较单一。与上述掺杂改性方法不同,纳米技术的应用为 Ziegler-Natta 催化剂的改性提供了一个新的思路。将 MgCl$_2$ 晶体纳米化,得到的微米级,甚至是纳米级的聚烯烃颗粒有望使聚烯烃树脂具备新的用途。以聚烯烃纳米复合材料为目标的研究,利用纳米粒子的纳米效应,提升聚烯烃树脂的性能,获得高性能或具备特定功能性的聚烯烃材料,一直是聚烯烃领域的研究热点。其中,纳米粒子负载体系中颗粒形态差及催化剂活性低等问题的解决,为聚烯烃纳米复合材料的原位聚合制备方法从实验室走向工业应用提供了契机。

因此,对载体晶体结构的改性和纳米技术的引入,获得催化活性好、催化功能性强、颗粒强度适宜且适合相应聚合工艺的 Ziegler-Natta 催化剂,是今后 Ziegler-Nata 催化剂载体研究领域的重要发展方向。结合对电子体技术的研究,Ziegler-Natta 催化剂体系将获得新的突破,在聚烯烃领域仍将占据重要地位[140]。

6.2.2.2　助催化剂

助催化剂作为 Ziegler-Natta 催化剂中的重要组分，其作用[141]主要是使钛烷基化、将 Ti⁴⁺还原为活性较高的 Ti³⁺和活性较低的 Ti²⁺。在烯烃聚合中，被广泛应用的助催化剂有三乙基铝、三甲基铝、三异丁基铝等，不同种类的烷基铝及添加量等条件对烯烃聚合会产生不同的影响。而助催化剂在催化剂中除了本身的两大作用外，还可以与给电子体发生配位作用，影响与 MgCl₂ 晶体的配位，致使部分给电子体脱落降低含量，进而影响烯烃聚合活性及聚烯烃的性能。

6.2.2.3　内给电子体

给电子体是一种提高催化剂立体选择性的添加剂，实际上利用了 Lewis 碱的给电子能力。给电子体根据它们的作用通常可以分为两类：内给电子体（包含在固态催化剂中）和外给电子体（与烷基铝一起加入，为了防止在聚合过程中催化剂的立体选择性变差）。事实上 Lewis 碱已经存在于第二代 TiCl₃ 催化剂中。通过在聚合过程中加入一些 Lewis 碱能使聚丙烯的等规度最多提高 10%。然而，给电子体在 MgCl₂ 负载 Z-N 催化剂中的作用完全不同，它可以显著地提高催化剂的活性和立体选择性，这与给电子体在氯化镁晶面上的吸附有关，可以毫不夸张地说是给电子体赋予了 MgCl₂ 负载型 Z-N 催化剂的立体选择性。因此，从第三代催化剂开始，非均相 Ziegler-Natta 催化剂的发展史几乎是寻找新的给电子体的发展史。因为给电子体不仅改变了催化剂的活性、聚合物的分子量及其分子量分布、共单体的插入，并且通过等规度改变了聚丙烯的结晶度等物理特性。常见的内给电子体有单酯类、二酯类、二醚类，发展到现在出现了更多内给电子体，例如马来酸酯类、β-酮酸酯类和琥珀酸酯类等，其中琥珀酸酯不仅可以使催化剂具有更高的立体选择性，而且得到的聚丙烯比第四代催化剂有更宽的分子量分布，更有利于加工。内给电子体的主要作用是影响载体结构和控制 TiCl₄ 吸附在 MgCl₂ 微晶表面的数量和空间分布。

但是就催化剂活性和立体选择性提高的整个发展历史而言，我们也不能忽略在固体催化剂组分的制备方面的重大改变。催化剂的结构不仅受到电子体的影响，也受制备路线影响，所以下一代 Ziegler-Natta 催化剂有可能是新的电子体和新制备技术的协同结合。

内给电子体[142]在催化剂中主要作用是调控催化剂的载钛量及钛的分布，稳定载体 MgCl₂ 的初级晶型。研究人员从探究单活性中心茂金属催化剂研究丙烯聚合机理过程中得到启发，MgCl₂ 载体的非等规活性中心面或者非等规活性位点由于内给电子体的位阻效应被屏蔽，从而调控催化剂的立构选择性。Busico 与 Cavallo 研究发现，MgCl₂ 晶体存在 110 和 100 晶面，由于电中性的原因，110 晶面的 Mg 原子形成配位数为 4 的酸性较强面，而 100 晶面的 Mg 原子形成配位数 5 的酸性略弱面，无外给电子体存在的情况下，活性组分 TiCl₄ 可同时配位到 110 和 100 晶面，但是只有配位到 100 晶面上的活性组分才能够形成等规活性中心。内给电子体为路易斯碱，与 TiCl₄ 竞争优先配位在酸碱较强的 110 晶面，从而降低了活性组分在该晶面配位形成无规活性中心的可能性，提高了催化剂的立体选择性，参见图 6-14。

最近研究认为，内给电子体打破了 110 晶面上无规单金属活性中心和等规双金属活性中心之间的平衡，使之向后移动。内给电子体与 Ti 附近的 MgCl₂ 配位也会影响活性中心的电子密度以及空间位阻结构,进而提高聚合物等规度。Taniike 等采用密度泛函数研究内给电子体对 Z-N 催化剂催化丙烯聚合机理发现,如图 6-15 所示,活性组分 TiCl₄ 以单核形式优先吸附于载体 MgCl₂ 的 110 晶面,吸附在该晶面的内给电子体通过增加 Ti 活性中心的电子密度将无规活性中心转变为等规活性中心。

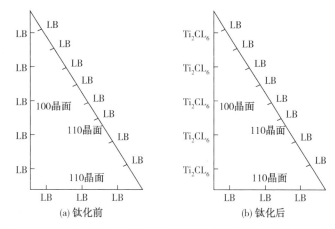

图 6-14　MgCl₂ 载体 110 和 100 晶面上内给电子体与活性钛的分布

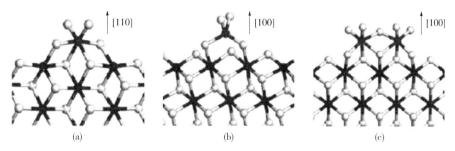

图 6-15　TiCl₄ 在载体 MgCl₂ 不同晶面的吸附结构

Correa 等采用傅里叶红外研究了不同种类的内给电子体与载体 MgCl₂ 之间的相互作用,1,3-二醚类以及烷氧基硅烷类配位氧原子间距较短,只能与 110 晶面的 Mg 进行配位,而邻苯二甲酸酯和琥珀酸酯中配位氧原子间距较长,能够以不同的配位形式同时配位于 110 和 100 两个晶面,如图 6-16 所示。

Jo 等采用密度泛函数理论研究了 1,3-二醚类化合物对催化剂活性以及立构选择性的影响机理,通过模拟计算丙烯单体插入聚合的能量可知,100 晶面形成的等规活性中心的催化能力强于 110 晶面形成的非等规活性中心,并且发现 1,3-二醚类内给电子体的主要作用是阻止 TiCl₄ 在 MgCl₂ 的 110 晶面配位形成非等规活性中心,并不能将在该晶面形成非等规活性中心转变成等规活性中心。另外,对比不同取代的 1,3-二醚类内给电子体结构对催化性能影响可知,当 C₂ 取代基位阻较大时有助于催化剂活性以及立体选择性的提高。Zakharov 等采用漫反射红外光谱分析了苯甲酸乙酯(EB)和邻苯二甲酸二异丁酯(DIBP)在 MgCl₂ 不同晶面的配位方式,DIBP 不仅可双齿螯合配位在同一 Mg 原子上、双齿桥键配位于不同 Mg 原子上,还可以单齿配位,在苯甲酸乙酯可以无选择性地吸附于 MgCl₂ 的 110 晶面和 100 晶面，但只有 100 晶面上与双齿配体相邻的 Ti 才是等规活性中心，参见图 6-17。

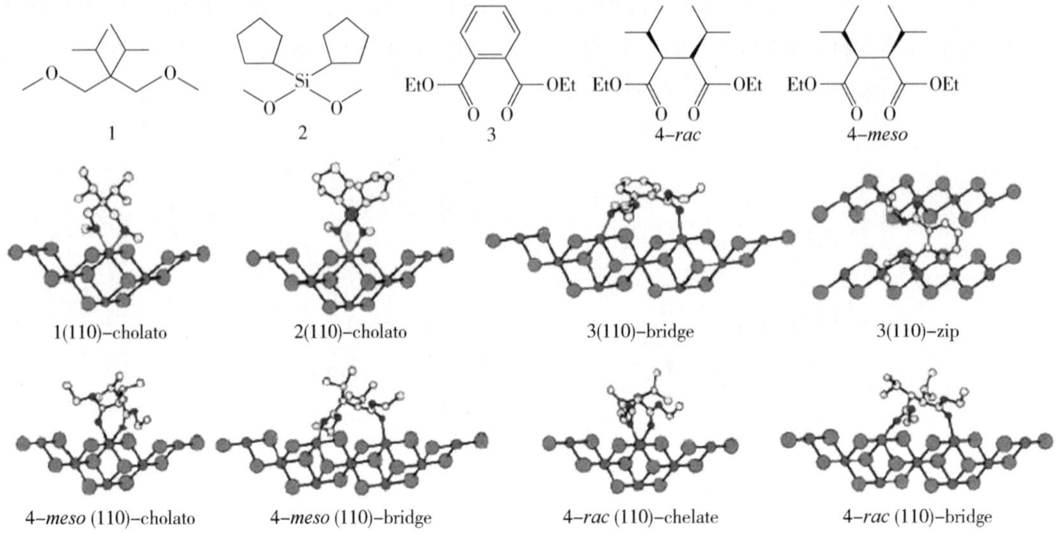

图 6-16 内给电子体在载体 MgCl₂ 不同晶面的吸附结构

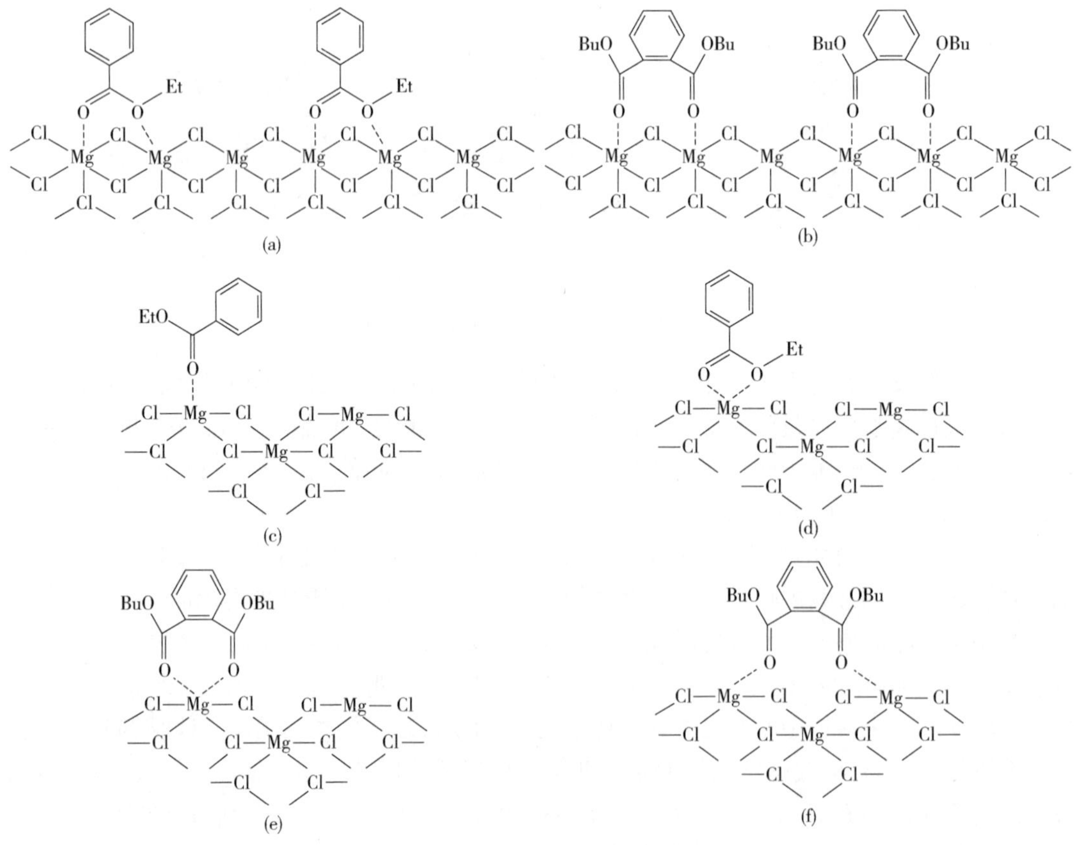

图 6-17 化合物表面的可能结构
EB(a)和 DIBP(b)在 100 晶面上；EB(c, d)和 DIBP(e, f)在 110 晶面上

内给电子体不仅能够影响催化剂的立体选择性，而且能够影响载体的微晶结构及形态。无水 $MgCl_2$ 具有一定的酸性，而内给电子体具有一定的碱性，两者相互作用能够改变 $MgCl_2$ 的有序晶体结构，使之破碎增加其比表面积。Keszler 等研究证明，即使不用研磨，经内给电子体苯甲酸乙酯处理过的 $MgCl_2$ 晶体尺寸也会大幅度降低且无序结构增加。Thune 等通过扫描电镜研究内给电子体种类对 $MgCl_2$ 结晶形态的研究中发现，二醚类内给电子体有助于 $MgCl_2$ 形成六边形晶体，而苯甲酸乙酯内给电子体有助于 $MgCl_2$ 形成五边形晶体。

内给电子体作为 Ziegler-Natta 催化剂的主要组分，在烯烃聚合中起着重要作用，从某种意义上说，Ziegler-Natta 催化剂的发展就是对内给电子体的不断探索，因此，给电子体的设计研发成为 Ziegler-Natta 催化剂研发关注的热点，而内给电子体在烯烃聚合中的作用主要有提高 Ziegler-Natta 载体催化剂对聚烯烃的立体选择性（如聚丙烯的等规度）；较好地改善该体系催化剂中 Ti 的负载量及其分布状态；影响该体系催化剂的外形形态及晶体的内部结构，进而改变催化性能。

工业中最常见的内给电子体是二酯类化合物，因其环保、对人体伤害性小被广泛应用。从内给电子体的发展历程来看，内给电子体经历从传统的芳香单酯发展到芳香二酯再到近年来出现的二醚、琥珀酸酯和二醇酯等不断更新换代，而其中 1,3-二醚类内给电子体因具有特殊的性能，在无外给电子体添加的情况下，得到具有较高立构规整度的聚丙烯，且该体系催化烯烃聚合活性较高，因此成了大家研究的热点。

通过改变 1,3-二醚中的取代基团（如 CH_3—、CH_3CH_2—、$CH_3CH_2CH_2$—等），研究二位上的取代基的不同在丙烯聚合中产生的影响。研究表明，二位上的取代基的空间位阻及 O—O 之间的距离对催化性能有重要影响，且当 O—O 之间的距离为 0.30nm 时，催化烯烃聚合活性及等规度较高。因此对于新型内给电子体的设计与研发仍是 Ziegler-Natta 催化剂开发的重点和难点。

（1）单酯类

最早应用的内给电子体为芳香羧酸单酯类，1987 年 Kashiwa[143] 等考察了苯甲酸乙酯和 2,2,6,6-四甲基哌啶内给电子体对氯化镁高效载体催化剂催化 1-丁烯聚合的影响，所得聚合产物在正癸烷中进行抽提分级。研究结果表明，五单元序列组分 [mmmm] 在癸烷不溶物和癸烷可溶物中分别占 78% 和 30%~34%，催化剂立体选择性方面，苯甲酸乙酯内给电子体催化剂相对 2,2,6,6-四甲基哌啶较强，但是聚合物等规度不高，仍需要脱除无规物。1993 年，林尚安[144] 等采用苯甲酸乙酯（EB）为内给电子制备了催化剂体系 $TiCl_4/Ti(OBu)_4/MgCl_2/EB/Ph_2SiCl_2$-$AlEt_3$，并催化 1-丁烯淤浆聚合，系统研究了 $AlEt_3$/Ti 摩尔比、外给电子体、氢气等对催化剂性能的影响，对比考察了苯甲酸乙酯、对甲基苯甲酸乙酯（p-$CH_3C_6H_4COOEt$）以及对甲氧基苯甲酸乙酯外给电子对催化剂活性以及立构选择性的影响，其中对甲基苯甲酸乙酯外给电子体效果相对较好，在此基础上考察了 p-$CH_3C_6H_4COOEt$ 加入量的影响，PB 的等规度随着 p-$CH_3C_6H_4COOEt$ 给电子体加入量的增多而提高，当 $AlEt_3$/Ti 摩尔比为 50、p-$CH_3C_6H_4COOEt$/Ti 摩尔比为 10、反应温度为 50℃ 条件下，催化剂活性达到最佳值，为 $3.2\times10^4 gPB/(g\cdot Ti\cdot h)$，聚合物等规为 92.3%，该类催化剂的氢调敏感性也较好，通过调节氢气加入量可有效改变聚合物的分子量。但是该催化的动力学曲线为衰减型，开始时催化剂活性骤增，聚合反应超过18min后又骤然降低，使用该类催化剂要求聚合设备具有良好的散热系统，此外，该类催化剂也不利于聚合物形态控制。

Abedi等[145]采用以甲基丙烯酸甲酯(MMA)为内给电子体的聚丙烯载体催化剂体系PP-TiCl₃/Et₂AlCl/MMA催化1-丁烯聚合，研究考察了温度、反应压力以及氢气加入量等条件对催化剂性能的影响，在温度55～60℃以及压力0.6～0.7MPa范围时，催化剂活性不低于2.0kgPB/(g·Ti·h)，该条件下催化剂活性以及聚合物等规度随着氢气加入量的增多呈现先增加后降低的趋势，当氢气分压为0.25MPa时，催化剂活性最高，为9.1kgPB/(g·Ti·h)，聚合物的等规度为93.9%，可见MMA对催化剂活性以及立构选择的调控能力较差。

(2) 二酯类

单酯类内给电子体调控催化剂立构选择性的能力较差，随着内给电子体发展的逐步深入，单酯类内给电子体逐渐被双酯取代，同时配合使用烷氧基硅烷类外给电子体，二酯类还可分为芳香二酯类和脂肪族二酯类。芳香族二酯类内给电子体是Z-N催化剂中被广泛使用的内给电子体，主要是邻苯二甲酸二正丁酯和邻苯二甲酸二异丁酯。Chien等[146]研究了苯二甲酸二酯位置异构(邻苯二甲酸二酯、间苯二甲酸二酯和对苯二甲酸二酯)对MgCl₂载体催化剂催化丙烯聚合的影响，发现邻苯二甲酸二酯结构的内给电子体对催化剂活性及立构选择性的提高最具有优势，二苯甲酸酯两个基氧原子的间距会影响其与MgCl₂的配位形式，邻苯二甲酸二酯絮基氧原子间距约为0.27nm，特别适合在110晶面与Mg进行整合配位，阻止无规活性中心的形成。另外，邻苯二甲酸二酯能够与TiCl₄形成七元环螯合物，且内给电子体中含有cis-OCC＝CCO结构，特别有利于催化剂性能的提高。

2001年，荷兰Basel[147]采用TiCl₄/MgCl₂/乙醇/DIBP(邻苯二甲酸二异丁酯)-DIPMS(二异丙基二甲氧基硅烷)-Al(i-Bu)₃催化体系，采用气相法和本体法于两个串联的反应釜中催化1-丁烯聚合，聚合工艺复杂，而且气相法聚合对设备要求极高，但是，该制备方法得到的PB等规度高于93%，分子量分布大于6，而且催化剂残渣含量低于50mg/kg，特别适用于制备耐蠕变、耐爆破应力的树脂管材。贺爱华等[148]采用邻苯二甲酸二酯类内给电子体、球形MgCl₂和SiO₂为载体制备的Z-N催化剂，通过分段升温聚合工艺对催化1-丁烯本体聚合，制备出了等规度大于95%、堆密度大于0.3g/cm³的形态较好的类球形和球形颗粒聚1-丁烯，解决了聚1-丁烯形态控制技术难题。但是，第一段聚合温度低于20℃，势必会增加工业生产装置的能耗，而且聚1-丁烯本身存在的结晶转变的问题也未能得到解决。

常见的芳香族二酯类内给电子体催化烯烃聚合的活性以及聚合物等规度较高，但是聚合分子量分布不够宽，不利于聚烯烃牌号的开发，而且芳香族二酯类是常用的塑化剂，随着环保的概念不断深入人心，无毒无害型内给电子体的开发得到了快速发展。李化毅[149]等研究了非邻苯二甲酸二酯(如图6-18所示)，几何异构和位置异构对催化剂结构以及催化丙烯聚合性能的影响。环己二甲酸二异丁酯的立体异构结构(顺式结构和反式结构)不同，则配位氧原子间距不同，与MgCl₂的配位形式就会有所差异，从而影响催化剂活性以及聚合物分子结构，其中以顺式-环己二甲酸二异丁酯为内给电子体制备的催化剂催化活性与工业催化剂CS-1不相上下。而且催化剂结构对催化剂载体MgCl₂微晶结构和形态也产生了一定影响，改变了其孔结构参数。

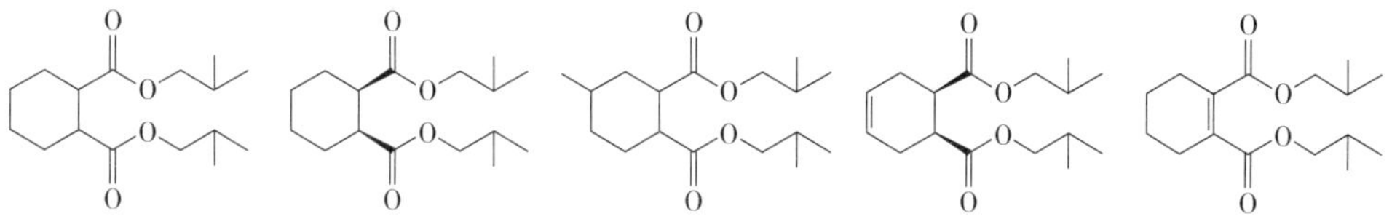

图6-18 环己二酸二酯和环己烯二酸二酯的结构式

（3）二醚类

以二醚类化合物为内给电子体制备的催化剂在无外给电子体情况下，依然表现出高活性和高氢调敏感性，而且该类内给电子体制备的 PP 等规度高，产品中细粉含量较少，颗粒度均匀且饱满。常见的二醚类化合物是 1,3-二醚类，Sacchi 等[150]合成了 2,2-二异丁基-1,3-二甲氧基丙烷、2,2-二环戊基-1,3-二甲氧基丙烷和 2-乙基 2-丁基-1,3-二甲氧基丙烷三种不同 2 位取代基的 1,3-二醚类化合物，如图6-19 所示。研究发现，1,3-二醚类化合物中 2 位取代基的空间位阻对催化剂催化丙烯聚合有影响，发现分别以具有较大空间位阻的 2,2-二异丁基-1,3-二甲氧基丙烷和 2,2-二环戊基-1,3-二甲氧基丙烷为内给电子体制备的催化剂立体选择性较高，聚合物等规度分别为 91.0% 和 90.0%，第一步立构规整性[e]分别为 0.83 和 0.86，而采用空间位阻较小的 2-乙基 2-丁基-1,3-二甲氧基丙烷内给电子体的催化剂制备的聚合物等规度及第一步立构规整性[e]仅为 80.0% 和 0.72。此外，将以醚类为内给电子的催化剂与采用同一结构的 1,3-二醚作为 MgCl$_2$/DIBP/TiCl$_4$ 催化剂外给电子体的催化剂进行对比研究，同一结构的二醚，无论是用作内给电子体还是外给电子体，PP 的等规度以及链端基的立体结构都十分接近，说明二醚类化合物作为内外给电子体的机理相似。

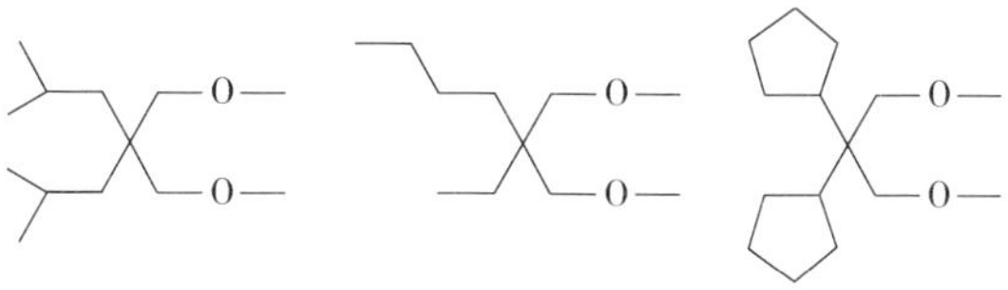

图6-19 1,3-二醚结构式

天津科技大学姜涛等[151]采用 9，9-双（甲氧基甲基）苯内给电子体催化剂催化 1-丁烯淤浆聚合，考察了催化剂浓度、聚合物温度、外给电子体加入量及种类对催化剂性能的影响。研究结果表明，该催化剂体系催化活性最高可达 2.86kgPB/(g·h)，当外给电子体为二异丁基二甲氧基硅烷且与 Ti 的摩尔比为 5 时，所得聚合物的等规度最高，为 97.2%。此后，黄宝琛[152]采用 9,9-双（甲氧基甲基）苯为内给电子体通过球磨法制备了 MgCl$_2$/SiO$_2$ 复合载体催化，于 0~70℃温度下以本体沉降聚合法催化 1-丁烯聚合，反应结束闪蒸除去未反应单体直接得到粉末状颗粒聚 1-丁烯，低温条件下，催化剂活性低，聚合形态好；高温条件下催化剂活性较高，单体转化率高于 85%，聚合物等规度大于 98%，结晶度大于 60%，聚合物性能可与国外同类产品媲美。但是聚合温度高于 30℃后，聚 1-丁烯在 1-丁烯单体中溶胀，聚合物粒子间易发生粘连，聚合物形态难以得到控制。

研究具有对称结构的 1,3-二醚化合物发现，以其为内给电子体制备的催化剂催化丙烯

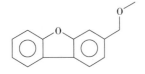

图 6-20　2-甲氧基甲基二苯并呋喃化合物结构

聚合活性是传统邻苯二甲酸二丁酯类催化剂活性的 2~3 倍，且制备的 PP 等规度高达 95% 以上。基于对称结构醚类给电子体的优点，徐德民[153]分析研究了非对称二醚化合物 2-甲氧基甲基二苯并呋喃（结构式见图 6-20），内给电子体对 $MgCl_2/TiCl_4/AlEt_3$ 催化剂催化丙烯聚合的影响，研究发现，非对称二醚化合物 2-甲氧基甲基二苯并呋喃类催化剂的温敏性相比 1,3-二醚类催化剂更明显，催化活性较低，聚合物的等规也较低，只有 80% 多。通过 ^{13}C-NMR 计算分子链各结构序列的含量发现，该类催化剂制备的 PP 是由等规 PP、间规 PP 以及等规/间规聚丙烯嵌段聚合物组成，虽然 2-甲氧基甲基二苯并呋喃化合物的分子中含有空间位阻较大的苯并呋喃结构，但是它的结构分子构象数大，仍可以自由旋转，特别不利于形成高活性、高稳定性能的立体定向活性中心。

（4）琥珀酸酯类

1999 年，Basel[154]最早开发了琥珀酸酯为内给电子体，如图 6-21 所示，并推出了以琥珀酸酯为内给电子体的第五代 Z-N 催化剂。该催化剂通过调控分子量分布能够明显提高聚丙烯的性质，与传统第四代催化剂相比，聚合的分子量、分子量分布以及低聚物含量得到了很大的提高，特别有利于聚合物的加工以及不同牌号产品的开发。Cecchin 等[155]，对比分析了分别以邻苯二甲酸酯类、1,3-二醚类以及琥珀酸酯类为内给电子体的催化剂性能，如表 6-2 所示，在二环戊基二甲氧基硅烷为外给电子体的情况下研究了不同取代基的琥珀酸酯类催化剂，其中以 2,3-二异丙基琥珀酸二异丁酯为内给电子体制备的催化性能最佳，同时也优于丙二酸酯类催化剂的性能。

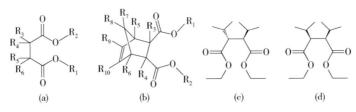

图 6-21　琥珀酸酯结构

表 6-2　采用不同给电子体的催化剂性能对比

催化剂	内给电子体	外给电子体	活性/(kgPP/gCat)	二甲苯不溶物/%	等规度/%	M_w/M_n	H_2 反应
1	邻苯二甲酸酯类	二烷氧基硅烷	40~70	96~99	94~99	6.5~8	较弱
2	1,3-二醚类	无	100~130	96~98	95~97	5~5.5	强
3	1,3-二醚类	二烷氧基硅烷	70~100	98~99	97~99	4.5~5	强
4	琥珀酸酯类	二烷氧基硅烷	40~70	96~99	95~99	10~15	较弱

制备条件：$[AlEt_3]$=2.5mmol/L，$n[Al]/n[Si]$=20，T=70℃，t=2h。

2005 年，姜涛等[156]制备以 2,3-二异丙基琥珀酸二异丁酯为内给电子体的 Z-N 催化剂并催化丙烯液相本体聚合，最优条件下催化剂活性为 35.88kg/(g·h)，聚合物等规度高达 97.62%，分子量分布高达 14.22，经 ^{13}C-NMR 谱图对聚合物结构分析计算得出五元组

[mmmm]序列结构的百分含量为91.19%，等规链段的平均长度为88.6，可见2,3-二异丙基琥珀酸二异丁酯化合物对催化剂活性以及立体选择性能力较好。

2010年，高明智[157]等研究了琥珀酸酯化合物中内消旋体含量对催化剂催化丙烯本体聚合的影响，2,3-二异丙基琥珀酸酯类内给电子体的催化活性以及立构选择性较其他取代的琥珀酸酯类内给电子体好，另外，当琥珀酸酯化合物中内消旋体含量小于50%时，制备的聚丙烯分子量分布加宽。2013年，张锐[158]等合成了具有不同旋光性的内给电子体(2R,3R)-2,3-二异丙基琥珀酸二乙酯和(2S,3S)-2,3-二异丙基琥珀酸二乙酯化合物，研究了2,3-二异丙基琥珀酸二乙酯的内给电子体旋光性对催化剂催化丙烯高压淤浆聚合的影响，结果表明两种催化剂活性以及聚合物等规度较高，分别为60.4kgPP/(gCat·h)(96.0%)和63.1kgPP/(gCat·h)(96.0%)，说明2,3-二异丙基琥珀酸二乙酯化合物对催化活性的提高以及立构选择性比较好。但是两种催化剂制备的PP各参数(活性、等规度、熔融指数)十分接近，说明该类内给电子体的旋光异构性不影响催化性能。2009年，董金勇等[159]合成了四种不同取代基的9,10-二氢蒽琥珀酸酯(如图6-22所示)，内给电子体，分别以9,10-二氢蒽琥珀酸二甲酯、9,10-二氢蒽琥珀酸二乙酯、9,10-二氢蒽琥珀酸二异丙酯和9,10-二氢蒽琥珀酸二异丁酯为内给电子体制备催化剂Cat-1、Cat-2、Cat-3和Cat-4，并

R	1	2	3	4
	CH_3	C_2H_5	$i-C_3H_7$	$i-C_4H_9$

图6-22　9,10-二氢蒽琥珀酸酯结构式

催化丙烯聚合。结果发现取代基结构对催化剂性能影响显著，在不加外给电子体的情况下，催化剂Cat-2、Cat-3和Cat-4的催化活性接近，为催化剂Cat-1活性的4倍，采用二苯基二甲氧基硅烷作为外给电子体时，催化剂Cat-2和Cat-4催化活性最高，能与工业CS-Ⅱ媲美，而且催化剂的氢调敏感性较突出。此外，内给电子体结构对聚合物分子量的影响也十分显著，其中催化剂Cat-4制备的聚丙烯分子量是催化剂Cat-2制备PP的4倍之多。9,10-二氢蒽琥珀酸对人体的危害尚未见报道，但是该分子结构中存在苯环，可能有潜在的危害。

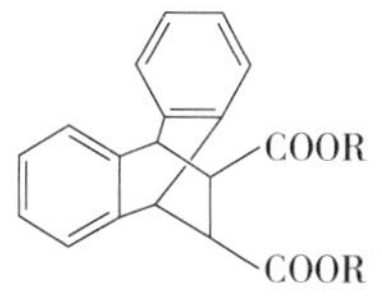

2010年，杨战军[160]等开发了螺环取代琥珀酸酯化合物，研究了不同取代的琥珀酸酯内给电子体对催化剂催化丙烯本体聚合的影响，在不加外给电子体的情况下催化的立构选择性也很高，大于95%，但是，它只是针对内型结构的螺环取代琥珀酸酯做了相关研究，关于螺环取代琥珀酸酯内电子体几何异构对催化剂性能的影响未见报道。

对于琥珀酸酯类内给电子体的研究，主要集中在2,3位带有不同取代基的琥珀酸酯类，尤其是2,3-二异丙基琥珀酸酯报道研究较多，关于螺环取代琥珀酸酯几何异构以及官能团异构对催化剂性能影响的研究较少。基于琥珀酸酯类催化剂活性相对较高、聚合物分子量宽的优点，以及螺环取代琥珀酸酯是一种非邻苯化合物，对环境友好，有可能成为学者未来研究的热点。

(5) 二醇酯类

中国石化北京化工研究院开发了二醇酯类新型内给电子体，高明智等[161]通过研究1,3-二醇酯化合物为内给电子体制备的催化剂发现，该类催化剂具有催化活性高、立体定向性强并可调控聚合物分子量分布宽度等特点。改变1,3-二醇酯化合物中1,3位取代基结构可

调控催化剂性能，对比研究 2-异丙基-2 异戊基-1,3-丙二醇二苯甲酸酯和 2-异丙基-2 异戊基-1,3-丙二甲醚化合物对催化剂催化丙烯聚合的影响发现，以 2-异丙基-2 异戊基-1,3-丙二醇二苯甲酸酯为内给电子体制备的催化剂，加入外给电子或者不加外给电子体，催化剂活性基本相同，不加外给电子体条件下，聚合物等规度略低，但是聚合物分子量分布变宽了 1.5 倍，而以 2-异丙基-2 异戊基-1,3-丙二甲醚为内给电子体制备的催化剂性能以及聚合物参数(活性、聚合物等规度、分子量及分布)随着外给电子体甲基环己基二甲氧基硅烷的加入并没有显著的变化。在相同聚合条件下，以 1,3-二醇酯类化合物制备的催化剂活性超出苯甲酸乙酯催化剂 10 倍多，超出邻苯二甲酸二丁酯类催化剂近 2 倍[162]。

关于二醇酯类化合物的研究，还开发了 2,4-戊二醇酯类[163]（见图 6-23），研究了（L_1）2,4-戊二醇二苯甲酸酯、（L_2）2,4-戊二醇二环己基甲酸酯、（L_3）2,4-戊二醇苯甲酸环己基甲酸酯的结构对催化剂性能的影响，发现羰基氧的供电子能力以及与羰基相连基团的位阻效应对催化剂活性以及定向能力有很大关系，供电子能力越强、位阻效应越大，催化剂活性越大，聚合物等规度越高。

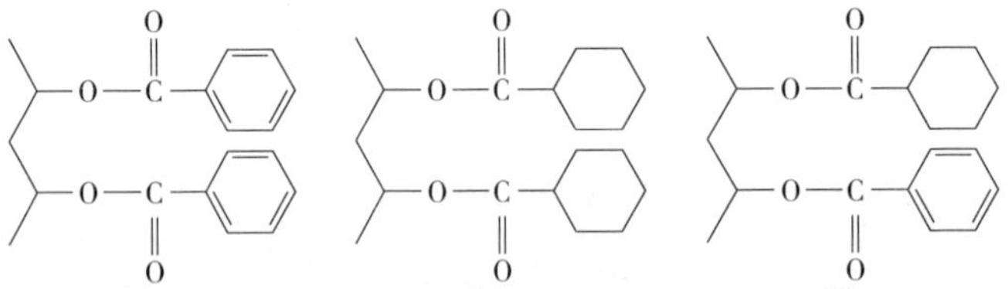

图 6-23　二醇酯类化合物结构式

L_1—2,4-戊二醇二苯甲酸酯；L_2—2,4-戊二醇二环己基甲酸酯；L_3—2,4-戊二醇苯甲酸环己基甲酸酯

（6）内给电子体复配

各类内给电子体各有特征，当使用一种内给电子体无法满足需要时，可以采用两种或多种内给电子复配以获得综合性能优良的催化剂。Guidotti[164]采用 9,9-双(甲氧基)芴和 3,4-二甲氧甲苯复配，可制备聚合物等规度可调的催化剂；Standaert[165]采用以二醚类为内给电子体的催化剂和以琥珀酸酯为内给电子体的催化剂进行复配使用，内给电子体间接复配，制备的 PP 具有更好的双峰结构，而且聚丙烯的流动性及加工性能得到提高；谭忠将多元醇与邻苯二甲酸丁酯复配制备的催化剂催化活性普遍高于两种内给电子体单独使用时的效果，制备的聚合物的等规度及分子量分布也得到改善。

该课题组[166]研究了醚/酯复合内给电子体对 Ziegler-Natta 催化剂催化 1-丁烯聚合的影响，改变醚/酯复合比例催化剂活性也改变，但是醚/酯复合制备的催化剂活性明显高于醚类、二酯类内给电子体单独使用的催化剂活性，尤其当醚/酯按照 1:1 质量比复合时，催化剂活性最高，是醚类催化剂的三倍，但是复合内给电子体对聚 1-丁烯等规度的提高甚微。

对于内给电子体结构对催化剂催化性能的研究报道主要集中在内给电子体取代基空间位阻效应以及内给电子体位置异构对催化剂性能的影响，关于内给电子体几何异构和官能团异构的研究报道较少，而且这些报道主要是关于丙烯聚合的研究。

6.2.2.4 外给电子体

单独使用内给电子体的 Ziegler-Natta 催化剂立体选择性仍不够高，为了进一步提高催化制备的聚烯烃等规度，需要在聚合阶段加入外给电子体。外给电子体作为辅助的给电子体使用，具有以下几个作用：①选择性毒化无规活性中心。无规活性中心 Ti 的路易斯酸性要强于等规活性中心 Ti，外给电子体会优先选择与无规活性中心反应而被钝化，等规活性中心所占比例增大，聚合物等规度得到提高。②将无规活性中心或者低等规活性中心转变为高等规活性中心。③增加等规活性中心的链增长速率常数。④与过量的烷基铝反应，防止活性中心 Ti 被烷基铝过度还原而失活。胡友良研究发现，外给电子体能够毒化活性中心，外给电子体的存在会降低催化剂活性，但是外给电子体毒化等规活性中心和无规活性中心的程度不同，主要选择毒化无规活性中心，因此聚合物的等规度会有所提高。

常见的外给电子体有芳香族中的苯甲酸酯类、胺类、硅氧烷类等，而现在被广泛应用在丙烯聚合中的主要是硅氧烷类，如苯基三乙氧基硅烷等。且不同结构的外给电子体对烯烃聚合有不同的影响，研究人员 Harkonen 等[167~169]以邻苯二甲酸二异丁酯作为内给电子体，以不同结构的硅氧烷化合物为外给电子体，从外给电子体有选择的毒化活性中心的层面研究了不同结构的硅烷类与催化剂催化烯烃聚合性能的关系。同时，Sacchi[170]等研究人员选用一系列不同结构的硅氧烷为外给电子体，研究了烷氧基空间位阻、烃基大小及数目等因素对丙烯聚合的影响，结果表明不同结构的硅氧烷对活性中心有不同的影响，除甲基三乙氧基硅烷外，其他几种外给电子体对聚丙烯性能产生积极的影响，提高了聚合物的立构规整度，同时改善性能。

由此可见，给电子体的添加能有效改善 Ziegler-Natta 催化剂催化烯烃聚合活性及其性能，且不同结构的给电子体对烯烃聚合有不同的影响。通过制备新型给电子体，合理搭配外给电子体可以有目的地控制聚烯烃结构，提高聚合物的物理及化学性能。

外给电子体种类及结构的不同，催化剂催化活性以及聚合物等规度则不同。目前，工业上采用的外给电子体主要是烷氧基硅烷类外给电子体，例如，甲基环己基二甲氧基硅烷、二异丙基二甲氧基硅烷、二环戊基二甲氧基硅烷、二异丁基二甲氧基硅烷等。Proto 等[171]研究了不同取代的烷氧基硅烷类和哌啶类外给电子体对 Z-N 催化剂性能的影响，催化剂的立体选择性以及聚合物等规度与外给电子体取代基体积密切相关，采用二甲氧基硅烷类化合物为外给电子体时，聚合物等规度受烷基体积影响顺序为：$CH_3 < \eta\text{-}C_4H_9 < i\text{-}C_4H_9 = C_6H_5 < i\text{-}C_4H_9$；对于 $(CH_3)_2Si(OR)_2$、$(C_6H_5)_2Si(OR)_2$ 以及 $(C_6H_5)Si(OR)_3$ 外给电子体而言，催化剂的立体选择性受烷氧基体积影响顺序为：$OCH_3 > OC_2H_5 > O\text{-}i\text{-}C_3H_7$；聚合物分子量分布受烷基取代基空间位阻大小也比较敏感，聚合物分子量分布 M_w/M_n 随烷基体积变化顺序为：$CH_3 > n\text{-}C_4H_9 > i\text{-}C_4H_9 > i\text{-}C_3H_7$。含有不同甲基取代基数目的哌啶类外给电子体对催化剂的影响与烷氧基硅烷类取代基位阻效应类似，烷基体积越大、数目越多，毒化无规活性中心的能力就越强，聚合物等规度就越高。此外，对比两类外给电子体发现，烷氧基硅烷类外给电子体提高催化立体选择性的能力比哌啶类强。Ziegler 等[172]采用密度泛函数理论研究了烷氧基硅烷类外给电子体对 Z-N 催化剂催化丙烯聚合活性以及聚合物等规度、分子量的影响，得到了相似结论，烷氧基及烷基数目、体积大小均能够影响催化剂立体选择性能，

其中 $R_1R_2Si(OMe)_2$ 对于催化剂立体选择性以及聚合物分子量的提高具有优势，尤其当烷基 R_1 和 R_2 体积较大时催化剂性能更好。外给电子体影响聚合物分子量是通过调控 β-H 转移的难易程度来实现，外给电子体与活性中心 Ti 的配位会增加其电负性，外给电子体取代基不同，空间位阻以及电子效应不同，Ti 原子电负性增加的程度不同，则 β-H 发生转移所需能量不同，而 β-H 发生转移是控制分子量大小的关键因素，因此外给电子体能够调控聚合物的分子量。

Soto 等[173] 采用不同种类的化合物为外给电子体催化丙烯聚合。当外给电子体为四氢呋喃、乙醚、甲基叔丁醚时，催化剂制备的聚丙烯等规度极低，不足 75%，聚合物分子量分布极宽，为 15.0~73.0；而使用甲基环己基二甲氧基硅烷和二环戊基二甲氧基硅烷外给电子体时，聚丙烯等规度高达 95% 以上，分子量分布宽度降低至 3.5~5.0。任合刚等[174] 采用氨基硅烷类化合物、正硅酸乙酯、甲基环氧基二甲氧基硅烷分别作为外给电子体用于 Z-N 催化剂催化 1-丁烯聚合，研究发现二哌啶二甲氧基硅烷对选择毒化催化无规活性中心的能力最强，相应聚合物的分子量最大，而正硅酸乙酯选择毒化无规活性中心的能力最差，相应聚合物的分子量最小。

无论是内给电子体还是外给电子体均能够调控催化剂性能，主要是通过直接或者间接的方式改变活性中心 Ti 的电子云密度，达到改善聚合物性能的目的。

6.2.3 Ziegler-Natta 催化剂的活性中心

Ziegler-Natta 催化剂之所以能催化烯烃聚合，是由于催化剂上活性中心 Ti 物种的催化功能。催化剂组分中能与钛物种相互作用，或者因催化剂组分之间的相互作用从而影响钛物种，都能直接影响活性中心，间接影响聚烯烃的性能。但是对 $MgCl_2$ 负载的 Ziegler-Natta 催化剂在原子水平上的理解仍旧是科学难题。因为负载型 Ziegler-Natta 催化剂含有多个组分，多个组分之间的相互作用多而复杂，活性中心受到多个因素共同影响，所以传统 Ziegler-Natta 催化剂仍然有很多方面未知，比如活性中心的结构、载体的作用、过渡金属在不同氧化态时活性的不同和给电子体的作用等。将催化聚合得到的聚烯烃用升温淋洗分级法进行精细分析，发现得到的聚合物均含有一系列分子量和结晶度不同的级分，这表明 Ziegler-Natta 催化剂在烯烃聚合过程中呈现的是一个活性中心不均匀分布的复杂体系，同时存在多种类型的活性中心。了解活性中心的影响因素，对分析及弄清 Ziegler-Natta 催化剂的性质和聚合过程的机理十分重要。

目前仅就如下这些活性中心和聚合机理的普遍特征达成了共识：

① 活性中心位于催化剂颗粒中载体微粒的表面；

② 活性中心含有 Ti 原子；

③ 活性中心是催化剂中的 Ti 物种与金属有机助催化剂化学反应的产物；

④ 在聚合反应的早期阶段，来自助催化剂的烷基基团是形成聚合物链最初的起始端；

⑤ 从化学角度看，聚合物链的增长反应是 1-烯烃分子的 C $=$ C 键插入活性中心的 Ti—C 键的反应；

⑥ 活性中心是配位不饱和的，很容易被 CO、CO_2、膦和胺类等配位而导致毒化。

6.2.4　Ziegler-Natta 催化剂的制备

6.2.4.1　实验室制备

汪昭伟等[175]在实验室内采用低温预制的方法成功合成了 Ziegler-Natta 催化剂，实验方法如下：

① 将 50mL 反应瓶洗净、烘干、抽排，用氮气置换数次冷却，抽真空(极限真空 700Pa)；

② 将反应瓶放入恒温低温反应浴中磁力搅拌，当体系达到设定温度用针头注射器依次注入甲苯、$TiCl_4$ 和 $Al(i-Bu)_3$，低温配制 20min；

③ 取出反应瓶在室温下陈化一段时间，制得催化剂备用；

④ 再将 25mL 反应管洗净、烘干、抽排，用氮气置换数次冷却，抽真空(极限真空 700Pa)；用针头注射器依次注入正己烷、异戊二烯；将预制的催化剂搅拌均匀后，定量取样注入反应管，在一定温度下反应；

⑤ 用含 1%(质量分数)的防老剂 264 的乙醇溶液终止，将聚合产物用乙醇凝聚并洗涤后，在真空烘箱 40℃烘至恒重。

6.2.4.2　工业制备

中国石油兰州化工研究中心[176]有一套球形催化剂中试装置，但在装置运行过程中发现存在球形催化剂钛、酯含量不易协调控制的问题。本工作通过使用兰州化工研究中心自行设计的载体制备模式装置来制备球形氯化镁载体，并在此基础上进行球形催化剂的小试实验，考察球形氯化镁载体和球形催化剂制备过程中的影响因素。

首先采用兰州化工研究中心设计的载体制备模式装置来制备载体，装置示意图见图 6-24。

反应釜转速较低时，釜中物料不能充分搅拌分散乳化，压入成型釜前以团聚形式进入成型釜中；成型釜转速过低时，由反应釜流入的物料来不及被过低的转速剪切成小颗粒，也会造成团聚现象，这两者都会导致载体粒径增大。分散剂用量过大，分散剂和氯化镁醇合物会出现局部团聚现象；分散剂用量过小，分散剂和氯化镁醇合物会形成黏度较大的熔体，两者都会导致氯化镁醇合物在分散剂中无法完全乳化，最终使载体粒径增大；不同种类分散

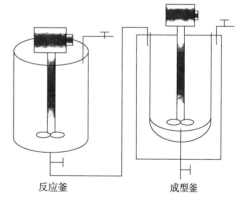

图 6-24　载体制备模式装置示意图

剂之间的添加比例对载体的成球率有较大的影响，因此不同种类分散剂的添加比例也是需要考虑的因素。物料由反应釜进入成型釜时，反应釜内不同的压力会使物料以不同的流速进入成型釜内，流速不同，进入冷却剂的瞬间剪切力相应地也不同，这会导致载体粒径的大小也不同。考虑以上因素，实验发现，反应釜转速大于 2000r/min、成型釜转速小于 600r/min、分散剂体积和氯化镁质量比为 12~16、反应釜压力为 0.3~0.5MPa、分散剂 A 和分散剂 B 比例为 2~5 时，制得的氯化镁载体为较完美的球形，同时具有较好的流动性，强

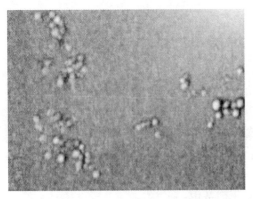

图6-25 球形氯化镁载体光学
显微镜照片(放大倍数50)

度大，粒径及粒径分布基本满足制备球形 Ziegler-Natta 催化剂的要求。图 6-25 为制得的球形氯化镁载体的光学显微镜照片。

在制得球形氯化镁载体的基础上，对球形 Ziegler-Natta 催化剂的制备进行了研究。实验得出的反应条件为：在反应容器中加入一定量的 $TiCl_4$，降至 $-20 \sim -15℃$（T_1），加入球形氯化镁载体，反应一段时间后，升至 $40 \sim 70℃$（T_2），加入内给电子体，继续升温至一定温度，再反应一段时间后，除掉 $TiCl_4$，加入新的 $TiCl_4$，在 $110 \sim 130℃$（T_3）反应 2h，最后除掉 $TiCl_4$，洗涤干燥得到催化剂。

T_1 温度太高时，球形氯化镁载体和 $TiCl_4$ 的反应会非常剧烈，并且剧烈释放出氯化氢气体，导致氯化镁载体球形颗粒的破裂。另外，$TiCl_4$ 在 $-23.5℃$ 凝固，考虑到大量制备催化剂时反应剧烈放热的问题，选定温度 T_1 为 $20 \sim 15℃$；T_2 太低时内给电子体和 $TiCl_4$ 生成络合物，太高时内给电子体和 $TiCl_4$ 发生反应生成酰氯。实验发现，当温度 T_2 为 $40 \sim 70℃$ 时，可同时较好地避免上述 2 种反应；T_3 阶段主要目的在于除掉反应生成的乙氧基氯化钛，而乙氧基氯化钛可以溶解于热的 $TiCl_4$，$110 \sim 130℃$ 下足以使乙氧基氯化钛完全溶解在 $TiCl_4$ 中，最后随着 $TiCl_4$ 被除掉。考虑以上因素，根据不同的温度组合可以制备出钛含量在 $3.0\% \sim 4.0\%$、酯含量在 $5.3\% \sim 10.6\%$ 可调节的球形 Ziegler-Natta 催化剂。

综上所述，使用兰州化工研究中心设计的载体制备模式装置，在反应釜转速大于 2000r/min，成型釜转速小于 600r/min，分散剂体积和氯化镁质量比为 12~16、反应釜压力为 0.3~0.5MPa，分散剂 A 和分散剂 B 比例为 2~5 条件下，制备出了球形氯化镁载体；在此基础上，通过控制不同阶段温度，在 T_1、T_2、T_3 温度分别为 $-20 \sim -15℃$、$40 \sim 70℃$、$110 \sim 130℃$ 下实现了催化剂钛、酯含量的可控调节。

国家能源集团宁夏煤业有限责任公司[177]发明了一种 Ziegler-Natta 催化剂的工业制备方法，该发明的目的是克服现有技术存在的制备周期长、效率低等问题，提供一种 Ziegler-Natta 催化剂的工业制备方法，该方法具有周期短、效率高等优点。

该方法包括以下步骤：

① 将氯化镁 50kg、异辛醇 300L、邻苯二甲酸二异丁酯 20kg、正癸烷 400L 加入氮气置换好的反应釜中，110℃下反应 3h，生成氯化镁醇合物；

② 将得到的含有氯化镁醇合物的产物经过滤后导入醇合物储罐，将醇合物储罐冷却至 $-20℃$（1h）；同时将四氯化钛储罐冷却至 $-20℃$（1h）；

③ 将 500L 冷却后的四氯化钛加入催化剂负载釜；

④ 将 150L 冷却后含有氯化镁醇合物的产物缓慢加入催化剂负载釜中（0.5h），加入完成后对催化剂负载釜进行升温，升温过程中加入邻苯二甲酸二异丁酯 5kg，升温到 135℃（2h），反应 3h；同时将四氯化钛储罐加热至 135℃（1h）；

⑤ 将催化剂负载釜中的物料送往过滤器，过滤（1h）后得到固体颗粒；

⑥ 将500L加热后的四氯化钛送往过滤器，携带固体颗粒进入催化剂负载釜，在135℃下反应2h；同时对干燥的己烷储罐进行加热（温度60℃，0.5h）；

⑦ 反应结束后，将催化剂负载釜中的物料送往过滤器，过滤（1h）后，使用加热后的己烷洗涤6次（1h）；

⑧ 将洗涤完成后的催化剂固体颗粒送往干燥釜，真空干燥（4h）；

⑨ 将干燥后的催化剂进行分级（1h），包装。

测得催化剂中，钛2.35%，镁17.2%，内给电子体9.2%。

青岛科技大学[178]提供一种石墨烯/无水氯化镁双载体负载Ziegler-Natta催化剂及其制备方法。该发明通过高能球磨法成功制备石墨烯/无水氯化镁载体负载的Ziegler-Natta催化剂。通过调节石墨烯/无水氯化镁的比值、石墨烯的预处理方式及球磨时间，从而控制混合体系中石墨烯在无水氯化镁载体中的有效分布和内部微观结构。石墨烯烃预处理且高能球磨达到石墨烯在负载催化剂中的有效分散，从而能够实现石墨烯在此催化剂制备的聚合物中均匀分散并制备出高性能的聚合物。

该方法采用以下技术方案予以实现：

所述双烯烃聚合催化剂以石墨烯/无水氯化镁为载体，负载Ziegler-Natta催化剂，Ziegler-Natta催化剂为钛金属化合物，石墨烯载体占催化剂总质量的0.1%~50%，Ziegler-Natta催化剂占催化剂总质量的0.1%~3.8%，余量为无水氯化镁载体；作为催化剂活性中心的所述钛金属化合物通式为TiX_n，其中，X为卤素，$n=0$、1、2或3。

该发明还提供了所述的双烯烃聚合催化剂的制备方法，它包括如下步骤：

（1）将石墨烯载体真空干燥，采用以下两种方式之一进行预处理：

① 将石墨烯载体真空处理，引入有机溶剂和预处理介质，40~60℃下无水无氧浸泡静置10~50h，反应完成后减压蒸出溶剂并真空干燥；

② 将石墨烯载体真空处理，引入有机溶剂和预处理介质，40~60℃下无水无氧搅拌2~10h，反应完成后减压蒸出溶剂并真空干燥。

两种方式下预处理介质与石墨烯的质量比为0~5；预处理介质采用四卤化钛或含铝化合物$Al(OR')R_n$，$0≤n≤3$，R和R'碳原子数为2~10的烷基。

（2）将步骤（1）制备的石墨烯载体、无水氯化镁载体和Ziegler-Natta催化剂加入球磨罐中，采用高能球磨法原位负载制得双烯烃聚合催化剂。

该发明进一步提供了双烯烃聚合催化剂在制备聚异戊二烯复合材料中的应用，双烯烃聚合催化剂和含铝化合物复配用于催化异戊二烯单体聚合。

该催化剂载体和催化剂具有如下特点：①催化剂颗粒表观形态为黑色粉末状，流动性较好，内含片层石墨烯载体和适量无水氯化镁载体；②石墨烯/无水氯化镁负载Ziegler-Natta催化剂，催化剂活性中心稳定分布于无水氯化镁表面晶体缺陷处、石墨烯表面羟基处；③石墨烯/无水氯化镁负载Ziegler-Natta催化剂，用于异戊二烯聚合催化效率较高；④该发明采用的高能球磨法，克服了传统超声波分散法不利于纳米颗粒分散的不利效果，同时也克服了传统球磨法对纳米级物料的作用效果较差的缺点，大大降低了负载催化剂的最佳催化效率球磨负载时间，操作简单，易于实现工业化生产。

以无水氯化镁载体的聚烯烃催化剂的制备方法包括以下步骤：①氮气环境下加入 50.0g 无水氯化镁至干燥且经高纯氮气置换三遍后密封的球磨罐中，然后注入 2.5mL 分析纯四氯化钛；②加料完毕，把球磨罐放入行星式球磨机中，研磨 5h，导出制备好的催化剂。制得的无水氯化镁负载 Ziegler-Natta 催化剂，钛元素质量分数为 1.98%，镁元素质量分数为 23.48%。无水氯化镁载体催化剂表观形态为粉末状。其中，紫外分光光度法测定所得无水氯化镁负载 Ziegler-Natta 催化剂中钛元素的含量，用滴定法测定该催化剂中镁元素的含量。

该催化剂可用来制备聚异戊二烯，具体可按下述步骤进行制备：真空状态下，将 750mL 异戊二烯单体加入反应器中，依次加入 1.2mL 三异丁基铝以及 0.4g 无水氯化镁负载 Ziegler-Natta 催化剂，经 0℃ 预聚 20min，聚合反应温度为 25℃，聚合反应 6h，聚合完成后加入酸化乙醇终止聚合反应，30℃ 下真空干燥，得到约 90g 聚异戊二烯材料。在此反应中产物催化效率为 1875g/(gTi·h)，得到的复合物样在 135℃ 熔融压片后，Ⅱ型哑铃状复合物样条的拉伸强度为 27.0MPa，灰分为 0.52%。

以石墨烯/无水氯化镁为载体的双烯烃聚合催化剂的制备方法包括以下步骤：①氮气环境下将 5.0g 干燥过的氧化石墨烯加入 100mL 聚合烧瓶中，常温高真空处理 24h，反应瓶经高纯氮气置换三次后放入 40℃ 恒温水浴。后加入 20mL 无水己烷，搅拌 5min 后，加 5mL 四氯化钛，于 40℃ 下恒温搅拌 24h，反应完成后，溶剂在减压条件下蒸出，进一步在高真空下 100℃ 保持搅拌 30min 干燥后，得到氧化石墨烯催化剂载体的预处理物；氮气环境下加入 45.0g 无水氯化镁和上述预处理后的氧化石墨烯至干燥且经高纯氮气置换三遍后密封的球磨罐中，然后注入 2.5mL 分析纯四氯化钛。加料完毕，把球磨罐放入行星式球磨机中，研磨 5h，导出制备好的催化剂。该氧化石墨烯/无水氯化镁负载 Ziegler-Natta 催化剂，钛元素质量分数为 2.30%，镁元素质量分数为 21.90%，碳元素质量分数为 9.22%。

该催化剂可用来制备聚异戊二烯，具体可按下述步骤进行制备：真空状态下，将 750mL 异戊二烯单体加入反应器中，依次加入 1.2mL 三异丁基铝以及 0.4g 氧化石墨烯/无水氯化镁负载 Ziegler-Natta 催化剂，经 0℃ 预聚 20min，聚合反应温度为 25℃，聚合反应 6h，聚合完成后加入酸化乙醇终止聚合反应，30℃ 下真空干燥，得到约 115g 本发明提供的氧化石墨烯含量约 0.04% 深灰色聚异戊二烯纳米复合材料。在此反应中产物催化效率为 2396g/(gTi·h)，得到的复合物样在 135℃ 熔融压片后，Ⅱ型哑铃状复合物样条的拉伸强度为 36.6MPa，灰分为 0.32%。

以氧化石墨烯/无水氯化镁为载体的双烯烃聚合催化剂的制备方法包括以下步骤：①氮气环境下将 5.0g 氧化石墨烯充分干燥；②氮气环境下加入 45.0g 无水氯化镁和上述未经预处理氧化石墨烯至干燥且经高纯氮气置换三遍后密封的球磨罐中，然后注入 2.5mL 分析纯四氯化钛；③加料完毕，研磨 5h，导出制备好的催化剂。该氧化石墨烯/无水氯化镁负载 Ziegler-Natta 催化剂，钛元素质量分数为 2.01%，镁元素质量分数为 21.22%，碳元素质量分数为 9.27%。

该催化剂可用来制备聚异戊二烯[179]，具体可按下述步骤进行制备：真空状态下，将 750mL 异戊二烯单体加入反应器中，依次加入 1.2mL 三异丁基铝以及 0.4g 氧化石墨烯/无水氯化镁负载 Ziegler-Natta 催化剂，经 0℃ 预聚 20min，聚合反应温度为 25℃，聚合反应 6h，聚合完成后加入酸化乙醇终止聚合反应，30℃ 下真空干燥，得 100g 本发明提供的深灰色聚异戊二烯纳米复合材料；产物催化效率为 2083g/（gTi·h），得到的复合物样在 135℃ 熔融压片后，Ⅱ型哑铃状复合物样条的拉伸强度为 35.4MPa，灰分为 0.38%。

青岛竣翔科技有限公司[180]发明了一种制备反1,4聚异戊二烯聚合物的均相催化剂的方法。传统的 Ti 系催化剂为粉末状，聚合使用过程中或直接将粉末 Ti 和烷基铝加入异戊二烯中聚合，或将粉末 Ti 与烷基铝进行混合反应后加入异戊二烯中聚合。将粉末 Ti 与烷基铝进行混合后得到的是含有沉淀的液体催化剂，而直接使用仍是固体粉末，导致聚合反应过程为固液两相聚合。

为了解决上述技术问题，该发明采用以下技术方案：首先制备反-1,4-聚异戊二烯聚合物的均相催化剂，包括负载型钛系催化剂、AlR₃、烷基铝助催化剂和聚异戊二烯聚合物；其中，AlR₃、烷基铝助催化剂中的 R 为 C—C 的烷基，聚异戊二烯聚合物的数均分子量为 1000~10000，聚异戊二烯聚合物中顺-1,4-聚异戊二烯的质量分数不低于 30%。

本发明通过引入关键组分异戊二烯的聚合物，聚合物中顺-1,4-聚异戊二烯的质量分数不低于 30% 可保证制备的催化剂在聚异戊二烯中能充分溶解，低分子量低黏度的异戊二烯的聚合物可将负载型钛系催化剂发生配位反应，使负载型钛系催化剂的相态由固相转变为液相，得到低黏度的可溶于异戊二烯的液相均相催化剂。

6.3　聚合影响因素

6.3.1　催化体系的影响

（1）催化剂 Al/Ti 比的影响

研究者们对 AlR₃-TiCl₄ 非均相络合体系做了大量研究，指出在催化剂制备过程中钛会逐渐减少且生成沉淀，但此沉淀呈棕色过渡到黑色不定，这主要取决于催化剂预制时的 Al/Ti 摩尔比。AlR₃/TiCl₄ 摩尔比对异戊二烯定向聚合的影响已经被广泛研究，当 Al/Ti 摩尔比在 0.5~1.0 时趋向于生成棕色沉淀，这种棕色沉淀实质上就是 β-TiCl₃，但当铝钛摩尔比较高时，这种沉淀会被烷基化而减少，会形成一种复杂的固态铝。Al/Ti 摩尔比在 1.0~1.2 时，其异戊二烯的转化率最高。在较高摩尔比时，固体聚合物的转化率会降低，而部分分子量低的油状物的转化率会增高。当烷基铝不足时，会存在一定量的钛被还原，这样制备的催化剂会把异戊二烯单体聚合成粉末聚合物[181,182]。

最活泼的高定向性催化剂是由 Ⅰ~Ⅲ 族金属烷基衍生物与 Ⅳ~Ⅷ 族过渡金属卤化物反应生成，在 Al(i-Bu)₃ 和 TiCl₄ 之间形成络合催化剂过程中，4 价过渡金属钛被起还原作用的三异丁基铝还原到较低价态，3 价或者 2 价。过渡金属的还原程度取决于催化体系中三异丁基铝的浓度。当 Al(i-Bu)₃ 和 TiCl₄ 为等摩尔比时，4 价态过渡金属钛几乎完全被还原为 3 价钛。所得络合物表现出高的定向性和活性，因为被还原的 3 价钛能引发异戊二烯聚合。

汪昭伟[183]等以四氯化钛和三异丁基铝在低温下预制催化剂，催化合成了顺-1,4-聚异戊二烯。该研究采用不同的 Al/Ti 摩尔比来配制催化剂，考察 Al/Ti 摩尔比对催化剂活性和聚合过程的影响，Al/Ti 摩尔比分别选用 0.8、0.9、1.0、1.1、1.2，在-40℃下预制，陈化 1h，催化剂用量 $n(Ti)/n(IP)=6\times10^{-3}$，单体浓度 $V(IP)/V(C_6H_{14})=1:4$，聚合温度50℃，聚合 5h。经研究发现，随着铝钛摩尔比的增大，配制得到的催化剂活性呈先上升后下降的趋势，即聚合速率随之呈先增大后下降的趋势，但特性黏度$[\eta]$随铝钛摩尔比的增大而逐渐降低。这主要是由于烷基铝过量时会进行如下反应：

$$2TiCl_4+Al_2(i\text{-}Bu)_6 \longrightarrow 2Ti(i\text{-}Bu)_6Cl_2+Al_2(i\text{-}Bu)_6Cl_2$$
$$2Ti(i\text{-}Bu)Cl_3+Al_2(i\text{-}Bu)_6 \longrightarrow 2Ti(i\text{-}Bu)_2Cl_2+Al_2(i\text{-}Bu)_4Cl_2$$
$$2Ti(i\text{-}Bu)Cl_2+Al_2(i\text{-}Bu)_6 \longrightarrow 2Ti(i\text{-}Bu)_3Cl+Al_2(i\text{-}Bu)_4Cl_2$$

即反应产物中存在大量的烷基铝化合物，它们是强的链转移剂，会由于发生链转移作用而终止反应，生成较多的低分子量的油状物，因而会使得特性黏度降低。综合以上探讨，得出合成高顺-1,4-聚异戊二烯的最佳铝钛比为1。

姜芙蓉[184]等采用钛质量分数为 5.4% 的负载钛催化剂，环己烷为溶剂，$Ti/IP=3\times10^{-4}$，IP 浓度为 4mol/L，冰浴中预聚 30min 后移至 60℃恒温水浴中聚合 6h，用甲醇终止反应，Al/Ti 为 10~60。实验结果可见，在 Al/Ti=30 时，催化效率出现最大值。这是由于 Al/Ti 较小时，Al 不能使 Ti 形成足够多的活性中心；当 A1/Ti 大于 30 时，Al 过量导致 Ti 部分过还原。在 A1/Ti=50 时，催化效率出现上升，但仍低于最高值，且 Al/Ti 较高，不利于工业生产。

彭伟[185]等采用不同结构的烷基铝，如三乙基铝($AlEt_3$)、三异丁基铝[$Al(i\text{-}Bu)_3$]、氢化二异丁基铝[$AlH(i\text{-}Bu)_2$]、一氯二乙基铝($AlEt_2Cl$)、二氯一乙基铝($AlEtCl_2$)，研究了烷基铝的种类和浓度对异戊二烯催化行为的影响。发现烷基铝不仅可以催化异戊二烯齐聚，与微量水作用后还可以引发异戊二烯阳离子聚合，得到顺反混合结构的线性聚合物。烷基铝浓度对其催化行为有较大影响，当 $n(Al)/n(M)=1050\times10^{-5}$ 时，$AlEtCl_2$ 的催化活性显著提高，产物主要为线性聚合物；而其他结构烷基铝的催化活性较低。当 $n(Al)/n(M)\le350\times10^{-5}$，烷基铝自身催化异戊二烯齐聚及聚合能力极弱，过低和过高的烷基铝浓度都不利于获得高分子量聚合物。

（2）催化剂预制温度的影响

催化剂预制过程中，温度一般选用-60~0℃。在较高温度下，四氯化钛与烷基铝反应剧烈，不便控制反应，反应产物不理想，而在较低温度下，铝对 $TiCl_4$ 的还原较慢，从而能形成颗粒较小且比表面积很大的络合催化剂，活性中心的数目与络合催化剂的比表面积呈正比例关系，便形成了较多的聚合活性中心。凝胶的一端主要固定在催化剂残渣核上的单个大分子的聚集体，催化剂残渣减少，产生的凝胶含量也相应降低。但因预制催化剂温度过低，$TiCl_4$ 与 Al 试剂混合形成可溶性四价钛化合物，催化剂活性较低[186]。

（3）催化剂陈化时间的影响

Ziegler-Natta 催化体系可视制备络合催化剂时有无单体存在而称为直接法和预制法两类，使用预制的络合催化剂是为了提高催化剂的活性。尽管用 $Al(i\text{-}Bu)_3$ 使 $TiCl_4$ 的还原反应很快，但仍需要一定的时间使反应完全，以形成最大量的聚合活性中心，称之为催化剂陈化或熟化。研究发现络合催化剂的陈化时间在很大程度上影响催化剂的活性。

王曙光的研究得出催化剂活性起初随着陈化时间的延长变化不大。$TiCl_4$ 与 $Al(i\text{-}Bu)_3$ 反应生成体系中不但有两组分催化剂的络合，而且伴随着络合催化剂的降解和陈化时间的延长，催化剂逐渐失活。

（4）给电子体的影响

给电子体参与配位或者添加到聚合物催化剂体系中，不仅可以调控催化剂的聚合活性，还能有效控制所得聚合物微结构，实现所得聚合物的高性能化。在 Zigeler-Natta 引发体系中，许多用作第三组分的外添加物会随着它们与两种金属组分相对浓度的不同表现出不同的性质，常常可以找到一个对增加引发体系的立构定向能力、活性或聚合物分子量都有效的第三组分的最佳浓度，高于或低于这个最佳浓度都会使第三组分的正效应由于第三组分同一种或两种金属的过量反应和（或）过量的络合作用而降低[187~189]。

（5）载体的影响

目前，工业上使用的 Ziegler-Natta 催化剂几乎全部为负载型催化剂，一般由主催化剂、助催化剂和外给电子体组成，其中，主催化剂主要包含活性中心和载体，部分主催化剂还含有内给电子体。载体技术的进步对催化剂和聚合物性能提升至关重要。日本三井化学公司和意大利益智迪生公司的研究者发现，将钛活性组分负载到 $MgCl_2$ 载体上，提高了催化剂活性，改善了催化剂形态，所制聚合物中的催化剂残余量相对较少，从而不再需要昂贵的催化剂去除或是聚合物提炼过程，节约了成本，简化了工艺。

在 Ziegler-Natta 催化剂中引入 $MgCl_2$ 载体，增加了催化剂的比表面积，形成了更多的活性位点，大幅提高了催化剂活性，$MgCl_2$ 中 Mg^{2+} 和 $TiCl_4$ 中 Ti^{4+} 的半径相近，且无水 $MgCl_2$ 拥有与 $TiCl_4$ 相近的层状晶体结构，使 Ti^{4+} 较易嵌入 $MgCl_2$ 晶格，形成混晶，生成稳定的复合物。另外，由于 Mg 原子与 Ti 原子可以通过氯桥相连，电负性较低的 $MgCl_2$ 通过 Mg→Cl→Ti 向活性中心 Ti 推电子，使电子密度增加，由于金属离子与烯烃配位时反馈电子给烯烃的反键轨道，所以电子效应加速了单体的插入，提高了链增长速率常数，因此，$MgCl_2$ 的存在对提高聚合链增长速率也有很大作用[190]。

6.3.2 聚合反应温度的影响

随着聚合温度升高，聚合速度增大，产物的特性黏数则下降，不过分子量随温度升高而下降的情形比理论推导的结果 $M \propto 1/T^2$（M 为分子量；T 为绝对温度）要小一些。温度并不影响聚合物链节结构，但分子量分布则与聚合温度有关。有关研究结果表明，随反应温度升高，分子量分布变宽，60℃时得到的聚合物不只分子量小，而且分布也较宽。分子量分布也取决于催化剂组分比例、催化剂制备条件和聚合条件。只有在 Al/Ti=1 时，预制催化剂，并在室温下陈化一定时间，而且聚合温度不高于30℃才能得到窄分布的聚合物；用新制的催化剂或将陈化的催化剂加至含有三异丁基铝的异戊二烯中进行聚合，分子量分布则显著变宽。改变聚合温度，最佳 Al/Ti 比也有所变化，在-30℃聚合时，为了得到高产率及高顺-1,4-含量的聚合物，Al/Ti 比要大于1.2，最好在1.4以上。为求得一个聚合速度与聚合物性能的平衡，生产上聚合温度大都采用 20~50℃。

6.3.3　催化剂浓度及单体浓度的影响

在固定 Al/Ti 比的情况下，催化剂用量增大，聚合速度增大，但对所得聚合物分子量的影响并不显著。不同研究者根据不同的条件得到特性黏度 [η] 与催化剂用量间的不同经验公式如下：

$$\nu = [C]^{-0.28}; \quad [\eta] = 4.905 - 155[Ti]$$

其中，[C] 为催化剂浓度，ν 为稀溶液黏度，[Ti] 为 TiCl$_4$ 浓度。催化剂用量通常不影响聚合物链节结构、凝胶含量及其溶胀指数。单体浓度增大，聚合速度变快，本体聚合时速度最大。单体浓度 [M] 与 [η] 的关系曾得到一个经验公式，$[\eta] = 3.44[M]^{0.316}$。单体浓度增大，顺-1,4 链节含量随之降低，本体聚合时得到的聚合物中，顺-1,4 链节含量不高于92%，而反-1,4 链节含量则有增大的趋势。单体浓度的改变，对聚合胶液的黏度有明显的影响，若单体浓度超过15%，胶液的黏度可达 100000mPa·s 以上，比相同条件下顺丁橡胶胶液的黏度要大得多，这给聚合釜的传热搅拌及输送都带来不少问题。

6.4　钛系异戊橡胶的合成

6.4.1　钛系催化剂合成异戊橡胶概述

国内外许多研究者致力于钛系催化剂的研究，从不同钛系催化剂引发异戊二烯聚合的许多文献分析，其可分为 4 个主要研究方向：顺-1,4-聚异戊二烯的合成、3,4-聚异戊二烯的合成、反-1,4-聚异戊二烯的合成以及异戊二烯与其他二烯烃的共聚物的合成。

Adams 等[191]采用烷基铝-四氯化钛作催化剂合成顺-1,4-聚异戊二烯，通过调整两组分的摩尔比和聚合温度，得到了不含反-1,4 结构的高含量的顺-1,4-聚异戊二烯。当催化剂的 AlR$_3$/TiCl$_4$ 摩尔比为 1.0 时，在室温下可引发异戊二烯聚合。当聚合温度降低时，则需要较高的 Al/Ti 摩尔比才可达到一样的结果。溶液聚合可以用来控制反应可得到均相产物，但所得产物的特性黏度仅为 2.0~2.5。

除了传统的二组分钛系催化剂外，越来越多研究者通过添加第三组分以及第四组分来改性钛系催化剂。

早在 1958 年，Saltman 等[192]对烷基铝-四氯化钛催化剂聚合异戊二烯的机理进行了研究，后来在 1964 年又选用三异丁基铝-四氯化碘[Al(i-Bu)$_3$-ICl$_4$]和三异丁基铝-四氯化钛-碘[Al(i-Bu)$_3$-TiCl$_4$-I$_2$]两种催化体系合成聚异戊二烯，证明了该体系引发聚合的活性中心是催化剂配制中生成的固体物质 TiI$_3$。

Schoenberg 等[193]研究了在三异丁基铝-四氯化钛催化剂预制过程中，通过改变组分的配比用量，对不同水平的催化剂在 50℃下进行异戊二烯的溶液聚合反应，分别计算出聚合产物中固体橡胶和低分子量的油状物质转化率；分析了固体橡胶产物的顺-1,4 微观结构含量、特性黏度以及凝胶不溶物。预制催化剂比催化剂组分直接加入异戊二烯中聚合活性更高，且可再生聚合，也能得到更优的聚合产物。

将二苯醚加入三异丁基铝-四氯化钛催化体系中作为第三组分，可以提高顺式结构含量，但会伴随有凝胶含量增大的缺点。Castner 等[194]在 1999 年将二芳基胺(对苯乙烯化二苯基胺)加入三组分催化体系中，降低了其凝胶含量。

成都工学院四系[195]研究了铝铁催化体系的改进，考察了添加三正丁胺和二丁醚等作为第三组分对催化剂性能的影响。在实验范围内，同时加入二者作为第三组分配制的铝钛催化剂，合成了顺式含量达 97%、凝胶含量在 5% 以下的聚异戊二烯。

王超等[196]以四氯化钛-烷基铝作催化剂，加入醚类给电子试剂，预制催化剂过程中在低温下配制，同时在低温下陈化一段时间，紧接着在室温下合成聚异戊二烯，其合成生胶的顺-1,4-微观结构含量高达 98% 以上，门尼黏度在 60~90。

6.4.2 生产工艺

(1) 俄罗斯

国外的异戊橡胶生产过程中主要使用 Ziegler-Natta 催化剂材料，通过溶液聚合技术进行钛系异戊橡胶的生产，国际领域中俄罗斯属于异戊橡胶生产量最大的国家，合成技术在全世界处于前沿地位。

工艺流程为[197,198]：①提前配制催化剂材料，基础成分主要就是 $TiCl_4$ 与 $Al(i\text{-}Bu)_3$，采用甲苯溶剂进行配制。②聚合和凝聚处理。采用丙烷制冷系统对原材料异戊二烯进行冷却处理，使其温度在 10~15℃，之后使用铝胶干燥处理技术，使其冷却到 3~10℃，经过计量之后在聚合反应器内添加催化剂，每两个反应器设置成为一组，在内部设置笼式旋叶，使其可以带动活动刮板搅拌器运作。反应期间物料的温度会升高到 45~50℃，此情况下需要从第一反应器中离开，进入第二反应器，将聚合温度维持在 65℃。之后从管线向着反应物料内部加入终止剂甲醇、抗氧化剂 BTC-60，使得催化剂被破坏，达到终止反应的目的。将物料设置在中间容器之内，静止之后利用高速运行的混合器，通过水将聚合物输入到洗涤塔中，经过分解之后的催化剂成分、甲醇成分都能够进入水箱，之后进行沉降分离处理，可以循环利用。并且聚合物在立式的容器中使用蒸汽进行没有反应的单体部分、溶剂部分的吹脱，使其在脱气塔的顶部区域冷凝回收处理。在脱气处理前，将硬脂酸钙加入聚合物中，预防在脱气之后出现结块的不良问题，确保脱气以后聚合物聚集成为块状，能够与水分相互分离，之后进入干燥成型的阶段。③具体的干燥、压块环节。一般情况下块状的聚合物水含量在 40% 左右，利用振动筛干燥处理，通过螺杆挤压处理，借助机械压缩脱水之后使得水含量能够降低到 10% 以内，然后采用第二螺杆挤压机设备，温度提升到 200℃，在出口的位置膨胀降压后块状结构的水含量会在 0.4% 左右，称量之后压制成为 30kg 的胶块，就可以进行包装处理。④溶剂回收和单体回收阶段。经过脱气并且进行回收的凝液，利用氢氧化钠水溶液进行洗涤。通过软水洗涤，然后采用共沸精馏塔进行脱水，使得水含量能够降低到 5mg/kg 以内。完成处理之后容器内部会存在 6% 左右的异戊二烯，将新鲜单体设置其中，含量能够达到 17% 左右，使用精馏塔分去甲苯和其中的高沸物，然后原材料返回聚合。在此期间，甲苯会经过三个精馏塔，在分离处理、提纯处理之后获得干燥性的甲苯，之后进行催化剂的制作。

俄罗斯在技术研究开发的过程中，已经研制出低温状态之下能够进行配制的铝钛催化剂，此类催化剂的组成部分就是四氯化钛成分、三异丁基铝成分与一种高电子体成分，粒子的规格为 $10\mu m$，与传统的铝钛催化剂相比，此类催化剂在应用期间活性很高，存储的时间较长，对硫化物成分、含氧化合物成分等催化毒物的影响不是非常灵敏，可以确保聚合反应的稳定性。俄罗斯采用新型催化剂材料所生产出来的聚异戊二烯材料，具有无凝胶、低凝胶的特点，聚合物质量分数降低大约49%，可以利用水代替之前的甲醇材料完成聚合反应的终止。除此之外，俄罗斯使用 $TiCl_4-(i-C_4H_9)Al$-给电子添加剂三元体系的同时，还开发出 $TiCl_4-(i-C_4H_9)Al$-给电子添加剂不饱和化合物的四元体系，在使用四元体系之后，可以确保异戊二烯在25℃以下的温度中，异戊烷之内的引发聚合速度比三元体系中的速度快71%，聚合物的相对分子质量有所提升，凝胶的含量在2%左右，顺-1,4结构的含量在98.3%以上。

（2）美国固特里奇

用 Ziegler-Natta 催化剂，以己烷（或丁烷）作溶剂的连续溶液聚合流程。这一流程首先由美国固特异轮胎和橡胶公司于1963年实现工业化。过程包括：催化剂（四氯化钛-三烷基铝或四氯化钛-聚亚胺基铝烷）制备、聚合、脱除催化剂残渣、脱水干燥及成型包装。在单釜容积为 40~50mL 的 3~6 台串联釜中进行聚合，操作工艺参数为：单体浓度12%~25%，聚合温度0~50℃，反应时间3~5h，转化率可达80%~90%，所得生胶的门尼黏度为80~90，凝胶含量<1%，异戊橡胶的顺-1,4结构含量>95%。

固特里奇工艺可以从萃取塔回收大量热能，回收溶剂和单体不用完全分离，降低分离难度，从而降低了能耗，同时也说明该工艺所用的单体和溶剂纯度较高，沸点在异戊二烯和己烷之间对聚合有影响的杂质含量少，不用去除，工艺如图6-26所示。

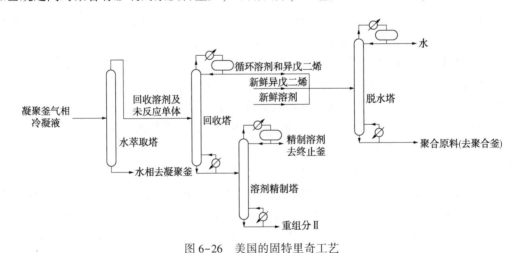

图 6-26 美国的固特里奇工艺

（3）意大利的斯纳姆工艺

斯纳姆工艺首先将回收溶剂、未反应单体分离，从塔顶采出含有微量水的回收单体，从塔釜直接采出可用于聚合的回收溶剂，从根本上减少了因大量溶剂在各塔间反复汽化冷凝而造成的能耗过高，但该工艺只有在回收溶剂已经将重组分脱除后才可行。为了防止水含量较高的回收单体与水含量较少的新鲜单体混合后加重单体脱水塔的脱水负担，增设一个独立的回收单体脱水塔；但回收单体脱水塔和单体脱轻塔的任务可用一个塔完成，在能耗上不经济，工艺如图6-27所示。

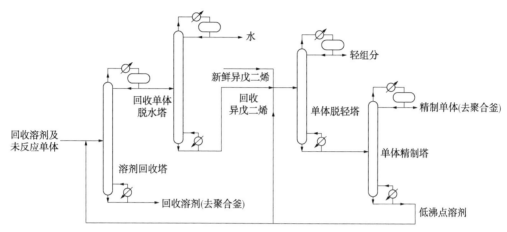

图6-27 意大利斯纳姆公司四塔流程工艺

参 考 文 献

[1] 潘祖仁. 高分子化学[M]. 北京：化学工业出版社，1997：164-165.

[2] 王曙光. 钛系催化剂合成顺-1,4-聚异戊二烯的研究[D]. 青岛：青岛科技大学，2007.

[3] 黄葆同. 络合催化聚合合成橡胶[M]. 北京：科学出版社，1981：204.

[4] 许景琦，刘海涛，高明智. Ziegler-Natta 催化剂载体的研究进展[J]. 合成树脂及塑料，2020，37（04）：85-91.

[5] 刘智博. Ziegler-Natta 催化剂的制备及烯烃聚合的研究[D]. 天津：河北工业大学，2013.

[6] 刘芮嘉，吕丹，陈平，等. Ziegler-Natta 催化剂的研究进展[J]. 广州化工，2016，11（10）：24-26.

[7] 林尚安，陆耘，梁兆熙. 高分子化学[M]. 北京：科学出版社，1982：553.

[8] 张翠菊，余询. 索尔维型催化剂的丙烯聚合动力学的研究[J]. 高分子学报，1980，（4）：214-218.

[9] 肖士镜，韩世敏，张书清，等. 丙烯聚合络合催化剂形成过程的研究[J]. 高分子学报，1981，6(3)：194-199.

[10] 韩世敏，张书清，王惠方，等. 丙烯聚合络合催化剂中醚的作用[J]. 催化学报，1982，3(3)：239-243.

[11] 谢光华，贺大为，蒋曼，等. 丙烯聚合新催化剂的结构特征[J]. 高分子学报，1980(2)：89-93.

[12] Adolfo M，Paolo G，Ermanno S，et al. Polymerization of Olefins：GB1286867A[P]. 1972-08-23.

[13] 孙文姣，刘敏，许文倩，等. 2,2,4-三甲基-1,3-戊二醇双苯甲酸酯 Z-N 催化剂内给电子体的合成与应用[J]. 化学试剂，2011，33(1)：65-68.

[14] 姜涛，陈洪侠，王伟众，等. Ziegler-Nalta 催化剂催化 1-丁烯聚合[J]. 合成树脂及塑料，2011，28(1)：6.

[15] 许文倩. 1,3-二醇二甲醚，双苯甲酸酯类齐格勒-纳塔催化剂内给电子体的合成与应用[D]. 天津：

河北工业大学，2010.

[16] 王李和，闫林林，李效军. 齐格勒-纳塔催化剂内给电子体 1,1-双(甲氧甲基)环己烷的合成[J]. 现代化工，2011，31(2)：66-68.

[17] 刘克. MgCl$_2$·7SiO$_2$ 复合载体的活化处理研究[J]. 广东化工，2013，40(10)：29-31.

[18] 董小芳，刘智博，杨敏，等. BCl$_3$ 对 1-丁烯聚合用 Ziegler-Natta 催化剂的改性研究[J]. 合成树脂及塑料，2014，31(2)：20.

[19] Enrico A Pier C, Luciano N, et al. Components and Catalysts for the Polymerization of Olefins：US4971937 [P]. 1990.

[20] Morini G, Balbontin G, Gulevich Y, et al. Components and Catalysts for the Polymerization of Olefins：WO0063261[P]. 2000-01-26.

[21] 杨战军，赵旭涛，韦少义，等. 烯烃聚合催化组分及其催化剂：CN101423571A[P]. 2009-05-06.

[22] 高明智，刘海涛，李昌秀，等. 用于烯烃聚合反应的催化剂组分及其催化剂：CN1310962C[P]. 2004-12-08.

[23] 罗文国，温朗友，俞芳，等. Ziegler-Natta 型催化剂上异辛烯加氢制异辛烷的研究[J]. 石油学报，2007，23(6)：87-90.

[24] 王军，刘海涛，刘月祥，等. 二醇酯类内给电子体丙烯聚合反应催化剂的研究进展[J]. 化工进展，2015，34(7)：1809-1816.

[25] 刘钦辅，糜家玲，付正. 聚乙烯/蒙脱土纳米复合材料的制备及性能研究[J]. 硅酸盐学报，2004，32(11)：1395-1398.

[26] 蒋翀，朱美芳，张瑜，等. 齐格勒-纳塔等规聚丙烯和茂金属等规聚丙烯共混物结晶热力学研究[J]. 东华大学学报，2002，28(2)：130-131.

[27] 赵秀秀. 负载型 Ziegler-Natta 催化剂中给电子体对烯烃聚合的影响[D]. 大连：大连理工大学，2017.

[28] CECCHIN G, MORNI G, PIEMONTESI F. Ziegler-Natta Catalysts[M]// Kirk-Othmer Encyclopedia of Chemical Technology. John Wiley & Sons Inc, 2000.

[29] KASHIWA N. The discovery and progress of MgCl$_2$-supported TiCl catalysts[J]. Journal of Polymer Science Part A：Polymer Chemistry, 2004, 42(1)：1-8.

[30] CHADWICK J C. Ziegler-Natta catalysts[M]//Encyclopedia of Polymer Science and Technology. John Wiley & Sons Inc, 2003.

[31] PUHAKKA E, PAKKANEN T T, PAKKANEN T A. Theoretical Investigations on Heterogeneous Ziegler-Natta Catalyst Supports：Stability of the Electron Donors at Different Coordination Sites of MgCl$_2$[J]. The Journal of Physical Chemistry A, 1997, 101(34)：6063-6068.

[32] SOGA K, SHIONO T. Ziegler-Natta catalysts for olefin polymerizations[J]. Progress in polymer science, 1997, 22(7)：1503-1546.

[33] KASHIWA N. The discovery and progress of MgCl$_2$-supported TiCl$_4$ catalysts[J]. Journal of Polymer Science Part A：Polymer Chemistry, 2004, 42(1)：1-8.

[34] 王路海，张宁宁，任合刚，等. 氯化镁/二氧化硅复合载体型 Z-N 催化剂的乙烯聚合性能[J]. 精细石油化工，2009，26(2)：52-55.

[35] 李刚，于鹏，荣俊峰，等. 高效乙烯聚合催化剂的制备[J]. 合成树脂及橡胶，2006，23(1)：1-5.

[36] DUMAS C, HSU C C. Supported propylene polymerization catalyst[J]. Journal of Macromolecular Science-Reviews in Macromolecular Chemistry and Physics, 1984, 24(3)：355-386.

[37] DUSSEAULT J JA, HSU C C. MgCl$_2$-supported Ziegler-Natta catalysts for olefin polymerization：basic

structure, mechanism, and kinetic behavior[J]. Journal of Macromolecular Science Part C: Polymer Reviews, 1993, 33(2): 103-145.

[38] NOTO V D, ZANNETTI R VIVANI M, et al. MgCl₂ supported Ziegler-Natta catalysts: A structural investigation by X-ray diffraction and Fourier-transform IR spectroscopy on the chemical activation process through MgCl₂-ethanol adducts[J]. Macromolecular Chemistry and Physics, 1992, 193(7): 1653-1663.

[39] BASSI I W, POLATO F, CALCATERRA M, et al. A new layer structure of MgCl₂ with hexagonal close packing of the chlorine atoms[J]. Zeitschrift Fur Kristallographie-Crystalline Materials, 1982, 159(1-4): 297-302.

[40] GERBASI R, MARIGO A, MARTORANA A, et al. The activation of MgCl₂ supported ziegler-natta catalysts-Ⅱ: Correlation between activity and structural disorder[J]. European polymer journal, 1984, 20(10): 967-970.

[41] NOTO V D, BRESADOLA S. New synthesis of a highly active δ-MgCl₂ for MgCl₂/TiCl₄/AlEt₃ catalytic systems[J]. Macromolecular Chemistry and Physics, 1996, 197(11): 3827-3835.

[42] NOTO V D, PAVANELLO L, VIVIANI M, et al. A kinetic investigation of ethyl formate elimination from the[MgCl₂(HCOOC₂H₅)₂]ₙ adduct using thermoanalytical data[J]. Thermochimica Acta, 1991, 189: 223-233.

[43] NOTO V D, ZANNETTIR, VIVANI M, et al. MgCl₂ supported Ziegler-Natta catalysts: A structural investigation by X-ray diffraction and Fourier-transform IR spectroscopy on the chemical activation process through MgCl₂ ethanol adducts[J]. Macromolecular Chemistry and Physics, 1992, 193(7): 1653-1663.

[44] NOTO V D, MARIGO A, VIVANI M, et al. MgCl₂-supported Ziegler-Natta catalysts: Synthesis and X-ray diffraction characterization of some MgCl₂-Lewis base adducts[J]. Macromol Chem Phys, 1992, 193: 123-131.

[45] NOTO V D, CECCHIN G, ZANNETTIR R, et al. Magnesium chloride-supported catalysts for Ziegler-Natta propene polymerization: Ethyl formate as internal base[J]. Macromol Chem Phys, 1994, 195: 3395-3409.

[46] Greco C C, Triplett K B. Method for preparing a magnesium halide support for catalysts: US4350612[P]. 1982-9-21.

[47] Galli P, Luciani L, Cecchin G. Advances in the polymerization of polyolefins with coordination catalysts[J]. Die Angewandte Makromolekulare Chemie: Applied Macromolecular Chemistry and Physics, 1981, 94(1): 63-89.

[48] Spitz R, Duranel L, Guyot A. Supported Ziegler-Natta catalysts for propene polymerization: Grinding and co-grinding effects on catalyst improvement[J]. Die Makromolekulare Chemie: Macromolecular Chemistry and Physics, 1988, 189(3): 549-558.

[49] Nowakowska M, Bosowska K. Ethylene polymerization on a high activity supported catalyst: MgCl₂(THF)₂/TiCl₄/AlEt₂Cl[J]. Die Makromolekulare Chemie: Macromolecular Chemistry and Physics, 1992, 193(4): 889-895.

[50] 毛炳权, 杨菊秀, 李珠兰, 等. 烯烃聚合用的球形催化剂: CN1091748A[P]. 1994-09-07.

[51] 刘月祥, 夏先知, 张纪贵, 等. 用于烯烃聚合的催化剂组分及其催化剂: CN101486776[P]. 2009-7-22.

[52] 翁宇红. 通过模型催化剂研究负载型 Ziegler-Natta 催化剂的丙烯聚合体系给电子体作用机理[D]. 杭州: 浙江大学, 2018.

[53] Bart J C J, Roovers W. Magnesium chloride-ethanol adducts[J]. Journal of materials science, 1995, 30:

2809-2820.

[54] Forte M C, Coutinho F M B. Highly active magnesium chloride supported Ziegler-Natta catalysts with controlled morphology[J]. European polymer journal, 1996, 32(2): 223-231.

[55] Choi J H, Chung J S, Shin H W, et al. The effect of alcohol treatment in the preparation of $MgCl_2$ support by a recrystallization method on the catalytic activity and isotactic index for propylene polymerization[J]. European polymer journal, 1996, 32(4): 405-410.

[56] Thushara K S, Gnanakumar E S, Mathew R, et al. $MgCl_2 \cdot 4((CH_3)_2CHCH_2OH)$: A new molecular adduct for the preparation of $TiCl_x/MgCl_2$ catalyst for olefinpolymerization[J]. Dalton Transactions, 2012, 41(37): 11311-11318.

[57] Gnanakumar E S, Thushara K S, Bhange D S, et al. $MgCl_2.6PhCH_2OH$: A new molecular adduct as support material for Ziegler-Natta catalyst: synthesis, characterization and catalytic activity[J]. Dalton Transactions, 2011, 40(41): 10936-10944.

[58] Gnanakumar E S, Thushara K S, Gowda R R, et al. $MgCl_2 \cdot 6C_6H_{11}OH$: A High Mileage Porous Support for Ziegler-Natta Catalyst[J]. J Phys Chem C, 2012, 116(45): 24115-24122.

[59] Gnanakumar E S, Gowda R R, Kunjir S, et al. $MgCl_2 \cdot 6CH_3OH$: A Simple Molecular Adduct and Its Influence As a Porous Support for Olefin Polymerization[J]. ACS Catal, 2013, 3(3): 303-311.

[60] Dashti A, Ramazani S A A, Hiraoka Y, et al. Kinetic and Morphological Investigation on the Magnesium Ethoxide-Based Ziegler-Natta Catalyst for Propylene Polymerization Using Typical External Donors[J]. Macromol Symp, 2009, 285: 52-57.

[61] Ling Y, Chen W, Xie L, et al. The effect of ionic interaction on the miscibility and crystallization behaviors of poly(ethylene glycol)/poly(L-lactic acid)blends[J]. J Appl Polym Sci, 2008, 110(6): 3448-3454.

[62] Denifl P, Leinonen T. Preparation of olefin polymerisation catalyst component: HU0400335A2[P]. 2004-07-28.

[63] Abboud M, Denifl P, Reichert K H. Advantages of an Emulsion-Produced Ziegler-Natta Catalyst Over a Conventional Ziegler-Natta Catalyst[J]. Maromal Mater A Eng, 2005, 290(12): 1220-1226.

[64] Ronkko H L, Knuttia H, Denifl P, et al. Structural studies on a solid self-supported Ziegler-Natta-type catalyst for propylene polymerization[J]. J Mol Catal A-Chem, 2007, 278(1/2): 127-134.

[65] Fuang Y, Qin Y, Wang N, et al. Reduction of Graphite Oxide with a Grignard Reagent for Facile In Situ Preparation of Electrically Conductive Polyolefin/Graphene Nanocomposites [J]. Macromol Chem Phys, 2012, 213(7): 720-728.

[66] Wang J, Yu M. Jiang W, et al. The Preparation of Nanosized Polyethylene Particles via Carbon Sphere Nanotemplates[J]. Ind Eng Chem Res, 2013, 52(49): 17691-17694.

[67] Luo Z, Zheng T, Li H, et al. A Submicron Spherical Polypropylene Prepared by Heterogeneous Ziegler-Natta Catalyst[J]. Ind Eng Chem Res, 2015, 54(44): 11247-11250.

[68] Jiang X, Chen Y P, Fan Z Q, et al. Propylene polymerization catalyzed by novel supported titanium catalysts $MgCl_2/NaCl/DNBP/TiCl_4$ with different NaCl content[J]. J Mol Catal A-Chem, 2005, 235(1/2): 209-219.

[69] Jiang X, Tian X Z, Fan Z Q, et al. Control of the molecular weight distribution and tacticity in 1-hexylene polymerization catalyzed by $TiCl_4/MgCl_2$-NaCl/TEA catalysis system[J]. J Mol Catal A-Chem, 2007, 275(1/2): 72-76.

[70] Jiang X, Wang H, Tian X Z, et al. Effects of Doping LiCl into $MgCl_2$-Supported Ziegler-Natta Catalyst on

the Molecular Weight Distribution and Isotacticity of Polypropylene[J]. Ind Eng Chem Res, 2011, 50(1): 259-266.

[71] Garoff T, Leinonen T. Mndoping of the Ziegler-Natta PP catalyst support material[J]. J Mol Catal A-Chem, 1996, 104(3): 205-212.

[72] Sugano T, Uchino H, Imaeda K, et al. Catalyst component for polymerization of alpha-olefins and process for producing alpha-olefin polymers using the same: US06084043A[P]. 2000-7-4.

[73] Coutho FMB. Xaver JLL. Properties of ethylene-propylene copolymers synthesized by a supported Ziegler-Natta catalyst based on TCl$_4$/MgCl$_2$/PCl$_3$[J]. Eur Polym J, 1997, 33(6): 897-901.

[74] Fregonese D, Bresadola S. Catalytic systems supported on MgCl$_2$ doped with ZnCl$_2$ for olefin polymerization [J]. J Mol Catal A-Chem, 1999, 145(1/2): 265-271.

[75] Phiwkliang W, Jongsomjit B, Praserthdam P. Effect of ZnCl$_2$-and SiCl$_4$-doped TiCl$_4$/MgCl$_2$/THF catalysts for ethylene polymerization[J]. J Appl Polym Sci, 2013, 130(3): 1588-1594.

[76] Taniike T, Chammingkwan P, Terano M. Structure-performance relationship in Ziegler-Natta olefin polymerization with novel core-shell MgO/MgCl$_2$/TiCl$_4$ catalysts[J]. Catal Commun, 2012, 27: 13-16.

[77] Xiao S J, Hai W, Cai S M. Study on the NdCl$_3$-supported Ziegler-Natta catalyst for olefin polymerization [J]. Makromol Chem-Macromol Chem Phys, 1991, 192(5): 1059-1065.

[78] Coutinho F M B, Xavier J L L. Properties of ethylene-propylene copolymers synthesized by a supported Ziegler-Natta catalyst based on TiCl$_4$/MgCl$_2$/PCl$_3$[J]. Eur Polym J, 1997, 33(6): 897-901.

[79] Chen Y P, Fan Z Q, Liao J H, et al. Molecular weight distribution of polyethylene catalyzed by Ziegler-Natta catalyst supported on MgCl$_2$ doped with AlCl$_3$[J]. J Appl Polym Sci, 2006, 102(2): 1768-1772.

[80] Xiao A, Wang L, Liu Q, et al. Synthesis of Low Isotactic Polypropylene Using MgCl$_2$/AlCl$_3$-supported Ziegler-Natta Catalysts Prepared Using the One-Pot Milling Method[J]. Des Monomers Polym, 2008, 11(2): 139-145.

[81] Ribour D, Monteil V, Spitz R. Strong activation of MgCl$_2$-supported Ziegler-Natta catalysts by treatments with BCl$_3$: Evidence and application of the "cluster" model of active sites[J]. J Polym Sci: Pol Chem, 2009, 47(21): 5784-5791.

[82] Zohuri G, Ahmadjo S, Jamjah R, et al. Structural Study of Mono and bi-supported Ziegler-Natta Catalysts of MgCl$_2$(ethoxide type) and SiO$_2$/ MgCl$_2$(ethoxide type)TiCl$_4$/ Donor systems[J]. Iran Polym J, 2001, 10 (3): 149-155.

[83] Patthamasang S, Jongsomjit B, Praserthdam P. Effect of EtOH/MgCl$_2$ Molar Ratios on the Catalytic Properties of MgCl$_2$-SiO$_2$/TiCl$_4$ Ziegler-Natta Catalyst for Ethylene Polymerization[J]. Molecules, 2011, 16(10): 8332-8342.

[84] Pinyocheep J, Ayudhya S K N, Jongsomjit B, et al. Observation on inhibition of Ti^{3+} reduction by fumed silica addition in Ziegler-Natta catalyst with in situ ESR[J]. J Ind Eng Chem, 2012, 18(6): 1888-1892.

[85] Co P P. Improvements relating to the polymerization of olefins: US03477710[P]. 1954-12-27.

[86] Union Carbide Corporation. Ethylene polymerization using supported vanadium catalyst: US4508842[P]. 1985-04-02.

[87] Uhion Carbide Coporation. Catalyst for regulating the molecular weight distribution of ethylene polymers: US4886771[P]. J. 1989-12-12.

[88] Wang L, Yuan YL, Ge CX, et al. Studies on probing SiO$_2$ surface using BF$_3$ as probe and SiO$_2$/Al$_2$Et$_3$Cl$_3$/ TCl$_4$(PhMgCl)catalytic system for copolymerization of ethylene and propylene[J]. J Appl Polym Sci, 2000,

76(10)：1583-1589.

［89］Nowlin T E, Mink R I, Lo F Y, et al. Ziegler-Natta catalysts on silica for ethylene polymerization［J］. J Polym Sci PartA：Polym Chem, 1991, 29(8)：1167-1173.

［90］中国石油化工集团公司北京化工研究院. 用于烯烃聚合的高效球形钛系催化剂及其制法和该催化剂的应用：CN1268520A［P］. 2000-10-04.

［91］KimI, Kim J H, Woo S I. Kinetic study of ethylene polymerization by highly active silica supported TiCl$_4$/MgCl$_2$ catalysts［J］. J Appl Polym Sci, 1990, 38(4)：837-854.

［92］Lu Honglan, Xiao Shijing. structure and behaviour of SiO$_2$/MgCl$_2$ bisupported Ziegler-Natta catalysts for olefin polymerzation［J］. Macromol Chem, 183, 194(2)：421-429.

［93］BP Chemicals Limited. Supported polyolefin catalyst for the co-polymerization of ethylene in gas phase：US5124296［P］. 1992-06-23.

［94］巴斯夫欧洲公司. 基于硅胶的催化剂载体：CN102355946B［P］. 2014-06-11.

［95］张国虹, 张瑞. 氯化镁/二氧化硅复合载体的制备及其比表面积的控制［J］. 精细石油化工, 2008, 25(2)：1-4.

［96］Zohuri G, Ahmadjio S. Jamjah R, et al. Structural study of mono-and bi-supported Ziegler-Natta catalysts of MgCl$_2$/SiO$_2$/TCl$_4$/donor systems［J］. Iran Polym J. 2001, 10(3)：149-155.

［97］Wang Jingwen, Cheng Ruitua, He Xuelian, et al. A novel(SiO$_2$/MgO/MgCl$_2$)·TCl$_x$ Ziegler-Nata catalyst for ethylene and ethylene/1-hexene polymerization［J］. Macromol Chem Phys, 2015, 216(13)：1472-1482.

［98］中国科学院化学研究所. 一种用于制备高球形度低粒度聚烯烃颗粒的催化剂的制备方法及其用途：CN04829762A［P］. 2015-08-12.

［99］Lu Honglan, Xiao Shijing. Structure and behaviour of SiO$_2$/MgCl$_2$ bisupported Ziegler-Natta catalysts for olefin polyr nerization［J］. Die Makromolekulare Chem, 1993, 194(2)：421-429.

［100］祖小京, 林铜, 陈伟, 等. 新型 MgCl$_2$SiO$_2$ 复合载体丙烯聚合催化剂的研究［J］. 化工进展, 2006, 25(12)：1439-1442.

［101］联合碳化化学品及塑料技术公司. 生产具有减少的己烷可提取物的乙烯聚合物的方法：CN1085915A［P］. 1994-04-27.

［102］中国石油化工股份有限公司, 中国石油化工股份有限公司北京化工研究院. 气相法乙烯聚合催化剂组分及其催化剂：CN1490342A［P］. 2004-04-21.

［103］Jacobs, Joshua J MD. The UHMWPE Handbo kuJra High Molecular Weight Polyethylene in Total Joint Replacement［M］. San Diego：Elsevier Academic Press, 2004：18-29.

［104］Nejabat G R, Nekoomanesh M, Arabi H, et al. Preparation of polyethylene nano-fibres using rod-like MCM-41/TiCl$_4$/MgCl$_2$/THF bi-supported Ziegler-Natta catalytic system［J］. Iran Polym J, 2010, 19(2)：79-87.

［105］Kaminsky W. Trends in Polyolefin Chemistry［J］. Macromol Chem Physics, 2008, 209(5)：459-466.

［106］Klapper M, Joe D, Nietzel S, et al. Olefin Polymerization with Supported Catalysts as an Exercise in Nanotechnology［J］. Chem Mater, 2014, 26(1)：802-819.

［107］Qin Y, Dong J. Preparation of nano-compounded polyolefin materials through in situ polymerization technique：status quo and future prospects［J］. Chinese Sci Bull, 2009, 54(1)：38-45.

［108］Yang K, Huang Y, Dong J Y. Efficient preparation of isotactic polypropylene/montmorillonite nanocomposites by in situ polymerization technique via a combined use of functional surfactant and metallocene catalysis

[J]. Polymer, 2007, 48(21): 6254-6261.

[109] Wang N, Qin Y, Huang Y, et al. Functionalized multi-walled carbon nanotubes with stereospecific Ziegler-Natta catalyst species: Towards facile in situ preparation of polypropylene nanocomposites[J]. Appl Catal A-Gen, 2012, 435: 107-114.

[110] Huang Y, Qin Y, Zhou Y, et al. Polypropylene/Graphene Oxide Nanocomposites Prepared by In Situ Ziegler-Natta Polymerization[J]. Chem Mater, 2010, 22(13): 4096-4102.

[111] Hu J P, Huang Y J, Dong J Y, et al. Characterization of Graphene Oxide Reduced by n-Butylmagnesium Chloride[J]. Chem J Chinese U, 2013, 34(9): 2077-2083.

[112] Dong J Y, Liu Y. Synthesis of polypropylene nanocomposites using graphite oxide-intercalated Ziegler-Natta catalyst[J]. Organomet Chem, 2015, 798: 311-316.

[113] Zhao S, Chen F, Zhao C, et al. Interpenetrating network formation in isotactic polypropylene/graphene composites[J]. Polymer, 2013, 54(14): 3680-3690.

[114] Zhao S, Chen F, Huang Y, et al. Crystallization behaviors in the isotactic polypropylene/graphene composites[J]. Polymer, 2014, 55(16): 4125-4135.

[115] 秦亚伟, 王宁, 杨婷婷, 等. 含埃洛石纳米管的聚丙烯树脂[J]. 石油化工, 2015, 44(1): 11-15.

[116] 杨婷婷, 王宁, 秦亚伟, 等. 埃洛石对聚丙烯结晶行为的影响[J]. 石油化工, 2015, 44: 415-420.

[117] Abedi S, Abdouss M. A review of clay-supported Ziegler-Natta catalysts for production of polyolefin/clay nanocomposites through in situ polymerization[J]. Appl Catal A-Gen, 2014, 475: 386-409.

[118] Qin Y, Wang N, Zhou Y, et al. Fabrication of Nanofillers into a Granular "Nanosupport" for Ziegler-Natta Catalysts: Towards Scalable in situ Preparation of Polyolefin Nanocomposites[J]. Macromol Rapid Comm, 2011, 32(14): 1052-1059.

[119] 董家麟, 秦亚伟, 范家起, 等. 聚丙烯/蒙脱土纳米复合树脂的结构、形态与性能[J]. 石油化工, 2013, 42(1): 82-90.

[120] 秦亚伟, 牛慧, 王宁, 等. 蒙脱土增强的新型抗冲共聚聚丙烯树脂[J]. 石油化工, 2014, 43(7): 748-753.

[121] 张延武, 范宏. 复合载体法制备聚丙烯-蒙脱土复合材料[J]. 高校化学工程学报, 2005, 19(1): 124-128.

[122] Ngjabat G R, Nekoomanesh M, Arabi H. Preparation of polyethylene nano-fibres using rod-like MCM-41/TiCl$_4$/MgCl$_2$/THF bi-supported Ziegler-Natta catalytic system[J]. Iron Polym J, 2010, 19(2): 79-87.

[123] Wang Ning, Qin Yawei, Huang Yingjuan, et al. Functionalized multi-walled carbon nanotubes with stereospecific Ziegler-Natta catalyst species: towards facile in situ preparation of polypropylene nanocomposites[J]. Appl Catal A-Gen, 2012, 435/436: 107-114.

[124] Huang Yingjuan, Qin Yawei, Zhou Yong, et al. Polypropylene/graphene oxide nanocomposites prepared by in situ Ziegler-Natta polymerization[J]. Chem Mater, 2010, 22(13): 4096-4102.

[125] 秦亚伟, 王宁, 董金勇, 等. 适用于工业化的聚烯烃纳米复合材料的原位制备方法[J]. 石油化工, 2011, 40(11): 1155-1157.

[126] 董家麟, 秦亚伟, 范家起, 等. 聚丙烯/蒙脱土纳米复合树脂的结构、形态与性能[J]. 石油化工, 2013, 42(1): 82-90.

[127] 青岛科技大学. 一种以碳纳米管/无水氯化镁为载体的双烯烃聚合催化剂及其制备方法和应用: CN104387507B[P]. 2017-10-13.

[128] Huang Yingjuan, Qin Yawei, Wang Ning, et al. Reduction of graphite oxide with a Grignard reagent for

facile in situ preparation of electrically conductive polyolefin/graphene nanocomposites[J]. Macromol Chem Phys, 2012, 213(7): 720-728.

[129] Zhao Songmei, Chen Fenghua, Zhao Chuanzhuang, et al. Interpenetrating network formation in isotactic polypropylene/graphene composites[J]. Polymer, 2013, 54(14): 3680-3690.

[130] Zhao SM, Chen FH, Huang YJ, et al. Crystalization behaviors in the isotactic polypropylene/graphene composites[J]. Polymer, 2014, 5(16): 4125-4135.

[131] Niezel S, Joe D, Krumper J W, et al. Organic nanoparticles as fragmentable support for Ziegler-Natta catalysts[J]. Journal of Polymer Science Part A: Polym Chem, 2015, 53(1): 15-22.

[132] Roscoe S B, Frechet J M J, Walzer J F, et al. Polyolefin spheres from metallocenes supported on noninteracting polystyrene[J]. Science, 1998, 280(5361): 270-273.

[133] Zhong CJ, Maye MM. Core-shell assembled nanoparticles as catalysts[J]. Adv Mater, 2001, 13(19): 1507-1511.

[134] Kaur S, Singh G, Makwana U C, et al. Immobilization of titanium tetrachloride on mixed support of $MgCl_2$-xEB/poly(methyl acrylate-co-1-octene): Catalyst for synthesis of broad MWD polyethylene[J]. Catal Lett, 2009, 132(1): 87-93.

[135] 范丽娜, 杜丽君, 黄海波, 等. 核壳结构 Ziegler-Natta 复合催化剂的制备及其乙烯聚合[J]. 高分子学报, 2010(8): 981-986.

[136] 杜丽君, 蒋斌波, 王靖岱, 等. 无机/有机复合载体 SiO_2/$MgCl_2$·xBu(OH)$_2$/PSA 负载 $TiCl_4$ 催化剂的制备及其乙烯聚合行为[J]. 化工学报, 2010, 61(12): 3107-3116.

[137] 历伟, 吴晶, 蒋斌波, 等. 有机/无机复合载体负载复合催化剂用于乙烯聚合时有机载体的作用[J]. 高分子学报, 2011(1): 81-87.

[138] 蒋斌波, 叶健, 吴晶, 等. 无机/有机复合载体负载 TCl_3/(n-BuCp)$_2$$ZrCl_2$ 的乙烯气相聚合[J]. 化工学报, 2011, 62(10): 2759-2767.

[139] 庄庄, 李昌秀, 刘海涛, 等. 纳米粒子负载 Ziegler-Natta 催化剂的研究进展[J]. 石油化工, 2022, 51(6): 698-706.

[140] 周倩, 秦亚伟, 李化毅, 等. Ziegler-Natta 催化剂的载体技术研究进展[J]. 高分子通报, 2016(09): 126-139.

[141] BAHRI-LALEH N, CORREA A, MEHDIPOUR-ATAEI S, et al. Moving up and down the titanium oxidation state in Ziegler-Natta catalysis[J]. Macromolecules, 2011, 44(4): 778-783.

[142] 董小芳. Ziegler-Natta 催化剂的制备及烯烃聚合研究[D]. 天津: 河北工业大学, 2016.

[143] Kashiwa N, Yoshitake J, Mizuno A, et al. Polymerization of butane-1 with highly active $MgCl_2$-supported $TiCl_4$ catalyst system[J]. Polymer, 1987, 28(6): 1227-1231.

[144] Diao JB, Wu Q, Lin SA. Stereospecific polymerization of butene-1 with supported titanium catalyst[J]. J Polym Sci: Poly Chem, 1993, 31(9): 2287-2293.

[145] Abedi s, Sharifi S N. Preparation of high isotactic polybutene-1[J]. J Appl Polym Sci, 2000, 78(14): 2533-2539.

[146] Chien J C W, Hu Y L, Vizzini J C. Superactive and stereospecific catalysts: IV. Influence of stucture of esters on $MgCl_2$ supported olefin polymerization catalysts[J]. J Polym Sci: Poly Chem, 1990, 28: 273-284.

[147] Cecchin G, Collina G, Covezi M. Polybutene-1 (co) polymers and process for their preparation: US6306996 B1[P]. 2001.

[148] 贺爱华, 王超. 高等规度球形聚丁烯-1 及其制备方法: CN103288993A[P]. 2013-09-11.

[149] 杨渊, 姚军燕, 党小飞, 等. 内给电子体对 Ziegler-Natta 催化剂性能的影响[J]. 高分子学报, 2013, 4: 511-517.

[150] Sacchi M C, Morini G, Forlini F, et al. Polymerization stereochemistry with Ziegler-Natta catalysts containing dialkylpropane diethers: a tool for understanding internal/external donor relationships[J]. Macromolecules, 1996, 29(10): 3341-3345.

[151] 姜涛, 陈洪侠, 王伟众, 等. Ziegler-Natta 催化剂催化 1-丁烯聚合[J]. 合成树脂及塑料, 2011, 28(1): 6-9.

[152] 黄宝琛, 郑保永, 姚薇, 等. 高全同聚 1-丁烯的本体沉淀合成方法: CN101020728[P]. 2007-02-11.

[153] 徐德民, 马志, 胡友良, 等. 新型非对称二醚给电子体丙烯聚合催化剂研究[J]. 高等学校化学学报, 2001, 23(5): 982-984.

[154] Basell technology company BV. Components and catalysts for the polymerization of olefins: US6399533B2[P]. 2002-06-04.

[155] Cecchin G, Morini G, Pelliconi A. Polypropene product innovation by reactor granule technology[J]. Macromol Symp, 2001, 173: 195-209.

[156] 姜涛, 陈伟, 赵峰, 等. 琥珀酸酯为内给电子体丙烯聚合催化剂的研究[J]. 石油化工, 2005, 34: 559-560.

[157] 高明智, 李昌秀, 刘海涛, 等. 用于烯烃聚合反应的催化剂组分及其催化剂: CN102372797A[P]. 2012.

[158] 张锐, 周奇龙, 宋维玮, 等. 琥珀酸酯对映异构体的合成及其用于丙烯聚合催化剂[J]. 化学工程师, 2013, 7: 15-21.

[159] Wen XJ, Ji M, Dong JY. Magnesium chloride supported Ziegler-Natta catalysts containing succinate internal electron donors for the polymerization of propylene[J]. J Appl Polym Sci, 2009, 118: 1853-1858.

[160] 杨战军, 赵旭涛, 韦少义, 等. 烯烃聚合催化组分及其催化剂: CN101423571A[P]. 2009-05-06.

[161] 李昌秀, 高明智, 刘海涛. 新型聚丙烯催化剂内给电子体的合成及其结构对催化剂性能的影响[J]. 石油化工, 2005, 34: 545-547.

[162] Gao MZ, Liu HT, Wang J, et al. Novel MgCl$_2$-supported catalyst containing diol dibenzoate donor for propylene polymerization[J]. Polymer, 2004, 45: 2175-2180.

[163] 孙赵娜, 刘海涛, 高明智. 以不同结构的 2,4-戊二醇酯为内给电子体的催化剂的性能[J]. 石油化工, 2010, 39(11): 1236-1240.

[164] Guidotti S, Piemontesi F, Pater J, et al. Components and catalysts for the polymerization of olefins: WO2011107371[P]. 2011.

[165] Standaert A, Grommada J, Vandewiele D. Catalyst composition for the copolymerization of propylene: WO2007147864[P]. 2007.

[166] 任合刚, 王曦, 闫卫东, 等. 醚/酯复合内给电子体 Ziegler-Natta 催化剂对 1-丁烯聚合的影响[J]. 高分子材料科学与工程, 2009, 25(3): 13-16.

[167] SEPPALA JV, HARKONEN M, LUCIANI L. Effect of the structure of external alkoxysilane donors on the polymerization of propene with high activity Ziegler-Natta catalysts[J]. Die Makromolekulare Chemie, 1989, 190(10): 2535-2550.

[168] HARKONEN M, SEPPALA J V, VAANANEN J. External alkoxysilane donors in Ziegler-Natta catalysis. Effects on poly(propylene)microstructure[J]. Macromol Chem, 1991, 192(3): 721-734.

[169] HARKONEN M, SEPPALA J V. Extemal silane donors in Ziegler-Natta catalysis-An approach to the optimum structure of the donor[J]. Macromol Chem, 1991, 192(12): 2857-2863.

[170] SACCHI M C, FORLINIF, TRITTO I, et al. Activation effect of alkoxysilanes as external donors in magnesium chloride-supported Ziegler-Natta catalysts[J]. Macromolecules, 1992, 25: 5914.

[171] Proto A, Oliva L, Pellecchia C, et al. Isotactic-specific polymerization of propene with supported catalysts in the presence of different modifiers[J]. Macromolecules, 1990, 23(11): 2904-2907.

[172] Wondimagegn T, Ziegler T. The role of external alkoxysilane donors on stereoselectivity and molecular weight in $MgCl_2$-supported Ziegler-Natta propylene polymerization: a density functional theory study[J]. J Phys Chem C, 2012, 116: 1027-1033.

[173] Duranel L, Spitz R, Soto T. Propylene polymerization cocatalyst containing silane and resultant catalysts: US5192732[P]. 1993.

[174] 任合刚, 杨敏, 李化毅, 等. 氨基硅烷外给电子体用于1-丁烯聚合的研究[J]. 高分子学报, 2011 (12): 1412-1418.

[175] 汪昭玮, 于俊伟, 李兴, 等. 低温预制钛系催化剂合成 cis-1,4-聚异戊二烯[J]. 化工学报, 2015, 66(07): 2521-2527.

[176] 张文学, 黄安平, 贾军纪, 等. Ziegler-Natta 催化剂的制备[C]//甘肃省化学会第二十九届年会论文摘要集, 2015: 73-75.

[177] 国家能源集团宁夏煤业有限责任公司, 中国科学院化学研究所. Ziegler-Natta 催化剂的工业制备方法: CN201910451199. 2[P]. 2019-08-20.

[178] 青岛科技大学. 一种以石墨烯/氯化镁为载体的双烯烃聚合催化剂及其制备方法和应用: CN201510107083. 9[P]. 2015-09-23.

[179] 青岛科技大学. 一种新型碳材料/聚异戊二烯纳米复合材料的制备方法: CN201510138098. 1[P]. 2015-09-23.

[180] 青岛竣翔科技有限公司. 制备反-1,4-聚异戊二烯聚合物的均相催化剂、其制备方法及应用: CN202011537259. 1[P]. 2021-04-27.

[181] 汪昭玮, 于俊伟, 刘晓暄. 钛系催化剂合成聚异戊二烯橡胶的研究进展[J]. 化工进展, 2014, 33 (11): 2941-2946.

[182] 刘伟娇, 黄启谷, 义建军, 等. 烯烃配位聚合催化剂的研究进展[J]. 高分子通报, 2010(06): 1-33.

[183] 汪昭玮, 秦健强, 李兴, 等. 顺-1,4-聚异戊二烯橡胶的合成与表征[J]. 测试技术学报, 2017, 31 (04): 352-356.

[184] 姜芙蓉, 周晓辉, 贾庆朝, 等. 负载钛催化剂溶液法合成反-1,4-聚异戊二烯[J]. 弹性体, 2015, 25(5): 16-22.

[185] 彭伟, 戚佩瑶, 董凯旋, 等. 不同结构烷基铝催化异戊二烯齐聚与聚合行为研究[J]. 化学学报, 2020, 78(12): 1418-1425.

[186] Saltman W M. Separated aluminum alkyl-titanium tetrachloride catalysts for isoprene polymerization[J]. Journal of Polymer Science Part A: General Papers, 1963, 1(1): 373-384.

[187] 王鹏, 徐召来, 邵华锋, 等. 钛酸酯、负载钛/三乙基铝体系引发异戊二烯聚合[J]. 青岛科技大学学报(自然科学版), 2010, 31(01): 61-66.

[188] 袁春海，李化毅，胡友良. 外给电子体对聚丙烯性能的影响[J]. 高分子通报，2009(10)：38-42.

[189] 贾晓珑，高占先，高彬. Ziegler-Natta 丙烯聚合催化剂内给电子体的研究进展[J]. 石油化工，2005(06)：595-600.

[190] Dusseault J A, Hsu C. MgCl₂ - Supported Ziegler - Natta Catalysts for Olefin Polymerization：Basic Structure, Mechanism, and Kinetic Behavior[J]. Journal of Macromolecular Science：Polymer Reviews, 1993, 33(2)：103-145.

[191] Adams H E, Stearns R S, Smith W A, et al. *Cis*-1,4 polyisoprene prepared with alkyl aluminum and titanium tetrachloride[J]. Rubber Chemistry and Technology, 1958, 31(4)：838-846.

[192] Saltman W M, Link T H. Catalytic species in some alkyl aluminum titanium iodide catalysts for *cis*-1,4-polybutadiene[J]. Industrial & Engineering Chemistry Product Research and Development, 1964, 3(3)：199-203.

[193] Schoenberg E, Chalfant D L, Mayor R H. Preformed aluminum triisobutyl-titanium tetrachloride catalysts for isoprene polymerization[J]. Rubber Chemistry and Technology, 1964, 37(1)：103-120.

[194] Castner K F. Synthesis of*cis*-1,4-polyisoprene rubber：US5919876[P]. 1999-07-06.

[195] 成都工学院四系. 铝钛催化体系合成顺-1,4-聚异戊二烯[J]. 合成橡胶工业，1978(2)：12-25.

[196] 王超，吕鹏飞，刘慧玲，等. 钛系顺-1,4-聚异戊二烯橡胶的合成及性能研究[C]//2011年全国高分子学术论文报告会论文摘要集，2011.

[197] 狄仕海，赵鹏飞. 异戊橡胶生产技术及发展趋势[J]. 化工管理，2022(03)：70-72.

[198] 赵万恒. 俄罗斯异戊橡胶生产技术[J]. 化工技术经济，2000(03)：23-26.

第7章 分析方法

7.1 原料及助剂分析方法

7.1.1 聚合级异戊二烯分析方法

7.1.1.1 采样

聚合级异戊二烯易燃、易爆，属于低闪点易燃液体，采样操作人员必须熟悉其特性、安全操作的有关知识及处理方法，严格遵守 GB/T 3723、GB/T 6680 规定的安全与技术要求。

采样设备必须清洁、干燥，不能用与聚合级异戊二烯起化学作用的材料制造，样品容器必须清洁、干燥、耐压、密闭。

7.1.1.2 外观

聚合级异戊二烯的外观，指色泽和杂质情况，一般凭肉眼观察进行辨别。在自然光下，取不少于 200mL 试样于无色透明试剂瓶中观测[1]，要求清澈透明、无机械杂质。

7.1.1.3 色度

聚合级异戊二烯一般为无色透明液体，因此其色度用 Hazen（铂-钴）颜色单位表示，可参照 GB/T 3143—1982 的方法进行测定，也可使用色度测定仪中的 Pt-Co、Hazen 或 APHA 功能进行检测。

7.1.1.4 纯度和烃类杂质含量

以石油裂解制乙烯过程中的碳五馏分副产物为原料，经精馏、萃取精馏而制得的聚合级异戊二烯是合成异戊橡胶的主要单体来源。聚合级异戊二烯的纯度需高达 99.5% 以上，而单体异戊二烯中常含有多种杂质，如异戊烯炔、1-戊炔、环戊二烯、1,3-反戊二烯、1,3-顺戊二烯、异戊二烯二聚物等。这些杂质会影响催化聚合活性，因此，实际生产中对聚合级异戊二烯的杂质含量有严格的控制，一般要求环戊二烯 ≤3mg/kg，总炔 ≤30mg/kg，异戊二烯二聚物 ≤1500mg/kg[1]。

一般用气相色谱法测定聚合级异戊二烯纯度和烃类杂质，可参照 SH/T 1782—2015 和 SH/T 1783—2016 规定的方法进行检测。

220

气相色谱仪应配置氢火焰离子化检测器，色谱仪对试样中0.01%（质量分数）的组分所产生的峰高至少大于噪声的两倍。典型色谱分析条件见表7-1，典型色谱图见图7-1。

表7-1 典型色谱分析条件

项 目	分析条件
毛细管色谱	50m×0.2mm×0.33μm
色谱柱类型	100%二甲基聚硅氧烷
气化温度/℃	180
柱箱温度	初始温度24℃，保持15min；升温速率25℃/min，到180℃，保持10min
检测器温度/℃	250
载气（氮气）流量/（mL/min）	25~35
燃气（氢气）流量/（mL/min）	30~35
助燃气（空气）流量/（mL/min）	300~350
分流比	100∶1
进样量/μL	0.4~0.6

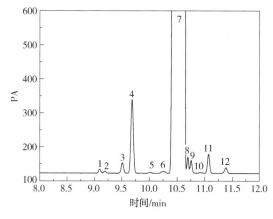

图7-1 异戊二烯典型色谱图

1—异戊烷；2—1,4-戊二烯；3—2-丁炔；4—异戊烯炔；5—2-甲基-1-丁烯；6—正戊烷；
7—异戊二烯；8—反-2-戊烯；9—1-戊烯-3-炔；10—1-戊炔；11—顺-2-戊烯；12—2-甲基-2-丁烯

7.1.1.5 抽提剂含量

异戊二烯杂质中的2-丁炔、异戊烯炔、环戊二烯等与异戊二烯的沸点十分接近，需采用加入溶剂的萃取蒸馏分离法（抽提法）脱除这些杂质。抽提法所用的萃取溶剂一般为二甲基甲酰胺或乙腈。极少量抽提剂残留就会影响催化聚合活性，因此，对聚合级异戊二烯的抽提剂含量有严格的控制，一般要求抽提≤5mg/kg[1]。

采用大口径极性毛细管柱，可以使异戊二烯和二甲基甲酰胺或乙腈得到很好分离。实际生产中采用外标法检测聚合级异戊二烯中抽提剂的含量，可参照SH/T 1784—2015规定的方法进行检测。

气相色谱仪应配置分流系统、氢火焰离子化检测器（FID），色谱仪对最低测定浓度下的抽提剂所产生的峰高应至少大于噪声的两倍。典型色谱分析条件见表7-2。

表7-2 典型色谱分析条件

项 目	分析条件
毛细管色谱	60m×0.53mm×1.0μm
填充物	硝基对苯二甲酸改性的聚乙二醇
气化温度/℃	200
柱箱温度	初始温度100℃，保持2min；升温速率15℃/min，到220℃，保持12min
检测器温度/℃	230
载气(氮气)流量/(mL/min)	30
燃气(氢气)流量/(mL/min)	35
助燃气(空气)流量/(mL/min)	350
分流比	100∶1
进样量/μL	0.4

7.1.1.6 硫含量

硫含量是异戊二烯产品质量的重要指标之一，上游裂解C_5中有害杂质硫化合物含量过高会导致产品异戊二烯硫含量超标。异戊二烯中含硫化合物超过一定量，可导致聚合工艺使用的催化剂中毒，聚合出现诱导期，聚合速率明显下降，进而导致合成橡胶产品质量下降[2~4]。因此，对聚合级异戊二烯的总硫含量有严格的控制，一般要求总硫≤5mg/kg[1]。

生产上一般采用的测试方法为SH/T 0689—2000《轻质烃及发动机燃料和其他油品的总硫含量测定法(紫外荧光法)》以及GB/T 6324.4—2008《有机化工产品试验方法 第4部分：有机液体化工产品微量硫的测定 微库仑法》。

7.1.1.7 对叔丁基邻苯二酚(TBC)含量

异戊二烯是一种典型的乙烯基化合物，其特点是含有化学性质非常活泼的乙烯基团，在储存和运输中受高温等多种因素影响，极易发生链自由基聚合而生成聚合物，这不仅导致物料损耗，还会影响异戊二烯的聚合性能。因此必须加入阻聚剂以减缓聚合速度，方便运输和储存。但阻聚剂的存在会影响异戊二烯聚合反应，因此异戊二烯在进入聚合单元前必须经脱重塔脱除残存的阻聚剂，且对进入聚合单元的异戊二烯的TBC含量有严格的控制，一般要求TBC≤5mg/kg。

标准规定的测定方法是分光光度法和高效液相色谱法，具体实施步骤可参照GB/T 6020—2008。

分光光度法分析时间较长，操作繁琐，不适于生产过程的分析监测；高效液相色谱法需使用氯仿、间硝基酚等大量毒性溶剂，对操作人员和环境不利，且高效液相色谱法采用内标法，操作繁琐。许琳[5]采用气相色谱-质谱联用法测定丁二烯中TBC含量，并与分光光度法和高效液相色谱法进行了比较。结果表明，外标法测定TBC含量的线性回归系数为0.9995，加标回收率为98.60%~102.73%，相对偏差为2.42%~3.87%，GC-MS法与分光光度法、高效液相谱法测得丁烯中TBC含量相近。陈朝方[6]等采用气相色谱-质谱联用法测定苯乙烯中TBC

含量，结果表明，对叔丁基邻二酚浓度在 5~50mg/kg 范围内线性好($r^2=0.9987$)，回收率高。

7.1.2 溶剂分析方法

异戊橡胶生产通常采用的溶剂为异戊烷、己烷或环己烷。溶剂中的有害物质，如含氧化合物、硫化物、不饱和化合物和水分等必须严格控制[7]。稀土系异戊橡胶一般采用己烷作溶剂，其技术规格见表 7-3。

表 7-3 己烷技术规格

项　目	指　标	项　目	指　标
外观	无色透明	密度(20℃)/(kg/cm³)	660~680
正己烷含量/%	≥60.0	溴指数/(mgBr/100g)	≤100
苯含量/%	≤0.1	赛波特色号色度	≤+30
硫含量/(mg/kg)	≤5.0	机械杂质及水分	无(目测)

7.1.2.1 外观

溶剂的外观测定均为目测，将试样注入 100mL 玻璃量筒中，溶液透明并无可见的悬浮物和沉降的机械杂质及水。

7.1.2.2 密度

在实验室，通常使用玻璃石油密度计测定溶剂的密度。在 20℃和 101.325kPa 的条件下，测定的密度为标准密度，以 ρ_{20} 表示，测量时需准确记录密度计读数及相应的试验温度，具体操作步骤可参照 GB/T 1884—2000。

7.1.2.3 正己烷含量和苯含量

一般用气相色谱法测定正己烷含量，气相色谱仪应配置氢火焰离子化检测器，色谱仪对试样中 0.01%(质量分数)的组分所产生的峰高至少大于噪声的两倍。典型色谱分析条件见表 7-4，典型色谱图见图 7-2，对应的组成见表 7-5。

表 7-4 典型色谱分析条件

项　目	分析条件
毛细管色谱	50m×0.2mm×0.33μm
色谱柱类型	100%二甲基聚硅氧烷
气化温度/℃	180
柱箱温度	初始温度40℃，保持15min；升温速率25℃/min，到180℃，保持10min
检测器温度/℃	250
载气(氮气)流量/(mL/min)	25~35
燃气(氢气)流量/(mL/min)	30~35
助燃气(空气)流量/(mL/min)	300~350
分流比	100∶1
进样量/μL	0.4~0.6

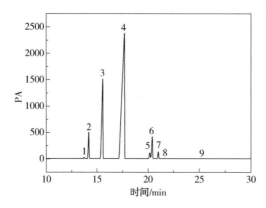

图7-2 己烷典型色谱图

表7-5 溶剂典型组成

序号	分析项目	质量分数/%	序号	分析项目	质量分数/%
1	2,3-二甲基丁烷	0.0928	6	甲基环戊烷	4.8065
2	2-甲基戊烷	3.4753	7	2,4-二甲基戊烷	3.0494
3	3-甲基戊烷	21.2512	8	2,2,3-三甲基丁烷	0.1196
4	正己烷	63.6483	9	环己烷	0.0294
5	2,2-二甲基戊烷	2.9145			

7.1.2.4 硫含量

溶剂中含硫化合物超过一定量，可导致合成橡胶过程中使用的催化剂中毒，聚合速率明显下降，进而导致聚合合成橡胶产品质量下降，异戊二烯转化率降低，因此，对溶剂的总硫含量有严格的控制，一般要求总硫≤5mg/kg。

生产上一般采用的测试方法为SH/T 0689—2000《轻质烃及发动机燃料和其他油品的总硫含量测定法（紫外荧光法）》以及GB/T 6324.4—2008《有机化工产品试验方法 第4部分：有机液体化工产品微量硫的测定 微库仑法》。

7.1.2.5 水含量

异戊二烯聚合用助催化剂烷基铝与水反应生成相应的烷烃和氢氧化铝，而失去自身的反应活性。因此生产过程中需严格控制异戊二烯和溶剂的水含量，一般要求水含量≤20mg/kg。

生产上一般采用的测试方法为GB/T 6283—2008《化工产品中水分含量的测定 卡尔·费休法（通用方法）》和SH/T 0246—1992（2004）《轻质石油产品中水含量测定法（电量法）》。实验室一般用微量水分测定仪测定水含量，其原理如下：

试样中水分与电解液中的碘和二氧化硫发生定量反应，反应式为：

$$I_2+SO_2+H_2O \longrightarrow 2HI+3SO_3$$

$$2I^- -2e \longrightarrow I_2$$

参加反应的碘分子数等于水分子数，而电解生成的碘与所消耗的电量成正比，依据法拉第定律，用测定消耗的电量得出水的量。

7.1.3 助剂分析方法

7.1.3.1 烷基铝的分析方法

（1）总铝的测定

① 方法概述：

铝剂或氯剂样品用硫酸分解，生成硫酸铝。当溶液 pH 值为 5.5 时，加一定量且过量的乙二胺四乙酸（EDTA）络合，以二甲酚橙为指示剂，过量的 EDTA 用醋酸锌反滴，由醋酸锌的用量即可算出铝剂或氯剂中总铝的含量。

② 仪器、试剂：

a. 取样瓶：500mL 广口瓶，采样时有铜质或玻璃插底管。

b. 分解瓶：250mL。

c. 容量瓶：250mL。

d. 吸液管：10mL。

e. 碱式滴定管：25mL。

f. 分析天平（精度 0.1mg）。

g. 一次性注射器：5mL（针筒的准确体积需标定）。

h. 量筒：10mL。

i. 电热板。

j. 10% 氨水。

k. 硫酸溶液：1mol/L。

l. 醋酸——醋酸钠缓冲溶液：称取 68g 结晶乙酸钠或 41g 无水乙酸钠，溶于 400mL 蒸馏水中再加入冰醋酸 4.9mL，最后稀释至刻度 500mL。

m. 甲基橙：0.2% 的水溶液。

n. 二甲酚橙：0.5% 的水溶液。

o. EDTA（工作基准试剂）（$M = 373.2$g/mol）标准溶液：0.025mol/L。

EDTA 标准溶液的配制：准确称取工作基准试剂乙二胺四乙酸二钠 9.3060g，加适量水溶解，转移至 1000mL 容量瓶定容。

p. 醋酸锌标准溶液：0.025mol/L。

醋酸锌标准溶液的配制与标定：

配制：称取 $Zn(Ac)_2 \cdot 2H_2O$（$M = 219.50$g/mol）5.5g，加入数滴 1∶1 醋酸，加 1000mL 蒸馏水，摇匀。

标定：准确量取浓度为 0.025mol/L 的 EDTA 标准溶液 10mL，加 10mL 氨-氯化铵缓冲溶液（pH≈10），加 5 滴铬黑 T 指示液（5g/L），用配制好的醋酸锌溶液滴定至溶液由蓝色变为紫红色，同时做空白试验。

q. 铬黑 T 指示液的配制：它的水溶液不稳定，易聚合变质，常用配方有两种。

称 0.5g 铬黑 T 和 2.0g 盐酸羟胺，溶于 15mL 三乙醇胺中，用乙醇稀释至 100mL，可保持六个月不分解。与干燥的 NaCl 按 1+100（m）的比例研磨混匀，保存在干燥器中可长期使用。

r. 氨-氯化铵缓冲溶液的配制：取氯化铵 54g，加蒸馏水 200mL 溶解后，加浓氨水溶液 350mL，再加水稀释至 1000mL，即得。

③ 分析步骤：

用干燥的针筒取 2.00mL（浓铝）或 5.00mL（稀铝）样品，注入一个盛有 10mL 正己烷的 250mL 三角瓶中，再加 2mol/L 的硫酸 20~30mL，振荡后放在电热板上加热使样品分解（若在电炉上加热，应将三角瓶盖好瓶塞，连接好导气管，将气体引出室外，防止着火），至样品清晰、汽油全部挥发为止。将分解后的样品冷却至室温，过滤至 500mL 容量瓶中，用蒸馏水洗锥形瓶 2~3 次并过滤至容量瓶，然后用蒸馏水稀释至刻度，用移液管吸取样品 10mL 于另一个 250mL 三角瓶中，加 10mL 蒸馏水，加甲基橙 1 滴，用 10% 氨水调节，使溶液由红变黄，不可出现沉淀。加醋酸——醋酸钠缓冲溶液 10mL，EDTA 0.025mol/L 标准溶液 10.00mL，加热至沸 3min 左右，冷却至室温，加 0.5% 二甲酚橙 2~3 滴，用 0.025mol/L 醋酸锌标准溶液滴定，由黄色变为橙红色为终点。

④ 计算：

$$Al_{总}(g/L) = \frac{(M_1V_1 - M_2V_2) \times 27 \times 50}{V} \qquad (7-1)$$

式中　V_1——0.025mol/L EDTA 标准溶液的用量，mL；

　　　V_2——滴定时所用醋酸锌标准溶液的体积，mL；

　　　M_1——EDTA 标准溶液的浓度，mol/L；

　　　M_2——醋酸锌标准溶液的浓度，mol/L；

　　　27——1mol EDTA 络合铝的质量，g；

　　　V——所取样品体积，mL。

⑤ 注意事项：

a. 采样时要注意安全，戴好眼镜、皮手套，防止铝剂及氯剂烧伤。

b. 用 10% 氨水调 pH 值，不得有氢氧化铝沉淀生成。

c. 二甲酚橙指示剂，有效期 2~3 周，二甲酚橙遇水呈紫红色为失效，相反呈橙黄色为有效。

d. 采样瓶要干燥，并用氮气置换才能采样，采样时尽量使样品与空气隔绝，以免样品被破坏，失去代表性。

（2）活性铝及二异丁基氢化铝的测定

① 方法概述：

本方法用吩嗪（$C_{12}H_8N_2$）作指示剂，吩嗪与三异丁基铝（AlR_3）生成红褐色的络合物，而与二异丁基氢化铝（$AlHR_2$）生成绿色和蓝绿色的络合物，但这种络合物不够稳定，在 3min 内，可用标准的吡啶溶液把络合物中的吩嗪置换出来。因此用吡啶溶液滴定活性铝和吩嗪的络合物时，红褐色消失时的吡啶用量可求得 AlR_3 的对应量，继续滴定至绿蓝色消失时的吡啶用量可求得 $AlHR_2$ 的对应量。

② 仪器、试剂：

a. 注射器 0.25mL、1mL、2mL、5mL 各一支。

b. 磁力搅拌器：1台。

c. 25mL 酸式滴定管：1支(安装在滴定管架上)。

d. 带三孔的滴定瓶。

e. 500mL 干燥塔，内装 Al_2O_3、硅胶干燥剂。

f. 氮气(纯度不低于 99.99%)。

g. 吩嗪：用干燥后的二甲苯配成 0.5% 溶液。

h. 二甲苯：用 γ-Al_2O_3 或 CaH_2 干燥，γ-Al_2O_3 使用前必须在 350℃ 下活化 3~4h，倾倒出二甲苯上清液即可使用，水含量要求不大于 20mg/kg。

i. 吡啶：分析纯，配成 0.2mol/L 的二甲苯溶液。

③ 分析步骤：

a. 打开氮气阀，用氮气置换滴定瓶。

b. 加入干燥后的正己烷(水含量要求不大于 20mg/kg)20mL。

c. 于滴定瓶内用注射器注入 0.5mL(稍过量)0.5% 吩嗪指示剂，并记录此时滴定管吡啶-二甲苯液面的刻度。

d. 用注射器将预测样品吸取 1mL(浓铝)，或 5mL(稀铝)注入滴定瓶内。

e. 开动搅拌器，用吡啶-二甲苯溶液(0.2mol/L)滴定：当红褐色消失、绿色出现时记录滴定管内吡啶-二甲苯的刻度。再继续滴定至绿色消失、黄色出现，记录滴定管内吡啶-二甲苯液面的刻度。

④ 计算：

$$C_{AlR_3} = \frac{C_{吡啶} \cdot V_1}{V_0} \quad\quad (7-2)$$

$$C_{AlHR_2} = \frac{C_{吡啶} \cdot (V_2 - V_1)}{V_0} \quad\quad (7-3)$$

$$C_{活} = C_{AlR_3} + C_{AlHR_2} \quad\quad (7-4)$$

式中　C_{AlR_3}——三异丁基铝的浓度，mol/L；

$\quad\quad C_{AlHR_2}$——二异丁基氢化铝的浓度，mol/L；

$\quad\quad C_{活}$——活性铝的浓度，mol/L；

$\quad\quad V_0$——预测样品的体积，mL；

$\quad\quad V_1$——滴定至红褐色消失，绿色出现时消耗吡啶标准溶液的体积，mL；

$\quad\quad V_2$——滴定至绿色消失，黄色出现时消耗吡啶标准溶液的体积，mL。

7.1.3.2　防老剂分析方法

老化是橡胶等高分子材料中存在的一种较为普遍的现象，它会使橡胶的性能劣化，进而影响其实用价值。橡胶生产过程中会加入适量的防老剂来延缓橡胶老化的速度，从而达到延长橡胶使用寿命的目的[8]。

常用橡胶防老剂的分析项目包括熔点、结晶点、软化点、加热减量、筛余物、表观密度、灰分、黏度、盐酸不溶物等，具体操作步骤参照 GB/T 11409—2008《橡胶防老剂、硫化促进剂试验方法》。

7.2 异戊橡胶分析方法

7.2.1 生胶的物理和化学试验

7.2.1.1 外观

合成橡胶的外观,指气味、色泽和形状等,一般凭嗅觉和肉眼观察进行鉴别。不允许含有泥沙和机械杂质等物质[9]。

7.2.1.2 取样及其制样方法[10~12]

用于分析的橡胶样品,取样的基本原则是要取得代表橡胶全貌的平均试样。

(1)抽样方法

样本的包数越多,样本对批的代表性就越强,但在大多数情况下要从实际考虑规定一个合理的限度。随机抽取的胶包数应当由供需双方协定,如果可行,从 ISO 3951-2 选一个统计抽样方案。

关于合成橡胶的仲裁检验抽样方案见表 7-6。

表 7-6 仲裁检验抽样方案

批量/kg	样本数	最小质量统计量 $Q^{①}$/kg	最大允许不合格率^{②}/%
300~4000	3	1.12	7.6
4001~6500	4	1.17	10.9
6501~11000	5	1.24	9.8
11001~18000	7	1.33	8.4
18001~30000	10	1.41	7.3
30001~50000	15	1.47	6.6
>50000	20	1.51	6.2

① 具有单侧规格限质量特性的最小 Q 值。

② 具有双侧规格限质量特性的最大允许不合格率。

(2)实验室样品的选取

按照下面推荐的方法从选出的各胶包中选取实验室样品。

从胶包上去掉外层包装、聚乙烯包装膜、胶包涂层或其他表面材料,在不使用润滑剂的情况下,垂直于胶包的最大表面进行两次切割,从胶包中取出一整块胶。做仲裁检验应按照此法取样。

此外,也可从胶包的任何方便的部位选取实验室样品。

根据所要测试的项目,每个实验室样品的总量定为 350~1500g。

实验室样品除立即使用外,应当置于不超过其容积两倍的避光、防潮的容器或者包装袋中待检。

（3）测试

每个实验室样品应单独测试、单独提出报告。

做质量检验时可用混合实验室样品测定化学性质和硫化特性。

（4）制样方法

炼胶应采用符合 ISO 2393 的开炼机。如有可能，实验室的温度和湿度应符合 ISO 23529 的规定。

① 化学和物理测试：

从实验室样品中取 250g±5g 试验样品，按 GB/T 24131.1—2018 规定的热辊法测挥发分含量。从测过挥发分的胶样取样进行要求的其他化学试验。

有些橡胶用热辊法会黏辊，如发生这种情况应改用 GB/T 24131.1—2018 中的烘箱法。即使采用烘箱法测挥发分含量，在进行化学测试前仍需用热辊法干燥胶样。如果做不到这一点，则直接从实验室样品中取试验样品。

如果是用于质量检验，则将测过挥发分的各胶样混合制成 250g±5g 的混合实验室样品。混合程序参照 ISO 1795：2017（E）7.3.2.2。

② 门尼黏度：

异戊橡胶一般采用直接法测定门尼黏度。从实验室样品剪取厚度适宜的试验样品。按照 ISO 289-1 中规定的方式制备两个试样，并按照 ISO 289-1 测定门尼黏度。试验样品应尽可能不带空气，以免夹带的空气附在转子和模腔表面，碎片或粉末状橡胶应均匀分布在转子的上方和下方。

③ 特性：

从实验室样品中剪取试验样品，按 GB/T 30918 规定的评价方法测定硫化特性。

如果是用于质量检验，则从各实验室样品取足胶样，在 GB/T 30918 规定的混炼步骤前，进行混合操作，制备适量混合实验室样品。

7.2.1.3　密度的测定[13]

（1）原理

密度，在一定温度下单位体积橡胶的质量，单位用 kg/m^3 表示。

用带有水平跨架的分析天平测量试样在空气中的质量和水中的质量。当试样完全浸没于水中时，其水中质量小于在空气中的质量，质量的减少量与试样排开水的质量相等，排开水的体积等于试样的体积。

（2）程序

将试样在标准实验室温度（23±2℃或 27±2℃）下放置不少于 3h。裁切表面光滑、无裂痕及灰尘的试样（≥2.5g）。

用适当长度的细丝将试样悬挂于天平（精确到 1mg）挂钩上，使试样底部在水平跨架（水平跨架的尺寸由称量试样在水中质量时使用的烧杯大小决定）上方约 25mm 处。细丝的材料应不溶于水、不吸水。细丝的质量可忽略也可单独称量，若单独称量应将其质量从试样称重中减去。

先称量试样在空气中的质量，精确到 1mg，再称量试样在水中的质量。在标准实验室温度(23±2℃或27±2℃)下，将装有新制备的冷却蒸馏水或去离子水的烧杯(烧杯的容积一般为250cm³，也可根据天平选择更小的)放在水平跨架上，将试样(若称量密度小于1.00g/cm³的试样，则需加坠子，并应单独称量坠子在水中的质量)浸入水中，除去附着于试样表面的气泡，称量精确到1mg。观察数秒钟，直到确定指针不再漂移读取结果。

（3）结果表示

密度(δ)由式(7-5)计算：

$$\delta = \rho \frac{m_1}{m_1 - m_2} \tag{7-5}$$

式中　ρ——水的密度，kg/m³；

　　　m_1——试样在空气中的质量，g；

　　　m_2——试样在水中的质量，g；

以上均为标准实验室温度下测得。

此方法试验结果精确至小数点后两位。

在大多数情况下，标准实验室温度下水的密度可看作1.00g/cm³。如进行精确测量，则应按水在试验温度下的精确密度值进行计算。

若使用坠子，则使用式(7-6)计算：

$$\delta = \rho \frac{m_1}{m_1 + m_2 - m_3} \tag{7-6}$$

式中　ρ——水的密度，kg/m³；

　　　m_1——试样在空气中的质量，g；

　　　m_2——坠子在水中的质量，g；

　　　m_3——坠子和试样在水中的总质量，g。

7.2.1.4　挥发分含量测定

试样用加热的方法干燥至恒重，在此过程中质量损失即为挥发分含量。异戊橡胶的挥发分含量可以用烘箱法和自动分析仪加热失重法两种方法进行测定。烘箱法和自动分析仪加热失重法不一定能得到相同的结果。因此，在有争议的情况下，烘箱法为仲裁法。通常自动分析仪加热失重法测定挥发分耗时不会超过30min，此方法适用于生产过程中的中控检测，烘箱法适用于出厂检测。

（1）烘箱法[14]

按GB/T 15340从实验室样品中称取约250g(精确至0.1g)试验样品。调节开炼机辊距为1.3±0.15mm，保持辊筒表面温度为70±5℃，在开炼机上过辊10次均匀化试验样品。

第2~9次过辊试验样品时，将胶样打卷，再将胶卷纵向通过开炼机，散落的橡胶应全部混入试验样品中。

第10次过辊后，下片，将试验样品放入干燥器中冷却至室温后再称量，精确至0.1g。

从均匀化后的试验样品中称取约10g试样，精确至0.001g。设置开炼机辊筒温度为70±5℃，将试样通过辊筒两次压成厚度小于2mm的薄片。如果试样不能压成薄片，则从均匀化后的试验样品中称取约10g试样，手工剪成边长2~5mm的胶块，置于方便称量的干净的玻璃表面皿或铝碟中称量，精确至 0.001g。将试样放入 105℃±5℃ 的烘箱中干燥 1h，打开通风口，如果安装了循环风扇，也将其打开。放置试样使其尽可能最大面积与热空气接触。取出试样放在干燥器中冷却至室温并称量。重复干燥试样 30min 冷却后称量，直到连续两次称量值之差不大于 0.001g。

如果橡胶黏辊而难以称量均匀化前后试验样品的质量，则直接从实验室样品中取约 10g 试样，手工剪成边长 2~5mm 的胶块，置于方便称量的干净的玻璃表面皿或铝碟中称量。按上述方法干燥试样并称量，精确至 0.001g。

挥发分以质量分数（%）表示，当试样是从均匀化后试验样品中称取时，按式（7-7）计算：

$$\omega_1 = \left(1 - \frac{m_2 \times m_4}{m_1 \times m_3}\right) \times 100\% \tag{7-7}$$

式中　m_1——均匀化前试验样品的质量，g；

　　　m_2——均匀化后试验样品的质量，g；

　　　m_3——干燥前试样的质量，g；

　　　m_4——干燥后试样的质量，g。

当试样是直接剪取的实验室样品时，按式（7-8）计算：

$$\omega_2 = \left(1 - \frac{m_3 - m_4}{m_3}\right) \times 100\% \tag{7-8}$$

（2）自动分析仪加热失重法[15]

使用带红外线干燥单元的自动分析仪，通过加热失重法连续称量试样直至质量恒定，根据测定过程中的质量损失计算挥发分含量。

此方法适用于测定列入 GB/T 5576 中的合成橡胶（SBR、NBR、BR、IR、CR、IIR、BIIR、CIIR 和 EPDM）的挥发分含量，橡胶形状可以是块状、片状、粒状、屑状、粉末状等。此方法不适用于列入 GB/T 15340 中需要均匀化的生橡胶。

7.2.1.5　灰分测定

异戊橡胶的灰分包括生产过程中未清洗干净的催化剂残留的金属离子等，以及在包装、运输过程中混入的砂子、铁屑等杂质。异戊橡胶的灰分可以用马弗炉法和热重分析法两种方法进行测定。马弗炉法和热重分析法不一定能得到相同的结果。

（1）马弗炉法[16]

将已称量试样放入坩埚中，在调温电炉（或本生灯）上加热。待挥发性的分解产物逸去后，将坩埚转移到马弗炉中继续加热直至含碳物质被全部烧尽，并达到质量恒定。

将清洁而规格适当的空坩埚放在温度为 550±25℃ 的马弗炉内加热约 30min，取出放入干燥器中冷却至室温，称量，精确至 0.1mg。根据估计的灰分量，称取约 5g 生胶试样，精确至 0.1mg，剪成边长不大于 5mm 的颗粒。将试样放入坩埚内，在通风橱中，用调温电炉（或本生灯）慢慢加热坩埚，避免试样着火。如果试样因溅出或溢出而损失，必须重新取试样，按照上述步骤重新试验。

将橡胶分解炭化后，逐渐升高温度直至挥发性分解物质排出，留下干的炭化残余物。

将盛有残余物的坩埚移入炉温550±25℃马弗炉中，加热1h后微启炉门通入足量的空气使残余物氧化。

继续加热直至炭化残余物变成灰为止。从炉中取出坩埚，放入干燥器中冷却至室温，称量，精确至0.1mg。将此坩埚再放入550±25℃的马弗炉中加热约30min，取出放入干燥器中冷却至室温再称量，精确至0.1mg。对于生橡胶，前后两次质量之差不应大于1mg为质量恒定。如果达不到此要求，重新加热、冷却、称量，直至连续两次称量结果之差符合上述要求为止。

对于生橡胶，可采用直接灰化法。将已称量试样用直径为11~15cm的定量滤纸包裹，置于预先在550±25℃恒重的坩埚内，将坩埚直接放入温度为550±25℃马炉中，迅速关闭炉门，加热1h后微启炉门通入足量的空气，继续加热直至含碳物质被全部烧尽，并达到上述质量恒定。

灰分含量 x 以试样的质量分数计，按式(7-9)进行计算：

$$x = \frac{m_2 - m_1}{m_0} \times 100\% \qquad (7-9)$$

式中　　m_2——坩埚与灰分质量，g；

m_1——空坩埚质量，g；

m_0——试样的质量，g。

（2）热重分析法[17]

将已知质量的橡胶试样在氮气气氛下加热分解，待样品分解完全后，切换为氧气或空气，继续加热至含碳物质被完全烧尽，并达到恒重，残余物的质量即为灰分的质量。

打开热重分析仪，设定加热炉初始温度为30℃。

将空样品盘放在样品台上归零。称取10~20mg试样放入样品盘中，将样品盘放入样品台上，加载样品于热天平中。

按照仪器使用要求设定气体流速，在氮气气氛下，以20℃/min或30℃/min的速率将炉温升至500℃并保持1min。将氮气切换到氧气或空气气氛，继续升温至550℃，在550℃下恒定5min或直至质量恒定为止。

用仪器自带分析软件计算灰分含量。

7.2.1.6　水分含量的测定[18]

（1）原理

根据橡胶与甲苯互溶，而水与甲苯不互溶，将橡胶与甲苯在一定的温度下混合回流，蒸馏出橡胶中的水分，计算其含量。

（2）测定方法

称取25g（准确至0.01g）已剪碎的试样，置于水分测定器的圆底烧瓶中，加入100mL已水饱和的甲苯或二甲苯溶剂。冷凝器通冷却水后，用预先加热至120℃的油浴（或沙浴）加热圆底烧瓶。当温度升到170℃时，维持此温度继续加热，至收集器中水层在10~15min内体积不变为止。若冷凝器内部附有水珠，须继续加热使溶剂沸腾把水珠带下，待冷却至室温，读取水的体积数。若收集器中溶剂浑浊时，可将收集器浸于热水中约20~30min使其分层，冷却后读数，同时做空白试验。

（3）计算

水分含量按式(7-10)计算：

$$水分(\%) = \frac{(V-V_0)D_t}{G} \times 100 \tag{7-10}$$

式中　V——测试样时水分收集器中水的体积，mL；

　　　V_0——空白试验水分收集器中水的体积，mL；

　　　D_t——室温为 t 时水的相对密度；

　　　G——试样质量，g。

7.2.1.7　丙酮抽出物的测定

异戊橡胶丙酮抽出物，主要包括反应溶剂、异戊二烯、异戊二烯低聚物以及聚合后处理过程中未清洗干净的助剂等。

（1）原理

将称重后的异戊橡胶试料置于索氏抽提装置，采用丙酮抽提，然后经过蒸馏或蒸发除去丙酮，干燥、称量抽出物的质量。

（2）仪器[19]

① 抽提装置：索氏抽提器；

② 烘箱：温度可控制在 100±2℃；

③ 滤纸或尼龙滤布：在抽提前用与抽提相同的溶剂进行抽提处理；

④ 筛子：孔径为 150μm(100 目)；

⑤ 加热装置：不见明火，可控温度。

（3）试验步骤[19]

从制备的试样中平行取样，称取 3~5g 试料（m_0），精确至 0.1mg。

选定的回收瓶在 100±2℃ 烘箱中干燥，取出回收瓶，在干燥器内冷却至室温，称重（m_1），精确至 0.1mg。

将已称量好的试料用滤纸或尼龙滤布卷成一个松散的卷，这样试料不会落出，且试料的任何一个部分都不会与试料的其他部分相接触。如果试料是小块状，则用滤纸或尼龙滤布包成疏松的小袋。用干净的绳子扎紧试料袋，把试料袋放在合适的抽提装置内，打开加热装置和冷凝水，调节抽提速度，控制蒸馏出的溶剂从抽提杯中回流的次数为每小时 10~20 次，抽提 16±0.5h。

加热结束后，关闭加热装置，冷却仪器，关闭冷凝水，移走抽提装置或虹吸杯。若橡胶试料不做其他试验，可弃去。

移走回收瓶，在其上安装蒸馏头及冷凝器，将大量溶剂蒸馏至其他的回收瓶，浓缩至原瓶中保留约 0.5cm 高的溶剂。也可以用旋转式蒸发器来进行蒸馏。如果不需要进一步试验，馏出液可丢弃。

将回收瓶和剩余物在 100±2℃ 烘箱中干燥 2h，然后把回收瓶从烘箱中移出，在干燥器中冷却，称重（m_2），精确至 0.1mg。

用相同的方法做一空白试验，使用与试料测试中相同的装置及等量的溶剂，但不加入试料，测试步骤与加试料的步骤相同，称重（m_3 增量），精确至 0.1mg。

溶剂抽出物用质量分数表示，抽出物的质量分数（%）按式（7-11）进行计算：

$$\omega_A = \frac{m_2 - m_1 - m_3}{m_0} \times 100 \qquad (7-11)$$

式中　m_0——试料的质量，g；

　　　m_1——干燥后回收瓶的质量，g；

　　　m_2——干燥后回收瓶和抽出物的总质量，g；

　　　m_3——空白样的质量增量，g。

7.2.1.8　门尼黏度的测定

门尼黏度是异戊橡胶微观结构和分子特性的直观反映，其与产品的物理机械性能和加工性能有着密切的关系，是生产厂家控制生胶产品质量和制品厂家进行配方设计与橡胶加工的重要指标之一。[20,21]

（1）原理[22]

在规定的试验条件下，使转子在充满橡胶的模腔中转动，测定橡胶对转子转动时所施加的转矩。橡胶试样的门尼黏度以橡胶对转子转动的反作用力矩表示。

（2）仪器

橡胶门尼黏度计，符合 HG/T 3242—2017 的规定。

（3）试样制备[22]

试样的制备方法及存储条件都会影响门尼黏度测试结果，应严格按照测试方法中规定的程序进行。

试样由两个直径约为 50mm、厚度约为 6mm 的圆形胶片组成，应充分填满整个模腔。尽可能排除胶片中的气泡，以免在转子和模腔表面形成气穴。在其中一个胶片的中心打一个孔，以便转子插入。

（4）测试温度和测试时间[22]

除非在有关材料标准中另有规定，测试应在 100±0.5℃温度下进行 4min。

（5）试验步骤[22]

将模腔和转子预热到测试温度，使其达到稳定状态。打开模腔，将转子插入胶片的中心孔内，并将转子放入黏度计模腔中，再将未打孔的胶片准确地放在转子上面，迅速关闭模腔。

测定低黏度或发黏胶料时，可在试样和模腔表面间衬以厚度为 0.02~0.03mm 的热稳定薄膜，如聚酯薄膜，以便清除测试后试样。这种薄膜的使用可能会影响试验结果。

关闭模腔，开始测试。胶料预热 1min 时，转子转动，测试时间为 4min。测试结束，读取门尼值。

（6）结果表示[22]

一般测试结果按如下形式表示：

50ML（1+4）100℃

式中　50M——门尼黏度，用门尼单位表示；

　　　　L——大转子；

　　　　1——预热时间，1min；

　　　　4——转动时间，4mm；

　　100℃——测试温度。

7.2.1.9　残留单体和其他挥发性低分子量化合物的测定[23]

（1）原理

试样在载气流中被加热到指定温度并保持一段时间，挥发性化合物随载气流经冷阱捕集。冷阱在特定的加热方式下快速升温，挥发性化合物被导入到配有毛细管柱和合适检测器的气相色谱仪。化合物进行分离后通过外标法定量。

（2）仪器

① 气相色谱仪。配有足够分离能力的毛细管柱、火焰离子化检测器、热脱附系统和数据处理系统。

② 分析天平：精度0.0001g。

③ 玻璃瓶：20mL，能够被隔垫密封（如带密封盖的顶空瓶或螺纹瓶）。

④ 微量注射器：容量1μL，针头能够容纳样品（"针拴在针头中"的注射器），精度0.01μL。

（3）校准

① 通则：

校准物应选取待测物或其替代物。如果使用替代物，按式（7-12）确定残余单体或其他待测残留物相对于替代物的响应因子：

$$RRF = \frac{A_s \times m_m}{A_m \times m_s} \qquad (7-12)$$

式中　RRF——残余单体或其他待测残留物相对于替代物的响应因子；

　　　A_s——替代物峰面积的数值；

　　　m_m——残余单体质量的数值，g；

　　　A_m——残余单体或其他待测残留物峰面积的数值；

　　　m_s——替代物质量的数值，g。

② 储备溶液的制备：

为了避免系统误差，应配制质量分数为1%和（或）5%的两组校准物标准储备溶液。储备溶液浓度的选择取决于聚合物的残留单体或残留挥发物预期的浓度范围。如果预期的浓度范围在1~100μg/mL，则应使用两个1%的储备溶液。如果预期的浓度范围在100~1000μg/mL，则应使用两个5%的储备溶液。如果预期的浓度约为100μg/mL，建议准备1%和5%两种储备溶液。储备溶液应存放在20mL的玻璃瓶中。

③ 校准溶液的制备：

校准溶液是具有准确校准物浓度的溶液。可以是储备溶液，也可以通过稀释储备溶液获得。

④ 动态顶空系统的校准：

首次应用时，推荐使用五点校准，检查检测器在各浓度范围内的线性。准备五种不同浓度的校准溶液，浓度范围应包括预期的残余单体或挥发物的浓度范围，如果预期的浓度范围完全未知，应进行 $1\sim1000\mu g/g$ 全范围之间的校准。

应使用微量注射器将 $1\mu L$ 不同浓度的校准溶液注入装有合适填料的脱附管中，然后运行动态顶空系统。

确定校准曲线的斜率，给出每微克校准物对应的响应面积。

五点校准只需进行一次，后续分析只需进行单点校准。单点校准时校准溶液的浓度应尽可能接近待测物的预期浓度。通过此法获得的结果与通过原位点校准获得的结果之差应小于10%，否则应重新进行五点校准。

（4）试验步骤

① 系统的检查：

在规定的试样测试条件下进行空白试验。如果空白试验不理想，净化系统，并重复空白试验。

② 残留单体和其他挥发性化合物的测定：

从样品中心部位取约 0.25g 试样。切成直径约 0.5mm 的小块，称取约 0.05g，精确至 0.0001g，放入一个空的脱附管中。

开启冷阱降温，当冷阱达到指定温度时，将脱附管放入炉体中，在指定的温度（脱附温度）下通入惰性载气加热。

脱附结束后，快速加热冷阱到指定的温度，将被捕集的化合物转移到气相色谱仪。

③ 化合物浓度的计算：

根据得到的色谱图，按式（7-13）计算待测化合物的浓度，通常，计算由仪器自动完成。

$$C = \frac{RRF \times A \times C_c \times V}{A_c \times m} \tag{7-13}$$

式中　　C——待测化合物浓度的数值，$\mu g/g$；

　RRF——残余单体或其他待测残留物相对于替代物的响应因子；

　　A——待测化合物峰面积的数值；

　　C_c——校准溶液浓度的数值，$\mu g/mL$；

　　V——校准溶液注入体积的数值，μL；

　　A_c——校准物峰面积的数值；

　　m——试样质量的数值，g。

7.2.1.10　聚异戊二烯含量的测定[24]

（1）原理

试样中的聚异戊二烯用硫酸、铬酸混合液加热消化，用蒸汽蒸馏出形成的乙酸，抽气除去馏出液中的二氧化碳，然后用氢氧化钠溶液滴定乙酸。

在规定的试验条件下，异戊二烯单元氧化生成乙酸的产率为75%，据此计算测定结果。

（2）试剂

① 丙酮。

② 三氧化铬。

③ 浓硫酸（$\rho_{20} = 1.84g/mL$）。

④ 碘化钾。

⑤ 硫代硫酸钠。

⑥ 氢氧化钠。

⑦ 酚酞。

⑧ 乙醇，95%（体积分数）。

⑨ 铬酸混合消化液：将200g三氧化铬溶于500mL水中，在搅拌条件下小心加入150mL浓硫酸。

⑩ 碘化钾溶液（84g/L）：将84g碘化钾溶于水中，用水稀释至1000mL。

⑪ 硫代硫酸钠溶液（79g/L）：将79g硫代硫酸钠溶于水中，用水稀释至1000mL。

⑫ 氢氧化钠标准滴定溶液[$c(NaOH) = 0.05mol/L$ 或 $0.1mol/L$]：按GB/T 601进行配制和标定。

⑬ 酚酞指示液（2g/L）：称取0.2g酚酞，溶于乙醇中，用同样的乙醇稀释至100mL。

（3）仪器

① 抽提装置：索氏抽提器。

② 消化蒸馏装置。

③ 二氧化碳吸收装置：

将一根长100mm、孔径为1mm的毛细管与真空泵的减压管连接后，使通过接收烧瓶的抽气速率保持26~40mL/s；在减压管上可连接一个流量计，以确保抽气速率在规定的范围之内。

抽气速率可用下列方法检验：将一量筒倒置于充满水的烧杯中，然后将一根连接减压管的乳胶管插入量筒中；通过毛细管排除空气，抽气速率与水充入量筒的速度相同。

④ 分析天平：精确至0.1mg。

（4）分析步骤

① 试样制备：

对于生胶和硫化胶试样，按GB/T 15340规定将试样压成或剪成厚度不超过0.5mm的薄片。乳胶按GB/T 8290规定取样并制膜。

根据所采用的装置及试样中聚异戊二烯的大致含量称取一定质量试样，精确至0.1mg，试样质量一般以0.15~0.25g为宜。如果估计聚异戊二烯含量特别低，则需加大试样质量。

② 抽提：

将称好的试样，用滤纸包好，放入抽提杯中，按GB/T 3516规定的方法进行抽提。

③ 消化：

将经抽提并干燥的试样，放入消化烧瓶中，加入25mL的铬酸混合消化液。在接收烧瓶中加100mL水。直接加热消化瓶使混合物温度至100±5℃，消化30min。使用温度计测消化液温度，以确定加热器的控温位置。

根据消化烧瓶的大小确定所取试样量的多少，可适当增加铬酸混合消化液用量，延长消化时间至 1h。但对同一装置，应保持相同的消化时间。

④ 蒸馏：

在消化期间，应拔去蒸气发生烧瓶的瓶塞，加热蒸气发生烧瓶，以便消化结束时可立即输送蒸气。

消化结束后，将塞导管的瓶塞塞住蒸气发生烧瓶的瓶嘴，使蒸气立即进入消化烧瓶，同时继续加热消化烧瓶，并保持消化烧瓶内消化液至适当温度或呈微沸状态，使消化液总体积保持在 75mL 左右。控制蒸馏和冷却速度，使冷凝液温度不超过 30℃。

蒸馏完毕卸下接收烧瓶导管，用蒸馏水洗涤导管，洗涤液并入接收烧瓶中，并将接收烧瓶与抽气装置连接起来。

撤离接收烧瓶后，将蒸气导管立即脱离消化烧瓶，以免移开热源时，铬酸混合液倒吸到蒸气发生烧瓶中。

⑤ 抽气：

将蒸馏液的温度冷却至室温后抽气，无论用哪种消化和蒸馏装置，抽气时间均为 30min。

⑥ 滴定：

从抽气装置上卸下接收烧瓶，用蒸馏水洗涤导管，洗涤液收集于接收烧瓶中。加 5 滴酚酞指示液，根据聚异戊二烯估计含量的高低选用 0.05mol/L 或 0.1mol/L 的氢氧化钠标准滴定溶液滴定。滴定至溶液变微红色，并在半分钟内不褪色。

同时做空白试验，更换铬酸混合消化液时也应重新做空白试验。

（5）分析结果的表述

若无结合硫或结合硫含量未知，聚异戊二烯含量 W_p，以质量分数表示，则可按式 (7-14)计算：

$$W_p = \frac{0.0908 \times (V_1 - V_0) \times c}{m} \times 100\% \qquad (7\text{-}14)$$

式中 c——氢氧化钠标准滴定溶液的实际浓度，mol/L；

       V_1——滴定试液所消耗的氢氧化钠标准滴定溶液的体积，mL；

       V_0——滴定空白所消耗的氢氧化钠标准滴定溶液的体积，mL；

       m——试样的质量，g；

  0.0908——在规定的试验条件下，异戊二烯单元氧化生成乙酸的产率为 75%，据此得出的化学计算常数。

若已知结合硫含量，则聚异戊二烯含量 W'_p，以质量分数表示，按式(7-15)计算：

$$W'_p = W_p \times (1 + 0.015 W_s) \qquad (7\text{-}15)$$

式中 W_p——按式(7-14)计算的聚异戊二烯含量；

       W_s——结合硫含量。

胶样经丙酮溶剂抽提、干燥后，按照 GB/T 4497.1 规定测定结合硫含量。

7.2.1.11 铁含量的测定[25,26]

标准规定的铁含量的测定方法有 1,10-菲啰啉光度法和原子吸收光谱法两种。两种方法的检测限均为 5.0~1000mg/kg。下面主要介绍 1,10-菲啰啉光度法，原子吸收光谱法可参照 GB/T 11201—2002。

（1）原理

光度法的原理是橡胶试样经灰化后以盐酸溶解，若有不溶性残渣用硫酸和氢氟酸除硅。用缓冲溶液调节 pH 值约为 5，再用盐酸羟胺和 1,10-菲啰啉溶液处理、显色，形成红色铁络合物，用分光光度计在 510nm 波长处测吸光度，并根据标准曲线，求出试样的铁含量。

（2）仪器及试剂

① 分光光度计：可以测量波长为 510nm 处的吸光度，并配有吸收池，光程为 10mm；

② 分析天平：分度值为 0.1mg。

③ 高温炉：温度可控制在 550±25℃和 950±25℃。

④ 电炉。

⑤ 水浴。

⑥ 缓冲溶液：在约 250mL 水中溶解 164g 无水乙酸钠，并加入 28.5mL 冰乙酸，然后用水稀释至 500mL，若该溶液浑浊，则应在使用时过滤。如果在绘制标准曲线时，缓冲溶液使参考溶液带色过深，则可能要选用下列方法配制缓冲溶液：在 200mL 水中溶解 80g 氢氧化钠或 106g 无水碳酸钠，加入 142.5mL 密度为 1.05g/mL 的冰乙酸，并稀释该溶液至 500mL。

⑦ 盐酸溶液：1+1(v)。

⑧ 盐酸羟胺溶液：在适量水中溶解 10g 盐酸羟胺，并用水稀释溶液至 100mL。

⑨ 1,10-菲啰啉溶液：在热水中溶解 0.5g 的 1,10-菲啰啉，并用水稀释溶液至 500mL。

⑩ 铁标准溶液(100μg/mL)：称取 0.7021g 六水合硫酸亚铁铵(纯度的质量分数为99.9%)，放入 50mL 烧杯中，用少量的水湿润，再加 3mL 盐酸，使之溶解。然后移入1000mL 容量瓶中，用水稀释至刻度，摇匀。

⑪ 铁标准溶液(10μg/mL)：用移液管吸取 10mL 铁标准溶液(100μg/mL)置于 100mL 容量瓶中，用水稀释至刻度，摇匀(现用现配)。

（3）标准曲线的绘制

在 7 个 50mL 容量瓶中各加入 1mL 盐酸溶液、10mL 缓冲溶液、1mL 盐酸羟胺溶液和10mL 的 1,10-菲啰啉溶液，并用移液管分别加入 0mL、0.5mL、1mL、5mL、10mL、15mL、20mL 铁标准溶液，用水稀释至刻度，静置 15min，将各溶液分别注入吸收池中，于波长510nm 处，以空白溶液为参比溶液，测定吸光度。以 50mL 测定溶液中铁含量(μg)为横坐标，其相应吸光度为纵坐标，绘制标准曲线。

（4）分析步骤

① 试样的制备：

称取生胶试样 5g，称准至 0.1mg(在称量过程中应避免铁离子的干扰)，置于坩埚中，按 GB/T 4498.1—2013 的规定，在 550±25℃灰化，待灰化完全后，将坩埚移出高温炉，冷却后，加入 5mL 盐酸溶液和 5mL 水，置于水浴(90℃)上溶解并蒸发至 1~2mL，如果溶液呈橘黄色，表明有大量的铁存在，再加入 5mL 盐酸溶液，使溶解完全并蒸发至 1~2mL，用少量水稀释溶液并过滤于 25mL 容量瓶中。若无残渣用水稀释至刻度，摇匀。

② 试验：

吸取上述溶液 5mL 加到 50mL 容量瓶中，加入 10mL 缓冲溶液、1mL 盐酸羟胺溶液和 10mL 的 1,10-菲啰啉溶液，用水稀释至刻度，在室温下静置 15min。按相同的操作步骤制备空白溶液。

在 510nm 波长处，以空白溶液为参比溶液，测定吸光度。

从标准曲线上查出铁的质量，单位为微克(μg)。

如果试液的吸光度大于最大的吸光度，可适当稀释，使试液的吸光度落在标准曲线的线性范围内，然后再测其吸光度。

(5) 结果表示

铁含量以铁的质量 X_1 计，数值以毫克每千克(mg/kg)表示，按式(7-16)计算：

$$X_1 = \frac{m_1}{m_0} \times 5 \qquad (7-16)$$

式中 m_1——标准曲线上查得试液中含铁的质量，μg；

　　　m_0——试样质量，g；

　　　5——试样溶液的稀释系数。

7.2.1.12　铜含量的测定[27,28]

标准规定的铜含量的测定方法有二乙基二硫代氨基甲酸锌光度法和原子吸收光谱法两种。二乙基二硫代氨基甲酸锌光度法的检测限不超过 10mg/kg，原子吸收光谱法的检测限大于 1.0mg/kg。下面主要介绍二乙基二硫代氨基甲酸锌光度法，原子吸收光谱法可参照 GB/T 7043.1—2001。

(1) 原理

试样经灰化或用浓硫酸和硝酸消化，用柠檬酸铵络合存在的铁，然后除去析出的钙(如果含有)，用氨水将溶液调为碱性后，与二乙基二硫代氨基甲酸锌的 1,1,1-三氯乙烷溶液一起振荡，萃取出黄色铜络合物，测定溶液的吸光度，由标准曲线求出铜含量。

(2) 仪器及试剂

① 分光光度计：可以测量波长为 435nm 处的吸光度，并配有吸收池，光程为 10mm。

② 分析天平：分度值为 0.1mg。

③ 高温炉：温度可控制在 550±25℃ 和 950±25℃。

④ 电炉。

⑤ 水浴。

⑥ 无水硫酸钠。

⑦ 硫酸：$\rho = 1.84g/mL$。

⑧ 硝酸：$\rho = 1.42g/mL$。

⑨ 25%氨水。

⑩ 1,1,1-三氯乙烷。

⑪ 广范 pH 试纸。

⑫ 柠檬酸溶液：50g 柠檬酸溶于 100mL 水中。

⑬ 盐酸-硝酸混合酸溶液，按下述比例混合制备：1 体积硝酸($\rho=1.42$g/mL)，2 体积盐酸($\rho=1.18$g/mL)，3 体积水。

⑭ 二乙基二硫代氨基甲酸锌溶液：称取 0.25g 二乙基二硫代氨基甲酸锌溶于 1,1,1-三氯乙烷中，并用 1,1,1-三氯乙烷稀释至 250mL。本试剂应贮存于棕色瓶中，有效时间六个月。

⑮ 铜标准溶液：称取 0.3930g 硫酸铜($CuSO_4 \cdot 5H_2O$)，放入小烧杯中，用水溶解，加入 3mL 硫酸，将溶液移至 1L 容量瓶中，用水稀释至刻度，摇匀，作为贮备液。此溶液每毫升中含铜 0.1mg。

⑯ 用移液管吸取 10mL 铜标准溶液，放入 100mL 容量瓶中，用水稀释至刻度。摇匀，此溶液相当于每毫升中含铜 0.01mg，应在使用前由贮备液新配制。

（3）标准曲线的绘制

在六个烧杯中分别加入每毫升含铜 0.01mg 的铜标准溶液 0、2、4、6、8、10mL 及 1mL 硫酸和 10mL 水及 5mL 柠檬酸溶液，然后逐滴加入氨水溶液使之刚好呈碱性。冷却溶液，分别移入分液漏斗，各加 2mL 氨溶液，再用移液管加入 25mL 的二乙基二硫代氨基甲酸锌三氯乙烷溶液，振荡 2min，分层后立即将 1,1,1-三氯乙烷层放入盛有约 0.1g 无水硫酸钠的 50mL 带塞烧瓶中。如果静置 30min 后仍呈浑浊状态，应再加入少量无水硫酸钠，直至溶液澄清为止。

取 1,1,1-三氯乙烷溶液，倒入分光光度计比色池中，以 1,1,1-三氯乙烷作参比液，测定在吸收波长为 435nm 左右时的吸光度，减去空白溶液吸光度以校正读数。

以 25mL 溶液中铜含量(mg)对吸光度作标准曲线，标准曲线应定期进行校正。

(4)分析步骤

① 试样的制备：

称取生胶试样 5g，称准至 0.1mg，置于坩埚中，按 GB/T 4498.1—2013 的规定，在 550±25℃灰化，待灰化完全后，将坩埚移出高温炉，冷却。加少量水湿润灰分，然后加入 10mL 盐酸-硝酸混合溶液，盖上坩埚盖，在 100℃左右加热 30~60min。若灰分完全溶解，将溶液倒入小锥形瓶，并继续按以下步骤进行。

加入 5mL 柠檬酸溶液于锥形瓶中，冷却时若溶液保持澄清，则用氨水溶液逐滴进行中和至广范 pH 试纸刚呈碱性；若冷却时有硫酸钙结晶析出，则进一步冷却溶液至 10℃左右进行过滤，滤液收入第二个锥形瓶中，在用氨水溶液中和前，用三份 2mL 冷却的水清洗过滤物。溶液冷却后，移入分液漏斗中再多加 2mL 氨水溶液，然后用水稀释至 40mL 左右，用移液管加入 25mL 二乙基二硫代氨基甲酸锌三氯乙烷溶液。振荡分液漏斗 2min，分层后立即将 1,1,1-三氯乙烷层放入装有 0.1g 无水硫酸钠的 100mL 带塞烧瓶中。若静置 30min 后，仍呈浑浊状，可再加入少量无水硫酸钠直至溶液变澄清为止。

② 试验：

1,1,1-三氯乙烷澄清液，倒入分光光度计比色池中，以1,1,1-三氯乙烷为参比液，采用制备标准曲线的波长测定试液的吸光度，减去空白溶液吸光度，以校正读数。

空白溶液制法：用相应的试剂和相应的操作完成空白试验，不加试样，25mL空白溶液的铜含量不超过2mg/kg。

（5）结果表示

铜含量以铜的质量 X 计，数值以 mg/kg 表示，按式(7-17)计算：

$$X = \frac{m \times 1000}{m_0} \tag{7-17}$$

式中　m——标准曲线上查得试液中含铜的质量，mg;

m_0——试样质量，g。

7.2.1.13　防老剂含量的测定

标准规定的防老剂的测试方法有高效液相色谱法、气相色谱-质谱法和薄层色谱法。GB/T 4499中规定了利用薄层色谱法定性分析防老剂的方法，该方法需要操作者对操作过程高度熟练且应具有大量的知识和经验，还需要使用到标准参考物质[29]。SH/T 1752—2006规定了合成生胶中胺类防老剂的测定方法，从生胶中定量抽提防老剂，用高效液相色谱(HPLC)将其与抽提的其余组分分离，并检测其组分峰，测量出峰面积。在相同条件下测定已知量的同种防老剂峰面积，计算生胶中防老剂的含量[30]。GB/T 33078—2016规定了使用气相色谱-质谱联用仪测定生胶中防老剂的定性方法。通过热解或溶剂抽提处理橡胶中的防老剂，然后通过气相色谱-质谱联用仪进行测定，防老剂类型通过质谱仪进行鉴定[29]。SH/T 1780—2015《异戊二烯橡胶(IR)》的附录A规定了用分光光度法测定2,6-二叔丁基对甲酚(防老剂264)含量的方法。

（1）原理

用乙醇抽提胶样中的防老剂。将磷钼酸加入稀氨水溶液中生成浅黄色的磷钼酸铵，磷钼酸铵与抽提出的防老剂发生反应，溶液呈蓝色。然后在分光光度计上测定吸光度，计算防老剂含量[31]。

（2）仪器及设备

① 分光光度计：能在波长为680nm处测量吸光度，附有3cm比色皿。

② 分析天平：精度0.1mg。

③ 索氏抽提器：配有磨口烧瓶(60mL)。

④ 容量瓶：25mL，100mL。

⑤ 吸量管：1.00mL，5.00mL，10.00mL。

（3）试剂和材料

① 磷钼酸：分析纯试剂，配成4%的乙醇溶液。

配制：称取4.0g磷钼酸溶于100mL乙醇溶液中，滤除混浊物，储于棕色瓶中，溶液为黄色，如变成黄绿色，应重新配制。

② 氨水：分析纯试剂，配成2.5%的水溶液(1:9)。

③ 乙醇：分析纯。

④ 防老剂 264。

⑤ 防老剂 264 标准溶液的制备：准确称取 0.3000±0.0002g 精制的防老剂 264，置于 100mL 容量瓶中，用乙醇溶解并稀释至刻度；用吸液管吸取此溶液 5mL，注入 100mL 容量瓶中，用乙醇稀释至刻度；此溶液含防老剂 264 为 0.15mg/mL。

（4）操作步骤

① 标准曲线的绘制：

取 25mL 容量瓶 8 个，其中一个做空白，其余分别加入标准液 0、0.5、1.0、2.0、3.0、4.0、5.0mL，再用吸液管加入 4mL 4%磷钼酸乙醇溶液和 10mL 2.5%氨水，用蒸馏水稀释到刻度，显色 10min 后，立刻在 723 型分光光度计上用 1cm 比色皿于 680nm 处测其吸光度。以测得的吸光度为纵坐标，其相对应的浓度为横坐标绘制标准曲线。

② 胶样分析：

将胶样在实验室开炼机上制成厚约 0.25~0.50mm 的胶片，取约 2.5g 胶片剪成 1mm 以下的细条备用。

准确称取试样 0.5g(准确至 0.1mg)，放入 50mL 磨口三角瓶中，加入 10mL 乙醇，将三角瓶与冷凝管连接好，在 90~100℃ 水浴上加热回流 40min，用吸管将抽提液移入 50mL 容量瓶中，按同样方法再抽提一次，将抽提液和洗瓶的乙醇溶液移入 50mL 容量瓶中，用乙醇稀释至刻度。然后再用吸液管吸取 5mL 抽提液置于 25mL 容量瓶中，按标准曲线绘制的相同步骤进行比色测定，并同时做空白实验进行比色。

（5）结果表示

按式(7-18)计算防老剂质量分数：

$$\omega = \frac{c \times 25 \times 50}{vm} \times 100 \tag{7-18}$$

式中　ω——防老剂质量分数,%；

c——从标准曲线上查得防老剂的浓度，g/mL；

v——由 50mL 抽提液中吸取的试样溶液体积，mL；

m——试样的质量，g；

25——制备试样时定容的体积，mL；

50——定容的抽提液总体积，mL。

7.2.1.14　玻璃化转变温度的测定[32]

在规定的气氛和程序温度控制下，利用 DSC 测量橡胶的热熔随温度的变化，并由所得的曲线确定玻璃化转变温度。

（1）术语和定义

① 玻璃化转变：无定形聚合物或半结晶聚合物的无定形区域的玻璃态和高弹态之间的可逆转变。

② 玻璃化转变温度(T_g)：发生玻璃化转变时的温度范围的近似中点的温度。

（2）主要仪器

① 差示扫描量热仪：应在标准的实验室温度下操作，并防止阳光直接照射，避免气流

和环境温度变化的影响。

② 样品皿：用来装试样和参比样，由相同质量的同种材料制成。在测量条件下，样品皿不与试样和气氛发生物理或化学变化。样品皿应具有良好的导热性能，能够加盖和密封，并能承受在测量过程中产生的过压。

③ 气源：高纯级氮气或氦气。

④ 天平：精确至 0.0001g。

（4）校准

根据仪器制造商的建议校准差示扫描量热仪。

建议使用分析级的标准样品对温度进行校准，理想标样的选取要求其熔点范围能涵盖所有待测物质的熔点，低温下标样可选用辛烷和环己烷，较高温度下可选用铟。

（5）测试步骤

① 保护气体流量：

惰性保护气体流量在整个试验过程中保持不变，允许偏差为±10%，合适的载气流量为 10~100mL/min。

② 装载试样：

所有测试样品的质量应相近，精确到 0.001g。制备的试样尽可能有一个平整的表面，能与样品皿有很好的热接触。

试样与样品皿之间紧密的热接触能得到很好的重复性。

用镊子把试样放入样品皿中，用盖密封，然后放入差示扫描量热仪中。不应直接用手接触试样和样品皿。

③ 温度扫描：

将试样以 10℃/min 的速率冷却至大约-140℃，并保持 1min。

注：试样的起始温度定在-140℃是因为测试的橡胶的玻璃化转变温度很低，若橡胶的玻璃化转变温度较高，则不需要把初始温度定在-140℃。

起始温度的选择应保证在玻璃化转变区域有比较稳定的基线，一般比预测的玻璃化转变温度要低 30~40℃。

如果不能维持设定的冷却速率，那么尽可能调整冷却速率与设定值接近。

温度扫描的速率为 20℃/min，一直加热到高于玻璃化转变区域上限值 30℃为止。

（6）结果表示

利用仪器软件得到的玻璃化转变曲线的拐点即为玻璃化转变温度(T_g)。

7.2.1.15 特性黏度测定

（1）术语和定义[33]

特性黏度是在无限稀释条件下的比浓对数黏度或比浓黏度的极限值，见式（7-19）和式（7-20）。

$$[\eta] = \lim_{c \to 0} \frac{\eta - \eta_0}{\eta_0 c} \tag{7-19}$$

$$[\eta] = \lim_{c \to 0} \frac{\left(\dfrac{\eta}{\eta_0} \right)}{c} \qquad (7-20)$$

（2）原理[33]

在一定的温度和环境压力条件下，用同一黏度计测定给定体积的溶剂流经的时间 t_0 和溶液的流经时间 t。液体的流经时间和黏度的关系由泊肃-哈根巴克-库埃特（Poiseuille-Hagenbach-Couette）方程表示，见式（7-21）。

$$\vartheta = \frac{\eta}{\rho} = kt - \left(\frac{A}{t^2} \right) \qquad (7-21)$$

式中　ϑ——运动黏度；

　　　k——黏度计常数；

　　　A——动能修正参数；

　　　ρ——液体密度；

　　　t——流经时间。

当动能校正值 $\left(\dfrac{A}{t^2} \right)$ 小于溶剂黏度的3%时，可忽略不计，方程可简化为式（7-22）。

$$\vartheta = \frac{\eta}{\rho} = kt \qquad (7-22)$$

（3）仪器及试剂[9]

所用仪器为乌氏黏度计、秒表、恒温水浴、1Gz砂芯玻璃漏斗、带塞三角瓶及称量皿，试剂为纯甲苯。

（4）测定方法[9]

准确称取0.1g试样，剪成宽约1mm细条，置于50mL三角瓶中，加入20mL甲苯及少量防老剂264，放在避光处溶解2天，不时摇动以助溶解。将溶液用已恒重的1Gz砂芯玻璃漏斗过滤，以少量甲苯洗涤三次。洗液合并于滤液中用移液管吸取5mL滤液于恒重的称量皿中，在通风柜内待甲苯挥发后，放入105℃烘箱中烘至恒重。按式（7-23）计算聚异戊二烯橡胶浓度 c（g/100mL）：

$$c = (m_1 - m) \times 20 \qquad (7-23)$$

式中　m_1——称量皿和橡胶质量，g；

　　　m——称量皿质量，g；

　　　20——单位换算系数（g/5mL换算成g/100mL时应乘以20）。

用洗净烘干的乌氏黏度计，加入10mL甲苯，放入30±1℃的恒温水浴中，10min后测定甲苯的流出时间。倒出黏度计中的甲苯，并洗净烘干，用移液管吸取10mL滤液放入其中，在相同条件下测出溶液的流出时间。特性黏数 η 按式（7-24）一点法公式计算。

$$\eta = \frac{1.332 \sqrt{\eta_{sp} - \ln \eta_r}}{c} \qquad (7-24)$$

式中　1.332——经验系数；

η——相对黏度(即 $\dfrac{t}{t_0}$，t 为胶液在黏度计中的流出时间，t_0 为甲苯在黏度计中的流出时间);

η_{sp}——增比黏度($\eta_r - 1 = \dfrac{t - t_0}{t_0}$);

c——胶液浓度，g/100mL。

7.2.1.16 凝胶含量测定[34]

(1) 术语和定义

合成生橡胶在甲苯溶解一段时间后，留在孔径为 125μm(120 目)过滤器上的不溶物即为凝胶。

(2) 方法概要

将放有一定量试样的过滤器悬置于甲苯中，在规定温度下静置溶解一定时间后取出洗涤，干燥试样至质量恒定，计算凝胶含量。

(3) 仪器和试剂

① 甲苯：分析纯。

② 分析天平：精确至 0.1mg。

③ 过滤器：用孔径为 125μm 的不锈钢网制成，其体积为 45mm×45mm×20mm。

④ 烘箱：温度可控制在 100±2℃。

⑤ 称量瓶：直径为 70mm，高为 35mm。

(4) 分析步骤

将用蒸馏水洗净的过滤器放入 100±2℃ 的烘箱中干燥 1h，取出放入干燥器中冷却至室温后称量，再放入烘箱内干燥 30min，取出放入干燥器内冷却至室温后称量。重复此步骤，直至连续两次称量之差不大于 0.3mg。

称取 1mm×1mm×3mm 的试样约 0.25g，精确至 0.1mg。平铺在已恒重的过滤器中使胶条之间不粘连。向称量瓶中加入约 50mL 甲苯，并将过滤器悬置于称量瓶中，使试样全部浸在甲苯中。过滤器上端应露出液面 2mm 以上，过滤器底部应与瓶底之间留有空间。盖好称量瓶盖，放在通风橱内避光处，在 23±5℃ 温度下溶解 16~24h。

用镊子将过滤器从称量瓶中取出。用吸管吸取甲苯 1.5~2.0mL，淋洗过滤器及其中的凝胶，以洗去残留在过滤器上的溶胶。重复此步骤，至少淋洗四遍。将过滤器放在铺有干净滤纸或铁丝网的盘中，置于通风橱内通风 20min 左右。待过滤器上的甲苯挥发后，再放入 100±2℃ 的烘箱中干燥 1h，取出放入干燥器中冷却至室温后称量，再放入烘箱内干燥 30min，取出放入干燥器中冷却至室温后称量。重复此步骤，直至连续两次称量之差不大于 0.3mg。

(5) 结果计算

凝胶含量 ω 以试样的质量分数计，按式(7-25)进行计算：

$$\omega = \frac{m_2 - m_1}{m_0} \times 100\% \tag{7-25}$$

式中　m_2——过滤器和凝胶质量，g；

　　　m_1——过滤器质量，g；

　　　m_0——试样质量，g。

7.2.1.17　微观结构的测定

异戊二烯在聚合过程中有 1,2 加聚、3,4 加聚和 1,4 加聚，1,4 加聚构型又有顺式和反式，异戊橡胶主要为顺-1,4 结构单元。橡胶的微观结构在很大程度上影响着橡胶的性能。实际生产过程中合成任何一种异戊橡胶除主产品外都不可避免地会有其他几种异构体作为副产物生成，而副产物的含量直接影响着产品质量，因此如何快速准确地测定出异戊橡胶中各种微观结构的含量对控制和优化橡胶制品质量、研究结构与性能的关系有重要意义。[35,36]

常用的测定异戊橡胶微观结构的方法有红外光谱法和核磁共振波谱法。红外光谱法可参照 GB/T 7764—2017 的规定进行测试，核磁共振波谱法可参照 SH/T 1832—2020 的规定进行测试。

7.2.1.18　分子量及分子量分布测定

异戊橡胶分子量的大小直接影响生胶的应力应变性能[37~39]，因此异戊橡胶的分子量和分子量分布是控制橡胶质量的一个关键指标。

常见的分子量测定方法有沸点升高法、冰点下降法、蒸气压渗透法、端基滴定法、光散射法、黏度法、凝胶渗透色谱法等[40]。凝胶渗透色谱法具有操作简单，分析速度快，所需样品量少，以及可连接多种不同的检测器对样品进行分析等特点，自 20 世纪 60 年代问世以来，已广泛应用于聚合物的分离与表征，并且成为测定聚合物分子量及其分布最常用也最有效的方法之一[41,42]。我国也制定了凝胶渗透色谱法测定聚合物分子量及其分布的相关国家标准和行业标准[43,44]。

（1）原理

凝胶渗透色谱法，即分子排阻色谱法，样品溶液与固定相间不存在相互作用力。与依靠吸附、分配、离子交换等作用进行分离的色谱不同，凝胶渗透色谱是一种依靠体积排阻机理在色谱柱上按照不同物质的流体力学体积大小对化合物进行分离的色谱[45,46]。色谱柱由惰性的多孔凝胶装填而成，凝胶内部有大小不等的孔径，且凝胶颗粒之间也存在大量缝隙。样品的分离过程是聚合物溶液在流动相的带动下流经色谱柱，由于分子量大的聚合物体积较大，不易流入较小的孔径之中而被排阻，只能随着流动相的冲刷从固定相填料的缝隙中流出色谱柱，通过速度较快，保留时间较短；而分子量较小的聚合物由于自身体积较小，不仅可渗入较大的孔径中，还可扩散进入更小的孔径中，所以较小的分子移动速度较慢，需要更长的流动时间洗脱出色谱柱[45,47]。因此，分子量较大的聚合物保留时间较短，最先流出色谱柱，其次是中等分子量的聚合物，最后流出色谱柱的是小分子，可以此为依据实现分子量大小不同的聚合物的分离，再通过检测器和数据采集处理系统得到不同组分的分子量。

（2）影响因素

在分离过程中影响测定结果的因素可能有流动相的选择、柱温、流速、样品的浓度等[42]。

流动相一般应具有较低的黏度和适当的沸点，不溶解色谱柱中的凝胶，不与凝胶起化学反应，同时具有足够溶解样品的能力。如果使用示差折光检测器，流动相与样品溶液的折光率差要大，以便得到更高的灵敏度。流动相应先通过滤膜过滤以及超声波脱气后使用，避免流动相中的气泡或杂质造成泵压的改变，导致分析结果出现误差[7,48]。

色谱柱的选择对测定结果同样至关重要。为获得更好的分离效果，应依据所分析样品的分子量范围选择适宜孔径大小的色谱柱。所选色谱柱可得到峰形完整、分离度好、曲线平滑以及分子量分布尽量窄的色谱图，必要时还需要将色谱柱联用提高分辨率，以得到更准确的结果[42]。

试验温度通常是室温，对于在室温条件下不溶或难溶的聚合物，则采用高温[7]。随柱温的升高，溶剂的黏度降低，聚合物分子的扩散速度变快，使柱效提高。分子量大的物质对柱温的改变较为敏感，所受影响较大，小分子物质的洗脱时间随柱温改变变化不大[48,49]。

由于在凝胶渗透色谱测试中质量传输效应对样品分离影响很大，所以流动相流速将直接影响分离效果。流速过低时会延长分离时间，从而延长样品测试周期；流速过高时，理论塔板高度与质量传输速率成反比，与纵向扩散速率成正比，会使柱效降低，影响样品洗脱时间，从而影响分子量测定结果，会导致一些分子尺寸大小相近的聚合物无法彻底分离。因此需要选择一个合适的流速，既能将聚合物完全分离，又能有较高的样品测试效率[50~52]。

浓度对淋洗体积的影响是，随试样溶液注入量增多，淋洗体积偏大。试样溶液注入时间越长，淋洗体积也偏大。因此，要求试样溶液尽可能为低浓度，且注入时间要短而且恒定[9]。聚合物进样浓度大时，溶液黏度较大，分子在凝胶中的扩散受到阻碍，使分离效果变差，流出体积变大，峰形有明显的拖尾和变宽，影响分子量测定结果的准确性；聚合物浓度过低会使响应信号变弱，产生误差[48,53]。

7.2.2 硫化橡胶的物理性能试验

7.2.2.1 硫化橡胶试验的试样制备

为了研究配方、检查原材料的质量、考核和提高产品的质量、控制生产工艺等的需要，制备硫化橡胶试样，进行各种物理性能试验。硫化橡胶试验的试样是通过配料、混炼、硫化等工艺过程制备而成的。配料是按照配方设计的需要，将各种原材料，包括生胶和各种配合剂进行称量，以供给混炼工序。混炼就是在机械作用下，使各种配合剂均匀地分散到生胶里的工艺过程。硫化是在一定温度、时间和压强条件下，橡胶分子间进行交联的过程。橡胶经过硫化，性质起了本质的变化，长链状分子变成立体的网状结构的分子。原来的塑性消失，弹性增加，并提高了物理机械性能[7]。

（1）标准试验配方

异戊橡胶的标准试验配方见表7-7。

表 7-7　评价异戊橡胶用标准试验配方[54]

材　料	质量份数	材　料	质量份数
异戊橡胶(IR)	100.00	工业参比炭黑(N330)	35.00
硬脂酸	2.00	TBBS①	0.70
氧化锌	5.00	总计	144.95
硫黄	2.25		

① TBBS(N-叔丁基-2-苯并噻唑次磺酰胺)为粉末状,见 GB/T 21840。其初始不溶物应低于 0.3%,试验方法见 GB/T 21184。材料应在室温下储存在密闭容器中,每 6 个月应测定一次不溶物的含量。如果不溶物的含量超过 0.75%,则应废弃。TBBS 也可以通过再提纯处理,比如采用重结晶的方法,这种处理程序不在本文件规定的范围之内。

标准试验配方中所涉及的材料应使用国家或国际标准参比材料。如果无法获得标准参比材料,可使用有关团体认可的材料。

(2)开炼机混炼程序[54]

GB/T 30918—2022 规定了方法 A 和方法 B 两种开炼机混炼方法(见表 7-8、表 7-9),方法 B 的混炼时间短于方法 A。

两种方法中,标准实验室开炼机投料量(以 g 计)都应为配方量的 4 倍,混炼过程中辊筒的表面温度应保持在 70±5℃。

混炼时一般将胶料包在前辊上,混炼期间,应保持辊筒间隙上方有适量的滚动堆积胶。

表 7-8　方法 A 混炼程序

序号	说　明	保持时间/min	累积时间/min
1	调节辊距为 0.5±0.1mm,使橡胶不包辊连续通过辊筒间两次	2.0	2.0
2	调节辊距为 1.4mm,使橡胶包辊,从每边作 3/4 割刀两次	2.0	4.0
3	调节辊距为 1.7mm,加入硬脂酸,从每边作 3/4 割刀一次	2.0	6.0
4	加入氧化锌和硫黄,从每边作 3/4 割刀两次	3.0	9.0
5	沿辊筒等速均匀地加入炭黑。当加入约一半炭黑时,将辊距调至 1.9mm,从每边作 3/4 割刀一次,然后加入剩余的炭黑。务必将掉入接料盘中的炭黑加入混炼胶中。当炭黑全部加完后,从每边作 3/4 割刀一次	13.0	22.0
6	使辊距保持在 1.9mm,加入 TBBS,从每边作 3/4 割刀三次	3.0	25.0
7	下片。调节辊距至 0.8mm,将胶料打卷,从两端交替加入纵向薄通六次	3.0	28.0
8	将胶料压成厚约 6mm 的胶片,检查胶料质量(见 GB/T 6038),如果胶料质量与理论值之差超过+0.5%或-1.5%,则弃去此胶料并重新混炼		
9	取足够的胶料,按 GB/T 16584 或 GB/T 9869 评价硫化特性。如果可能,测试之前在 GB/T 2941 规定的标准温度和湿度下调节试样 2~24h		
10	按照 GB/T 528 规定将胶料压成厚约 2.2mm 的胶片用于制备试片,或者制成适当厚度的胶片用于制备环状或哑铃状试样		
11	胶料在混炼后硫化前调节 2~24h。如有可能,在 GB/T 2941 规定的标准温度和湿度下调节		

表 7-9 方法 B 混炼程序

序号	说 明	保持时间/min	累积时间/min
1	辊距设定为 0.5±0.1mm, 使橡胶不包辊通过两次, 然后将辊距调至 1.4mm, 使橡胶包辊	2.0	2.0
2	加入硬脂酸, 从每边作 3/4 割刀一次	2.0	4.0
3	加入硫黄和氧化锌, 从每边作 3/4 割刀两次	3.0	7.0
4	加入一半炭黑, 从每边作 3/4 割刀两次	3.0	10.0
5	加入剩余的炭黑和掉入接料盘中的炭黑, 从每边作 3/4 割刀三次	5.0	15.0
6	加入 TBBS, 从每边作 3/4 割刀三次	3.0	18.0
7	下片。辊距调节至 0.5±0.1mm, 将胶料打卷, 从两端交替加入纵向薄通六次	2.0	20.0
8	将胶料压成厚约 6mm 的胶片, 检查胶料质量(见 GB/T 6038), 如果胶料质量与理论值之差超过+0.5%或-1.5%, 废弃此胶料; 重新混炼		
9	取足够的胶料, 按 GB/T 16584 或 GB/T 9869 评价硫化特性。如果可能, 测试之前在 GB/T 2941 规定的标准温度和湿度下调节试样 2~24h		
10	按照 GB/T 528 规定将胶料压成厚约 2.2mm 的胶片用于制备试片, 或者制成适当厚度的胶片用于制备环状或哑铃状试样		
11	胶料在混炼后硫化前调节 2~24h。如有可能, 在 GB/T 2941 规定的标准温度和湿度下调节		

(3) 硫化[54,55]

制备橡胶物理性能测定用试样的硫化设备是平板硫化机和模具。平板硫化机和模具的要求可以参照 GB/T 6038—2006 中的 8.2。

首先将模具放置在温度为 135±0.5℃ 的闭合热板之间至少 20min, 然后开启平板并在尽可能短的时间内将异戊橡胶混炼试片装入模具并闭合平板。硫化时, 以加足压力瞬间至泄压瞬间这段时间作为硫化时间。硫化期间要保持模腔压力不小于 3.5MPa。硫化平板打开后立即从模具中取出硫化胶片, 放入水(室温或低于室温)中或放在金属板上冷却 10~15min。最后, 硫化试片在标准温度下调节 16~96h, 如有可能, 在 GB/T 2941 规定的标准温度、湿度下调节。

7.2.2.2 未硫化橡胶初期硫化特性的测定[56]

在规定温度下根据混炼胶料门尼黏度随测试时间的变化, 测定门尼黏度上升至规定数值时所需的时间。该温度和加工使用的温度相对应。试验一般采用大转子, 直径为 38.10±0.03mm, 在测试高黏度胶料时允许使用小转子, 其直径为 30.48±0.03mm。使用大转子和小转子测得结果不可比较[22]。

从薄通的混炼胶料上制备两个直径约为 50mm、厚度约为 6mm 的圆形胶片, 充分填满整个模腔。应尽可能排除胶片中的气泡, 以免在转子与模腔表面形成气穴。在其中一个胶片中心打一个孔以便转子插入。

选择与混炼胶料加工相关的试验温度。将模腔和转子预热到测试温度, 使其达到稳定状态。打开模腔，将转子插入胶片的中心孔内，并将转子放入黏度计模腔中，再将未打孔的胶片准确地放在转子上面，迅速关闭模腔。关闭模腔，开始计时，将胶料预热 1min，然后应继续试验至黏度达到高于最小值的规定数值。用大转子试验时，焦烧时间 t_5 是指从试验开始到胶料黏度下降至最小值后再上升 5 个门尼值所对应的时间，以分钟计；t_{35} 是指从试验开始到胶料黏度下降至最小值后再上升 35 个门尼值所对应的时间，以分钟计；硫化指数 Δt_{30} 按式(7-26)计算：

$$\Delta t_{30} = t_{35} - t_5 \qquad\qquad (7-26)$$

Δt_{30} 越小，硫化速度越快。

7.2.2.3 力学性能试验

（1）拉伸应力应变性能试验[9,57]

硫化橡胶的拉伸性能试验是橡胶物理性能试验中的一个重要项目，也是鉴定橡胶制品硫化性能的有效方法之一。

异戊橡胶的拉伸性能试验是在恒速移动的拉力试验机上，将哑铃状试样进行拉伸，直至将试样拉断，测量并计算拉伸强度、定伸应力、扯断伸长率以及扯断永久变形等的值。

拉伸性能试验中几个基本概念：

a. 拉伸应力 S：拉伸试样所施加的应力，其值为所施加的力与试样长度的原始横截面面积之比。

b. 伸长率 E：由于拉伸应力而引起试样变形，用试样长度变化的百分比表示。

c. 拉伸强度 TS：试样拉伸至断裂过程中的最大拉伸应力。

d. 断裂拉伸强度 TS_b：试样拉伸至断裂时刻所记录的拉伸应力。

e. 拉断伸长率 E_b：试样断裂时的百分比伸长率。

f. 定伸应力 S_e：将试验的试样长度部分拉伸到给定伸长率所需施加的单位截面积上的负荷。

g. 扯断永久变形：试样拉伸至断裂后的永久变形。

① 试样的制备：

在测量异戊橡胶的拉伸性能试验中，试样一般采用哑铃状试样，且应平行于材料的压延方向裁切。试样的规格尺寸采用 GB/T 528—2009 中规定的 2 型（试样长度为 20.0 ± 0.5mm，试样狭窄部分的厚度 2.0 ± 0.3mm）。裁切试样所用裁刀尺寸见表7-10。

表 7-10　裁刀尺寸

尺　寸	2 型	尺　寸	2 型
A. 总长度(最小)①/mm	75	D. 狭窄部分宽度/mm	4.0 ± 0.1
B. 端部宽度/mm	12.5 ± 1.0	E. 外侧过渡边半径/mm	8.0 ± 0.5
C. 狭窄部分长度/mm	25.0 ± 1.0	F. 内侧过渡边半径/mm	12.5 ± 1.0

① 为确保只有两端宽大部分与机器夹持器接触，增加总长度从而避免"肩部断裂"。

② 试样的测量：

用测厚计在试样长度方向的中部和两端测量厚度。取 3 个测量值的中位数用于计算横截面面积。在任何一个哑铃状试样中，狭窄部分的三个厚度测量值都不应大于厚度中位数的 2%。取裁刀狭窄部分刀刃间的距离作为试样的宽度，该距离应按 GB/T 2941 的规定进行测量，精确到 0.05mm。

将试样对称地夹在拉力试验机的上、下夹持器上，使拉力均匀地分布在横截面上。根据需要，装配一个伸长测量装置。启动试验机，在整个试验过程中连续监测试样长度和力的变化，精度在 2% 之内。对于 2 型试样夹持器的移动速度为 500±50mm/min。

如果试样在狭窄部分以外断裂，则舍弃该试验结果，并另取一试样进行重复试验。

在测拉断永久变形时，应将断裂后的试样放置 3min，再把断的两部分合在一起，用精度为 0.05mm 的量具测量吻合后的两条平行标线间的距离。

③ 试验结果的计算：

拉伸强度 TS 按式(7-27)计算，以 MPa 表示：

$$TS = \frac{F_m}{W \cdot t} \tag{7-27}$$

断裂拉伸强度 TS_b 按式(7-28)计算，以 MPa 表示：

$$TS_b = \frac{F_b}{W \cdot t} \tag{7-28}$$

拉断伸长率 E_b 按式(7-29)计算，以 % 表示：

$$E_b = \frac{100(L_b - L_0)}{L_0} \tag{7-29}$$

定伸应力 S_e 按式(7-30)计算，以 MPa 表示：

$$S_e = \frac{F_e}{W \cdot t} \tag{7-30}$$

在以上公式中，所使用的符号意义如下：

F_m——记录的最大力，N；

F_b——断裂时记录的力，N；

F_e——给定伸长率时记录的力，N；

L_0——初始试样长度，mm；

L_b——断裂时的试样长度，mm；

t——试样狭窄部分的厚度，mm；

W——试样裁刀狭窄部分的宽度，mm。

④ 试验影响因素：

影响橡胶拉伸性能试验的因素很多，总体可分为两个方面：一是工艺过程的影响，例如混炼工艺、硫化工艺等；二是试验条件的影响。现仅就后者作如下的讨论。

a. 试验温度的影响。温度对硫化橡胶的物理性能有较大的影响，即使在同一工艺条件下制成的试样，在不同温度下进行物理性能试验，可以得到不同的试验结果。一般来说橡胶的拉伸强度和定伸应力是随温度的增高而逐渐下降，扯断伸长率则有所增加，对于结晶速度不同的胶种更加明显。因此，试验报告中一定要说明在非标准实验室温度时的试验温度。

b. 试样宽度的影响。对于同一工艺条件制作的试样，工作部分宽度不同所得的结果也不同，不同规格的试样所得结果没有可比性。同一种试样的工作部分越宽，其拉伸强度和扯断伸长率都有所降低。产生这种现象的原因可能是胶料中存有微观缺陷，这些缺陷虽经过混炼但没能消除，只不过是分布均匀了一些，但这些缺陷仍存于胶料之中，所以面积越大存在这些缺陷的概率越大。在试验过程中，试样各部分受力不均匀，试样边缘部分的应力要大于试样中间的应力，试样越宽，差别越大，这种边缘应力的集中，是造成试样早期断裂的一种原因。

c. 试样厚度的影响。硫化橡胶在进行拉伸性能试验时，标准规定试样厚度为 $2.0 \pm 0.3mm$，随着试样厚度的增加其拉伸强度和扯断伸长率都降低。产生这种原因除了试样在拉伸时各部分受力不均外，还有试样在制备过程中，裁取的试样断面形状不同。在裁取试样时，橡胶试片受到裁刀压力，因而产生形变，最后裁得的试样断面中间凹下去，试样越厚，变化越大，凹进越深，导致试样的截面积减少，所以拉伸强度和扯断伸长率比薄试样偏低。

d. 拉伸速度的影响。硫化橡胶在进行拉伸性能试验时，标准规定拉伸速度为 $500 \pm 50mm/min$，但也有采用较高速度进行试验的。一般来说，速度越高拉伸强度越大，这可能是由于橡胶在拉伸过程中产生松弛现象引起的。拉伸速度越快，松弛时间越短，由松弛所引起的应力减少就小，故拉伸强度高，反之拉伸强度变低。但在 $200 \sim 500mm/min$ 这一段速度范围内，对试验结果的影响不太显著。

e. 试样停放时间的影响。硫化后的橡胶试样必须在室温下停放一定时间后方能进行试验。GB/T 30918—2022 中规定，异戊橡胶硫化试片在标准温度下的停放时间为 $16 \sim 96h$。试验时应认真执行，否则对试验结果有影响。但停放时间对拉伸强度的影响不十分显著，拉伸强度随停放时间的延长而稍有增大。产生这种现象的原因，可能是试样在加工过程中因受热和机械的作用，而产生内应力，放置一定时间可使其内应力逐渐趋向均匀分布，以致消失。因而在拉伸过程中就会均匀地受到应力作用，不致因局部应力集中而造成提前断裂。

f. 压延方向的影响。硫化橡胶在进行拉伸性能试验时，应注意压延方向，GB/T 528—2009 中规定，哑铃状试样要平行于材料的压延方向裁切。"压延效应"的存在，可使哑铃状试样因其长度方向是平行或垂直于压延方向而得出不同的值。

（2）撕裂试验[9,58]

橡胶材料的大形变拉伸破坏，往往是先在某处产生小裂口，撕裂从该裂口处开始并扩展，直至材料的断裂。橡胶制品在使用过程中，由于机械损伤或某些内在原因，产生裂口并导致这种撕裂破坏，是橡胶制品最常见的破坏现象之一。很多橡胶制品，如轮胎、胶管、橡胶手套等，其抗撕裂性能的优劣，直接关系到它的使用寿命。因此，橡胶的撕裂试验是一项重要的物理性能试验。

撕裂强度试验中几个基本概念：

裤形撕裂强度：用平行于切口平面方向的外力作用于规定的裤形试样上，将试样撕断所需的力除以试样厚度。

无割口直角形撕裂强度：用沿试样长度方向的外力作用于规定的直角形试样上，将试样撕断所需的最大力除以试样厚度。

有割口直角形或新月形撕裂强度：用垂直于割口平面方向的外力作用于规定的直角形或新月形试样上，通过撕裂引起割口断裂所需的最大力除以试样厚度。

不同类型的试样测得的试验结果之间没有可比性。使用裤形试样对切口长度不敏感，试验结果的重复性好，而另外两种试样的割口要求严格控制。另外，获得的结果与材料的基本撕裂性能有关，而受定伸应力的影响较小（该定伸应力是试样"裤腿"伸长所致，可忽略不计），并且撕裂扩展速度与持器拉伸速度有直接关系。

① 试样的制备：

试样应从厚度均匀的试片上裁取。试片的厚度为 2.0±0.2mm。

试片硫化或制备与试样裁取之间的时间间隔，应按 GB/T 2941 中的规定执行。在此期间，试片应完全避光。

裁切试样前，试片应按 GB/T 2941 中的规定，在标准温度下调节至少 3h。

试样是通过冲压机利用裁刀从试片上一次裁切而成。试片在裁切前可用水或皂液润湿，并置于一个起缓冲作用的薄板（例如皮革、橡胶带或硬纸板）上，裁切应在刚性平面上进行。

裁切试样时，撕裂割口的方向应与压延方向一致。

撕裂扩展的方向，裤形试样应平行于试样的长度，而直角形和新月形试样应垂直于试样的长度方向。

② 试样的测量：

a. 试验温度：

GB/T 529—2008 规定，试验应在 23±2℃ 或 27±2℃ 标准温度下进行。当要采用其他温度时，应从 GB/T 2941 规定的温度中选择。如果试验需要在其他温度下进行时，试验前，应将试样置于该温度下进行充分调节，以使试样与环境温度达到平衡。为避免橡胶发生老化，应尽量缩短试样调节时间。为使试验结果具有可比性，任何一个试验的整个过程或一系列试验应在相同温度下进行。

b. 试验步骤：

按 GB/T 2941 中的规定，试样厚度的测量应在其撕裂区域内进行，厚度测量不少于三个点，取中位数。任何一个试样的厚度值不应偏离该试样厚度中位数的 2%。如果多组试样进行比较，则每组试样厚度中位数应在所有组中试样厚度总的中位数的 7.5% 范围内。

将试样安装在拉力试验机上，在下列夹持器移动速度下：直角形和新月形试样为 500±50mm/min、裤形试样为 100±10mm/min，对试样进行拉伸，直至试样断裂。记录直角形和新月形试样的最大力值。当使用裤形试样时，应自动记录整个撕裂过程的力值。

③ 试验结果的计算：

撕裂试验的结果用撕裂强度表示，按式（7-31）计算。

$$T_s = \frac{F}{d} \tag{7-31}$$

式中 T_s——撕裂强度，kN/m；

F——试样撕裂时所需的力（当采用裤形试样时，应按 GB/T 12833 中的规定计算力

值 F，取中位数；当采用直角形和新月形试样时，取力值 F 的最大值），N；

d——试样厚度的中位数，mm。

（3）硬度试验[9,59]

橡胶硬度与其他力学性能有着密切关系，如定伸应力、弹性、压缩变形、杨氏模量等。因此在某种意义上，可以通过硬度测量了解其他力学性能。利用测定硬度来控制生产工艺，判定产品的达标情况和硫化情况具有很重要的意义。

橡胶硬度试验方法和仪器很多，通常按照施加负荷原理的不同，仪器结构一般可分为两大类型：一是弹簧式硬度，例如邵氏硬度；二是定负荷硬度，例如国际硬度、赵氏硬度等。按所测试样的不同，又出现了一些特殊硬度试验，例如微型硬度、多孔材料硬度和海绵硬度，前者是用来测量小型和薄型制品的硬度，后两者一为测多孔材料的硬度，一为测量海绵制品的硬度。因此硬度数值与硬度计型、试样形状及试验条件有关。只有使用同一类型的硬度计，在相同条件下的测量结果才具有可比性。

邵氏硬度计结构简单、操作方便、便于携带，适用于生产检验。

邵氏硬度计的测量原理是在特定的条件下把特定形状的压针压入橡胶试样而形成压入深度，再把压入深度转换为硬度值。邵氏硬度计分为 A 型、D 型、AO 型和 AM 型。这里介绍邵氏 A 型硬度的测量方法。

① 试样的制备：

使用邵氏 A 型硬度计测定时，试样的厚度至少 6mm。对于厚度小于 6mm 的试片，为得到足够的厚度，试样可以由不多于 3 层叠加而成，但由叠层试样测定的结果和单层试样测定的结果不一定一致。用于比对目的，试样应该是相似的。

试样尺寸的另一要求是具有足够的面积，使邵氏 A 型硬度计的测量位置距离任一边缘分别至少 12mm。

试样的表面在一定范围内应平整，上下平行，以使压足能和试样在足够面积内进行接触。邵氏 A 型硬度计接触面半径至少 6mm。

② 试样的测量：

将试样放在平整、坚硬的表面上，尽可能快速地将压足压到试样上或者将试样压到压足上。应没有震动，保持压针和试样表面平行以使压针垂直于橡胶表面。当使用支架操作时，最大速度为 3.2mm/s。

加弹簧试验力使压足和试样表面紧密接触，当压足和试样紧密接触后，在规定的时刻读数。对于硫化橡胶标准弹簧试验力保持时间为 3s。如果采用其他的试验时间，应在试验报告中说明。

在试样表面不同位置进行 5 次测量取中值，对于邵氏 A 型硬度计，不同测量位置两两相距至少 6mm。

7.2.3　橡胶老化试验[60~62]

橡胶在加工、贮存、运输和应用过程中，因受光、热、氧、臭氧、水分、化学物质（化学药品、化学气体）、油、金属（如铜、锰、铁）离子、生物、机械应力、电和高能辐射等作用而发生老化，具体表现为表面膜化、裂纹、龟裂、变色、起霜、粉化、发黏、软化、硬化、腐蚀、发霉、机械性能降低等。

为了研究和评价生橡胶和硫化橡胶在一定环境条件下的老化性能和老化规律，建立了各种老化试验方法。老化试验方法可分为自然老化试验和人工老化试验两大类。自然老化试验是利用自然环境条件或自然介质进行的试验，人工老化试验是模拟和强化某些自然环境因素进行的试验。

7.2.3.1　热空气加速老化试验

橡胶材料在使用、贮存和运输过程中，很容易受温度的影响而发生老化。为了研究橡胶的耐热性能和配合开发新型的耐热材料，热老化试验已成为重要的试验研究手段之一。

热空气加速老化试验是硫化橡胶在比橡胶使用环境更高的温度下暴露，以期在短时间内获得橡胶自然老化的效果，用以评价橡胶的耐热性能、防老剂的防护性能、配合剂的污染性能以及筛选配方和推导贮存期等。

（1）空气老化箱

该试验所用的装置是空气老化箱，试样的总体积不超过老化箱有效容积的10%。悬挂的试样间距至少为10mm，在柜式和强制通风式老化箱中，试样与老化箱壁的间距至少为50mm。

在整个老化试验期间，应控制老化箱的温度，使试样的温度保持在规定的老化温度允许的公差范围内。

老化箱内的空气应缓慢流动，老化箱的空气置换次数为每小时3~10次。进入老化箱的空气在接触样品前，应确保加热到老化箱设定温度的±1℃范围内。

换气率可通过老化箱的容积和进入老化箱的空气流速测定。

为了确保老化和耐热试验有良好的精密度，在整个试验期间保持温度均匀稳定，并确认老化箱在时间及空间上都在温度界限内十分重要。增加空气的流速可以提高温度的均匀性，但是空气的流通会影响老化结果。低流速时，会累积降解产物和挥发性组分，同时也会消耗氧气；高流速时，由于加快了增塑剂和抗氧剂的氧化和挥发，会导致降解加速。

① 多单元式老化箱：

老化箱由一个或多个高度不小于300mm的立式圆柱形单元组成。每个单元应置于恒温控制传热良好的介质中(铝、液浴或饱和蒸汽)。流过一个单元的空气不允许再流经另一个单元。单元内的空气应慢速流动，空气流速仅取决于换气速率。

② 柜式老化箱：

老化箱仅由一个箱室组成，箱室内的空气应慢速流动，空气流速仅取决于换气速率，在加热室内不应有换气扇。

③ 强制通风式老化箱：

1型层流空气老化箱：流经加热室的空气应尽可能均匀且保持层流状态。放置试样时朝向空气流向的试样面积应最小，以免扰动空气流动。空气流速应在0.5~1.5m/s之间。相邻试样间的空气流速可通过风速计测量。

2型湍流空气老化箱：从侧壁进风口进入的空气流经加热室，在试样周围形成湍流，试样悬挂在转速为 5~10r/min 的支架上以确保试样受热均匀。空气平均流速应为 0.5±0.25m/s。

（2）试样

至少采用 10 个哑铃片试样进行老化试验，其中 5 个在老化前测强伸性能，其余的经一定的老化时间后进行测定。

（3）试验条件

试验温度可选取 50℃、70℃、100℃、150℃、200℃、300℃等，温度允许偏差为 50~100℃时±1℃、101~200℃时±2℃、201~300℃时±3℃，老化时间可选取 24h、48h、72h、98h、144h 或者更长的时间。

试验温度的选择应根据橡胶品种、使用条件和试验要求来确定。假若提高试验温度，则可减少试验时间，但提得过高时，对试验结果有不良影响。假若降低试验温度，则使老化速度减慢，试验时间增加，造成人力、设备、动力等不必要的浪费。一般认为，老化和使用条件之间的差异越大，老化和使用寿命之间的相关性就越不可靠。在产品标准中应该规定出所采用的试验温度，对于天然橡胶来说，试验温度通常选取 50~100℃，合成橡胶选取 50~150℃；某些特种橡胶，如硅橡胶、氟橡胶则选取 200~300℃。

① 实验步骤：

将试样按一定距离悬挂在达到试验温度的老化箱中的转动架上，关上箱门，使转动架转动进行老化试验，并立即计时。到达老化时间，取出试样，测定给定的性能。

② 试验结果的表示方法：

试验结果的表示应符合与待测性能相关的标准，应报告未老化和老化试样的试验结果，在适当的情况下，按照式(7-32)计算测试性能的变化率 P。

$$P = \frac{x_a - x_0}{x_0} \times 100\% \qquad (7-32)$$

式中　x_0——老化前的性能值；

　　　x_a——老化后的性能值。

7.2.3.2　人工气候老化试验

橡胶使用的环境很广，老化状态因其所处的环境而异，特别是在户外使用时，受太阳光、降水、臭氧、氧和污染物质等影响很大。从与制品寿命的关系来看，评价橡胶的耐候性是一个极为重要的问题。橡胶在自然阳光下的老化是慢慢进行的，因此，测定其制品的寿命需要很长的时间。但对新材料和配方来说，无论如何也要有较短时间的评价试验。这样一来，很有必要在适当加速老化的条件下模拟自然老化试验。人工气候老化试验就是模拟和强化大气中的太阳光、热、降水、湿度等因素，以求在较短的时间内获得近似于气候老化试验结果的方法。

按光源分类，常用的人工气候老化试验有碳弧灯试验和荧光紫外灯试验。这里主要介绍常用的碳弧灯试验。

将硫化橡胶置于以碳弧灯为光源的模拟和强化自然气候中的老化因素的环境下，测定试样老化前后性能的变化，从而评价硫化橡胶的耐候性。

（1）试验装置

① 试验箱：

试验箱的中心安装碳弧灯，箱内有一个安放试样架的转鼓，转鼓围绕光源转动。箱体上设有碳弧电流、碳弧电压、计时器和干湿球温度等指示装置，箱体内有一个控制循环空气的调节器，用来调节黑板温度和排出箱内的臭氧。

转鼓上可直接放置板状试样或放置用试验架固定的试样，其形状可为垂直形式或倾斜形式。

箱体应有能在操作范围内编制循环暴露条件程序的控制装置。

② 碳弧灯：

开放式碳弧灯：包括表面镀铜的两个碳棒电极，电极间形成的碳弧可自动调节。碳弧透过平板玻璃滤光器照射到试样表面，$300 \sim 750nm$ 波长的光照度不能大于 $600W/m^2$，低于 $300nm$ 波长的光辐照度不能大于 $2W/m^2$。

密闭式碳弧灯：包括一个有芯和一个无芯的碳棒电极，电极间形成的碳弧可自动调节。碳弧透过球形玻璃滤光器照射到试样表面，$300 \sim 750nm$ 波长的光辐照度不能大于 $500W/m^2$，低于 $300nm$ 波长的光辐照度不能大于 $1W/m^2$。

一般情况下选用开放式碳弧灯试验箱，如果有规定也可使用密闭式碳弧灯试验箱。由于两种型号的碳弧发出光谱的辐射能量有差别，其所得的试验结果不能直接比较。

（2）试样

试样应按照 GB/T 2941 中的规定制备，测定拉伸性能的哑铃试样应符合 GB/T 528 中的规定，试样数量根据检测项目及次数确定，每项每次检测的试样一般不少于 3 个。测定颜色和外观变化的试样是表面宽度至少 15mm、长度不少于 50mm 的短形条。

（3）试验步骤

试样一般按自由状态安装在试样架上，应避免试样受外应力的作用。如果需要，试样可以采用任何一个伸长率，但要在报告中注明。试样固定在试验箱的转鼓上时，试样的暴露面要正对光源，试样工作区面积要完全暴露在有效的光源范围。在暴露期间建议每天垂直调换试样位置，以减少不均匀的暴露。启动试验箱，调好规定的试验条件，并记录开始暴露时间，整个暴露期间要保持规定的试验条件恒定。

注1：当需要时可以用紫外辐照计定期监测光源。

注2：检验臭氧存在：将浸渍过淀粉-碘化钾溶液的小块滤纸暴露在试样附近位置，并遮蔽滤纸避开光源直射，如果有臭氧会使滤纸变蓝色，当需要测定臭氧含量时，可按 GB/T 7762—2014 中的附录 A 进行。

按规定的暴露时间从试验箱中取出试样，按照 GB/T 528 的规定测定试样的拉伸性能，按 GB/T 3511 的规定测定颜色和外观变化。

（4）试验结果

试样老化后的试验结果用试样暴露至某一时间的性能变化率或外观变化程度表示，也可用试样性能变化至某一规定值所需要的暴露时间表示。

试样性能变化率按式(7-33)计算，以 P 表示：

$$P = \frac{x_a - x_0}{x_0} \times 100\%$$ （7-33）

式中　x_0——暴露前试样的性能初始值；

　　　x_a——暴露后试样的性能测定值。

参 考 文 献

[1] 全国化学标准化技术委员会石油化学分技术委员会. 工业用异戊二烯：SH/T 1781—2016[S]. 北京：中国石化出版社，2016.

[2] 徐阳. 异戊二烯中硫化物的吸附脱硫研究[D]. 吉林：吉林大学，2015：3.

[3] 赵英武，陈吉祥，王福善. 碳五原料深度脱硫技术探讨[J]. 化工技术与开发，2008，37(11)：33-36.

[4] 王庆龙. 异戊二烯中硫的分析及脱除[J] 上海化工，2022，47(3)：41-44.

[5] 许琳，张齐，李海强. 气相色谱-质谱联用法测定丁二烯中对叔丁基邻苯二酚含量[J]. 合成橡胶工业，2009，32(3)：193-195.

[6] 陈朝方，李忠，郭建，等. 气相色谱-质谱联用测定苯乙烯中的阻聚剂对叔丁基邻苯二酚[J]. 色谱，2002，20(3)：272-273.

[7] 赵旭涛，刘大华. 合成橡胶工业手册[M]. 2版. 北京：化学工业出版社，2006：523.

[8] 王艳秋. 橡胶材料基础[M]. 北京：化学工业出版社，2006：161.

[9] 刘植榕，汤华远，郑亚丽. 橡胶工业手册：第八分册　试验方法[M]. 北京：化学工业出版社，1992：1-45.

[10] Rubber, raw natural and raw synthetic-Sampling and further preparative procedures：ISO 1795：2017(E)[S].

[11] 全国橡胶与橡胶制品标准化技术委员会橡胶物理和化学试验方法分技术委员会. 天然、合成生胶取样及其制样方法：GB/T 15340—2008[S]. 北京：中国标准出版社，2008.

[12] 全国橡胶与橡胶制品标准化技术委员会合成橡胶分技术委员会. 合成生橡胶抽样检查程序：GB/T 19187—2016[S]. 北京：中国标准出版社，2016.

[13] 全国橡胶与橡胶制品标准化技术委员会橡胶物理和化学试验方法分技术委员会. 硫化橡胶或热塑性橡胶　密度的测定：GB/T 533—2008[S]. 北京：中国标准出版社，2008.

[14] 全国橡胶与橡胶制品标准化技术委员会. 生橡胶　挥发分含量的测定　第1部分：热辊法和烘箱法：GB/T 24131. 1—2018[S]. 北京：中国标准出版社，2018.

[15] 全国橡胶与橡胶制品标准化技术委员会. 生橡胶　挥发分含量的测定　第2部分：带红外线干燥单元的自动分析仪加热失重法：GB/T 24131. 2—2017[S]. 北京：中国标准出版社，2017.

[16] 全国橡胶与橡胶制品标准化技术委员会. 橡胶　灰分的测定　第1部分：马弗炉法：GB/T 4498. 1—2013[S]. 北京：中国标准出版社，2014.

[17] 全国橡胶与橡胶制品标准化技术委员会. 橡胶　灰分的测定　第2部分：热重分析法：GB/T 4498. 2—2017[S]. 北京：中国标准出版社，2017.

[18] 全国橡胶与橡胶制品标准化技术委员会. 生橡胶水分含量的测定　卡尔费休法：GB/T 37191—2018[S]. 北京：中国标准出版社，2018.

[19] 全国橡标委橡胶物理和化学试验方法分技术委员会. 橡胶　溶剂抽出物的测定：GB/T 3516—2006[S]. 北京：中国标准出版社，2006.

[20] 戚银城，凌珑，洪旭辉. 影响乳聚丁苯橡胶门尼黏度的因素[J]. 弹性体，1992，2(3)：1-5.

[21] 张海荣,李树冬. 顺丁橡胶聚合工程控制技术探讨[J]. 炼油与化工,2008(1):29-31.

[22] 全国橡胶与橡胶制品标准化技术委员会. 未硫化橡胶 用圆盘剪切黏度计进行测定 第1部分:门尼黏度的测定:GBT 1232.1—2016[S]. 北京:中国标准出版社,2016.

[23] 全国橡胶与橡胶制品标准化技术委员会合成橡胶分技术委员会. 生橡胶 毛细管气相色谱测定残留单体和其他挥发性低分子量化合物 热脱附(动态顶空)法:GB/T 42162—2022[S]. 北京:中国标准出版社,2022.

[24] 全国橡胶与橡胶制品标准化技术委员会通用试验方法分技术委员会. 橡胶 聚异戊二烯含量的测定:GB/T 15904—2018[S]. 北京:中国标准出版社,2018.

[25] 全国橡标委通用化学试验方法分技术委员会. 橡胶中铁含量的测定 原子吸收光谱法:GB/T 11201—2002[S]. 北京:中国标准出版社,2003.

[26] 全国橡标委通用化学试验方法分技术委员会. 橡胶中铁含量的测定 1,10-菲啰啉光度法:GB/T 11202—2003[S]. 北京:中国标准出版社,2003.

[27] 全国橡标委通用化学试验方法分技术委员会. 橡胶中铜含量的测定 原子吸收光谱法:GB/T 7043.1—2001[S]. 北京:中国标准出版社,2002.

[28] 全国橡标委通用化学试验方法分技术委员会. 橡胶中铜含量的测定 二乙基二硫代氨基甲酸锌光度法:GB/T 7043.2—2001[S]. 北京:中国标准出版社,2002.

[29] 全国橡胶与橡胶制品标准化技术委员会. 橡胶 防老剂的测定 气相色谱-质谱法:GB/T 33078-2016[S]. 北京:中国标准出版社,2017.

[30] 全国橡胶与橡胶制品标准化技术委员会合成橡胶分技术委员会. 合成生胶中防老剂含量的测定 高效液相色谱法:SH/T 1752—2006[S]. 北京:中国标准出版社,2006.

[31] 全国橡胶与橡胶制品标准化技术委员会合成橡胶分技术委员会. 异戊二烯橡胶(IR):SH/T 1780—2015[S]. 北京:中国石化出版社,2015.

[32] 全国橡胶与橡胶制品标准化技术委员会通用试验方法分技术委员会. 生橡胶 玻璃化转变温度的测定 示差扫描量热法(DSC):GB/T 29611—2013[S]. 北京:中国标准出版社,2013.

[33] 全国塑料标准化技术委员. 塑料 使用毛细管黏度计测定聚合物稀溶液黏度 第1部分:通则:GB/T 1632.1—2008[S]. 北京:中国标准出版社,2008.

[34] 全国橡胶与橡胶制品标准化技术委员会合成橡胶分技术委员会. 合成生橡胶凝胶含量的测定:SH/T 1050—2014[S]. 北京:中国石化出版社,2014.

[35] Mingaleev V Z, Zakharov V P, Tabulatov P A, et al. Effect of the Hydrodynamic Action on the Microstructure of Butadiene-Isoprene Copolymers[J]. Chemistry, 2011, 440(2):270-272.

[36] Zalkin V G, Mardanov R G, Yakovlev V A, et al. Composition and microstructure of butadiene—isoprene copolymers from pyrolysis-gas chromatographic/mass spectrometric data[J]. Journal of Analytical and Applied Pyrolysis, 1992, 23(1):33.

[37] 张新惠,李柏林,刘亚东,等. 稀土催化剂本体聚合异戊二烯的生胶性能[J]. 应用化学,1993,10(3):90-93.

[38] 李传清,谭金枚,张杰,等. 稀土异戊橡胶的结构和性能研究[J]. 橡胶工业,2021,59(8):478-482.

[39] 李伟天,窦彤彤,李旭,等. 稀土催化体系下共轭二烯烃橡胶分子量及其分布的调控研究进展[J]. 合成橡胶工业,2021,44(4):325-329.

[40] 任玲玲,田芙蓉,高慧芳,等. 聚合物分子量测量方法研究进展[J]. 塑料科技,2019,47(1):138-145.

［41］湛爱冰. 凝胶渗透色谱法检测双酚 A 型环氧树脂分子量及其分布方法研究［J］. 广东化工，2016，43（3）：119-120.

［42］李婧宜，王勇. 凝胶渗透色谱法测定聚合物分子量的现状［J］. 化学推进剂与高分子材料，2023，21（2）24-29.

［43］全国塑料标准化技术委员会. 塑料 体积排除色谱法测定聚合物的平均分子量和分子量分布 第1部分：通则：GB/T 36214. 1—2018［S］. 北京：中国标准出版社，2018.

［44］全国橡胶与橡胶制品标准化技术委员会合成橡胶分技术委员会. 用凝胶渗透色谱法测定溶液聚合物分子量分布：SH/T 1759—2007［S］. 北京：中国石化出版社，2007.

［45］施良和. 凝胶色谱的新进展［J］. 化学通报，1980（12）：1-6.

［46］FEKETE S，BECK A，VEUTHEY L，et al. Theory and practice of size exclusion chromatography for the analysis of protein aggregates［J］. Journal of Pharmaceutical and Biomedical Analysis，2014，101：161-173.

［47］施良和. 高聚物的分子量和分子量分布［J］. 化学通报，1978（3）：58-63.

［48］秦耀伟，潘玉莹. 凝胶色谱法测定聚四氢呋喃分子量及分子量分布［J］. 辽宁化工，2019，48（7）：720-722.

［49］周德辉，张伟红. 柱温与凝胶色谱分离性能关系的研究［J］. 色谱，2000（3）：256-258.

［50］徐莫临，邢一鸣，蔡政. 凝胶色谱测定聚醚分子量体系方法的考察［J］. 辽宁化工，2020，49（3）：248-251.

［51］于世林. 高效液相色谱方法及应用［M］. 2版，北京：化学工业出版社，2005：144.

［52］侯洋，靳晓霞，孙继，等. 凝胶色谱测定水处理用聚合物分子量及其分布的方法研究［C］//中国水处理技术研讨会暨第33届年会论文集，2013：386-392.

［53］韩凤. 凝胶色谱法测定聚丙烯腈聚合物的相对分子质量及其分布［J］. 合成纤维，2015，44（12）：37-41.

［54］全国橡胶与橡胶制品标准化技术委员会合成橡胶分技术委员会. 非充油溶液聚合型异戊二烯橡胶（IR）评价方法：GB/T 30918—2022［S］. 北京：中国标准出版社，2022.

［55］全国橡标委物理和化学试验方法分技术委员会. 橡胶试验胶料 配料、混炼和硫化设备及操作规程：GB/T 6038—2006［S］. 北京：中国标准出版社，2006.

［56］全国橡标委物理和化学试验方法分技术委员会. 未硫化橡胶初期硫化特性的测定用圆盘剪切黏度计进行测定：GB/T1233—2008［S］. 北京：中国标准出版社，2008.

［57］全国橡标委物理和化学试验方法分技术委员会. 硫化橡胶或热塑性橡胶拉伸应力应变性能的测定：GB/T 528—2009［S］. 北京：中国标准出版社，2009.

［58］全国橡标委物理和化学试验方法分技术委员会. 硫化橡胶或热塑性橡胶撕裂强度的测定（裤形、直角形和新月形试样）：GB/T 529—2008［S］. 北京：中国标准出版社，2008.

［59］全国橡标委物理和化学试验方法分技术委员会. 硫化橡胶或热塑性橡胶压入硬度试验方法 第1部分：邵氏硬度计法（邵尔硬度）：GB/T 531. 1—2008［S］. 北京：中国标准出版社，2008.

［60］全国橡胶与橡胶制品标准化技术委员会. 硫化橡胶或热塑性橡胶 耐候性：GB/T 3511—2018［S］. 北京：中国标准出版社，2018.

［61］全国橡胶与橡胶制品标准化技术委员会通用试验方法分会. 硫化橡胶 人工气候老化试验方法 碳弧灯：GB/T 15255—2015［S］. 北京：中国标准出版社，2015.

［62］全国橡胶与橡胶制品标准化技术委员会通用试验方法分会. 硫化橡胶或热塑性橡胶热空气加速老化和耐热试验：GB/T 3512—2022［S］. 北京：中国标准出版社，2022.